普通高等教育“十三五”规划教材

初等数论

CHUDENG SHULUN

第2版

◎ 管训贵　编著

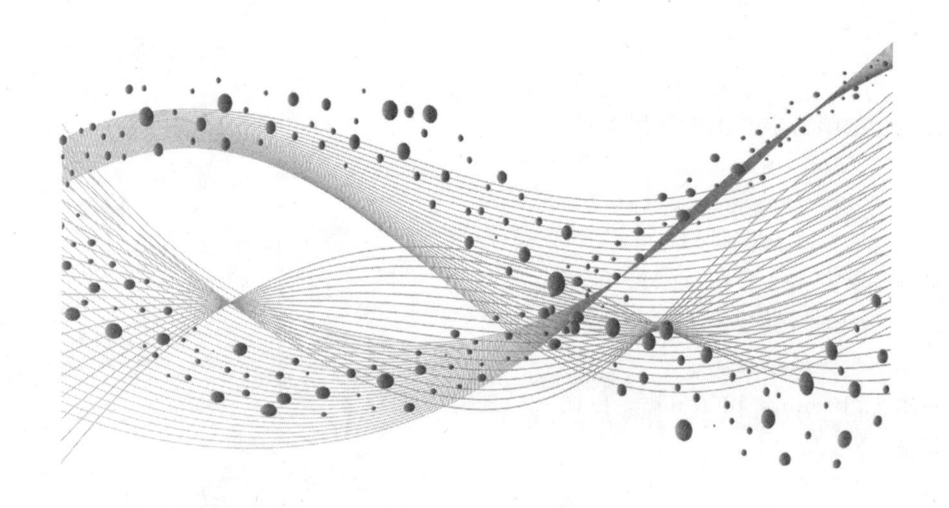

中国科学技术大学出版社

内 容 简 介

本书共分7章,内容包括:整数的整除性,同余,不定方程,同余方程,原根与指标,简单连分数,数论函数,以及2个附录.书中配有大量的习题.本书是作者根据十多年教学与科研经验精心编写而成的,逻辑严谨,内容深入浅出,适宜读者自学.

本书可作为高等院校数学与应用数学相关专业的教材,也可供数学爱好者以及中学数学教师参考.

图书在版编目(CIP)数据

初等数论/管训贵编著.—2版.—合肥:中国科学技术大学出版社,2016.8(2020.1重印)
ISBN 978-7-312-04016-0

Ⅰ.初… Ⅱ.管… Ⅲ.初等数论 Ⅳ.O156.1

中国版本图书馆CIP数据核字(2016)第179244号

出版 中国科学技术大学出版社
安徽省合肥市金寨路96号,230026
http://press.ustc.edu.cn
https://zgkxjsdxcbs.tmall.com

印刷 安徽国文彩印有限公司

发行 中国科学技术大学出版社

经销 全国新华书店

开本 710 mm×1000 mm 1/16

印张 20.75

字数 399千

版次 2011年11月第1版 2016年8月第2版

印次 2020年1月第3次印刷

定价 42.00元

第 2 版前言

《初等数论》于 2011 年出版.一些使用过该书的读者反映,该书取材恰当,概念引入自然、清晰,并配有适当的例题和习题,使人容易理解、掌握.这一点也是我所期望的.也有读者反映部分习题难度较大而难以解决,因此这次修订增加了习题答案与提示,以供读者参考学习.

本次修订,全书仍保留原有的章节,除对原书的疏漏和印刷错误作了更正外,第 1 章增加了用尺规作图的高斯判别法,第 4 章增加了余新河数学题,第 6 章增加了佩尔方程解的性质及其应用,书末还增加了素数与最小正原根表、佩尔方程的最小正解表以及习题答案与提示.

当然,第 2 版一定还有不当之处,望读者指正.

管训贵

2016 年 6 月于泰州

前　言

最近几年,有些年轻人经常问我:数论是否难学?究竟有多少内容对自己的职业或人生有用?

的确,可能有一半以上的人在他们离开学校后,数论不会对他们的实际工作起什么作用.但为什么还要学呢?我们的回答是:为了启迪智慧.智慧是眼睛看不到的,但对人生却是一件非常重要的东西.数论是一门能形成独特智慧的学科.

综观目前已有的初等数论教材,有的理论性太强,缺少必要的例题讲解;有的过于深奥,缺乏必要的过程展示,使年轻人陷入数论难学的"境地".本书就是为了弥补上述缺憾而编写的,内容按照一般初等数论教材的体例顺序进行编排,剔除了一些非初等数论范畴的东西,因此适合高等院校数学与应用数学相关专业学生使用.

本书旨在抛砖引玉,编写时力求叙述简明、说理详尽.每节都配备了一定量的习题,部分习题有一定的难度,重在让读者形成一定的智慧.

由于编者水平有限,书中难免存在不足和疏漏,望读者指正.

这里,我要特别感谢我的妻子金秋,她录入了全部原始手稿.

管训贵

2011年3月于泰州

目　　次

绪　论

数论是一门古老的数学分支，它是研究整数性质的一门精湛的科学，内容极为丰富，被数学家喻为数学的“皇后”.

历史表明：每一个重大的数论课题，都是在吸收了当时最新的数学成果，创造了极深刻的新方法之后，才获得进展的；反之，数论研究的进程也促进了数学其他分支的发展.因此，数论中的绝大多数问题都受到了大批世界著名的大数学家的重视.

数论中有许多奇妙的猜测，这些猜测有的已经解决了，有的至今尚未得到证明或否定.

猜测1　角谷猜想.

从任意一个大于2的正整数出发，反复进行下列两种运算：① 若为奇数就乘3加1；② 若为偶数就除以2.最后将得到1.数学家们做了许多演算，结果都相同，于是猜想：从任意奇数出发，反复经过①和②两种运算，最后必定得到1.

已经验证，它对于7 000亿以下的数都是对的.然而，时至今日，仍无人能彻底解决它.

猜测2　爱尔迪希猜想.

20世纪初期，爱尔迪希(Erdös)曾猜想，方程

$$x^x y^y = z^z \quad (x>1, y>1, z>1)$$

没有整数解.

可在1940年，我国著名的数论专家柯召就给出了反例，否定了这个猜想，他找到了无穷多组解：

$$x = 2^{2^{n+1}(2^n-n-1)+2n}(2^n-1)^{2(2^n-1)},$$

$$y = 2^{2^{n+1}(2^n-n-1)}(2^n-1)^{2(2^n-1)+2},$$

$$z = 2^{2^{n+1}(2^n-n-1)+n+1}(2^n-1)^{2(2^n-1)+1},$$

这里$n>1$.是否还有别的$x>1, y>1, z>1$的整数解，这个问题至今没有解决.

猜测3　波林那克猜想(又称孪生素数猜想).

我们知道，除2以外的所有素数均为奇数，每一个素数和下一个素数之差是偶

数.显然,两个相继素数之差为 2,4,6,8,…,至少为 2.如果一个素数和下一个素数之差为 2,我们就把这一对素数称为孪生素数,例如(3,5),(5,7),(11,13),(17,19),…,(101,103)等.1894 年,波林那克(Bolingnak)猜测:孪生素数有无穷多.

这是一个至今尚未获证的问题.

猜测 4　哥德巴赫猜想(1+1).

1742 年,德国数学家哥德巴赫(Goldbach)注意到

$$6=3+3,\quad 8=3+5,\quad 10=5+5,\quad 12=5+7,$$
$$14=7+7,\quad 16=5+11,\quad 18=5+13,\quad \cdots,$$

并且

$$9=3+3+3,\quad 11=3+3+5,\quad 13=3+5+5,$$
$$15=3+5+7,\quad 17=3+7+7,\quad \cdots.$$

于是写信给当时侨居俄国彼得堡的瑞士数学家欧拉(Euler).在信中,他提出了将正整数表示为素数之和的猜想,即哥德巴赫猜想.这个猜想可用略为修改了的语言表述为:

(A) 每一个$\geqslant 6$ 的偶数都是两个奇素数之和;

(B) 每一个$\geqslant 9$ 的奇数都是三个奇素数之和.

显然命题(B)是命题(A)的推论.事实上,设 N 是$\geqslant 9$ 的奇数,则 $N-3$ 是$\geqslant 6$ 的偶数,由命题(A)成立,可知存在奇素数 q_1 与 q_2,使 $N-3=q_1+q_2$,即 $N=3+q_1+q_2$.因此命题(B)也成立.

从哥德巴赫写信起到现在,已经积累了不少关于该问题的宝贵资料.有人核对过,当 $n\leqslant 10^5$ 时,命题(A)是正确的.后来,又有人进一步核对过,当 $n\leqslant 3.3\times 10^7$ 时,命题(A)都是正确的.但是至今我们还不能确定命题(A)的真假.

1912 年,德国数学家朗道(Landau)在第五届国际数学家大会上曾经说过,即使要证明下面较弱的命题(C),也是现代数学家所力不能及的:

(C) 存在一个正整数 c,使每一个$\geqslant 2$ 的整数都可以表示为不超过 c 个素数之和.

我国著名的数学家华罗庚先生早在 20 世纪 30 年代就开始研究哥德巴赫问题,并取得了重要成果.新中国成立后,在他的倡议与领导下,我国青年数学工作者从 50 年代初开始研究这一问题,他的学生不断得到重要成果,尤其是陈景润的结果赢得了国内外著名学者的高度评价.

下面我们将介绍这个问题的一些重要结果.

首先是史尼尔曼在 1930 年(即哥德巴赫提出猜想后 188 年)证明了命题(C),即:

定理 1(史尼尔曼)　任何≥2 的整数都可以表示为不超过 c 个素数之和,这里 c 是一个常数.

史尼尔曼不仅证明了命题(C),而且在他的论文中,还引入了关于正整数集合的一个很重要的概念——“密率”.这一概念后来有了新的发展与应用.

用 s 表示最小的正整数,使每一充分大的整数都可以表为不超过 s 个素数之和,我们把 s 称作史尼尔曼常数.由史尼尔曼的方法不仅能够得到 s 的存在性,而且可以得到 s 的明确上界,即 $s\leqslant 800\,000$.不少数学家改进了 s 的上界估计.如我国数学家严文霖就在 1956 年证明过 $s\leqslant 18$.目前关于 s 的最佳估计是由沃恩(Vaughan)得到的,他证明了:

定理 2(沃恩)　(1) 每一充分大的奇数是不超过 5 个素数之和;

(2) 每一充分大的偶数是不超过 6 个素数之和;

(3) 每一个≥2 的整数是不超过 27 个素数之和.

1937 年,苏联数学家依·维诺格拉朵夫(Vinogradov)利用英国数学家哈代(Hardy)与李特尔伍德(Littlewood)创造的“圆法”证明了:

定理 3(依·维诺格拉朵夫)　每一充分大的奇数都是 3 个奇素数之和.

如果 N 是充分大的偶数,那么 $N-3$ 是充分大的奇数.由定理 3,可知 $N-3=q_1+q_2+q_3$,这里 q_1,q_2,q_3 都是奇素数,所以

$$N=3+q_1+q_2+q_3,$$

即充分大的偶数都可以表示为不超过 4 个素数之和.因此由定理 3 可以推出史尼尔曼常数 $s\leqslant 4$.这是史尼尔曼方法所达不到的(由史尼尔曼方法目前只能证明 $s\leqslant 6$).

1938 年,我国著名数学家华罗庚及一些国外数学家独立证明了命题(A)对于几乎所有的偶数都成立.华罗庚证明的结果比其他人的更强一些.他证明了:

定理 4(华罗庚)　设 k 是某一固定的正整数,则几乎所有的偶数都可表示成 $p_1+p_2^k$ 的形式,这里 p_1,p_2 是素数.

另一种研究哥德巴赫猜想的方法是“筛法”.

为叙述方便,我们引入下列两个命题:

(D) 每一个充分大的偶数都是一个不超过 a 个素数的乘积与一个不超过 b 个素数的乘积之和,记为“$a+b$”;

(E) 每一个充分大的偶数都可以表示为一个素数与一个不超过 c 个素数的乘积之和,记为“$1+c$”.

哥德巴赫猜想本质上就是要证明“1+1”.

首先是挪威数学家布伦(Brun)在 1920 年证明了“9+9”;其次是匈牙利数学家雷尼(Rényi)在 1948 年证明了“$1+c$”.后来不少数学家改进了布伦与雷尼的结果.

尤其在 1966 年,我国著名数学家陈景润在对“筛法”作了新的重要改进之后终于证明了“1 + 2”,即:

定理 5(陈景润) 每一个充分大的偶数都可以表示为一个素数与一个不超过 2 个素数的乘积之和.

这是迄今为止最接近这一猜想的结果,国外称之为“陈氏定理”.

讲上面四个例子的目的是给大家增加一点数学常识.在近代数学的结论中,能让非数学专业人员了解的也许除了数论以外就不多了.

从这里也不难看到,虽然数论中的许多问题表面上提法很简单,但证明起来十分困难.因此我们认为有兴趣解决这类经典问题(如哥德巴赫猜想)的人,应该具备相当的数学知识与修养,而且应该熟悉数论中已有的成果与方法,再作进一步的探讨,才可能有所收获.

第 1 章　整数的整除性

整除理论是初等数论的基础，因而本章从整除的概念出发，引进带余除法，然后介绍素数的基本性质、最大公因数与最小公倍数，接着证明算术基本定理.此外，本章还要介绍高斯函数、正整数的正因数个数与正因数和、完全数与亲和数以及数论中常用的逐步淘汰原则与抽屉原理.为了使讨论自然和方便，先简述数学归纳法.

1.1　数学归纳法

由于数学归纳法是证明某些数论问题的得力工具，所以这一节着重介绍数学归纳法的几种常用形式：第一数学归纳法、第二数学归纳法、反向归纳法和跷跷板归纳法，并举例说明它们的应用.

1.1.1　第一数学归纳法

设 $P(n)$ 是一个含有正整数 n 的命题，如果① 当 $n=a$ 时，$P(a)$ 成立；② 由 $P(k)$ 成立必可推得 $P(k+1)$ 成立，那么 $P(n)$ 对所有正整数 $n\geqslant a$ 都成立.

例 1　试证：任何 $\geqslant 8$ 的正整数均能表示为若干个 3 与 5 的和.

证　当 $n=8$ 时，有 $8=3+5$，命题显然成立.

假设当 $n=k$（k 是正整数且 $k\geqslant 8$）时命题成立，即存在正整数 a,b，使得 $k=3a+5b$；或存在正整数 $a\geqslant 3$，使得 $k=3a$；或存在正整数 b，使得 $k=5b$.那么由

$$\begin{aligned}k+1&=3(a+2)+5(b-1)\\&\quad(\text{或 } 3(a-3)+5\times 2,\\&\quad\ \text{或 } 3\times 2+5(b-1)),\end{aligned}$$

可知这个命题当 $n=k+1$ 时也是成立的.

综上，根据第一数学归纳法，这个命题对所有 $\geqslant 8$ 的正整数 n 都成立.

1.1.2 第二数学归纳法

设 $P(n)$是一个含有正整数 n 的命题,如果① 当 $n=a$ 时,$P(a)$成立;② 在 $P(m)$对所有适合 $a\leqslant m\leqslant k$ 的正整数 m 成立的假定下,$P(k+1)$成立,那么 $P(n)$对所有正整数 $n\geqslant a$ 都成立.

例 2 有两堆棋子,数目相等,有两人玩耍,每人可以在任一堆里任意取几颗,但不能同时在两堆里取,规定取得最后一颗者胜.试证:后取者必胜.

证 设 n 是每一堆棋子的颗数.

当 $n=1$ 时,先取者只能在一堆里取一颗,这样另一堆里留下的 1 颗就被后者取得,所以结论成立.

假设当 $1\leqslant n\leqslant k$ 时结论成立.现在我们来证明,当 $n=k+1$ 时结论也成立.

在这种情况下,先取者可以在一堆里取棋子 $l\ (1\leqslant l\leqslant k)$颗.这样,剩下的两堆棋子中,一堆有棋子 $k+1$ 颗,另一堆有棋子 $k+1-l$ 颗,这时后取者可以在较多的一堆里取棋子 l 颗,使两堆棋子都有 $k+1-l$ 颗.由归纳假设,后取者可以获胜.根据第二数学归纳法,这个命题对所有正整数 n 来说,后取者必胜.

1.1.3 反向归纳法

反向归纳法是数学归纳法的一种变化形式,通常表述为:

设 $P(n)$是一个含有正整数 n 的命题,如果① 有无穷多个正整数 n 使 $P(n)$成立;② 在假设 $P(k+1)$成立的前提下,$P(k)$成立,那么 $P(n)$对所有正整数 n 都成立.

例 3 设 p 是素数,而 m 是正整数,试证:m^p-m 是 p 的倍数.

证 令 $m=lp\ (l$ 是正整数),则$(lp)^p-lp$ 是 p 的倍数,即有无穷多个正整数 $lp\ (l=1,2,\cdots)$,使得 m^p-m 是 p 的倍数.

假设 $m=k+1$ 时,$(k+1)^p-(k+1)$是 p 的倍数,则由

$$(k+1)^p-(k+1)=(k^p-k)+\mathrm{C}_p^1k^{p-1}+\mathrm{C}_p^2k^{p-2}+\cdots+\mathrm{C}_p^{p-1}k,$$

以及

$$\mathrm{C}_p^i=\frac{p(p-1)\cdots(p-i+1)}{i!}\quad(1\leqslant i\leqslant p-1)$$

是 p 的倍数,知 k^p-k 是 p 的倍数.从而根据反向归纳法,对任意正整数 m,m^p-m都是 p 的倍数.

1.1.4 跷跷板归纳法

跷跷板归纳法是数学归纳法的又一种变化形式,通常表述为:

设有两组命题 A_n,B_n,如果① A_1 成立;② 假设 A_k 成立,则推出 B_k 成立;

③ 假设 B_k 成立，则推出 A_{k+1} 成立，那么对任意正整数 n，命题 A_n，B_n 都成立.

例4 设 $r(n)$ 表示方程 $x+2y=n$ 的非负整数解的组数，试证：

$$r(2l-1)=l,\quad r(2l)=l+1.$$

证 这里命题 A_n 是“$r(2n-1)=n$”，命题 B_n 是“$r(2n)=n+1$”.

当 $n=1$ 时，方程 $x+2y=1$ 仅有一组非负整数解 $x=1,y=0$，所以命题 A_1 成立. 假设 $r(2k-1)=k$，即 A_k 成立，则当 $n=2k$ 时，方程 $x+2y=2k$ 的非负整数解的组数 $r(2k)$ 可分为两类：

一类是 $x=0$，解的组数等于1；

一类是 $x\geqslant 1$，解的组数等于方程 $(x-1)+2y=2k-1$ 满足 $x-1\geqslant 0$，$y\geqslant 0$（x，y 都是整数）的解的组数 $r(2k-1)$. 所以

$$r(2k)=1+r(2k-1)=k+1,$$

即命题 B_k 成立.

假设 $r(2k)=k+1$，即 B_k 成立，则当 $n=2k+1$ 时，方程 $x+2y=2k+1$ 的非负整数解的组数 $r(2k+1)$ 同样可分为两类：

一类是 $x=0$，解的组数等于0；

一类是 $x\geqslant 1$，解的组数等于方程 $(x-1)+2y=2k$ 满足 $x-1\geqslant 0$，$y\geqslant 0$（x，y 都是整数）的解的组数 $r(2k)$. 所以

$$r(2k+1)=0+r(2k)=k+1,$$

即命题 A_{k+1} 也成立.

因此根据跷跷板归纳法，对任意正整数 l，有

$$r(2l-1)=l,\quad r(2l)=l+1.$$

习 题 1.1

1. 试证：对于任何正整数 $n\geqslant 3$，总存在奇数 x，y，使得 $2^n=7x^2+y^2$.

2. 已知斐波那契(Fibonacci)数列 $\{f_n\}$ 满足

$$f_1=1,\quad f_2=1,\quad f_n=f_{n-1}+f_{n-2}\quad (n\geqslant 3),$$

试证：$f_n=\dfrac{1}{\sqrt{5}}(\alpha^n-\beta^n)$，这里 $\alpha=\dfrac{1+\sqrt{5}}{2}$，$\beta=\dfrac{1-\sqrt{5}}{2}$.

3. 在数列 $\{a_n\}$ 中，如果 a_n 是它的第 n 项，S_n 是它的前 n 项的和，且 $a_{2l}=3l^2$，$a_{2l-1}=3l(l-1)+1$，这里 l 是正整数，试证：$S_{2l-1}-\dfrac{1}{2}l(4l^2-3l+1)$，$S_{2l}=\dfrac{1}{2}l(4l^2+3l+1)$.

4. 试证：当 m 与 n 取遍全体正整数时，

$$m+\frac{1}{2}(m+n-2)(m+n-1)$$

也取遍全体正整数，既没有重复也没有遗漏.

1.2 整除性概念及其性质

大家知道,两个整数的和、差、积仍然是整数,但是两个整数的商(分母不为零)却不一定是整数,为此我们引进整除的概念.

这里约定,如果没有特别声明,本节及以后所用的小写字母均表示整数.

定义 1.1 设 $b\neq0$,若有一整数 q,使得 $a=bq$,则称 b 能整除 a,或 a 能被 b **整除**,记作 $b\mid a$.此时我们把 a 叫作 b 的**倍数**,b 叫作 a 的**因数**.否则,称 b 不能整除 a,或 a 不能被 b 整除,记作 $b\nmid a$.

定义 1.2 若 $b\mid a$ 且 $1<|b|<|a|$,则称 b 是 a 的**真因数**.

下面我们给出整除的一些性质.

定理 1.1 设 b,c 均不为零.

(1) 若 $c\mid b,b\mid a$,则 $c\mid a$.

(2) 若 $b\mid a$,则 $bc\mid ac$;若 $bc\mid ac$,则 $b\mid a$.

(3) 若 $c\mid a,c\mid b$,则对任意整数 m,n,有 $c\mid(ma+nb)$.

证 仅证(3).

由 $c\mid a,c\mid b$,知存在整数 a_1,b_1,使得 $a=a_1c,b=b_1c$,即

$$ma+nb=ma_1c+nb_1c=(ma_1+nb_1)c.$$

而 ma_1+nb_1 是整数,故

$$c\mid(ma+nb).$$ □

此结论可推广到有限个整数的情形.

定理 1.2 相继 k 个整数的乘积能被 $k!$ 整除,即

$$k!\mid n(n-1)\cdots(n-k+1).$$

证 (ⅰ) 若相继 k 个整数均为正整数,则 $n\geqslant k$.一方面,注意到组合数 C_n^k 总是一个正整数;另一方面,我们有

$$C_n^k=\frac{n(n-1)\cdots(n-k+1)}{k!},$$

即 $n(n-1)\cdots(n-k+1)=C_n^k\cdot k!$.故 $k!\mid n(n-1)\cdots(n-k+1)$.

(ⅱ) 若相继 k 个整数中有零,则结论显然成立.

(ⅲ) 若相继 k 个整数均为负整数,则可转化为正整数的情形. □

由于整数除法不一定总能实施,所以在一般情况下,带有余数的除法可用下面的定理来表述.

定理 1.3(带余除法) 若 a,b 是两个整数,且 $b>0$,则存在唯一一对整数 q

及 r，使得

$$a = bq + r \quad (0 \leqslant r < b). \tag{1.1}$$

证　(存在性)作整数序列

$$\cdots, -3b, -2b, -b, 0, b, -2b, -3b, \cdots,$$

则 a 必在上述序列的某两项之间，即存在一个整数 q，使得 $qb \leqslant a < (q+1)b$ 成立.

令 $a - qb = r$，则

$$a = bq + r \quad (0 \leqslant r < b).$$

(唯一性)设有两对这样的整数：q, r 及 q_1, r_1，使得

$$a = bq + r \quad (0 \leqslant r < b),$$

$$a = bq_1 + r_1 \quad (0 \leqslant r_1 < b),$$

则有

$$0 = b(q - q_1) + r - r_1. \tag{1.2}$$

由此得 $b \mid (r - r_1)$，但 $0 \leqslant |r - r_1| < b$，故得 $r - r_1 = 0$，即 $r = r_1$. 将此式代入式(1.2)，得 $0 = b(q - q_1)$. 又 $b \neq 0$，故 $q = q_1$. □

定义 1.3　式(1.1)中的 q 称为 a 被 b 除所得的不完全商，简称为**商**；r 称为 a 被 b 除所得的**余数**.

带余除法虽然很简单，但很重要. 它是整除性理论的基础，整除的许多性质都是由它推导出来的.

例 1　已知 $m \mid (10a - b)$，$m \mid (10c - d)$，试证：$m \mid (ad - bc)$.

证　因为 $(10a - b)c - (10c - d)a = ad - bc$，且 $m \mid (10a - b)$，$m \mid (10c - d)$，所以 $m \mid (ad - bc)$.

例 2　设 a 是奇数，试证：$24 \mid a(a^2 - 1)$.

证　令 $a = 2k + 1$ (k 是任意整数)，则

$$\begin{aligned} a(a^2 - 1) &= (2k + 1)((2k + 1)^2 - 1) = 4(2k + 1)k(k + 1) \\ &= 4((k - 1) + (k + 2))k(k + 1) \\ &= 4(k - 1)k(k + 1) + 4k(k + 1)(k + 2). \end{aligned}$$

由定理 1.2，知 $3! \mid (k - 1)k(k + 1)$，$3! \mid k(k + 1)(k + 2)$，故 $(4 \times 3!) \mid a(a^2 - 1)$，即 $24 \mid a(a^2 - 1)$.

例 3　试证：对任意正整数 n，$n + 1$ 个组合数 $C_n^0, C_n^1, \cdots, C_n^n$ 均为奇数的充要条件是 n 具有 $n = 2^k - 1$ 的形式.

证　用第二数学归纳法.

当 $n \leqslant 7$ 时，直接验证可知，仅在 $n = 1 = 2^1 - 1$，$n = 3 = 2^2 - 1$，$n = 7 = 2^3 - 1$ 时，组合数 C_n^l $(0 \leqslant l \leqslant n)$ 为奇数. 假设对小于 n 的情形命题成立. 我们来考察等于

n 的情形，此时全体组合数 C_n^l 分别为

$$1,n,\frac{n(n-1)}{2!},\cdots,\frac{n(n-1)\cdots(n-l+1)}{l!},\cdots,n,1.$$

要使这些数均为奇数：首先，第二项及倒数第二项的 n 应是奇数，即 $n=2m+1$；另外，在其余各项的分子、分母中，把奇因数去掉后，余下部分以 $n=2m+1$ 代入，恰得

$$\frac{m}{1},\frac{m(m-1)}{1\times 2},\cdots,\frac{m}{1}.$$

要使全体 C_n^l 均为奇数，则它们也应全是奇数，而它们恰是 $m\ (<n)$ 时的全体 C_m^l $(0<l<m)$. 由归纳假设，知它们都是奇数的充要条件是 m 有 $m=2^k-1$ 的形式，此时

$$n=2m+1=2(2^k-1)+1=2^{k+1}-1.$$

这就证明了命题对任意正整数 n 都成立.

例 4 设对所有的正整数 n，有 $10\mid(3^{m+4n}+1)$，试求正整数 m.

证 易知

$$3^{m+4n}+1=3^{m+4n}-3^m+3^m+1=3^m(81^n-1)+(3^m+1),$$
$$10\mid(81^n-1).$$

要使 $10\mid(3^{m+4n}+1)$，必须有 $10\mid(3^m+1)$.

因任一正整数被 4 除所得余数为 0,1,2,或 3,故

$$m=4q\quad 或\ m=4q+1\quad 或\ m=4q+2\quad 或\ m=4q+3.$$

若 $m=4q$（q 为正整数），则 $3^{4q}+1$ 的末尾数字是 2；

若 $m=4q+1$（q 为非负整数），则 $3^{4q+1}+1$ 的末尾数字是 4；

若 $m=4q+2$（q 为非负整数），则 $3^{4q+2}+1$ 的末尾数字是 0；

若 $m=4q+3$（q 为非负整数），则 $3^{4q+3}+1$ 的末尾数字是 8.

综上，当 $m=4q+2$（q 为非负整数）时，$10\mid(3^m+1)$，从而 $10\mid(3^{m+4n}+1)$.

例 5 若 ax_0+by_0 是形如 $ax+by$（x,y 是任意整数，a,b 是两个不全为零的整数）的数中的最小正整数，试证：

$$(ax_0+by_0)\mid(ax+by).$$

证 由

$$ax+by=(ax_0+by_0)q+r\quad(0\leqslant r<ax_0+by_0),$$

知

$$r=ax+by-(ax_0+by_0)q=a(x-x_0q)+b(y-y_0q),$$

即 r 也是形如 $ax+by$ 的数. 但因 $0\leqslant r<ax_0+by_0$，ax_0+by_0 是形如 $ax+by$ 的数中的最小正整数，故 $r=0$. 此时

$$ax+by=(ax_0+by_0)q,\quad 即\quad (ax_0+by_0)\mid(ax+by).$$

例6　试证：$S=1+\frac{1}{2}+\cdots+\frac{1}{n}\ (n>1)$不是整数.

证　设 k 是满足条件 $2^k\leqslant n$ 的最大整数，P 是所有不大于 n 的正奇数的乘积，则

$$2^{k-1}PS=2^{k-1}P\left(1+\frac{1}{2}+\cdots+\frac{1}{n}\right)$$

的展开式中，除 $2^{k-1}P\cdot\frac{1}{2^k}=\frac{1}{2}P$ 为分数外，其余各项均为整数，所以 $2^{k-1}PS$ 不是整数，因而 S 不是整数.

习 题 1.2

1. 已知$(m-p)\mid(mn+pq)$，试证：$(m-p)\mid(mq+np)$.

2. 设 $n\neq1$，试证：$(n-1)^2\mid(n^k-1)$的充要条件是$(n-1)\mid k$.

3. 试证：对任意整数 n，多项式 $f(n)=\frac{1}{3}n^3+\frac{1}{2}n^2+\frac{1}{6}n$ 总取整数值.

4. 设 n 是奇数，试证：$16\mid(n^4+4n^2+11)$.

5. 设 n 是正整数，试用数学归纳法证明：$11\mid(3^{n+1}+3^{n-1}+6^{2(n-1)})$.

6. 有三个大于1的正整数，其中任意两个数的积与1的和能被另一个数整除，试求这三个数.

7. 设 n 是奇数，试证：$2^{2n}(2^{2n+1}-1)$的最后两位数字为28.

8. 设 l 是一个给定的正整数，若 $d\mid(a+b+c)$，$d\mid(a^l-b^l)$且 $d\mid(b^l-1)$，试证：对任意正整数 n，有 $d\mid(a^{nl+1}+b^{nl+1}+c)$.

9. 设 a,b 都不是3的倍数，试证：$a+b$ 和 $a-b$ 中有且仅有一个是3的倍数.

10. 试证：$S=\frac{1}{3}+\frac{1}{5}+\cdots+\frac{1}{2n+1}\ (n\geqslant1)$不是整数.

11. 设 n 是正整数，试证：存在唯一一对整数 k,l，使得$n=\frac{k(k-1)}{2}+l\ (0\leqslant l<k)$.

12. 设 $k\geqslant2$ 是整数，试证：任一正整数 a 均可唯一表示成

$$a=b_nk^n+b_{n-1}k^{n-1}+\cdots+b_1k+b_0$$

的形式，这里 $0<b_n<k$，$0\leqslant b_i<k\ (i=0,1,\cdots,n-1)$.

1.3　素数与合数

我们知道，数1的正因数只有1.显然，任何大于1的正整数 n 的正因数至少

有1及 n 两个.有的数的正因数恰好只有两个,如2,3,5,7,…;有的则多于两个,如4,6,8,9,….

定义1.4 若正整数 n 恰好只有1及本身 n 两个正因数,则称 n 为**素数**(又称**质数**).若正整数 n 的正因数多于两个,则称 n 为**合数**(又称**复合数**).如数 n 的一个因数 p 是素数,则称 p 是 n 的一个**素因数**.

今后,我们常用 $q,p,p_1,p_2,\cdots$ 表示素数.

依定义,全体正整数按其正因数的多少可分成三类:

(ⅰ)1:只有一个正因数;

(ⅱ)素数:有且仅有两个正因数;

(ⅲ)合数:有两个以上的正因数.

由此可见,1既不是素数也不是合数.

现在带来一个问题,素数究竟是有有限多个,还是有无穷多个?这件事早在公元前3世纪希腊人欧几里得(Euclid)就已经证明了:

定理1.4 素数有无穷多个.

证 假设素数的个数有限,那么我们就可以将全体素数列举如下:

$$p_1,p_2,\cdots,p_k.$$

令 $N=p_1p_2\cdots p_k-1$,则 N 总是有素因数的,但我们可证明任何一个 $p_i(1\leqslant i\leqslant k)$ 都除不尽 N.事实上,若 $p_i\mid N$,则由 $p_i\mid p_1p_2\cdots p_k$,知 $p_i\mid 1$,这是不可能的.既然任何一个 p_i 都除不尽 N,说明 N 有不同于 $p_1,p_2,\cdots,p_k$ 的素因数,这与 $p_1,p_2,\cdots,p_k$ 是全体素数的假设相矛盾,所以素数有无穷多个. □

由定理1.4的证明立刻可以推出:

定理1.5 当 $n>2$ 时,在 n 与 $n!$ 之间一定有一个素数.

证 设不大于 n 的素数为 $p_1,p_2,\cdots,p_k$,并令 $N=p_1p_2\cdots p_k-1$.

一方面,由于 $n>2$,所以 $N>4$.由定理1.4的证明,可知 N 有一个不同于 $p_1,p_2,\cdots,p_k$ 的素因数 p,所以 $p>n$(若 $p\leqslant n$,则 p 是 $p_i(i=1,2,\cdots,k)$ 中之一).

另一方面,$p\leqslant N\leqslant n!-1<n!$,故 $n<p<n!$. □

关于合数,我们也有:

定理1.6 对任给的正整数 K,必有 K 个连续正整数都是合数.

证 构造 K 个连续正整数:

$$(K+1)!+2,(K+1)!+3,\cdots,(K+1)!+i,\cdots,(K+1)!+(K+1).$$

显然对 $2\leqslant i\leqslant K+1$,有 $i\mid((K+1)!+i)$,即这 K 个连续正整数都是合数. □

例1 试求能使 $p,p+10,p+14$ 都是素数的一切 p.

解 当 $p=3$ 时,$p+10=13$,$p+14=17$ 都是素数,所以 $p=3$ 是一个解.此外,无其他解.因为当 $p=3k+1$ 时,$p+14=3k+15=3(k+5)$ 是合数;当 $p=3k$

$+2$ 时，$p+10=3k+12=3(k+4)$ 是合数.

例 2　问：9 个大于 100 的连续正整数中，最多有几个素数？

解　大于 100 的 9 个连续整数中，最多有 5 个奇数，而大于 100 的素数必为奇数，于是素数只可能在这 5 个连续奇数之中.

又知连续 3 个奇数中至少有一个是 3 的倍数. 事实上，设连续 3 个奇数为 $2k+1,2k+3,2k+5$（k 是正整数）. 令 $k=3q+r$，这里 $0\leqslant r<3$. 当 $r=0$ 时，$3|(2k+3)$；当 $r=1$ 时，$3|(2k+1)$；当 $r=2$ 时，$3|(2k+5)$. 所以在这 5 个连续奇数中最多有 4 个素数.

另外，在 101 至 109 这 9 个连续正整数中，有 101，103，107，109 这 4 个素数. 也就是说，在 9 个大于 100 的连续正整数中，最多只有 4 个素数.

例 3　设 p 是一个大于 3 的素数，试证：p^2 被 24 除所得的余数必为 1.

证　因 p 是大于 3 的素数，故 p 必为 $6k\pm1$ 的形式，这里 k 为正整数. 此时

$$p^2=(6k\pm1)^2=36k^2\pm12k+1=12(3k^2\pm k)+1.$$

又 $2|(3k^2\pm k)$，故 p^2 被 24 除所得的余数必为 1.

例 4　当 p 与 $p+2$ 均为素数时，称 p 和 $p+2$ 为一对孪生素数.

设 $p>3$ 为素数，n 为正整数，试证：对于任意一对孪生素数 p 与 $p+2$，或者 $p+(p+2)=36n$，或者存在一对孪生素数 q 与 $q+2$，使得

$$(p+(p+2))+(q+(q+2))=36n.$$

证　因 p 与 $p+2$ 都是大于 3 的素数，故必存在正整数 m，使得 $p=6m-1$，$p+2=6m+1$. 于是 $p+(p+2)=12m$.

若 $3|m$，可令 $m=3n$，这里 n 为正整数，此时 $p+(p+2)=36n$.

若 $3\nmid m$，可令 $m=3n_1+r$，这里 n_1 为正整数，$r=1$ 或 2.

当 $r=1$ 时，令 $q=11$，则 $q+2=13$，此时

$$\begin{aligned}(p+(p+2))+(q+(q+2))&=12(3n_1+1)+11+13\\&=36(n_1+1)=36n;\end{aligned}$$

当 $r=2$ 时，令 $q=5$，则 $q+2=7$，此时

$$\begin{aligned}(p+(p+2))+(q+(q+2))&=12(3n_1+2)+5+7\\&=36(n_1+1)=36n.\end{aligned}$$

综上，命题得证.

例 5　试证：形如 $4n+3$ 的素数有无穷多.

证　如果形如 $4n+3$ 的素数有限，则可假设它们的全体是

$$p_1,p_2,\cdots,p_k.$$

令 $N=4p_1p_2\cdots p_k-1=4(p_1p_2\cdots p_k-1)+3$，则 N 也是形如 $4n+3$ 的数，而且任何 p_i（$1\leqslant i\leqslant k$）都除不尽 N.

由于除 2 以外，素数都是奇数，而奇素数用 4 除所得的余数必是 1 或 3，又两个被 4 除余 1 的数 $4l+1$ 与 $4m+1$ 的乘积

$$(4l+1)(4m+1)=4(4lm+l+m)+1$$

仍然是一个 $4n+1$ 形式的数，故由 N 是 $4n+3$ 形式的数，推知 N 的素因数不可能都是 $4n+1$ 形式的，即 N 还有形如 $4n+3$ 的素因数，但又不能是 $p_1,p_2,\cdots,p_k$ 中的一个，这就与假设相矛盾，所以形如 $4n+3$ 的素数有无穷多.

例 6　设 n 是大于 2 的偶数，试证：对于任何充分大的奇素数 p，存在满足 $p_1<p_2<\cdots<p_{n-3}$ 的素数 $p_1,p_2,\cdots,p_n$，使得

$$p=\frac{p_1+p_2+\cdots+p_n+n-1}{p_1+n-2}.$$

证　对于正整数 k，设 q_k 是第 k 个素数. 当 n 是偶数时，记

$$p_i=q_i\quad(i=1,2,\cdots,n-3),\tag{3.1}$$

则 $p_1=2$，而 $p_2,\cdots,p_{n-3}$ 均为奇素数. 令

$$m=(p-1)n-(p_2+\cdots+p_{n-3}+1).\tag{3.2}$$

由式(3.1)和(3.2)，可知当 p 是充分大的奇素数时，m 是充分大的奇数. 因此根据依・维诺格拉朵夫定理，存在奇素数 r_1,r_2,r_3，使得 $m=r_1+r_2+r_3$. 再令 $p_{n-2}=r_1,p_{n-1}=r_2,p_n=r_3$，则有

$$m=p_{n-2}+p_{n-1}+p_n.\tag{3.3}$$

把式(3.3)代入式(3.2)，并结合 $p_1=2$，可得

$$p=\frac{p_1+p_2+\cdots+p_n+n-1}{p_1+n-2}.$$

习 题 1.3

1. 试求能使 p 和 $8p^2+1$ 都是素数的一切 p.

2. 哪些素数 p 可使 $p^2-2,2p^2-1$ 和 $3p^2+4$ 都是素数?

3. 设 $p>5$，若 p 及 $2p+1$ 均为素数，试证：$4p+1$ 必为合数.

4. 试证：形如 $6n+5$ 的素数有无穷多.

5. 设奇数 $n\geqslant3$，试证：n 是素数的充要条件是 n 不能表示为三个或三个以上的相邻正整数之和.

6. 设 m 为大于 1 的正整数，试证：当且仅当 m 为大于 5 的合数时，

$$m\mid(m-1)!.$$

7. 试证：当正整数 $n>1$ 时，n^4+4^n 为合数.

8. (1) 德布埃尔(De Bouvelles)曾断言：对所有 $n\geqslant1$，$6n-1$ 和 $6n+1$ 中至少有一个是素数. 试举出反例.

(2) 试证：有无穷多个 n，使得 $6n-1$ 和 $6n+1$ 同时为合数.

9. 设 $n>2$,试证:$n-1$ 个连续正整数

$$n!+2,n!+3,\cdots,n!+n$$

中,每一个数都有一个素因数,并且该素因数不能整除其他 $n-2$ 个数中的任何一个.

10. 试找出所有奇数 n,使得 $n^2\mid(n-1)!$.

11. 全体素数按大小顺序排成的序列为 $p_1=2,p_2=3,p_3,p_4,\cdots$,试证:$p_n\leqslant 2^{2^{n-1}}$.

12. 试找出 6 个小于 160 而成等差数列的素数,并证明不可能有 7 个皆小于 200 的素数成等差数列.

13. 设 N 是任意给定的正整数,$p_1,p_2,\cdots,p_s$ 是所有不超过 N 的素数,试证:

$$\prod_{i=1}^{s}\left(1-\frac{1}{p_i}\right)^{-1}>\sum_{n=1}^{N}\frac{1}{n},$$

并由此推出素数有无穷多个.

1.4　几类特殊的素数

历史上许多数学家试图用一个公式来表示素数,即求变量 x 的一个函数,使得当 x 取任何正整数或非负整数时,该函数的值都是素数(不一定包括一切素数).

欧拉曾构造函数 $f_1(x)=x^2+x+41$,当 $x=0,1,2,\cdots,39$ 时,$f_1(x)$ 的值都是素数.类似地,对于函数

$$f_2(x)=x^2+x+17,$$

当 $x=0,1,2,\cdots,15$ 时,$f_2(x)$ 的值都是素数;对于函数

$$f_3(x)=2x^2+29,$$

当 $x=0,1,2,\cdots,28$ 时,$f_3(x)$ 的值都是素数;对于函数

$$f_4(x)=x^2-x+72\,491,$$

当 $x=0,1,2,\cdots,11\,000$ 时,$f_4(x)$ 的值都是素数;等等.

但要找一个定义在整数集上的多项式函数,使得其值都是素数的努力注定要失败,因为我们有:

定理 1.7　不存在次数 $m\geqslant 1$ 的一元整系数多项式

$$f(n)=a_mn^m+a_{m-1}n^{m-1}+\cdots+a_1n+a_0,$$

使得对于任意的正整数 n,$f(n)$ 都是素数.

证　若对某个整数 $n=b$,使得

$$f(b)=a_mb^m+a_{m-1}b^{m-1}+\cdots+a_1b+a_0=p$$

是素数,考察 $n=b+tp$ (t 为任意整数)的情形:

$$f(b+tp)=a_m(b+tp)^m+a_{m-1}(b+tp)^{m-1}+\cdots+a_1(b+tp)+a_0$$

$$= (a_m b^m + a_{m-1} b^{m-1} + \cdots + a_1 b + a_0) + kp$$
$$= f(b) + kp = p + kp = p(1 + k),$$

这里 k 是某一正整数.由于 $f(b+tp)$是合数,因此我们证明了对每个正整数 n,$f(n)$并非都是素数. □

下面介绍两类特殊的素数.

1.4.1 费马(Fermat)素数

定义 1.5 形如 $F_n = 2^{2^n} + 1$ 的正整数称为**费马数**,其中的素数称为**费马素数**.

当 $n=0,1,2,3,4$ 时,$F_0=3$,$F_1=5$,$F_2=17$,$F_3=257$,$F_4=65\,537$ 都是素数.由此,费马曾猜测所有的费马数都是素数.

不幸的是,1732 年,欧拉证明了:$F_5 = 2^{2^5}+1 = 641\times 6\,700\,417$,从而一举否定了这个猜想.然而,问题并没有结束,人们又在想:当 $n=6,7,8,\cdots$时,F_n 是素数还是合数.

1880 年,朗道指出:$F_6 = 274\,177\times 67\,280\,421\,310\,721$ 是合数;

1971 年,布里罕德(Brillhart)和莫瑞森(Morrison)指出:

$$F_7 = 59\,649\,589\,127\,497\,217\times 5\,704\,689\,200\,685\,129\,054\,721$$

也是合数.

目前人们已经证明了 $5\leqslant n\leqslant 19$ 时,F_n 均为合数,但 F_{14}的因数却一个也未能找到.

现在人们利用电子计算机,以更快的速度继续进行这些计算.然而所得到的结果都是否定的,新的费马素数没有被发现.

令人惊奇的是:费马素数竟然出现在用尺规作正多边形这样一个完全不同的问题中.

当任意给定一个正整数 N 时,能否利用尺规,将已知圆周 N 等分,并且相应地作出圆内接正 N 边形呢?

对这个尺规作图难题,在两千多年的岁月中,不知有多少人进行过多少次尝试,但都失败了.正当人类的智慧受到严峻考验时,1801 年,年轻的德国数学家高斯(Gauss)发表了数论史上划时代的著作《算术研究》.在这本书中,高斯不仅给出了一个利用圆规和直尺来作正十七边形的方法,更重要的是对所有不小于 3 的 n,他给出了:

高斯判别法 圆内接正 N 边形仅在以下几种情况才能用尺规作图:(ⅰ)边数为费马素数;(ⅱ)边数为不同费马素数的乘积;(ⅲ)边数为 2 的正整数次幂与一个或多个不同费马素数的乘积.

由于目前我们只知道,费马素数有3,5,17,257与65 537,所以从理论上讲,可用尺规作出边数为奇数的正多边形的个数只能是上述五个整数取法的组合数,即

$$C_5^1 + C_5^2 + C_5^3 + C_5^4 + C_5^5 = 31 \quad (见表1.1).$$

表1.1

编号	多边形的边数	编号	多边形的边数
1	3	17	3・65 537 = 196 611
2	5	18	5・65 537 = 327 685
3	3・5 = 15	19	3・5・65 537 = 983 055
4	17	20	17・65 537 = 1 114 129
5	3・17 = 51	21	3・17・65 537 = 3 342 387
6	5・17 = 85	22	5・17・65 537 = 5 570 645
7	3・5・17 = 255	23	3・5・17・65 537 = 16 711 935
8	257	24	257・65 537 = 16 843 009
9	3・257 = 771	25	3・257・65 537 = 50 529 027
10	5・257 = 1 285	26	5・257・65 537 = 84 215 045
11	3・5・257 = 3 855	27	3・5・257・65 537 = 252 645 135
12	17・257 = 4 369	28	17・257・65 537 = 286 331 153
13	3・17・257 = 13 107	29	3・17・257・65 537 = 858 993 459
14	5・17・257 = 21 845	30	5・17・257・65 537 = 1 431 655 765
15	3・5・17・257 = 65 535	31	3・5・17・257・65 537 = 4 294 967 295
16	65 537		

考虑到2的正整数次幂乘上述31个数得到的边数为偶数的正多边形均可用尺规作出,因此边数不超过100时,此类正多边形共24个;不超过300时,有37个;不超过1 000时,有52个.

由于理论推演的复杂性,加之涉及的数学知识也很多,这里仅介绍正十七边形的一种作图方法而不加以证明.

(1) 在⊙O中,作半径$OC \perp$直径A_1N;

(2) 在A_1N上截取$OD = \frac{1}{8}R$(R为⊙O的半径);

(3) 取OC的中点Q,连DQ,并在A_1N上截取$DE = DF = DQ$;

(4) 在直线NA_1上截取$EG = EQ$,$FH = FQ$;

(5) 在 OC 上取 OK,使它等于 OH 与 OQ 的比例中项;

(6) 过 K 作 $KM /\!/ A_1N$,与以 OG 为直径的半圆交于点 M;

(7) 作 $MA_2 /\!/ OC$,与⊙O 交于点 A_2,则 A_1A_2 为正十七边形的一条边长;

(8) 从 A_2 开始,以 A_1A_2 连续截取圆周得 $A_3,A_4,A_5,\cdots,A_{16}$ 各分点,并用直尺顺次连接各分点即得正十七边形(见图 1.1).

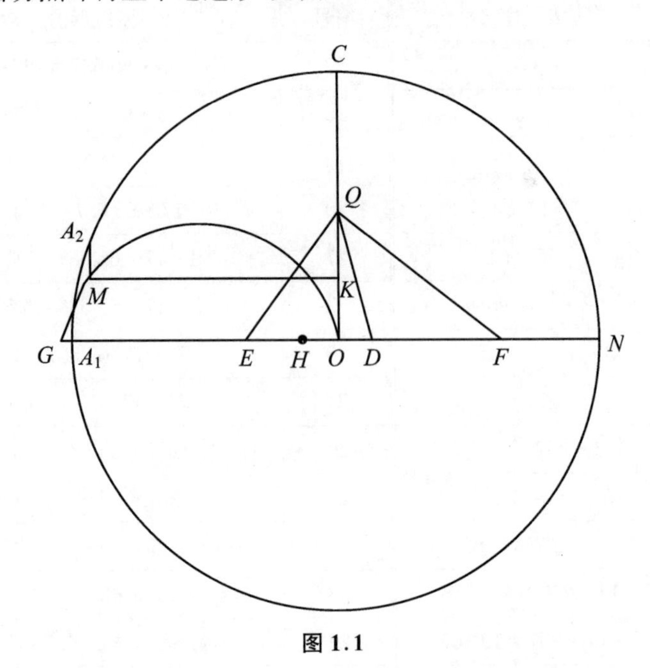

图 1.1

顺便说一句,1832 年,德国另一位数学家劳瑞(Lowry)用了 80 张大纸,给出了正 257 边形的完善做法.尔后海默斯(Hermes)耗费了十年心血,按照高斯的方法,作出了正 65 537 边形,他的手稿装了整整一大皮箱,至今仍保存在德国哥廷根大学的图书馆里.

1.4.2 梅森(Mersenne)素数

定义 1.6 形如 $M_n=2^n-1$ 的正整数称为**梅森数**,其中的素数称为**梅森素数**.

可以证明:如果 M_n 是素数,则 n 必为素数;但反之不成立,即当 n 是素数时,M_n 不一定是素数.例如:

$$23 \mid M_{11},47 \mid M_{23},167 \mid M_{83},263 \mid M_{131},359 \mid M_{179},\cdots.$$

到 2005 年为止,我们只知道 42 个梅森素数,记为 M_p,这里

$p=2,3,5,7,13,17,19,31,61,89,107,127,521,607,1\ 279,2\ 203,2\ 281,$ $3\ 217,4\ 253,4\ 423,9\ 689,9\ 941,11\ 213,19\ 937,21\ 701,23\ 209,44\ 497,86\ 243,$

132 049,216 091,110 503,756 839,859 433,1 257 787,1 398 269,2 976 211,3 021 377,6 972 593,13 466 917,20 996 011,24 036 583,25 964 951.

有人提出过这样的猜想:如果 M_p 是素数,那么 M_{M_p} 也是素数. 这个猜想对于小的梅森素数都是对的,但到第五个梅森素数 $M_{13}=8\,191$,这个猜想就被否定了. 借助于电子计算机,可以证明 $M_{M_{13}}=2^{8\,191}-1$ 是一个合数,这个数有 2 466 位,但我们还不知道它的任何素因数. 到 1957 年,有人证明了:虽然 M_{17} 与 M_{19} 都是素数,但 $M_{M_{17}}$ 与 $M_{M_{19}}$ 都是合数,它们可以分别被

$$1\,768(2^{17}-1)+1 \quad 与 \quad 120(2^{19}-1)+1$$

整除.

例 1　试证:$F_5=2^{2^5}+1$ 是合数.

证　设 $a=2^7,b=5$,则

$$a-b^3=3,\quad 1+ab-b^4=1+(a-b^3)b=1+3b=2^4,$$

于是

$$\begin{aligned}F_5&=2^{2^5}+1=(2a)^4+1=2^4\cdot a^4+1\\&=(1+ab-b^4)a^4+1\\&=(1+ab)a^4+1-a^4b^4\\&=(1+ab)(1-ab+a^2b^2-a^3b^3+a^4),\end{aligned}$$

即 $(1+ab)\mid F_5$,故 F_5 是合数.

例 2　设 $n>1$ 且 a^n-1 为素数,试证:$a=2$ 且 n 为素数.

证　假设 $a>2$. 因 $n>1$,故 $1<a-1<a^n-1$,且

$$a^n-1=(a-1)(a^{n-1}+a^{n-2}+\cdots+a+1),$$

从而 a^n-1 有真因数 $a-1$,即 a^n-1 不是素数,矛盾. 因此 $a=2$.

假设 n 是合数,即 $n=kl$,这里 $1<k<n$,那么

$$1<2^k-1<2^n-1 \quad 且 \quad (2^k-1)\mid(2^n-1),$$

即 2^n-1 也不是素数. 因此要使 a^n-1 是素数,必须有 $a=2$ 且 n 为素数.

例 3　设 $n\geqslant0$,$F_n=2^{2^n}+1$,试证:

(1) 若 $m\neq n$,$d>1$,且 $d\mid F_n$,则 $d\nmid F_m$,由此推出素数有无穷多个;

(2) $F_{n+1}=F_nF_{n-1}\cdots F_0+2$.

证　(1) 不妨设 $m>n$,且 $m=n+a\ (a\geqslant1)$,则

$$\begin{aligned}F_m&=2^{2^m}+1=2^{2^{n+a}}+1=(2^{2^n})^{2^a}+1\\&=(F_n-1)^{2^a}+1=qF_n+2,\end{aligned}$$

这里 q 是某个正整数.

假设 $d\mid F_m$. 因 $d\mid F_n$,则 $d\mid2$,而 $d>1$,故 $d=2$. 但 F_n 是奇数,故 $d\nmid F_n$,矛盾. 因此若 $m\neq n$,$d>1$,且 $d\mid F_n$,则 $d\nmid F_m$.

这说明当 $m\neq n$ 时，F_m 中的素因数与 F_n 中的素因数完全不同，而费马数有无穷多个，故不同的素因数也有无穷多个，由此推出素数有无穷多个.

(2) 本题可以用第一数学归纳法进行证明.这里我们提供另一种证法.

在

$$x^{2^{n+1}}-1=(x-1)(x+1)(x^2+1)(x^4+1)(x^8+1)\cdots(x^{2^n}+1)$$

中，令 $x=2$，得

$$2^{2^{n+1}}-1=(2^{2^0}+1)(2^{2^1}+1)(2^{2^2}+1)(2^{2^3}+1)\cdots(2^{2^n}+1),$$

两边再同时加上 2，即得

$$F_{n+1}=F_nF_{n-1}\cdots F_0+2.$$

例 4 设数列 $\{g(n)\}$ 满足 $g(1)=1,g(n+1)=g^2(n)+4g(n)+2$，试证：如果 n 是偶数，则 $\{g(n)\}$ 中仅有素数 $g(2)=7$.

证 设 $h(n)=g(n)+2$，则

$$h(1)=3,\quad h(n+1)=h^2(n).$$

由此推出 $h(n)=3^{2^{n-1}}$，于是

$$g(n)=3^{2^{n-1}}-2.$$

当 $n=2$ 时，$g(2)=7$ 为素数.

当 $n>2$ 且 n 为偶数时，$3\mid(2^{n-2}-1)$.由于 $7\mid(3^6-1)$，所以

$$7\mid(3^{2(2^{n-2}-1)}-1).$$

又 $g(n)=3^2(3^{2(2^{n-2}-1)}-1)+7$，故 $7\mid g(n)$.这说明当 $n>2$ 且 n 为偶数时，$g(n)$ 是合数.因此如果 n 是偶数，则 $\{g(n)\}$ 中仅有素数 $g(2)=7$.

习题 1.4

1. 设 m 为正整数，且 2^m+1 为素数，试证：$m=2^n$.

2. 设 $A_1=2,A_{n+1}=A_n^2-A_n+1\ (n\geqslant1)$，试证：

(1) 若 $m\neq n,d>1$，且 $d\mid A_n$，则 $d\nmid A_m$，由此推出素数有无穷多个；

(2) $A_{n+1}=A_nA_{n-1}\cdots A_1+1$.

1.5 最大公因数及其求法

定义 1.7 设 $a_1,a_2,\cdots,a_n\ (n\geqslant2)$ 是不全为零的整数.如果 $d\mid a_i\ (i=1,2,\cdots,n)$，则称 d 为 $a_1,a_2,\cdots,a_n$ 的**公因数**；$a_1,a_2,\cdots,a_n$ 的公因数中最大的，称为 $a_1,a_2,\cdots,a_n$ 的**最大公因数**，记作 $(a_1,a_2,\cdots,a_n)$.

定义 1.8　如果$(a_1,a_2,\cdots,a_n)=1$，则称$a_1,a_2,\cdots,a_n$ **互素**；如果$a_1,a_2,\cdots,a_n$中每两个数都互素，则称$a_1,a_2,\cdots,a_n$ **两两互素**.

由定义1.7立即得出下面两个结论.

定理 1.8　如果$a_1,a_2,\cdots,a_n$是n个不全为零的整数，则

$$(a_1,a_2,\cdots,a_n)=(|a_1|,|a_2|,\cdots,|a_n|).$$

证　设d是$a_1,a_2,\cdots,a_n$的任一公因数.由定义1.7，知$d\mid a_i\ (i=1,2,\cdots,n)$，因而$d\mid |a_i|\ (i=1,2,\cdots,n)$.故$d$是$|a_1|,|a_2|,\cdots,|a_n|$的一个公因数.同理可证，$|a_1|,|a_2|,\cdots,|a_n|$的任一公因数也是$a_1,a_2,\cdots,a_n$的一个公因数.故$a_1,a_2,\cdots,a_n$与$|a_1|,|a_2|,\cdots,|a_n|$有相同的公因数，因而它们的最大公因数相同，即

$$(a_1,a_2,\cdots,a_n)=(|a_1|,|a_2|,\cdots,|a_n|).$$
□

定理 1.9　如果$b\neq 0$，则$(0,b)=|b|$.

证　因$0=0\cdot|b|$，故$(0,b)=(0,|b|)=|b|$.　□

由于有了上面两个结论，今后我们只讨论正整数的情形.定理1.8与定理1.9同时也告诉我们，$(a_1,a_2,\cdots,a_n)\geqslant 1$.

下面介绍最大公因数的求法.

求两个正整数的最大公因数常用的方法是**欧几里得算法**.早在公元前50年左右，我国第一部数学名著《九章算术》第一章(方田章)的约分术中就指出："……置分母、子之数，以多减少，更相减损，以求其等也，以等数约之."这与欧几里得所著的《几何原本》第七章第二题"求最大公因数的欧几里得算法"一致.

为了介绍这一方法，首先给出：

定理 1.10　如果$a=bk+c$，则$(a,b)=(b,c)$.

证　设t是a,b的任一公因数.因为$a=bk+c$，$t\mid a$，$t\mid b$，所以$t\mid c$，即t是b,c的公因数.同理，b,c的任一公因数也是a,b的公因数，所以a,b的公因数和b,c的公因数相同，因此$(a,b)=(b,c)$.　□

定理 1.11　用欧几里得算法求任意两个正整数a和b的最大公因数，就是以每次的余数为除数去除上一次的除数，直至余数为0，那么最后一个不为零的余数便是a和b的最大公因数.此算法也称辗转相除法.

证　我们把欧几里得算法的计算过程用带余除法公式逐次表示出来，就是

$$\begin{aligned}
a &= bq_1+r_1 && (0<r_1<b),\\
b &= r_1q_2+r_2 && (0<r_2<r_1),\\
r_1 &= r_2q_3+r_3 && (0<r_3<r_2),\\
&\cdots\\
r_{n-2} &= r_{n-1}q_n+r_n && (0<r_n<r_{n-1}),
\end{aligned}$$

$$r_{n-1} = r_n q_{n+1}.$$

由上述诸式,按定理 1.10,可得

$$(a,b) = (b,r_1) = (r_1,r_2) = \cdots = (r_{n-1},r_n) = (r_n,0) = r_n. \qquad \square$$

推论 公因数一定是最大公因数的因数.

证 设 d 是 a,b 的任一公因数.已知 $r_n=(a,b)$,则由 $d\mid a,d\mid b$,得 $d\mid r_1$.又由 $d\mid b,d\mid r_1$,得 $d\mid r_2$.以此类推,最后必得 $d\mid r_n$. □

例 1 试求 6 731 和 2 809 的最大公因数.

解 因为

$$\begin{aligned}
6\,731 &= 2\,809\times 2 + 1\,113,\\
2\,809 &= 1\,113\times 2 + 583,\\
1\,113 &= 583\times 1 + 530,\\
583 &= 530\times 1 + 53,\\
530 &= 53\times 10,
\end{aligned}$$

所以

$$(6\,731,2\,809) = 53.$$

为了书写方便,上面一系列计算可简写为

	6731	2809	2
	5618	2226	
2	1113	583	1
	583	530	
1	530	53	10
	530		
	0		

.

例 2 设 a,m,n 是正整数,$m\neq n$,试证:$(a^{2^m}+1,a^{2^n}+1)=1$ 或 2.

证 由 $m\neq n$,不妨设 $m>n$,且 $m=n+r\ (r\geqslant 1)$,则

$$a^{2^m}-1 = a^{2^{n+r}}-1 = (a^{2^n})^{2^r}-1 = (a^{2^n}+1)M$$

(M 是正整数),即 $a^{2^m}+1=(a^{2^n}+1)M+2$.由定理 1.10,得

$$(a^{2^m}+1,a^{2^n}+1) = (a^{2^n}+1,2) = \begin{cases}1 & (a\ \text{偶数})\\ 2 & (a\ \text{奇数})\end{cases},$$

即 $(a^{2^m}+1,a^{2^n}+1)=1$ 或 2.

例 3 设 m,n 是正整数,试证:$(2^m-1,2^n-1)=2^{(m,n)}-1$.

证 当 $m=n$ 时,结论显然成立.

现不妨设 $m>n$,则由欧几里得算法和定理 1.10,可得

$$m = nq_1 + r_1,\ n = r_1q_2 + r_2,\cdots,r_{n-2} = r_{n-1}q_n + r_n,\ r_{n-1} = r_nq_{n+1},$$

$$(m,n) = (n,r_1) = (r_1,r_2) = \cdots = (r_{n-1},r_n) = (r_n,0) = r_n.$$

由于

$$
\begin{aligned}
2^m-1&=2^{nq_1+r_1}-1=2^{r_1}(2^{nq_1}-1)+(2^{r_1}-1)\\
&=(2^n-1)N+(2^{r_1}-1),
\end{aligned}
$$

这里 N 是正整数,故$(2^m-1,2^n-1)=(2^n-1,2^{r_1}-1)$.以此类推,可得

$$
\begin{aligned}
(2^m-1,2^n-1)&=(2^n-1,2^{r_1}-1)=(2^{r_1}-1,2^{r_2}-1)=\cdots\\
&=(2^{r_{n-1}}-1,2^{r_n}-1)=2^{r_n}-1=2^{(m,n)}-1.
\end{aligned}
$$

习题 1.5

1. 试用欧几里得算法求:(1) (4 935,13 912);(2) (51 425,13 310).
2. 已知 $m>0,n>0$,且 m 是奇数,试证:$(2^m-1,2^n+1)=1$.
3. 设 ax_0+by_0 是形如 $ax+by$ (x,y 是任意整数,a,b 是两个不全为零的整数)的数中最小的正整数,试证:$(a,b)=ax_0+by_0$.
4. 试证:$(2^p-1,2^q-1)=1$ 的充要条件是$(p,q)=1$.
5. 设 $n\geqslant2$,试证:存在 n 个合数可组成一个等差数列,而且其中任意两个数互素.

1.6　最大公因数的有关结论

上一节中已经得到:公因数一定是最大公因数的因数.借助这一性质我们可以证明:

定理 1.12　$(a_1,a_2,\cdots,a_n)=d$ 的充要条件是$\left(\frac{a_1}{d},\frac{a_2}{d},\cdots,\frac{a_n}{d}\right)=1$.

证　(必要性)已知$(a_1,a_2,\cdots,a_n)=d$,用反证法.

假设$\left(\frac{a_1}{d},\frac{a_2}{d},\cdots,\frac{a_n}{d}\right)=d_1>1$,则$\frac{a_1}{dd_1},\frac{a_2}{dd_1},\cdots,\frac{a_n}{dd_1}$都是整数,故 $a_1,a_2,\cdots,a_n$ 有公因数$dd_1\leqslant d$,即 $d_1\leqslant1$.这与假设矛盾,所以

$$\left(\frac{a_1}{d},\frac{a_2}{d},\cdots,\frac{a_n}{d}\right)=1.$$

(充分性)已知$\left(\frac{a_1}{d},\frac{a_2}{d},\cdots,\frac{a_n}{d}\right)=1$,仍用反证法.

易知 d 是$a_1,a_2,\cdots,a_n$ 的公因数.假设$(a_1,a_2,\cdots,a_n)=d_2>d$,则有 $d_2=dd_3$,这里 d_3 是大于1的整数,即$\frac{a_1}{d},\frac{a_2}{d},\cdots,\frac{a_n}{d}$还有公因数$d_3>1$.这与已知矛盾,所以$(a_1,a_2,\cdots,a_n)=d_2=d$. □

推论 设 k 是正整数，l 是 $a_1,a_2,\cdots,a_n$ 的一个公因数，且 $(a_1,a_2,\cdots,a_n)=d$，则(1) $(ka_1,ka_2,\cdots,ka_n)=kd$；(2) $\left(\dfrac{a_1}{l},\dfrac{a_2}{l},\cdots,\dfrac{a_n}{l}\right)=\dfrac{d}{|l|}$.

该推论表明，在求最大公因数时，可把任何正的公因数提出来.

定理 1.13 对任意整数 k，有 $(a,b)=(a,b+ka)$.

证 设 $d_1=(a,b)$，$d_2=(a,b+ka)$，则由 $d_1\mid a$，$d_1\mid b$，可得 $d_1\mid(b+ka)$. 又 $d_1\mid a$，故 $d_1\mid(a,b+ka)$，于是 $d_1\leqslant d_2$. 同理可证 $d_2\leqslant d_1$. 因此 $d_1=d_2$. □

例 1 试求下列最大公因数：

(1) $(n!+1,(n+1)!+1)$；　　(2) $(kn,k(n+2))$ (k 为正整数).

解 (1) 原式 $=(n!+1,-n)=(1,-n)=1$.

(2) 当 $n=2a$ 时

$$\begin{aligned}\text{原式} &= k(n,n+2)=k(2a,2a+2)\\ &= k(2a,2)=2k(a,1)=2k;\end{aligned}$$

当 $n=2a+1$ 时

$$\text{原式}=k(n,n+2)=k(2a+1,2a+3)=k(2a+1,2)=k.$$

例 2 设 $(a,4)=(b,4)=2$，试求 $(a+b,4)$.

解 由题意，可设 $a=4k_1+2$，$b=4k_2+2$，则

$$(a+b,4)=(4k_1+4k_2+4,4)=4(k_1+k_2+1,1)=4.$$

下面的结论给出了多个正整数最大公因数的求法.

定理 1.14
$$\begin{aligned}(a_1,a_2,a_3,\cdots,a_n) &= ((a_1,a_2),a_3,\cdots,a_n)\\ &= ((a_1,\cdots,a_r),(a_{r+1},\cdots,a_n)).\end{aligned}$$

证 如果 $d\mid a_i$ $(1\leqslant i\leqslant n)$，那么 $d\mid(a_1,a_2)$，$d\mid a_i$ $(3\leqslant i\leqslant n)$. 反之，若 $d\mid(a_1,a_2)$，$d\mid a_i$ $(3\leqslant i\leqslant n)$，则由定义 1.7，知 $d\mid a_i$ $(1\leqslant i\leqslant n)$. 这说明 $a_1,a_2,a_3,\cdots,a_n$ 与 $(a_1,a_2),a_3,\cdots,a_n$ 有相同的公因数，因此

$$(a_1,a_2,a_3,\cdots,a_n)=((a_1,a_2),a_3,\cdots,a_n).$$

类似可证，$(a_1,a_2,a_3,\cdots,a_n)=((a_1,\cdots,a_r),(a_{r+1},\cdots,a_n))$. □

推论 1 设 $a_1,a_2,\cdots,a_n$ 是任意 n $(n\geqslant 2)$ 个正整数，且 $(a_1,a_2)=d_2$，$(d_2,a_3)=d_3,\cdots,(d_{n-1},a_n)=d_n$，则 $(a_1,a_2,\cdots,a_n)=d_n$.

该推论表明，多个数的最大公因数，可以通过求两个数的最大公因数逐步求出.

推论 2 $(a_1,a_2)(b_1,b_2)=(a_1b_1,a_1b_2,a_2b_1,a_2b_2)$.

证 易知

$$\begin{aligned}\text{左边} &= (a_1(b_1,b_2),a_2(b_1,b_2))\\ &= ((a_1b_1,a_1b_2),(a_2b_1,a_2b_2))=\text{右边}.\end{aligned}$$ □

一般地，有

$$(a_1,\cdots,a_r)(b_1,\cdots,b_s)=(a_1b_1,\cdots,a_1b_s,\cdots,a_rb_1,\cdots,a_rb_s).$$

例 3　试求(27 090,21 672,11 352,8 127).

解　由

$$\begin{array}{r|c|c|l} & 27090 & 21672 & 1 \\ & 21672 & 21672 & \\ \hline 4 & 5418 & 0 & \end{array},$$

得(27 090,21 672) = 5 418. 由

$$\begin{array}{r|c|c|l} & 11352 & 5418 & 2 \\ & 10836 & 5160 & \\ \hline 10 & 516 & 258 & 2 \\ & 516 & & \\ \cline{2-2} & 0 & & \end{array},$$

得(5 418,11 352) = 258. 由

$$\begin{array}{r|c|c|l} & 8127 & 258 & 31 \\ & 7998 & 258 & \\ \hline 2 & 129 & 0 & \end{array},$$

得(258,8 127) = 129.

综上,(27 090,21 672,11 352,8 127) = 129.

例 4　试证:$\left(\dfrac{a}{(a,c)},\dfrac{b}{(b,a)},\dfrac{c}{(c,b)}\right)=1$.

证　因为

$$\begin{aligned}(a,b)(b,c)(c,a) &= (ab,ac,b^2,bc)(c,a)\\ &= (abc,a^2b,ac^2,a^2c,b^2c,ab^2,bc^2,abc)\\ &= (a^2b,a^2c,ab^2,b^2c,ac^2,bc^2,abc),\end{aligned}$$

$$\begin{aligned}&(a(a,b)(b,c),b(b,c)(c,a),c(c,a)(a,b))\\ &\quad= (a(ab,ac,b^2,bc),b(bc,ab,c^2,ab),c(ac,bc,a^2,ab))\\ &\quad= (a^2b,a^2c,ab^2,abc,b^2c,ab^2,bc^2,ab^2,ac^2,bc^2,a^2c,abc)\\ &\quad= (a^2b,a^2c,ab^2,b^2c,ac^2,bc^2,abc),\end{aligned}$$

所以$(a(a,b)(b,c),b(b,c)(c,a),c(c,a)(a,b))=(a,b)(b,c)(c,a)$,即

$$\left(\frac{a}{(a,c)},\frac{b}{(b,a)},\frac{c}{(c,b)}\right)=1.$$

习题 1.6

1. 试求下列最大公因数：

(1) $(2^t+1,2^t-1)$ $(t>0)$；　　(2) $(n-1,n^2+n+1)$.

2. 试给出四个正整数，它们的最大公因数是 1，但任何三个数都不互素.

3. 试求(353 430,530 145,165 186).

4. 试证：$(a,b,c)(ab,bc,ca)=(a,b)(b,c)(c,a)$.

1.7 整除的进一步性质

本节我们从一个引理出发进一步导出整除的性质.

引理 对任意两个正整数 a,b，用欧几里得算法：

$$a=bq_1+r_1,b=r_1q_2+r_2,r_1=r_2q_3+r_3,\cdots,$$
$$r_{k-1}=r_kq_{k+1}+r_{k+1},\cdots,r_{n-1}=r_nq_{n+1},$$

可得

$$Q_ka-P_kb=(-1)^{k-1}r_k\quad(k=1,\cdots,n),\tag{7.1}$$

这里

$$\left.\begin{array}{l}P_0=1,\ P_1=q_1,\ P_k=q_kP_{k-1}+P_{k-2}\\ Q_0=0,\ Q_1=1,\ Q_k=q_kQ_{k-1}+Q_{k-2}\end{array}\right.\quad(k=2,\cdots,n),\tag{7.2}$$

r_k 是欧几里得算法中的余数.

证 用第二数学归纳法.

当 $k=1$ 时，式(7.1)显然成立.

当 $k=2$ 时

$$\begin{aligned}(-1)^{2-1}r_2&=-(b-r_1q_2)=-b+q_2(a-bq_1)\\&=q_2a-(q_2q_1+1)b=Q_2a-P_2b.\end{aligned}$$

式(7.1)也成立.

假如式(7.1)和(7.2)对于不超过 $k\geqslant2$ 的正整数都成立，则

$$\begin{aligned}(-1)^kr_{k+1}&=(-1)^k(r_{k-1}-r_kq_{k+1})\\&=(-1)^{k-2}r_{k-1}+(-1)^{k-1}r_kq_{k+1}\\&=(Q_{k-1}a-P_{k-1}b)+(Q_ka-P_kb)q_{k+1}\\&=(q_{k+1}Q_k+Q_{k-1})a-(q_{k+1}P_k+P_{k-1})b\end{aligned}$$

$$= Q_{k+1}a - P_{k+1}b.$$

因此由第二数学归纳法,知结论成立. □

定理1.15 若 a,b 是任意两个不全为零的整数,则存在两个整数 s,t,使得 $as+bt=(a,b)$.

证 若 a,b 中有一个为零,则结论显然成立.

不妨设 a,b 都是正整数,且 $(a,b)=r_n$,那么由引理,知 $Q_na-P_nb=(-1)^{n-1}r_n$,即 $(-1)^{n-1}Q_na+(-1)^nP_nb=r_n$.

令 $s=(-1)^{n-1}Q_n$,$t=(-1)^nP_n$,即得 $as+bt=(a,b)$. □

推论1 若 $a_1,a_2,\cdots,a_n$ 是 n 个不全为零的整数,那么存在 n 个整数 $k_1,k_2,\cdots,k_n$,使得 $k_1a_1+k_2a_2+\cdots+k_na_n=(a_1,a_2,\cdots,a_n)$.

推论2 $(a,b)=1$ 的充要条件是存在两个整数 s 和 t,使得

$$as+bt=1.$$

证 (必要性)由定理1.15,知存在两个整数 s 和 t,使得 $as+bt=1$.

(充分性)设有整数 s,t,使得 $as+bt=1$.若 $(a,b)=d$,则 $d\mid a$,$d\mid b$,从而 $d\mid 1$,即 $d=1$.故有 $(a,b)=1$. □

定理1.16 若 a,b,c 是三个整数,且 $(a,c)=1$ 则 $(ab,c)=(b,c)$.

证 由定理1.15,知存在两个整数 s,t,满足等式 $as+ct=1$,两边同乘上 b,可得 $(ab)s+c(bt)=b$.

若 d 是 ab 与 c 的任一公因数,即 $d\mid ab$,$d\mid c$,则 $d\mid b$.从而 d 是 b,c 的一个公因数.

反之,b,c 的任一公因数,显然是 ab 与 c 的一个公因数,故 ab,c 与 b,c 有相同的公因数.因此 $(ab,c)=(b,c)$. □

推论1 若 $(a,c)=1$,$c\mid ab$,则 $c\mid b$.

证 由定理1.16,得 $|c|=(ab,c)=(b,c)$.故 $|c|\mid b$,因而 $c\mid b$. □

推论2 若在整数 $a_1,a_2,\cdots,a_n$ 与 $b_1,b_2,\cdots,b_m$ 中各任取一数 a_i 与 b_j,都有 $(a_i,b_j)=1$,则 $\left(\prod_{i=1}^{n}a_i,\prod_{j=1}^{m}b_j\right)=1$.

特别地,当 $(a,b)=1$,n,m 为任意正整数时,$(a^n,b^m)=1$.

证 不妨假定 a_i 与 b_j 都是正整数.由定理1.16,知

$$\left(\prod_{i=1}^{n}a_i,b_j\right)=(a_2a_3\cdots a_n,b_j)=\cdots=(a_n,b_j)=1\quad(j=1,2,\cdots,m).$$

再用定理1.16,即得

$$\left(\prod_{i=1}^{n}a_i,\prod_{j=1}^{m}b_j\right)=\left(\prod_{i=1}^{n}a_i,b_2b_3\cdots b_m\right)=\cdots=\left(\prod_{i=1}^{n}a_i,b_m\right)=1.$$ □

定理1.17 若 p 是一素数,a 是任一整数,则 $p\mid a$ 或 $(p,a)=1$.

证 因$(p,a)>0$,且$(p,a)\mid p$,故由素数的定义,知$(p,a)=1$或$(p,a)=p$,即$(p,a)=1$或$p\mid a$. □

推论 设$a_1,a_2,\cdots,a_n$是n个整数,p是素数.若$p\mid a_1a_2\cdots a_n$,则p一定能整除某一$a_k(k=1,2,\cdots,n)$.

证 假设$a_1,a_2,\cdots,a_n$均不能被p整除,则由定理1.17,知

$$(p,a_k)=1\quad(k=1,2,\cdots,n),$$

即$(p,a_1a_2\cdots a_n)=1$.这与题设$p\mid a_1a_2\cdots a_n$矛盾,故推论成立. □

例1 设a,b,c,k都是正整数,且$ab=c^k$,$(a,b)=1$,试证:

$$a=(a,c)^k,\quad b=(b,c)^k.$$

证 由$\left(\frac{a}{(a,c)},\frac{c}{(a,c)}\right)=1$,知$\left(\left(\frac{a}{(a,c)}\right)^k,\left(\frac{c}{(a,c)}\right)^k\right)=1$,所以

$$(a^k,c^k)=(a,c)^k.$$

又由$(a,b)=1$,知$(a^{k-1},b)=1$,所以

$$a=a(a^{k-1},b)=(a^k,ab)=(a^k,c^k)=(a,c)^k.$$

类似可证,$b=(b,c)^k$.

例2 设a,b是整数,试证:$11\mid(a^2+5b^2)$的充要条件是$11\mid a$且$11\mid b$.

证 充分性显然.下证必要性.用反证法.

若$11\nmid a$,则由$11\mid(a^2+5b^2)$,推出$11\nmid b$.根据定理1.17,知$(11,b)=1$,故存在整数s,t,使得$11s+bt=1$.由此得

$$\begin{aligned}t^2(a^2+5b^2)&=(at)^2+5(bt)^2=(at)^2+5+5(bt+1)(bt-1)\\&=(at)^2+5-55(bt+1)s.\end{aligned}$$

又$11\mid t^2(a^2+5b^2)$,$11\mid 55$,故$11\mid((at)^2+5)$.

再由带余除法,知$at=11q+r\ (0\leqslant r<11)$,即$(at)^2+5=11(11q^2+2qr)+r^2+5$,故$11\mid(r^2+5)$.

但当$r=0,1,2,\cdots,10$时,$11\nmid(r^2+5)$.因此$11\mid a$,从而$11\mid b$.

例3 设m,n是正整数,且$(m,n)=1$,试证:$m!n!\mid(m+n-1)!$.

证 注意到

$$\frac{(m+n-1)!}{(m-1)!n!}=\mathrm{C}_{m+n-1}^{n},\quad\frac{(m+n-1)!}{m!(n-1)!}=\mathrm{C}_{m+n-1}^{m}$$

都是整数,即存在整数Q,Q',使得

$$(m+n-1)!=(m-1)!n!Q=m!(n-1)!Q',$$

所以$nQ=mQ'$.由于$(m,n)=1$,故$n\mid Q'$,即存在整数Q'',使得$Q'=nQ''$,代入得

$$(m+n-1)!=m!n!Q''.$$

因此$m!n!\mid(m+n-1)!$.

例4　设有两个容器A和B,A的容量为27升,B的容量为15升.如何利用它们从一桶油中倒出9升油来?

解　易知$(27,15)=3$,且$27=1\times 15+12$,$15=1\times 12+3$,即

$$3=15-1\times 12=15-1\times(27-1\times 15)=2\times 15-27,$$

故

$$9=6\times 15-3\times 27.$$

这表明需向容器B内倒6次油,每次倒满后就向容器A内倒,容器A满了就向桶内倒.这样在容器A第三次倒满时,容器B内剩下的就是9升.

习题 1.7

1. 设a,b是整数,试证:$13\mid(a^2-7b^2)$的充要条件是$13\mid a$且$13\mid b$.
2. 设正整数$a>1,b>1$,且$(a,b)=1$,试证:一定存在正整数ξ,η,使得
$$a\xi-b\eta=1\quad(0<\xi<b,0<\eta<a).$$
3. 试求三个不同正整数构成的所有数组,满足:
(ⅰ)两两互素;　(ⅱ)任意两数之和被第三个数整除.
4. 设有三个正整数a,b,c,满足$(a,b,c)=1$,且$\dfrac{1}{a}+\dfrac{1}{b}=\dfrac{1}{c}$,试证:$a+b$,$a-c$和$b-c$都是完全平方数.
5. 设$m>n\geqslant 1$,$a_1<a_2<\cdots<a_s$是不超过m且与n互素的全体整数,记$S_m^n=\dfrac{1}{a_1}+\dfrac{1}{a_2}+\cdots+\dfrac{1}{a_s}$,试证:$S_m^n$不是整数.
6. 设$a=525,b=231$,试求整数s,t,使得$sa+tb=(a,b)$.

1.8　最小公倍数及其性质

定义1.9　设$a_1,a_2,\cdots,a_n(n\geqslant 2)$是$n$个不等于零的整数,如果$a_i\mid m\ (i=1,2,\cdots,n)$,则称$m$为$a_1,a_2,\cdots,a_n$的**公倍数**.$a_1,a_2,\cdots,a_n$的公倍数中最小的正整数,称为$a_1,a_2,\cdots,a_n$的**最小公倍数**,记作$[a_1,a_2,\cdots,a_n]$.

与最大公因数的情形一样,我们先证明:

定理1.18　如果$a_1,a_2,\cdots,a_n(n\geqslant 2)$是$n$个不等于零的整数,则

$$[a_1,a_2,\cdots,a_n]=[|a_1|,|a_2|,\cdots,|a_n|].$$

证　设m是$a_1,a_2,\cdots,a_n$的任一公倍数.由定义1.9,知$a_i\mid m\ (i=1,2,\cdots,$

n).因而$|a_i|\,|m$ ($i=1,2,\cdots,n$).故 m 是$|a_1|,|a_2|,\cdots,|a_n|$的一个公倍数.同理可证,$|a_1|,|a_2|,\cdots,|a_n|$的任一公倍数也是 $a_1,a_2,\cdots,a_n$ 的一个公倍数.故 $a_1,a_2,\cdots,a_n$ 与$|a_1|,|a_2|,\cdots,|a_n|$有相同的公倍数,因而它们的最小公倍数相同,即

$$[a_1,a_2,\cdots,a_n]=[|a_1|,|a_2|,\cdots,|a_n|].$$ □

定理 1.18 告诉我们,要讨论最小公倍数不妨仅就正整数去讨论.

为了给出最小公倍数的充要条件,我们需要证明:

定理 1.19 公倍数一定是最小公倍数的倍数.

证 设 $m=[a_1,a_2,\cdots,a_n]$,且 m_1 是 $a_1,a_2,\cdots,a_n$ 的任一公倍数.由带余除法,知 $m_1=mq+r$ ($0\leqslant r<m$).

因为 $a_i|m_1$,$a_i|m$,所以 $a_i|r$ ($i=1,2,\cdots,n$),即 r 是$a_1,a_2,\cdots,a_n$ 的公倍数,而 $0\leqslant r<m$,故 $r=0$,即 $m|m_1$.结论成立. □

定理 1.20 $[a_1,a_2,\cdots,a_n]=m$ 的充要条件是$\left(\dfrac{m}{a_1},\dfrac{m}{a_2},\cdots,\dfrac{m}{a_n}\right)=1$.

证 (必要性)已知$[a_1,a_2,\cdots,a_n]=m$,用反证法.

假设$\left(\dfrac{m}{a_1},\dfrac{m}{a_2},\cdots,\dfrac{m}{a_n}\right)=d>1$,那么 $d\left|\dfrac{m}{a_i}\right.$ ($i=1,2,\cdots,n$),即 $a_i\left|\dfrac{m}{d}\right.$ ($i=1,2,\cdots,n$),这说明$\dfrac{m}{d}$也是 $a_1,a_2,\cdots,a_n$ 的公倍数.由此可得 $0<\dfrac{m}{d}<m$,与$[a_1,a_2,\cdots,a_n]=m$ 相矛盾,所以$\left(\dfrac{m}{a_1},\dfrac{m}{a_2},\cdots,\dfrac{m}{a_n}\right)=1$.

(充分性)已知$\left(\dfrac{m}{a_1},\dfrac{m}{a_2},\cdots,\dfrac{m}{a_n}\right)=1$,仍用反证法.

易知 m 为$a_1,a_2,\cdots,a_n$ 的公倍数.假设$[a_1,a_2,\cdots,a_n]=m_1<m$,则根据定理 1.19,知 $m_1|m$.令 $m=m_1q$ ($q>1$),于是

$$\left(\frac{m}{a_1},\frac{m}{a_2},\cdots,\frac{m}{a_n}\right)=\left(\frac{m_1q}{a_1},\frac{m_1q}{a_2},\cdots,\frac{m_1q}{a_n}\right)=q>1,$$

与已知矛盾,所以$[a_1,a_2,\cdots,a_n]=m_1=m$. □

推论 设 k 是正整数,l 是$a_1,a_2,\cdots,a_n$ 的一个公因数,且$[a_1,a_2,\cdots,a_n]=m$,则(1) $[ka_1,ka_2,\cdots,ka_n]=km$;(2) $\left[\dfrac{a_1}{l},\dfrac{a_2}{l},\cdots,\dfrac{a_n}{l}\right]=\dfrac{m}{|l|}$.

该推论表明,在求最小公倍数时,可把任何正的公因数提出来.

下面的结论给出了两个正整数最小公倍数的实际求法.

定理 1.21 设 a,b 是任意两个正整数,则

$$[a,b]=\frac{ab}{(a,b)}.$$

证　先假定$(a,b)=1$,并设$m=[a,b]$,则$m\mid ab$.

另外,由$a\mid m$,知$m=as$,进而由$b\mid m=as$及$(a,b)=1$,知$b\mid s$,所以$s=bt$.此时$m=abt$,即$ab\mid m$,故$m=ab$.结论成立.

又$\left(\frac{a}{(a,b)},\frac{b}{(a,b)}\right)=1$,从而由已证的结论,知

$$\left[\frac{a}{(a,b)},\frac{b}{(a,b)}\right]=\frac{ab}{(a,b)^2},\quad \text{即}\quad [a,b]=\frac{ab}{(a,b)}.$$ □

推论　若n是正整数,则$[a^n,b^n]=[a,b]^n$.

证　因为$\left(\frac{a}{(a,b)},\frac{b}{(a,b)}\right)=1$,所以$\left(\frac{a^n}{(a,b)^n},\frac{b^n}{(a,b)^n}\right)=1$,从而

$$\begin{aligned}(a^n,b^n)&=\left((a,b)^n\frac{a^n}{(a,b)^n},(a,b)^n\frac{b^n}{(a,b)^n}\right)\\&=(a,b)^n\left(\frac{a^n}{(a,b)^n},\frac{b^n}{(a,b)^n}\right)\\&=(a,b)^n.\end{aligned}$$

于是$[a^n,b^n]=\frac{a^nb^n}{(a^n,b^n)}=\frac{a^nb^n}{(a,b)^n}=\left(\frac{ab}{(a,b)}\right)^n=[a,b]^n$. □

定理1.22　$$\begin{aligned}[a_1,a_2,a_3,\cdots,a_n]&=[[a_1,a_2],a_3,\cdots,a_n]\\&=[[a_1,\cdots,a_r],[a_{r+1},\cdots,a_n]].\end{aligned}$$

证　如果$a_i\mid m\ (1\leqslant i\leqslant n)$,那么$[a_1,a_2]\mid m$,$a_i\mid m\ (3\leqslant i\leqslant n)$;反之,如果$[a_1,a_2]\mid m$,$a_i\mid m\ (3\leqslant i\leqslant n)$,则由定义1.9,知$a_i\mid m\ (1\leqslant i\leqslant n)$.这说明$a_1,a_2,a_3,\cdots,a_n$与$[a_1,a_2],a_3,\cdots,a_n$有相同的公倍数,因此

$$[a_1,a_2,a_3,\cdots,a_n]=[[a_1,a_2],a_3,\cdots,a_n].$$

类似可证,$[a_1,a_2,a_3,\cdots,a_n]=[[a_1,\cdots,a_r],[a_{r+1},\cdots,a_n]]$. □

推论　设$a_1,a_2,\cdots,a_n$是任意$n\ (n\geqslant 2)$个正整数,且

$$[a_1,a_2]=m_2,[m_2,a_3]=m_3,\cdots,[m_{n-1},a_n]=m_n,$$

则$[a_1,a_2,\cdots,a_n]=m_n$.

该推论表明,多个数的最小公倍数,可以通过求两个数的最小公倍数逐步求出.

定理1.23　若$p_1,p_2,\cdots,p_n$是不同的素数,且$p_i\mid m\ (1\leqslant i\leqslant n)$,则

$$\prod_{i=1}^{n}p_i\mid m.$$

证　先用第一数学归纳法证明$[p_1,p_2,\cdots,p_n]=\prod\limits_{i=1}^{n}p_i$.

由$(p_1,p_2)=1$及定理1.21,知$[p_1,p_2]=p_1p_2$.

假设$[p_1,p_2,\cdots,p_{n-1}]=p_1p_2\cdots p_{n-1}$,那么由$(p_1p_2\cdots p_{n-1},p_n)=1$及定

理 1.21,再结合定理 1.22,知

$$\begin{aligned}[p_1,p_2,\cdots,p_{n-1},p_n] &= [[p_1,p_2,\cdots,p_{n-1}],p_n] \\ &= [p_1p_2\cdots p_{n-1},p_n] \\ &= p_1p_2\cdots p_{n-1}p_n,\end{aligned}$$

即

$$[p_1,p_2,\cdots,p_n] = \prod_{i=1}^{n} p_i.$$

又 $p_i \mid m\ (1\leqslant i\leqslant n)$,故由定理 1.19,知$[p_1,p_2,\cdots,p_n] \mid m$,即 $\prod_{i=1}^{n} p_i \mid m$. □

例 1 金星和地球在某一时刻相对于太阳处于某一确定位置.已知金星绕太阳一周需 225 日,地球绕太阳一周需 365 日.问这两颗行星绕太阳至少各转几周仍同时回到原来的位置上?

解 两颗行星同时回到原来的位置所需的时间必定是各行星绕太阳转一周时间的公倍数.现在要计算它们同时回到原来的位置至少各转几周,就要先求它们同时回到原来的位置的最短时间,也就是要求它们绕太阳一周所需时间的最小公倍数.

因为

	365	225	1
	225	140	
1	140	85	1
	85	55	
1	55	30	1
	30	25	
1	25	5	5
	25		
	0		

所以(225,365)=5.由定理 1.21,得

$$[225,365] = \frac{225\times 365}{5} = 16\,425.$$

此时

$$16\,425\div 225 = 73,\quad 16\,425\div 365 = 45.$$

综上,当金星绕太阳 73 周,地球绕太阳 45 周时,它们同时回到原来的位置上.

例 2 试求满足$(a,b,c)=10$,$[a,b,c]=100$ 的全部正整数组 a,b,c.

解 由题意,得

$$\left(\frac{a}{10},\frac{b}{10},\frac{c}{10}\right)=1,\quad \left[\frac{a}{10},\frac{b}{10},\frac{c}{10}\right]=10.$$

故$\frac{a}{10},\frac{b}{10},\frac{c}{10}$仅可能取值1,2,5,10,并满足上述两个条件.

(ⅰ)若$\frac{a}{10}=\frac{b}{10}=\frac{c}{10}$,显然不可能.

(ⅱ)若三个中有两个相等,根据条件,可唯一确定最后一个.它们是10,10,1;5,5,2;2,2,5;1,1,10等,共有$4\times\frac{A_3^3}{2!}=12$组解.

(ⅲ)若三个中两两不等,则任取三个不等的均可,它们是10,5,2;10,5,1;10,2,1;5,2,1等,共有$4A_3^3=24$组解.把每组解都乘10,所得结果就是原问题的解,共有36组解.

例3　设a,b,m是正整数,$(a,b)=1$,试证:在等差数列$a+kb$(k为非负整数)中,必有无穷多个数与m互素.

证　设c是使$(c,a)=1$的m的最大正因数,我们来证明:

$$(a+bc,m)=1.$$

令$d=(a+bc,m)$,则由$(a,bc)=(a,a+bc)=(a+bc,bc)=1$及$d\mid(a+bc)$,推出$(d,a)=(d,bc)=1$,因而有$(d,c)=1$.

由于$d\mid m,c\mid m$,故$dc\mid m$.又$(a,dc)=1$,故由c的最大性,推出$d=1$,即$(a+bc,m)=1$.因此$(a+(c+lm)b,m)=(a+bc,m)=1$.

习题1.8

1. 设有甲、乙两个齿轮相互衔接,甲轮有437个齿,乙轮有323个齿.问甲的某一齿与乙的某一齿接触后到再相互接触至少各要转几周?
2. 试求满足$(a,b)=10,[a,b]=100$的全部正整数组a,b.
3. 试求三个连续正整数的最小公倍数.

1.9　算术基本定理

这一节我们将讨论整除性理论部分的中心问题——算术基本定理.

定理1.24(算术基本定理)　在不计因数次序的意义下,任一大于1的正整数A都可以唯一分解成素因数的连乘积.

证　先证存在性.用第二数学归纳法.

当 $A=2$ 时，2是素数，结论自然成立.

假设对某个 $l>2$，当 $2\leqslant A<l$ 时，结论对所有这样的 A 都成立.

当 $A=l$ 时，若 l 是素数，则结论成立；若 l 是合数，则必有 $l=l_1l_2(2\leqslant l_1,l_2<l)$. 由归纳假设，$l_1,l_2$ 均可表示为素数的连乘积：

$$l_1=p_1'p_2'\cdots p_s',\quad l_2=p_{s+1}'\cdots p_n',$$

这里 p_i' $(i=1,2,\cdots,n)$ 为素数. 这样就把 A 表示为了素数的连乘积：

$$A=l=(p_1'p_2'\cdots p_s')(p_{s+1}'\cdots p_n').$$

适当调整顺序后，有

$$A=p_1p_2\cdots p_n\quad(p_1\leqslant p_2\leqslant\cdots\leqslant p_n),$$

这里 $p_i(i=1,2,\cdots,n)$ 为素数. 由第二数学归纳法，知结论对所有 $A>1$ 的正整数都成立.

再证唯一性.

假设 A 有两种素因数分解式：

$$A=p_1p_2\cdots p_n=q_1q_2\cdots q_m,$$

这里 $p_1,p_2,\cdots,p_n,q_1,q_2,\cdots,q_m$ 均为素数，$p_1\leqslant p_2\leqslant\cdots\leqslant p_n$，$q_1\leqslant q_2\leqslant\cdots\leqslant q_m$，则有 $q_1\mid p_1p_2\cdots p_n$. 于是存在 $p_i(i=1,\cdots,n)$，使得 $q_1\mid p_i$. 由于 q_1 与 p_i 均为素数，所以 $q_1=p_i\leqslant p_1$. 同理，有 $p_1\leqslant q_1$，故 $p_1=q_1$. 此时

$$p_2\cdots p_n=q_2\cdots q_m.$$

依上述方法，可得

$$p_2=q_2,p_3=q_3,\cdots,\quad 且\quad n=m,p_n=q_m.$$ □

根据算术基本定理，若把相同的素因数合并，则任一大于1的正整数 A，只能分解成一种形式：

$$A=p_1^{a_1}p_2^{a_2}\cdots p_k^{a_k},\tag{9.1}$$

这里 $p_1,p_2,\cdots,p_k$ 是素数，且 $p_1<p_2<\cdots<p_k$，$a_1,a_2,\cdots,a_k$ 均为正整数. 我们把式(9.1)称为 A 的标准分解式. 但有时为了研究问题的方便，可使不出现的素因数的指数为零.

推论 若正整数 A 的标准分解式为 $A=p_1^{a_1}p_2^{a_2}\cdots p_k^{a_k}$，则 d 是 A 的正因数的充要条件是

$$d=p_1^{b_1}p_2^{b_2}\cdots p_k^{b_k}\quad(0\leqslant b_i\leqslant a_i,i=1,2,\cdots,k).$$

证 充分性显然. 下证必要性.

当 $d=1$ 时，$b_i=0$ $(i=1,2,\cdots,k)$，结论显然成立.

若 $d>1$，则由 $d\mid A$，知 d 的素因数必在 $p_1,p_2,\cdots,p_k$ 中，所以 d 的标准分解式为

$$d=p_1^{b_1}p_2^{b_2}\cdots p_k^{b_k}\quad(b_i\geqslant 0,i=1,2,\cdots,k).$$

我们来证明必有 $b_i \leqslant a_i$. 若 $b_i > a_i$, 则由 $d \mid A$, 推出

$$p_1^{b_1} \cdots p_i^{b_i - a_i} \cdots p_k^{b_k} \mid p_1^{a_1} \cdots p_{i-1}^{a_{i-1}} p_{i+1}^{a_{i+1}} \cdots p_k^{a_k}.$$

因此

$$p_i \mid p_1^{a_1} \cdots p_{i-1}^{a_{i-1}} p_{i+1}^{a_{i+1}} \cdots p_k^{a_k},$$

即 p_i 必为 $p_1, \cdots, p_{i-1}, p_{i+1}, \cdots, p_k$ 中的一个,矛盾. □

此外,正整数的标准分解式为我们提供了不用欧几里得算法求 n 个正整数的最大公因数与最小公倍数的另一种方法.

定理 1.25　若正整数 $m = p_1^{a_1} p_2^{a_2} \cdots p_k^{a_k}$, $n = p_1^{b_1} p_2^{b_2} \cdots, p_k^{b_k}$ ($a_i \geqslant 0, b_i \geqslant 0, i = 1, 2, \cdots, k$), 则

$$(m, n) = p_1^{r_1} p_2^{r_2} \cdots p_k^{r_k}, \quad [m, n] = p_1^{s_1} p_2^{s_2} \cdots p_k^{s_k},$$

这里 $r_i = \min\{a_i, b_i\}$, $s_i = \max\{a_i, b_i\}$.

证　因(m,n)是 m 与 n 的一个公因数,故由上述推论,知它具有形式

$$(m, n) = p_1^{r_1} p_2^{r_2} \cdots p_k^{r_k} \quad (r_i \leqslant a_i, r_i \leqslant b_i).$$

由于(m,n)是 m 与 n 的最大公因数,故可取 $r_i = \min\{a_i, b_i\}$.

由于$[m,n] = \dfrac{mn}{(m,n)}$,所以$[m,n]$也具有形式

$$[m, n] = p_1^{s_1} p_2^{s_2} \cdots p_k^{s_k},$$

这里 $s_i = a_i + b_i - r_i = a_i + b_i - \min\{a_i, b_i\} = \max\{a_i, b_i\}$. □

定理 1.25 可推广为:

定理 1.26　若正整数 $e_1 = p_1^{a_{11}} \cdots p_k^{a_{1k}}, \cdots, e_n = p_1^{a_{n1}} \cdots p_k^{a_{nk}}$ ($a_{ij} \geqslant 0; i = 1, 2, \cdots, n; j = 1, 2, \cdots, k$), 则

$$(e_1, \cdots, e_n) = p_1^{a_1} \cdots p_k^{a_k}, \quad [e_1, \cdots, e_n] = p_1^{b_1} \cdots p_k^{b_k},$$

这里 $a_i = \min\{a_{1i}, \cdots, a_{ni}\}$, $b_i = \max\{a_{1i}, \cdots, a_{ni}\}$.

例 1　试求 82 798 848 的标准分解式.

解

$$\begin{aligned}
82\,798\,848 &= 2 \times 41\,399\,424 = 2^2 \times 20\,699\,712 = 2^3 \times 10\,349\,856 \\
&= 2^4 \times 5\,174\,928 = 2^5 \times 2\,587\,464 = 2^6 \times 1\,293\,732 \\
&= 2^7 \times 646\,866 = 2^8 \times 323\,433 = 2^8 \times 3 \times 107\,811 \\
&= 2^8 \times 3^2 \times 35\,937 = 2^8 \times 3^3 \times 11\,979 = 2^8 \times 3^4 \times 3\,993 \\
&= 2^8 \times 3^5 \times 1\,331 = 2^8 \times 3^5 \times 11 \times 121 = 2^8 \times 3^5 \times 11^2 \times 11 \\
&= 2^8 \times 3^5 \times 11^3.
\end{aligned}$$

例 2　试证:对任意正整数 n,不等式 $\lg n \geqslant k \lg 2$ 成立,这里 k 是 n 的不同素因数的个数.

证　设 n 是大于 1 的正整数(当 $n = 1$ 时,上述不等式显然成立,因为此时 $k = 0$), $p_1, p_2, \cdots, p_k$ 是 n 的 k 个相异的素因数, n 的标准分解式是

$$n=p_1^{l_1}p_2^{l_2}\cdots p_k^{l_k}\quad(l_i>0,i=1,2,\cdots,k).$$

由于 $p_i\geqslant 2\,(i=1,2,\cdots,k)$，即

$$n=p_1^{l_1}p_2^{l_2}\cdots p_k^{l_k}\geqslant 2^{l_1}\cdot 2^{l_2}\cdots 2^{l_k}=2^{l_1+l_2+\cdots+l_k},$$

而 $l_1+l_2+\cdots+l_k\geqslant k$，故 $n\geqslant 2^k$. 两边同取以 $a\,(a>1)$ 为底的对数，得

$$\log_a n\geqslant k\log_a 2.$$

特别地，有 $\lg n\geqslant k\lg 2$.

例 2 说明，当把大于 1 的正整数 n 表示为素因数的乘积，即 $n=p_1^{l_1}p_2^{l_2}\cdots p_k^{l_k}$ 时，n 所含不同素因数的个数 k 不超过 $\frac{\lg n}{\lg 2}$. 这个结论通常用来估计 n 的不同素因数的个数.

例 3 试求 $(1\,008,1\,260,882,1\,134)$ 及 $[1\,008,1\,260,882,1\,134]$.

解 因为

$$1\,008=2^4\times 3^2\times 7,\quad 1\,260=2^2\times 3^2\times 5\times 7,$$
$$882=2\times 3^2\times 7^2,\quad 1\,134=2\times 3^4\times 7,$$

所以

$$(1\,008,1\,260,882,1\,134)=2\times 3^2\times 7=126,$$
$$[1\,008,1\,260,882,1\,134]=2^4\times 3^4\times 5\times 7^2=317\,520.$$

例 4 一个整数如果不能被任何素数的平方整除，则称为无平方因子整数，否则称为有平方因子整数. 试证：对任意正整数 n，有唯一一对正整数 k,l，使得 $n=k^2l$，这里 l 是无平方因子整数(即 l 是 1 或相异素数的乘积).

证 (存在性)当 $n=1$ 时，存在唯一一对正整数 $k=1,l=1$，使得 $n=k^2l$.

当 $n>1$ 时，设 n 的标准分解式为 $n=p_1^{l_1}p_2^{l_2}\cdots p_s^{l_s}$，这里 $p_1,p_2,\cdots,p_s$ 是相异的素数. 若 l_i 被 2 除的商是 q_i，余数是 r_i，即

$$l_i=2q_i+r_i\quad(i=1,2,\cdots,s),$$

则 $r_i=0$ 或 1，于是 $n=(p_1^{q_1}p_2^{q_2}\cdots p_s^{q_s})^2\cdot p_1^{r_1}p_2^{r_2}\cdots p_s^{r_s}$.

若令

$$k=p_1^{q_1}p_2^{q_2}\cdots p_s^{q_s},\quad l=p_1^{r_1}p_2^{r_2}\cdots p_s^{r_s},$$

则 $n=k^2l$，这里 l 是无平方因子整数.

(唯一性)设 $n=a^2b$，这里 b 是无平方因子整数. 因 $a\mid n,b\mid n$，故由算术基本定理的推论，知 a,b 一定具有下列形式：

$$a=p_1^{e_1}p_2^{e_2}\cdots p_s^{e_s},\quad b=p_1^{f_1}p_2^{f_2}\cdots p_s^{f_s}.$$

于是 $p_1^{l_1}p_2^{l_2}\cdots p_s^{l_s}=p_1^{2e_1+f_1}p_2^{2e_2+f_2}\cdots p_s^{2e_s+f_s}$，即

$$l_i=2e_i+f_i\quad(i=1,2,\cdots,s).$$

由于 b 是无平方因子整数，故 $f_i=0$ 或 1. 于是 e_i 与 f_i 分别是 2 除 l_i 的商和余数，

所以 $e_i = q_i$，$f_i = r_i$，即 $a = k$，$b = l$.

习 题 1.9

1. 试求 81 057 226 635 000 的标准分解式.

2. 试求(198,240,360)及[198,240,360].

3. 试求正整数 a，b，使得$[a,b] = 144$，$(a,b) = 24$.

4. 设 $\omega(n)$表示 n 的不同的素因数的个数(例如 $\omega(8) = 1$，$\omega(15) = 2$)，d 是无平方因子整数. 试证：满足$[d_1,d_2] = d$ 的正整数对 d_1，d_2 共有 $3^{\omega(d)}$ 组.

1.10　用筛法制作素数表

我们已经知道，素数有无穷多个. 如果给定一个正整数 N，能否用一种方法来求出不超过 N 的所有素数呢？本节就来研究这个问题——用筛法制作素数表.

在讲筛法之前先给出以下几个结论.

定理 1.27　设 $n>1$，则 n 的大于 1 的最小正因数 p 一定是素数.

证　用反证法. 若 p 不是素数，则 p 除 1 与本身外还有一真因数 q，满足 $1<q<p$ 且 $q \mid n$，这与 p 是 n 的除 1 以外的最小正因素矛盾. □

定理 1.28　设 $n>1$，若 n 不能被所有$\leqslant\sqrt{n}$的素数整除，那么 n 一定是素数.

证　假设 n 是合数，且 p 是 n 的除 1 以外的最小正因数. 由定理 1.27，知 p 是素数. 因 n 是合数，令 $n = pn_1$，这里 $1<p\leqslant n_1$，则 $n\geqslant p^2>1$，即 $1<p\leqslant\sqrt{n}$，且 $p \mid n$. 这与已知矛盾，因此 n 一定是素数. □

根据定理 1.28，要判断一个不太大的正整数 n 是不是素数，只需用一切不超过$\sqrt{n}$的素数去除 n，若都不能整除，那么 n 一定是素数.

同时，定理 1.28 也为我们提供了一个制作素数表的方法——埃拉托色尼(Eratosthenes，公元前 3 世纪古希腊数学家)筛法. 这种“筛法”曾经统治了数论 2 000多年，直到 20 世纪 30 年代，才出现了辛达拉姆(Sundaram)筛法，到了 80 年代又出现了洪斯伯格(R. Honsberger)筛法.

下面我们来介绍前两种筛法.

1.10.1　埃拉托色尼筛法

先列出除 1 以外且不超过 N 的所有正整数：2，3，4，5，…，N. 陆续去掉：

① 由 2^2 起的一切 2 的倍数:4,6,8,10,…;

② 由 3^2 起的一切 3 的倍数:9,15,21,27,…;

③ 由 5^2 起的一切 5 的倍数:25,35,55,65,…;

……

继续做下去,直到$\leqslant\sqrt{N}$的素数的倍数全部去掉后,剩下来的就是不超过 N 的全部素数.

1.10.2 辛达拉姆筛法

先构造辛达拉姆表:

$$\begin{array}{cccccc}
4 & 7 & 10 & \cdots & 4+3(j-1) & \cdots \\
7 & 12 & 17 & \cdots & 7+5(j-1) & \cdots \\
10 & 17 & 24 & \cdots & 10+7(j-1) & \cdots \\
\vdots & \vdots & \vdots & & \vdots & \\
4+3(i-1) & 7+5(i-1) & 10+7(i-1) & \cdots & \cdots & \cdots \\
\vdots & \vdots & \vdots & & \vdots &
\end{array}$$

此表第一行和第一列都是首项为 4、公差为 3 的等差数列,其他各行也都是等差数列,只是从第二行起,各行的公差依次是 5,7,9,11,….

可以证明:

定理 1.29 若整数 N 出现在辛达拉姆表中,则 $2N+1$ 不是素数;若 N 不出现在辛达拉姆表中,则 $2N+1$ 一定是素数.

证 设表中第 i 行、第 j 列的数为 a_{ij},则 $a_{i1}=4+3(i-1)$.

又第 i 行是公差为 $2i+1$ 的等差数列,所以

$$\begin{aligned}
a_{ij} &= a_{i1}+(2i+1)(j-1) \\
&= 4+3(i-1)+(2i+1)(j-1) \\
&= 2ij+i+j.
\end{aligned}$$

如果 $N=a_{ij}$,则 $2N+1=2(2ij+i+j)+1=(2i+1)(2j+1)$,即 N 在表中出现时,$2N+1$ 为合数.

如果 $2N+1$ 为合数,则 $2N+1=(2h+1)(2k+1)$.于是 $N=2hk+h+k=a_{hk}$,即 N 在表中第 h 行、第 k 列出现. □

尽管有几种不同的"筛法",但要判定一个比较大的正整数是不是素数,至今仍然没有一种可靠的方法.

例 1 判断 2 003 是不是素数.

解 因 $\sqrt{2\,003}<\sqrt{2\,025}=45$,而小于 45 的素数有 2,3,5,7,11,13,17,19,23,29,31,37,41,43.一一验证,可知 2 003 不能被上述素数中的任一个整除,因此

2 003是素数.

例2　利用埃拉托色尼筛法制作一张不超过50的素数表.

解　由于不超过$\sqrt{50}<8$的素数是2,3,5,7,所以有如下做法:

列出除1以外且不超过50的所有正整数:

$$2,3,4,5,\cdots,49,50.$$

① 去掉从2^2起的一切2的倍数;

② 去掉从3^2起的一切3的倍数;

③ 去掉从5^2起的一切5的倍数;

④ 去掉从7^2起的一切7的倍数.

最后留下的数就构成了不超过50的素数表:2,3,5,7,11,13,17,19,23,29,31,37,41,43,47.

顺便指出,用筛法制作一张不超过N的素数表,当N较大时,并非是一件轻而易举的事.19世纪,一位名叫库利克(Kulik)的奥地利天文学家造出10^8以内的素数表,断断续续花去了他20年的时间,却未得到人们的重视,连他的手稿也被图书馆遗失掉一部分,其中包括12 642 600至22 852 800之间的素数.目前,最完善的素数表是查基尔(Zagier)制作的,他把不超过5×10^7的素数全部列出来了.借助于电子计算机,不超过104 395 301的素数也已经有表可查.

例3　若素数p除以30后的余数$r\neq1$,试证:r一定是素数.

证　设$p=30k+r\ (r\neq1)$.因p是素数,故r不能是2,3,5的倍数,且$1<r<30$.

根据定理1.28,若r是合数,则r必有一个不大于$\sqrt{r}<\sqrt{30}<6$的素因数,它们就是2,3,5,这就导致了矛盾,故r只能是素数,即

$$r=7,\ 11,\ 13,\ 17,\ 19,\ 23,\ 29.$$

例4　试证:小于n^2的所有奇素数是不包含在下列等差数列中的所有奇数(1除外):

$$r^2,\ r^2+2r,\ r^2+4r,\ \cdots(\text{直到 } n^2),$$

而$r=3,5,7,\cdots$(直到$n-1$).

证　小于n^2的不等于1的奇数要么是奇合数,要么是奇素数.

设a是奇合数,$a<n^2$,那么a必有一个最小的素因数r,且$3\leqslant r<n$(如果最小的素因数$\geqslant n$,则与$a<n^2$矛盾).于是存在奇数$b\geqslant r$,使得$a=rb$.因为b为奇数,所以b总可以写成r与一个偶数的和,即$b=r+2k$.因此,$a=r(r+2k)$,即a是等差数列中的某个数.

另外,等差数列中除1以外的数都是奇合数.这个结论是显然成立的,因此除等差数列外的小于n^2的奇数都是奇素数,而小于n^2的奇素数不在等差数列中,即

小于 n^2 的奇素数恰是不包含在等差数列中的所有奇数(1除外).

习 题 1.10

1. 若素数 $p\geqslant 7$,试证:p^2 除以30所得的余数必为1或19.

2. 若 n 为大于5的奇数,且存在互素的整数 a 和 b,使得

$$a-b=n \quad 和 \quad a+b=p_1p_2\cdots p_k,$$

这里 $p_1,p_2,\cdots,p_k$ 是 $\leqslant\sqrt{n}$ 的全体奇素数,试证:n 为素数.

3. 设 $P_n=p_1p_2\cdots p_n$,且 $a_k=1+kP_n\ (0\leqslant k\leqslant n-1)$,这里 $p_1,p_2,\cdots,p_n$ 是由小到大排列起来的素数,即2,3,5,7,…,试证:当 $i\neq j$ 时,$(a_i,a_j)=1$.

1.11 高斯函数

本节主要介绍数论中一个十分有用的函数——高斯函数,又称取整函数.

定义 1.10 设 x 为任意实数,把不超过 x 的最大整数记作 $[x]$,称为**高斯函数**.我们也常把 $[x]$ 称为 x 的整数部分,而把 $x-[x]$ 记作 $\{x\}$,称为 x 的小数部分.

显然 $[x]\leqslant x<[x]+1,0\leqslant\{x\}<1$.

根据 $[x]$ 的定义,很容易得出下面的一些性质.

定理 1.30 若 $x\leqslant y$,则 $[x]\leqslant[y]$.

证 由 $[x]\leqslant x\leqslant y<[y]+1$ 立得. □

定理 1.31 等式 $[n+x]=n+[x]$ 成立当且仅当 n 为整数.

证 设等式成立,那么 $n=[n+x]-[x]$ 是整数.反之,设 n 为整数,由 $[x]\leqslant x<[x]+1$,得 $n+[x]\leqslant n+x<(n+[x])+1$,即 $[n+x]=n+[x]$. □

定理 1.32 对任意实数 x,y,有 $[x]+[y]\leqslant[x+y]$.

证 因为 $[x]\leqslant x,[y]\leqslant y$,故 $[x]+[y]\leqslant x+y$.两边取整,并利用定理1.30,得 $[[x]+[y]]\leqslant[x+y]$,即 $[x]+[y]\leqslant[x+y]$. □

定理 1.33 $[-x]=\begin{cases}-[x]-1, & x 不是整数\\ -[x], & x 是整数\end{cases}$.

证 由 $x=[x]+\{x\}$,得 $-x=-[x]-\{x\}$,即 $[-x]=-[x]+[-\{x\}]$.

当 x 不是整数时,由于 $0<\{x\}<1$,即 $-1<-\{x\}<0$,所以 $[-\{x\}]=-1$,此时 $[-x]=-[x]-1$.

当 x 是整数时,$\{x\}=0$,所以 $[-\{x\}]=0$,此时 $[-x]=-[x]$. □

定理 1.34　若$\{x\}+\{y\}=1$,则$[x]+[y]=[x+y]-1$.

证　因为$x+y=[x]+\{x\}+[y]+\{y\}=[x]+[y]+1$,所以

$$[x+y]=[x]+[y]+1, \quad 即 \quad [x]+[y]=[x+y]-1. \qquad \square$$

定理 1.35　对任意实数x,有$\left[x+\frac{1}{2}\right]=[2x]-[x]$.

证　由于

当$0\leqslant y<\frac{1}{2}$时,$\left[y+\frac{1}{2}\right]=[2y]=0$;

当$\frac{1}{2}\leqslant y<1$时,$\left[y+\frac{1}{2}\right]=[2y]=1$,

因此当$0\leqslant y<1$时,总有$\left[y+\frac{1}{2}\right]=[2y]$.

又$0\leqslant\{x\}<1$,所以$\left[\{x\}+\frac{1}{2}\right]=[2\{x\}]$.于是

$$\begin{aligned}\left[x+\frac{1}{2}\right]&=\left[[x]+\{x\}+\frac{1}{2}\right]=[x]+\left[\{x\}+\frac{1}{2}\right]\\&=[x]+[2\{x\}]=(2[x]+[2\{x\}])-[x]\\&=[2[x]+2\{x\}]-[x]=[2x]-[x].\end{aligned} \qquad \square$$

定理 1.36　若α,β是任意两实数,则

$$[\alpha]-[\beta]=[\alpha-\beta] \text{ 或 } [\alpha-\beta]+1.$$

证　易知

$$\begin{aligned}[\alpha-\beta]&=[([\alpha]+\{\alpha\})-([\beta]+\{\beta\})]\\&=[([\alpha]-[\beta])+(\{\alpha\}-\{\beta\})]\\&=[\alpha]-[\beta]+[\{\alpha\}-\{\beta\}],\end{aligned}$$

且由$0\leqslant\{\alpha\}<1,0\leqslant\{\beta\}<1$,得$-1<\{\alpha\}-\{\beta\}<1$.

当$0\leqslant\{\alpha\}-\{\beta\}<1$时,$[\{\alpha\}-\{\beta\}]=0$;当$-1<\{\alpha\}-\{\beta\}<0$时,$[\{\alpha\}-\{\beta\}]=-1$.因此$[\alpha-\beta]=[\alpha]-[\beta]$或$[\alpha]-[\beta]-1$,即$[\alpha]-[\beta]=[\alpha-\beta]$或$[\alpha-\beta]+1$. $\square$

例 1　设n是任一正整数,α是实数,试证:$\left[\frac{[n\alpha]}{n}\right]=[\alpha]$.

证　令$[n\alpha]=nq+r\ (0\leqslant r<n)$,那么有$n\alpha=nq+r+\{n\alpha\}$ $\left(0\leqslant\frac{r}{n}<1\right)$,
$0\leqslant\frac{r+\{n\alpha\}}{n}<\frac{n-1+1}{n}=1$.

由

$$\left[\frac{[n\alpha]}{n}\right]=\left[\frac{nq+r}{n}\right]=\left[q+\frac{r}{n}\right]=q+\left[\frac{r}{n}\right]=q,$$

$$[\alpha]=\left[\frac{n\alpha}{n}\right]=\left[q+\frac{r+\{n\alpha\}}{n}\right]=q+\left[\frac{r+\{n\alpha\}}{n}\right]=q,$$

得$\left[\frac{[n\alpha]}{n}\right]=[\alpha]$.

例2 设 n 是任一正整数,α 是实数,试证厄米特(Hermite)恒等式:

$$[\alpha]+\left[\alpha+\frac{1}{n}\right]+\cdots+\left[\alpha+\frac{n-1}{n}\right]=[n\alpha].$$

证 令$[n\alpha]=nq+r\ (0\leqslant r<n)$,则 $n\alpha=nq+r+\{n\alpha\}$,即 $\alpha=q+\frac{r+\{n\alpha\}}{n}$.当 $r=0$ 时,结论显然成立;当 $r\geqslant 1$ 时

$$\begin{aligned}&[\alpha]+\left[\alpha+\frac{1}{n}\right]+\cdots+\left[\alpha+\frac{n-1}{n}\right]\\&=\left[q+\frac{r+\{n\alpha\}}{n}\right]+\left[q+\frac{r+\{n\alpha\}+1}{n}\right]+\cdots+\left[q+\frac{r+\{n\alpha\}+n-1}{n}\right]\\&=nq+\sum_{k=0}^{n-1}\left[\frac{r+\{n\alpha\}+k}{n}\right]\\&=nq+\sum_{k=0}^{n-r-1}\left[\frac{r+\{n\alpha\}+k}{n}\right]+\sum_{k=n-r}^{n-1}\left[\frac{r+\{n\alpha\}+k}{n}\right]\\&=nq+0+((n-1)-(n-r)+1)=nq+r=[n\alpha].\end{aligned}$$

例3 试证:当 n 顺次取正整数时,$[(1+\sqrt{2})^n]$轮流取偶数、奇数.

证 注意到 $\alpha=1+\sqrt{2},\beta=1-\sqrt{2}$是方程 $x^2-2x-1=0$ 的两个根.记 $U_n=\alpha^n+\beta^n\ (n\geqslant 1)$,由

$$\alpha^{n+2}-2\alpha^{n+1}-\alpha^n=0\quad 及\quad \beta^{n+2}-2\beta^{n+1}-\beta^n=0,$$

得$U_{n+2}=2U_{n+1}+U_n\ (n\geqslant 1)$.根据第二数学归纳法,$U_n$ 都是偶数.

又$-1<\beta<0$,当 n 为奇数时,$-1<\beta^n<0$,即$-1<U_n-\alpha^n<0$,所以 $U_n<\alpha^n<U_n+1$.

由此得$[\alpha^n]=U_n$ 是偶数.同理可证,当 n 为偶数时,$[\alpha^n]=U_n-1$ 是奇数.

例4 试证:对一切实数 α,β,有

$$[2\alpha]+[2\beta]\geqslant[\alpha]+[\alpha+\beta]+[\beta].$$

证 不失一般性,可设$\{\alpha\}\geqslant\{\beta\}$,则$2\{\alpha\}\geqslant\{\alpha\}+\{\beta\}$,于是

$$\begin{aligned}[2\alpha]+[2\beta]&=[2[\alpha]+2\{\alpha\}]+[2[\beta]+2\{\beta\}]\\&=2[\alpha]+2[\beta]+[2\{\alpha\}]+[2\{\beta\}]\\&\geqslant[\alpha]+[\beta]+[\alpha]+[\beta]+[\{\alpha\}+\{\beta\}]\\&=[\alpha]+[[\alpha]+\{\alpha\}+[\beta]+\{\beta\}]+[\beta]\\&=[\alpha]+[\alpha+\beta]+[\beta].\end{aligned}$$

例5 试证:对任何正整数 n,有$[\sqrt{n}+\sqrt{n+1}]=[\sqrt{4n+2}]$.

证 事实上,我们还可以证明更强的结论:

$$[\sqrt{n}+\sqrt{n+1}]=[\sqrt{4n+1}]=[\sqrt{4n+2}]=[\sqrt{4n+3}].$$

由于$(\sqrt{n}+\sqrt{n+1})^2=2n+1+2\sqrt{n(n+1)}$,以及 $n<\sqrt{n(n+1)}<n+1$,所以有 $4n+1<(\sqrt{n}+\sqrt{n+1})^2<4n+3$,即

$$\sqrt{4n+1}<\sqrt{n}+\sqrt{n+1}<\sqrt{4n+3}.$$

此外,设 $k=[\sqrt{4n+1}]$,于是 $k^2\leqslant 4n+1<(k+1)^2$.

考虑到偶数的平方可被4整除,奇数的平方被4除余1,即任何一个数的平方被4除后不可能余2,也不可能余3,所以有

$$k^2\leqslant 4n+1<4n+2<4n+3<(k+1)^2,$$

即 $k\leqslant\sqrt{4n+1}<\sqrt{4n+2}<\sqrt{4n+3}<k+1$,故

$$[\sqrt{4n+1}]=[\sqrt{4n+2}]=[\sqrt{4n+3}]=[\sqrt{n}+\sqrt{n+1}]=k.$$

例6 计算和式:$\sum_{n=0}^{502}\left[\frac{305n}{503}\right]$.

解 注意到503是一个素数,因此对 $n=1,2,\cdots,502$ 而言,$\frac{305n}{503}$不会是整数.但

$$\frac{305n}{503}+\frac{305(503-n)}{503}=305$$

是整数,这说明上式左边两数的小数部分之和等于1.由定理1.34,知

$$\left[\frac{305n}{503}\right]+\left[\frac{305(503-n)}{503}\right]=304.$$

故

$$\sum_{n=0}^{502}\left[\frac{305n}{503}\right]=\sum_{n=1}^{502}\left[\frac{305n}{503}\right]=\sum_{n=1}^{251}\left(\left[\frac{305n}{503}\right]+\left[\frac{305(503-n)}{503}\right]\right)$$
$$=304\times 251=76\,304.$$

例7 试证:方程

$$[x]+[2x]+[4x]+[8x]+[16x]+[32x]=12\,345$$

无实数解.

证 设 $f(x)=[x]+[2x]+[4x]+[8x]+[16x]+[32x]$,则由定理1.32和定义1.10,得

$$f(x)\leqslant[(1+2+4+8+16+32)x]=[63x]\leqslant 63x.$$

因此若有 $f(x)=12\,345$,那么必有 $63x\geqslant 12\,345$,即 $x\geqslant 195\frac{20}{21}$.

又因 $f(196)=63\times 196=12\,348$,故由定理1.30,知 $f(x)$是一个非减函数,从

而方程的解只能在区间(195,196)内.

令 $x=195+y\ (0<y<1)$,于是由定理1.31,得

$$f(x)=f(195+y)=195\times 63+f(y)=12\,285+f(y).$$

另外

$$\begin{aligned}f(y)&=[y]+[2y]+[4y]+[8y]+[16y]+[32y]\\&<0+1+3+7+15+31=57,\end{aligned}$$

故有

$$f(x)=12\,285+f(y)<12\,285+57=12\,342<12\,345.$$

这与 $f(x)=12\,345$ 矛盾,因此原方程无实数解.

习题 1.11

1. 设 n 是大于2的正整数,试证:$\left[\dfrac{n(n+1)}{4n-2}\right]=\left[\dfrac{n+1}{4}\right]$.

2. 对任意的正整数 n,计算和式:$\sum\limits_{k=0}^{\infty}\left[\dfrac{n+2^k}{2^{k+1}}\right]$.

3. 试求一正实数 x,使得$[x]^2=x\{x\}$.

4. 设 n 为正整数,x 为实数,试证:

$$[nx]\geqslant[x]+\frac{[2x]}{2}+\cdots+\frac{[nx]}{n}.$$

5. 对正整数 n,设 $f(n)=\sum\limits_{k=1}^{n}\left[\dfrac{k^2}{3}\right]$,试证:数列$\{f(n)\}$中仅有素数

$$f(5)=17\quad 和\quad f(6)=29.$$

6. 设 t 是大于1的正整数,x 是任一实数,试证:

$$\sum_{k=0}^{\infty}\left(\left[\frac{x+t^k}{t^{k+1}}\right]+\left[\frac{x+2t^k}{t^{k+1}}\right]+\cdots+\left[\frac{x+(t-1)t^k}{t^{k+1}}\right]\right)=[x]\ 或\ [x]+1.$$

7. 设 m,n 是正整数,α,β 是任意实数,试证:

$$[(m+n)\alpha]+[(m+n)\beta]\geqslant[m\alpha]+[m\beta]+[n\alpha+n\beta]$$

成立的充要条件是 $m=n$.

8. 试确定$(\sqrt{2}+\sqrt{3})^{1\,980}$的小数点前一位数字与后一位数字.

9. 用递归方式定义如下一个数列:

$$G(0)=0,\quad G(n)=n-G(G(n-1))\ (n=1,2,3,\cdots).$$

试证:$G(n)=[(n+1)\alpha]$,这里 $\alpha=\dfrac{\sqrt{5}-1}{2}$.

1.12 n!的标准分解式

为了求出 $n!$ 的标准分解式,我们需要如下三个引理.

引理1 若 a 是正实数,b 是正整数,则不大于 a 且是 b 的倍数的正整数共有 $\left[\frac{a}{b}\right]$个.

证 被 b 整除的正整数是 $b,2b,3b,\cdots$.

设不大于 a 且被 b 整除的正整数个数为 k,那么必有 $kb\leqslant a<(k+1)b$,即 $k\leqslant\frac{a}{b}<k+1$.由高斯函数的定义,得$\left[\frac{a}{b}\right]=k$. □

引理2 设 a,b,n 是三个任意的正整数,则$\left[\frac{n}{ab}\right]=\left[\left[\frac{n}{a}\right]\Big/b\right]$.

证 由$\left[\frac{n}{ab}\right]\leqslant\frac{n}{ab}<\left[\frac{n}{ab}\right]+1$,得 $b\left[\frac{n}{ab}\right]\leqslant\frac{n}{a}<b\left(\left[\frac{n}{ab}\right]+1\right)$.因 $b\left[\frac{n}{ab}\right]$, $b\left(\left[\frac{n}{ab}\right]+1\right)$都是整数,故 $b\left[\frac{n}{ab}\right]\leqslant\left[\frac{n}{a}\right]<b\left(\left[\frac{n}{ab}\right]+1\right)$,即$\left[\frac{n}{ab}\right]\leqslant\left[\frac{n}{a}\right]\Big/b<\left[\frac{n}{ab}\right]+1$,因此结论成立. □

引理3 $n!$的标准分解式中素因数 $p\ (p\leqslant n)$的指数

$$h=\left[\frac{n}{p}\right]+\left[\frac{n}{p^2}\right]+\left[\frac{n}{p^3}\right]+\cdots=\sum_{k=1}^{\infty}\left[\frac{n}{p^k}\right].$$

证 用 c_k 表示 $1,2,\cdots,n$ 中能被 p^k 整除的数的个数,d_k 表示 $1,2,\cdots,n$ 中恰好被 p^k 整除的数的个数,则 $d_k=c_k-c_{k+1}$.由引理1,知 $c_k=\left[\frac{n}{p^k}\right]$,故 $d_k=\left[\frac{n}{p^k}\right]-\left[\frac{n}{p^{k+1}}\right]$.于是

$$\begin{aligned}h&=1\cdot d_1+2\cdot d_2+\cdots+k\cdot d_k+\cdots\\&=1\cdot\left(\left[\frac{n}{p}\right]-\left[\frac{n}{p^2}\right]\right)+2\cdot\left(\left[\frac{n}{p^2}\right]-\left[\frac{n}{p^3}\right]\right)+\cdots+k\cdot\left(\left[\frac{n}{p^k}\right]-\left[\frac{n}{p^{k+1}}\right]\right)+\cdots\\&=\left[\frac{n}{p}\right]+\left[\frac{n}{p^2}\right]+\left[\frac{n}{p^3}\right]+\cdots+\left[\frac{n}{p^k}\right]+\cdots\\&=\sum_{k=1}^{\infty}\left[\frac{n}{p^k}\right].\end{aligned}$$

□

由引理2,得$\left[\frac{n}{p^{k+1}}\right]=\left[\left[\frac{n}{p^k}\right]\Big/p\right]$,因此实际计算时,可利用$\left[\frac{n}{p^k}\right]$的结果来

求$\left[\frac{n}{p^{k+1}}\right]$.

定理 1.37 $n! = \prod\limits_{p\leqslant n} p^{\sum\limits_{k=1}^{\infty}\left[\frac{n}{p^k}\right]}$,这里$p\leqslant n$表示$p$取遍不超过$n$的一切素数.

例 1 试求 2 000! 的标准分解式中素因数 7 的指数.

解 因为

$$\sum_{k=1}^{\infty}\left[\frac{2\,000}{7^k}\right] = \left[\frac{2\,000}{7}\right] + \left[\frac{2\,000}{7^2}\right] + \left[\frac{2\,000}{7^3}\right] = 285 + 40 + 5 = 330,$$

所以 2 000! 的标准分解式中素因数 7 的指数为 330.

例 2 试求 50! 的标准分解式.

解 50! 的标准分解式中素因数 2,3,5,7,11,13,17,19,23 的指数分别为

$$\sum_{k=1}^{\infty}\left[\frac{50}{2^k}\right] = \left[\frac{50}{2}\right] + \left[\frac{50}{2^2}\right] + \left[\frac{50}{2^3}\right] + \left[\frac{50}{2^4}\right] + \left[\frac{50}{2^5}\right] = 25 + 12 + 6 + 3 + 1 = 47,$$

$$\sum_{k=1}^{\infty}\left[\frac{50}{3^k}\right] = 16 + 5 + 1 = 22,\quad \sum_{k=1}^{\infty}\left[\frac{50}{5^k}\right] = 10 + 2 = 12,$$

$$\sum_{k=1}^{\infty}\left[\frac{50}{7^k}\right] = 7 + 1 = 8,\quad \sum_{k=1}^{\infty}\left[\frac{50}{11^k}\right] = 4,$$

$$\sum_{k=1}^{\infty}\left[\frac{50}{13^k}\right] = 3,\quad \sum_{k=1}^{\infty}\left[\frac{50}{17^k}\right] = 2,$$

$$\sum_{k=1}^{\infty}\left[\frac{50}{19^k}\right] = 2,\quad \sum_{k=1}^{\infty}\left[\frac{50}{23^k}\right] = 2.$$

而 29,31,37,41,43,47 在 50! 的标准分解式中的指数均为 1,所以

$$50! = 2^{47}\cdot 3^{22}\cdot 5^{12}\cdot 7^{8}\cdot 11^{4}\cdot 13^{3}\cdot 17^{2}\cdot 19^{2}\cdot 23^{2}\cdot 29\cdot 31\cdot 37\cdot 41\cdot 43\cdot 47.$$

例 3 在 1 000! 的末尾共有多少个零?

解 要求 1 000! 末尾的零的个数,只需求出 1 000! 的标准分解式中素因数 2 和 5 的指数,并取最小的即可.易知 1 000! 的标准分解式中素因数 2 的指数大于素因数 5 的指数,而 5 的指数是

$$h = \sum_{k=1}^{\infty}\left[\frac{1\,000}{5^k}\right] = \left[\frac{1\,000}{5}\right] + \left[\frac{1\,000}{5^2}\right] + \left[\frac{1\,000}{5^3}\right] + \left[\frac{1\,000}{5^4}\right] = 200 + 40 + 8 + 1 = 249,$$

故 1 000! 的末尾共有 249 个零.

例 4 设n为任一正整数,试证:$2^n \mid (n+1)(n+2)\cdots(2n-1)(2n)$.

证　因为

$$(n+1)(n+2)\cdots(2n-1)(2n)=\frac{(2n)!}{n!},$$

而 $(2n)!$ 的标准分解式中 2 的指数为

$$h_1=\sum_{k=1}^{\infty}\left[\frac{2n}{2^k}\right]=\sum_{k=1}^{\infty}\left[\frac{n}{2^{k-1}}\right]=n+\sum_{k=1}^{\infty}\left[\frac{n}{2^k}\right],$$

$n!$ 的标准分解式中 2 的指数为

$$h_2=\sum_{k=1}^{\infty}\left[\frac{n}{2^k}\right],$$

所以 $(n+1)(n+2)\cdots(2n-1)(2n)$ 的标准分解式中 2 的指数是

$$h_1-h_2=n.$$

也就是说，$2^n \mid (n+1)(n+2)\cdots(2n-1)(2n)$.

例 5　设 m,n 都是正整数，试证：$m!\,n!\,(m+n)! \mid (2m)!\,(2n)!$.

证　易知对一切实数 α,β，有

$$[2\alpha]+[2\beta]\geqslant[\alpha]+[\beta]+[\alpha+\beta].$$

取 $\alpha=\dfrac{m}{p^k}$，$\beta=\dfrac{n}{p^k}$，这里 p 为素数，得

$$\left[\frac{2m}{p^k}\right]+\left[\frac{2n}{p^k}\right]\geqslant\left[\frac{m}{p^k}\right]+\left[\frac{n}{p^k}\right]+\left[\frac{m+n}{p^k}\right].$$

从而对任一素数 p，有

$$\sum_{k=1}^{\infty}\left(\left[\frac{2m}{p^k}\right]+\left[\frac{2n}{p^k}\right]\right)\geqslant\sum_{k=1}^{\infty}\left(\left[\frac{m}{p^k}\right]+\left[\frac{n}{p^k}\right]+\left[\frac{m+n}{p^k}\right]\right).$$

这说明，$m!\,n!\,(m+n)! \mid (2m)!\,(2n)!$.

习题 1.12

1. 试求 300! 的标准分解式中素因数 7 的指数.

2. 试求 30! 的标准分解式.

3. 在 $(2\,000!)^3$ 的末尾共有多少个零?

4. 试证：$\dfrac{(2n)!}{(n!)^2}$ 是偶数.

5. 试证：$2^n \mid C_{2^n}^{2^k-1}$，但 $2^{n+1}\nmid C_{2^n}^{2^k-1}$.

6. 试证：二项式系数 C_{2n}^n 能整除 $1,2,3,\cdots,2n$ 这些数的最小公倍数，这里 n 为任意正整数.

7. 试证：$2^{n-1}\mid n!$ 的充要条件是 $n=2^{k-1}$，这里 k 为某一正整数.

8. 试求组合数 $C_n^1,C_n^2,\cdots,C_n^{n-1}$ 的最大公因数.

1.13 正整数的正因数个数

设 n 是一个正整数,我们用 $d(n)$表示 n 的**正因数个数**(包括 1 和 n),即

$$d(n) = \sum_{d|n} 1.$$

例如,$d(12)=6$,因为 12 的正因数是 1,2,3,4,6,12.

关于 $d(n)$,有如下性质:

定理 1.38 若 n 的标准分解式为 $n=p_1^{a_1}p_2^{a_2}\cdots p_k^{a_k}$,则

$$d(n) = (a_1+1)(a_2+1)\cdots(a_k+1).$$

证 显然 d 是 n 的正因数,即 $d\mid n$的充要条件是 $d=p_1^{x_1}p_2^{x_2}\cdots p_k^{x_k}$,这里 $0\leqslant x_i\leqslant a_i\ (i=1,2,\cdots,k)$.

因 x_i 有 a_i+1 种可能,故 d 有$(a_1+1)(a_2+1)\cdots(a_k+1)$种形式,且彼此不同,即

$$d(n) = d(p_1^{a_1}p_2^{a_2}\cdots p_k^{a_k}) = (a_1+1)(a_2+1)\cdots(a_k+1). \qquad \square$$

若用比较简练的乘积记号写出该定理,就有:

若 $n = \prod_{i=1}^{k} p_i^{a_i}$,则 $d(n) = \prod_{i=1}^{k}(a_i+1)$.

甚至还可写成:

若 $n = \prod_{p\mid n} p^{a_p}$,则 $d(n) = \prod_{p\mid n}(a_p+1)$.

推论 若$(m,n)=1$,则 $d(mn)=d(m)d(n)$.

证 设 $m=p_1^{a_1}p_2^{a_2}\cdots p_k^{a_k}$,$n=q_1^{b_1}q_2^{b_2}\cdots q_l^{b_l}$,则由$(m,n)=1$,知 p_i 与 q_j 没有相同的.于是由定理 1.38,可得

$$\begin{aligned} d(mn) &= d(p_1^{a_1}p_2^{a_2}\cdots p_k^{a_k}\cdot q_1^{b_1}q_2^{b_2}\cdots q_l^{b_l}) \\ &= (a_1+1)(a_2+1)\cdots(a_k+1)\cdot(b_1+1)(b_2+1)\cdots(b_l+1) \\ &= d(m)d(n). \end{aligned} \qquad \square$$

例 1 计算 $d(360)$.

解 因为 $360=2^3\times3^2\times5$,所以

$$d(360) = (3+1)(2+1)(1+1) = 24.$$

例 2 试求满足 $d(n)=6$ 的最小正整数 n.

解 设 $n=p_1^{a_1}p_2^{a_2}\cdots p_k^{a_k}\ (p_1<p_2<\cdots<p_k)$.

若 $d(n)=(a_1+1)(a_2+1)\cdots(a_k+1)=6$,则必有

$$a_1=5,\quad \text{或 } a_1=1,a_2=2,\quad \text{或 } a_1=2,a_2=1.$$

因此所求的最小正整数 $n=2^2\times3=12$.

例 3 试证:对任一正整数 k,$d(n)=k$ 总有解.

证 取 $n=p^{k-1}$,则 $d(p^{k-1})=k$.

例 4 试证:若一正整数是它的各个真因数的积,则此数必为一素数的立方或两不同素数的积,且无其他正整数有此性质.

证 由于当 d 取遍 n 的全体正因数时,$\frac{n}{d}$ 也取遍 n 的全体正因数,故若 n 是它的各个真因数的积,则

$$n^4=n^2\cdot n^2=\prod_{d\mid n}d\cdot\prod_{d\mid n}\frac{n}{d}=\prod_{d\mid n}\left(d\cdot\frac{n}{d}\right)=\prod_{d\mid n}n=n^{d(n)}.$$

由此得 $d(n)=4$.设 $n=p_1^{a_1}p_2^{a_2}\cdots p_k^{a_k}$,则有

$$(a_1+1)(a_2+1)\cdots(a_k+1)=4.$$

若 $k=1$,则 $a_1=3$,即 $n=p_1^3$;

若 $k=2$,则 $a_1=a_2=1$,即 $n=p_1p_2$;

而若 $k\geqslant3$,则 $d(n)\geqslant8$,与 $d(n)=4$ 矛盾.

综上,必有 $n=p^3$,或 $n=p_1p_2(p_1\neq p_2)$.

例 5 对于给定的正整数 m,若存在正整数 n,使得 $m=\frac{n}{d(n)}$,则称 m 是一个优美指数.试证:任何素数都是优美指数.

证 令 $n=12$,则 $m=\frac{12}{d(12)}=\frac{12}{d(2^2\times3)}=\frac{12}{6}=2$;

令 $n=18$,则 $m=\frac{18}{d(18)}=\frac{18}{d(2\times3^2)}=\frac{18}{6}=3$;

令 $n=12q$ ($q\geqslant5$ 为素数),则

$$m=\frac{12q}{d(12q)}=\frac{12q}{d(2^2\times3q)}=\frac{12q}{12}=q.$$

综上,任何素数都是优美指数.

习题 1.13

1. 计算 $d(1\,125)$.

2. 试求满足 $d(n)=8$ 及 $d(n)=10$ 的最小正整数 n.

3. 1644 年,梅森曾征求一个具有 60 个正因数的数.试在 10 000 以内求出这样的数.

4. 对于正整数 a,设 $f(a)$是 a 的全体正因数的积,试证:如果正整数 x 和 y 满足$f(x)=f(y)$,则必有 $x=y$.

5. 设 p 为奇素数,试证:2^{p-2}为优美指数.

1.14 正整数的正因数之和

设 n 是一个正整数,我们用 $\sigma(n)$表示 n 的**正因数之和**(包括 1 和 n),即

$$\sigma(n)=\sum_{d\mid n}d.$$

例如,$\sigma(15)=24$,因为 15 的正因数是 1,3,5,15.

关于 $\sigma(n)$,有如下性质:

定理 1.39 若 n 的标准分解式为 $n=p_1^{a_1}p_2^{a_2}\cdots p_k^{a_k}$,则

$$\sigma(n)=\frac{p_1^{a_1+1}-1}{p_1-1}\cdot\frac{p_2^{a_2+1}-1}{p_2-1}\cdots\frac{p_k^{a_k+1}-1}{p_k-1}.$$

证 把乘积

$(1+p_1+p_1^2+\cdots+p_1^{a_1})(1+p_2+p_2^2+\cdots+p_2^{a_2})\cdots(1+p_k+p_k^2+\cdots+p_k^{a_k})$

展开,则共有$(a_1+1)(a_2+1)\cdots(a_k+1)=d(n)$ 项,每一项都是

$$p_1^{x_1}p_2^{x_2}\cdots p_k^{x_k}\quad(0\leqslant x_i\leqslant a_i,\ i=1,2,\cdots,k)$$

的形式,即每一项都是 n 的正因数,且每个正因数只出现一次,故定理成立. □

推论 若$(m,n)=1$,则 $\sigma(mn)=\sigma(m)\sigma(n)$.

证 设 $m=p_1^{a_1}p_2^{a_2}\cdots p_k^{a_k}$,$n=q_1^{b_1}q_2^{b_2}\cdots q_l^{b_l}$,则由$(m,n)=1$,知 p_i 与 q_j 没有相同的. 于是由定理 1.39,可得

$$\begin{aligned}\sigma(mn)&=\sigma(p_1^{a_1}p_2^{a_2}\cdots p_k^{a_k}\cdot q_1^{b_1}q_2^{b_2}\cdots q_l^{b_l})\\&=\prod_{i=1}^{k}\frac{p_i^{a_i+1}-1}{p_i-1}\cdot\prod_{j=1}^{l}\frac{q_j^{b_j+1}-1}{q_j-1}\\&=\sigma(m)\sigma(n).\end{aligned}$$

□

例 1 计算 $\sigma(780)$.

解 因为 $780=2^2\times3\times5\times13$,所以

$$\sigma(780)=\frac{2^3-1}{2-1}\cdot\frac{3^2-1}{3-1}\cdot\frac{5^2-1}{5-1}\cdot\frac{13^2-1}{13-1}=7\times4\times6\times14=2\,352.$$

例 2 设 m,n 是正整数,试求形如 $2^n\cdot3^m$ 的正整数,使其所有正因数的和等于 403.

解 由正整数的正因数求和公式,得

$$\frac{2^{n+1}-1}{2-1}\cdot\frac{3^{m+1}-1}{3-1}=403,$$

即$(2^{n+1}-1)(3^{m+1}-1)=2\times13\times31$.

因 $2^{n+1}-1$ 为不小于3的奇数且 $3^{m+1}-1>2$,故 $2^{n+1}-1=13$ 或 31,即 $2^{n+1}=14$,或 $2^{n+1}=32$. 又 $2^{n+1}=14$ 无整数解,故 $2^{n+1}=32$,解得 $n=4$. 此时 $3^{m+1}-1=26$,解得 $m=2$. 故所求的正整数为 $2^4\times 3^2=144$.

例 3 试求所有的素数 p,使得它的 4 次方的所有正因数的和为某整数的平方.

解 设 $\sigma(p^4)=1+p+p^2+p^3+p^4=n^2$. 因为

$$(2n)^2=4n^2=4+4p+4p^2+4p^3+4p^4$$
$$>4p^4+4p^3+p^2=(2p^2+p)^2,$$
$$(2n)^2=4n^2<4p^4+4p^3+9p^2+4p+4=(2p^2+p+2)^2,$$

即 $(2p^2+p)^2<(2n)^2<(2p^2+p+2)^2$,所以

$$(2n)^2=(2p^2+p+1)^2=4p^4+4p^3+5p^2+2p+1.$$

已知

$$(2n)^2=4p^4+4p^3+4p^2+4p+4,$$

把上面两式相减,得 $p^2-2p-3=0$,解得 $p=3$ (舍去 -1).

例 4 设 m 为正整数,试证:当 $\sigma(m)$ 为大于 3 的素数时,m 可表示为 p^{2k},这里 p 为素数,k 为正整数,且 $p-1$ 不能被 $2k+1$ 整除.

证 (ⅰ) 对任何素数 m,$\sigma(m)=1+m$ 为合数.

(ⅱ) 若 $m=p_1p_2\cdots p_s$,且 $p_1,p_2,\cdots,p_s$ 为不同的素数,则 $\sigma(m)=\sigma(p_1)\cdot\sigma(p_2)\cdots\sigma(p_s)$ 为合数.

(ⅲ) 若 $m=p_1^{l_1}p_2^{l_2}\cdots p_s^{l_s}$,且 $p_1,p_2,\cdots,p_s$ 为不同的素数,$l_1,l_2,\cdots,l_s$ 为非负整数,则 $\sigma(m)=\sigma(p_1^{l_1})\sigma(p_2^{l_2})\cdots\sigma(p_s^{l_s})$ 为合数.

(ⅳ) 对任何素数 p 及正整数 k,$\sigma(p^{2k+1})$ 的值均为合数,因为

$$\sigma(p^{2k+1})=\frac{p^{2k+2}-1}{p-1}=\frac{(p^{k+1}-1)(p^{k+1}+1)}{p-1}$$
$$=(p^k+p^{k-1}+\cdots+p+1)(p^{k+1}+1).$$

(ⅴ) 若 p 为素数,k 为正整数,且 $(2k+1)\mid(p-1)$,则 $\sigma(p^{2k})$ 的值为合数.

事实上,令 $p=(2k+1)u+1$ (u 为某正整数),则

$$\sigma(p^{2k})=\sum_{i=0}^{2k}p^i=\sum_{i=0}^{2k}[(2k+1)u+1]^i$$

为 $2k+1$ 的倍数,所以 $(2k+1)\mid\sigma(p^{2k})$. 又 k 为正整数,故 $2k+1>1$.

此外,当 $i>0$ 时,总有 $p^i>1$,故 $\sigma(p^{2k})>2k+1$,因此 $\sigma(p^{2k})$ 为合数.

综上,结论成立.

习题 1.14

1. 计算:$\sigma(232\,848)$.
2. 试求使得 $\sigma(n)$是奇数的所有正整数 n.
3. 试求所有的正整数 n,使得 $\sigma(n)$为 2 的方幂.
4. 设 $n = p_1^{a_1} p_2^{a_2} \cdots p_s^{a_s}$ 且 $d_1, d_2, \cdots, d_T$ 是 n 的全体正因数,试证:

$$\sigma_k(n) = \sum_{i=1}^{T} d_i^k = \prod_{l=1}^{s} \frac{p_l^{(a_l+1)k} - 1}{p_l^k - 1}.$$

5. 设 k 和 n 都是正整数,$f(n) = \sum_{k=1}^{n} \sigma(k)$,试证:当 $n \geqslant 4$ 时,

$$f(n) > \frac{25}{36} n(n+1).$$

1.15 完全数与亲和数

定义 1.11 当且仅当一个数等于除它自身以外的各个正因数之和时,这个数称为**完全数**.

例如,6 是完全数,因为 $6 = 1 + 2 + 3$;28 也是完全数,因为 $28 = 1 + 2 + 4 + 7 + 14$;等等.

容易证明:一个数为完全数的充要条件是 $\sigma(n) = 2n$.

我们之所以要研究完全数,一是因为,在过去出于某些令人费解的原因,许多人曾经非常注意这些数;二是因为,这些数为学习 σ 函数提供了练习的机会;然而更重要的还是因为,欧拉曾得到一个令人满意的结果,它使我们能够求出所有的偶完全数.在此之前,欧几里得就已经发现了若干个完全数.

定理 1.40(欧几里得) 若 $2^p - 1$ 为素数(即梅森素数),则 $2^{p-1}(2^p - 1)$是完全数.

证 设 $n = 2^{p-1}(2^p - 1)$.由于 $2^p - 1$ 是素数,所以 $\sigma(2^p - 1) = 2^p$.注意到 $(2^{p-1}, 2^p - 1) = 1$,我们有

$$\sigma(n) = \sigma(2^{p-1}(2^p - 1)) = \sigma(2^{p-1})\sigma(2^p - 1) = (2^p - 1) \cdot 2^p = 2n.$$

故 n 是完全数. □

定理 1.41(欧拉) 若 n 是一个偶完全数,则 $n = 2^{p-1}(2^p - 1)$,这里 p 为某素数,且 $2^p - 1$ 也是素数.

证 设 n 的标准分解式中含 2 的最高方幂的次数为 $m - 1$,因 n 为偶数,所以

$m-1 \geqslant 1$. 又因 2^{m-1} 显然不是偶完全数,所以

$$n = 2^{m-1}u \quad (u > 1, 2 \nmid u).$$

由 $2^m u = 2n = \sigma(n) = \sigma(2^{m-1}) \cdot \sigma(u) = (2^m - 1)\sigma(u)$,可得

$$\sigma(u) = \frac{2^m u}{2^m - 1} = u + \frac{u}{2^m - 1}.$$

易知 $(2^m-1) \mid u$,u 和 $\frac{u}{2^m-1}$ 都是 u 的正因数,但 $\sigma(u)$ 是 u 的所有正因数之和,故 u 只有两个正因数,即 u 为素数,且 $\frac{u}{2^m-1}=1$,因此 $u=2^m-1$ 为素数. 此时 m 必须是素数,记为 p. 这就证明了 $n=2^{p-1}(2^p-1)$,这里 p 为某素数,且 2^p-1 也是素数. □

这个定理说明,是否有无穷多个偶完全数的问题,可归结为是否有无穷多个梅森素数的问题. 由于目前(到 2005 年止)共知道 42 个梅森素数,所以目前只知道 42 个偶完全数,其中最大的是

$$2^{25\,964\,950}(2^{25\,964\,951}-1).$$

定义 1.12　当且仅当 $\sigma(m)-m=n$ 且 $\sigma(n)-n=m$ 时,我们称 m 和 n 是一对**亲和数**. 换一种等价说法,就是:当且仅当 $\sigma(m)=\sigma(n)=m+n$ 时,m 和 n 是一对亲和数.

例如,220 和 284 是一对亲和数,因为

$$\begin{aligned}
\sigma(220) - 220 &= \sigma(2^2)\sigma(5)\sigma(11) - 220 \\
&= 7 \times 6 \times 12 - 220 \\
&= 504 - 220 = 284, \\
\sigma(284) - 284 &= \sigma(2^2)\sigma(71) - 284 \\
&= 7 \times 72 - 284 \\
&= 504 - 284 = 220.
\end{aligned}$$

电子计算机特别适用于寻找亲和数对. 对一个数 m,我们先让机器去确定它的所有正因数(不包括 m)及它们的和 n,然后,对 n 施行同样的运算. 如果经过这一运算后回到原来的数 m,那么就找到了一对亲和数 (m,n). 有人利用计算机对所有 100 万以内的数进行了这种清查,结果找到了 42 对亲和数. 下面给出了 100 000以内的亲和数对:

$220 = 2^2 \cdot 5 \cdot 11$,　　$284 = 2^2 \cdot 71$;

$1\,184 = 2^5 \cdot 37$,　　$1\,210 = 2 \cdot 5 \cdot 11^2$;

$2\,620 = 2^2 \cdot 5 \cdot 131$,　　$2\,924 = 2^2 \cdot 17 \cdot 43$;

$5\,020 = 2^3 \cdot 5 \cdot 251$,　　$5\,564 = 2^2 \cdot 13 \cdot 107$;

$6\,232 = 2^3 \cdot 19 \cdot 41$,　　$6\,368 = 2^5 \cdot 199$;

$10\,744 = 2^3 \cdot 17 \cdot 79$, $10\,856 = 2^3 \cdot 23 \cdot 59$;

$12\,285 = 3^3 \cdot 5 \cdot 7 \cdot 13$, $14\,595 = 3 \cdot 5 \cdot 7 \cdot 139$;

$17\,296 = 2^4 \cdot 23 \cdot 47$, $18\,416 = 2^4 \cdot 1\,151$;

$63\,020 = 2^2 \cdot 5 \cdot 23 \cdot 137$, $76\,084 = 2^2 \cdot 23 \cdot 827$;

$66\,928 = 2^4 \cdot 47 \cdot 89$, $66\,992 = 2^4 \cdot 53 \cdot 79$;

$67\,095 = 3^3 \cdot 5 \cdot 7 \cdot 71$, $71\,145 = 3^3 \cdot 5 \cdot 17 \cdot 31$;

$69\,615 = 3^2 \cdot 5 \cdot 7 \cdot 13 \cdot 17$, $87\,633 = 3^2 \cdot 7 \cdot 13 \cdot 107$;

$79\,750 = 2 \cdot 5^3 \cdot 11 \cdot 29$, $88\,730 = 2 \cdot 5 \cdot 19 \cdot 467$.

实际上,我们对亲和数的性质所知甚少,但以上面的亲和数对为基础,可提出一些猜想.例如,当亲和数越来越大时,这对数之比一定越来越接近于1.从上文的亲和数对中还可以看出,两个数要么都是偶数,要么都是奇数,不存在一个是奇数,而另一个是偶数的情形.人们已经在相当大的范围内寻找过这种亲和数对,但是对于 $n \leqslant 3\times 10^9$ 没有发现这种数.

定理1.42 设 $p=3\cdot 2^e-1, q=3\cdot 2^{e-1}-1, r=9\cdot 2^{2e-1}-1$,这里 e 是一个正整数.若 p,q 和 r 均为奇素数,则 $2^e pq$ 和 $2^e r$ 是一对亲和数.

证 因为

$$\begin{aligned}\sigma(2^e pq) &= \sigma(2^e)\sigma(p)\sigma(q)\\ &= (2^{e+1}-1)\cdot 3\cdot 2^e \cdot 3\cdot 2^{e-1}\\ &= 9\cdot 2^{2e-1}(2^{e+1}-1),\end{aligned}$$

$$\begin{aligned}\sigma(2^e r) &= \sigma(2^e)\sigma(r) = (2^{e+1}-1)\cdot 9\cdot 2^{2e-1}\\ &= 9\cdot 2^{2e-1}(2^{e+1}-1),\end{aligned}$$

$$\begin{aligned}2^e pq + 2^e r &= 2^e(3\cdot 2^e-1)(3\cdot 2^{e-1}-1)+2^e(9\cdot 2^{2e-1}-1)\\ &= 9\cdot 2^{2e-1}(2^{e+1}-1),\end{aligned}$$

即 $\sigma(2^e pq)=\sigma(2^e r)=2^e pq+2^e r$,故 $2^e pq$ 和 $2^e r$ 是一对亲和数. □

注 当 $e=2,4,7$ 时,由上述公式能够得到亲和数,但对 $e\leqslant 200$ 的其他数,都不会使 p,q,r 均为奇素数.

例1 试证:正整数 n 是完全数,当且仅当 $\sum\limits_{d\mid n}\frac{1}{d}=2$.

证 易知

$$\sum_{d\mid n}\frac{1}{d}=\sum_{d\mid n}\frac{1}{n/d}=\frac{1}{n}\sum_{d\mid n}d=\frac{\sigma(n)}{n}.$$

若 n 是完全数,即 $\sigma(n)=2n$,则 $\sum\limits_{d\mid n}\frac{1}{d}=\frac{2n}{n}=2$.反之,若 $\sum\limits_{d\mid n}\frac{1}{d}=2$,则 $\frac{\sigma(n)}{n}=2$,即 $\sigma(n)=2n$.故 n 是完全数.

例2 试证:若完全数 n 无平方因数,则必有 $n=6$.

证　可设$n=p_1\cdots p_s$（p_i是素数，$i=1,\cdots,s$，$p_1<\cdots<p_s$），则

$$\sigma(n)=(p_1+1)\cdots(p_s+1).$$

又$\sigma(n)=2n$，故$(p_1+1)\cdots(p_s+1)=2p_1\cdots p_s$.

当$s=1$时，$p_1+1=2p_1$，得$p_1=1$，这不可能.

当$s\geqslant 2$时，若n是奇数，即p_i都是奇素数，则可得$4\mid\sigma(n)$，进而$4\mid 2n$，与n为奇数矛盾.故n必为偶数.

当$s=2$时，得$n-6$.

当$s=3$时，$3(p_2+1)(p_3+1)=2\times 2p_2p_3$，此方程无正整数解.

当$s>3$时，由$8\mid\sigma(n)$，得$4\mid n$，与假设n是无平方因数矛盾.

综上，$n=6$.

例3　试证：所有的偶完全数都以6或8结尾.

证　设n是一个偶完全数，则$n=2^{p-1}(2^p-1)$，这里p为某素数，且2^p-1也是素数.易知$k\geqslant 1$时，$16^k=10M+6$（M为某正整数）.

若$p=4k+1$（k为正整数），则

$$\begin{aligned}n&=2^{4k}(2^{4k+1}-1)=16^k(2\times 16^k-1)\\&=(10M+6)(20M+11)=10(20M^2+23M+6)+6.\end{aligned}$$

若$p=4k+3$（k为正整数），则

$$\begin{aligned}n&=2^{4k+2}(2^{4k+3}-1)=4\times 16^k(8\times 16^k-1)\\&=4(10M+6)(80M+47)=10(320M^2+380M+112)+8.\end{aligned}$$

又$p=3$时，$n=28=10\times 2+8$.

综上，所有的偶完全数都以6或8结尾.

例4　若m和n为一对亲和数，试证：

$$\left(\sum_{d\mid m}\frac{1}{d}\right)^{-1}+\left(\sum_{d\mid n}\frac{1}{d}\right)^{-1}=1.$$

证　因为m和n为一对亲和数，即$\sigma(m)=\sigma(n)=m+n$，所以

$$\begin{aligned}\left(\sum_{d\mid m}\frac{1}{d}\right)^{-1}+\left(\sum_{d\mid n}\frac{1}{d}\right)^{-1}&=\left(\sum_{d\mid m}\frac{1}{m/d}\right)^{-1}+\left(\sum_{d\mid n}\frac{1}{n/d}\right)^{-1}\\&=\left(\frac{1}{m}\sum_{d\mid m}d\right)^{-1}+\left(\frac{1}{n}\sum_{d\mid n}d\right)^{-1}\\&=\left(\frac{\sigma(m)}{m}\right)^{-1}+\left(\frac{\sigma(n)}{n}\right)^{-1}\\&=\frac{m}{\sigma(m)}+\frac{n}{\sigma(n)}=\frac{m}{m+n}+\frac{n}{m+n}=1.\end{aligned}$$

例5　试证：任一素数都不会成为某对亲和数中的一个.

证　假设素数p与n是一对亲和数，则由$\sigma(p)=\sigma(n)=p+n$，得$1+p=$

$p+n$,即 $n=1$,此时 $\sigma(1)=p+1$,与 $\sigma(1)=1$ 矛盾.故任一素数都不会成为某对亲和数中的一个.

例 6 试证:$\sigma(1+p)<1+p+p^2$;并借助于这一结果证明:p^2 绝不会是某对亲和数中的一个.

证 $1+p$ 的正因数不外乎是 $1,2,3,\cdots,1+p$,而这些数的和为

$$1+2+3+\cdots+(1+p)=\frac{(p+1)(p+2)}{2}<1+p+p^2,$$

故 $\sigma(1+p)<1+p+p^2$.

假设 p^2 与 n 是一对亲和数,则由

$$\sigma(p^2)=\sigma(n)=p^2+n,$$

得 $\frac{p^3-1}{p-1}=p^2+n$,即 $n=p+1$.故 $\sigma(1+p)=1+p+p^2$,与以上结论相矛盾.于是 p^2 绝不会是某对亲和数中的一个.

习题 1.15

1. 试证:平方数一定不是完全数.
2. 设 n 为大于 6 的偶完全数.试证:n 被 9 除余 1.
3. 试证:9 363 584 和 9 437 056 是一对亲和数.
4. 设 p^e 是一对亲和数中的一个,试证:

$$\sigma(p^e)=\sigma\left(\frac{p^e-1}{p-1}\right).$$

5. 试证:任何奇完全数的形式必为 $p^{4a+1}Q^2$,这里 p 为奇素数,a 为非负整数,Q 为正整数.
6. 如果正整数 n 满足 $\sigma(n)<2n$,则称 n 为亏缺数;如果 $\sigma(n)>2n$,则称 n 为过剩数.

(1) 设 p,q 为素数,试证:pq ($pq\neq 6$)是亏缺数;

(2) 设 $n=2^k(2^{k+1}-1)$,若 $2^{k+1}-1$ 为合数,试证:n 是过剩数;

(3) 若 $n=2^k(2^{k+1}-1)$是完全数,且 $d\mid n$ ($1<d<n$),试证:d 是亏缺数;

(4) 若 $n=2^k(2^{k+1}-1)$是完全数,且 $p<2^{k+1}-1$ 为奇素数,试证:2^kp 是过剩数.

7. 试证:每一个大于 46 的偶数都可表示为两个过剩数之和.

1.16 逐步淘汰原则

逐步淘汰原则又称**容斥原理**,即下述的定理:

定理 1.43　设有 N 件事物，其中 N_{α_i} $(1\leqslant i\leqslant s)$ 件具有性质 α_i；$N_{\alpha_i\alpha_j}$ $(1\leqslant i<j\leqslant s)$ 件具有性质 α_i,α_j……$N_{\alpha_1\alpha_2\cdots\alpha_s}$ 件具有性质 $\alpha_1,\alpha_2,\cdots,\alpha_s$. 那么这 N 件事物中，不具有性质 $\alpha_1,\alpha_2,\cdots,\alpha_s$ 的事物的件数为

$$\begin{aligned}N^* &= N-(N_{\alpha_1}+N_{\alpha_2}+\cdots+N_{\alpha_s})+(N_{\alpha_1\alpha_2}+N_{\alpha_1\alpha_3}+\cdots+N_{\alpha_{s-1}\alpha_s})\\&\quad-(N_{\alpha_1\alpha_2\alpha_3}+\cdots+N_{\alpha_{s-2}\alpha_{s-1}\alpha_s})+\cdots+(-1)^sN_{\alpha_1\alpha_2\cdots\alpha_s}.\end{aligned}\tag{16.1}$$

证　用 P 表示 N 件事物中具有 k 种性质 $\alpha_1,\alpha_2,\cdots,\alpha_k$ 的某件事物 $(1\leqslant k\leqslant s)$，则事物 P 在 N 件事物中出现 1 次；在 $N_{\alpha_1},N_{\alpha_2},\cdots,N_{\alpha_s}$ 件事物中出现 k 次；在 $N_{\alpha_1\alpha_2},N_{\alpha_1\alpha_3},\cdots,N_{\alpha_{s-1}\alpha_s}$ 件事物中出现 C_k^2 次；在 $N_{\alpha_1\alpha_2\alpha_3},\cdots,N_{\alpha_{s-2}\alpha_{s-1}\alpha_s}$ 件事物中出现 C_k^3 次……所以，事物 P 在 N^* 件事物中出现的次数为

$$1-k+C_k^2-C_k^3+\cdots+(-1)^kC_k^k=(1-1)^k=0.$$

用 Q 表示 N 件事物中，不具有性质 $\alpha_1,\alpha_2,\cdots,\alpha_s$ 的某件事物，则事物 Q 在 N 件事物中出现 1 次；在 $N_{\alpha_1},N_{\alpha_2},\cdots,N_{\alpha_s}$ 件事物中出现 0 次(即不出现)；在 $N_{\alpha_1\alpha_2}$，$N_{\alpha_1\alpha_3},\cdots,N_{\alpha_{s-1}\alpha_s}$ 件事物中出现 0 次……所以，事物 Q 在 N^* 件事物中出现 1 次.

由于具有 k $(\geqslant 1)$ 种性质的事物 P 在 N^* 件事物中不出现，而不具有性质 α_1，$\alpha_2,\cdots,\alpha_s$ 的事物 Q 在 N^* 件事物中出现 1 次，所以不具有性质 $\alpha_1,\alpha_2,\alpha_3,\cdots,\alpha_s$ 的事物的件数为

$$\begin{aligned}&N-(N_{\alpha_1}+N_{\alpha_2}+\cdots+N_{\alpha_s})+(N_{\alpha_1\alpha_2}+N_{\alpha_1\alpha_3}+\cdots+N_{\alpha_{s-1}\alpha_s})\\&-(N_{\alpha_1\alpha_2\alpha_3}+\cdots+N_{\alpha_{s-2}\alpha_{s-1}\alpha_s})+\cdots+(-1)^sN_{\alpha_1\alpha_2\cdots\alpha_s}.\end{aligned}$$ □

逐步淘汰原则是数论中很有用的方法，请看：

例 1　试求前 100 个正整数中，非 2、非 3、非 5、非 7 的倍数的数的个数.

解　应用逐步淘汰原则，前 100 个正整数中，非 2、非 3、非 5、非 7 的倍数的数共有

$$\begin{aligned}&100-\left[\frac{100}{2}\right]-\left[\frac{100}{3}\right]-\left[\frac{100}{5}\right]-\left[\frac{100}{7}\right]\\&+\left[\frac{100}{2\times3}\right]+\left[\frac{100}{2\times5}\right]+\left[\frac{100}{2\times7}\right]+\left[\frac{100}{3\times5}\right]+\left[\frac{100}{3\times7}\right]+\left[\frac{100}{5\times7}\right]\\&-\left[\frac{100}{2\times3\times5}\right]-\left[\frac{100}{2\times3\times7}\right]-\left[\frac{100}{2\times5\times7}\right]-\left[\frac{100}{3\times5\times7}\right]+\left[\frac{100}{2\times3\times5\times7}\right]\\&=100-50-33-20-14+16+10+7+6+4+2-3-2-1-0+0\\&=22\ (\text{个}).\end{aligned}$$

例 2　试求前 100 个正整数中，非 2、非 3、非 5、非 7 的倍数的数之和.

解　应用逐步淘汰原则，前 100 个正整数中，非 2、非 3、非 5、非 7 的倍数的数之和为

$$\sum_{i=1}^{100}i-\sum_{i=1}^{\left[\frac{100}{2}\right]}2i-\sum_{i=1}^{\left[\frac{100}{3}\right]}3i-\sum_{i=1}^{\left[\frac{100}{5}\right]}5i-\sum_{i=1}^{\left[\frac{100}{7}\right]}7i$$

$$+\sum_{i=1}^{\left[\frac{100}{2\times3}\right]}6i+\sum_{i=1}^{\left[\frac{100}{2\times5}\right]}10i+\sum_{i=1}^{\left[\frac{100}{2\times7}\right]}14i+\sum_{i=1}^{\left[\frac{100}{3\times5}\right]}15i+\sum_{i=1}^{\left[\frac{100}{3\times7}\right]}21i+\sum_{i=1}^{\left[\frac{100}{5\times7}\right]}35i$$

$$-\sum_{i=1}^{\left[\frac{100}{2\times3\times5}\right]}30i-\sum_{i=1}^{\left[\frac{100}{2\times3\times7}\right]}42i-\sum_{i=1}^{\left[\frac{100}{2\times5\times7}\right]}70i$$

$$=5\,050-2\,550-1\,683-1\,050-735+816+550+392+315$$

$$+210+105-180-126-70$$

$$=1\,044.$$

应用逐步淘汰原则,我们还能够求出不超过 N 的素数个数 $\pi(N)$.

定理 1.44 若不超过 $\sqrt{N}$ 的素数有 s 个,即

$$2=p_1<p_2<\cdots<p_s\leqslant\sqrt{N},$$

则不超过 N 的素数个数为

$$\pi(N)=s-1+N-\sum_{i=1}^{s}\left[\frac{N}{p_i}\right]+\sum_{1\leqslant i<j\leqslant s}\left[\frac{N}{p_ip_j}\right]-\sum_{1\leqslant i<j<k\leqslant s}\left[\frac{N}{p_ip_jp_k}\right]$$

$$+\cdots+(-1)^s\left[\frac{N}{p_1p_2\cdots p_s}\right].$$

证 应用逐步淘汰原则,在 $1,2,\cdots,N$ 这 N 个正整数中,非 p_1、非 p_2……非 p_s 的倍数的个数为

$$x=N-\left[\frac{N}{p_1}\right]-\left[\frac{N}{p_2}\right]-\cdots-\left[\frac{N}{p_s}\right]+\left[\frac{N}{p_1p_2}\right]+\left[\frac{N}{p_1p_3}\right]+\cdots+\left[\frac{N}{p_{s-1}p_s}\right]$$

$$-\left[\frac{N}{p_1p_2p_3}\right]-\cdots-\left[\frac{N}{p_{s-2}p_{s-1}p_s}\right]+\cdots+(-1)^s\left[\frac{N}{p_1p_2\cdots p_s}\right]$$

$$=N-\sum_{i=1}^{s}\left[\frac{N}{p_i}\right]+\sum_{1\leqslant i<j\leqslant s}\left[\frac{N}{p_ip_j}\right]$$

$$-\sum_{1\leqslant i<j<k\leqslant s}\left[\frac{N}{p_ip_jp_k}\right]+\cdots+(-1)^s\left[\frac{N}{p_1p_2\cdots p_s}\right].$$

这 x 个数中,除 1 不是素数外,其余都是素数.可是,这 x 个数中没有 $p_1,p_2,\cdots,p_s$ 这 s 个素数,所以不超过 N 的素数个数为

$$\pi(N)=x-1+s.$$

□

例 3 试求不超过 100 的素数的个数.

解 因为不超过 $\sqrt{100}=10$ 的素数为 2,3,5,7,所以

$$\pi(100)=4-1+100-\left[\frac{100}{2}\right]-\left[\frac{100}{3}\right]-\left[\frac{100}{5}\right]-\left[\frac{100}{7}\right]$$

$$+\left[\frac{100}{2\times3}\right]+\left[\frac{100}{2\times5}\right]+\left[\frac{100}{2\times7}\right]+\left[\frac{100}{3\times5}\right]+\left[\frac{100}{3\times7}\right]+\left[\frac{100}{5\times7}\right]$$

$$-\left[\frac{100}{2\times3\times5}\right]-\left[\frac{100}{2\times3\times7}\right]-\left[\frac{100}{2\times5\times7}\right]-\left[\frac{100}{3\times5\times7}\right]$$

$$+\left[\frac{100}{2\times 3\times 5\times 7}\right]$$
$$=25.$$

习 题 1.16

1. 试求前500个正整数中,非5、非7、非11的倍数的数的个数.

2. 试求前500个正整数中,非5、非7、非11的倍数的数之和.

3. 在1至2 000的整数中,至少能被2,3,5中的两个数同时整除的数有多少个?能且仅能被2,3,5中的一个数整除的数有多少个?

4. 试求不超过150的素数的个数.

5. 试证:对任意实数$x\geqslant 1$,在区间$[x,2x]$上必有素数存在.

6. 试证:(1) 素数出现的概率为0;

(2) 存在无穷多个正整数n,使得$\pi(n)\mid n$.

1.17 抽 屉 原 理

大家知道,在2只抽屉要放置3只球,那么一定有2只球要放在同一只抽屉里,更一般地说,只要被放置的球数比抽屉数目大,就一定会有2只或更多只球放进同一只抽屉.可不要小看这一简单事实,它包含着一个重要而又十分基本的原理——**抽屉原理**(也称**鸽笼原理**).

先看看抽屉原理的几种最常见的形式.

原理1　若把$n+1$个或更多个物体放进n只抽屉里,则至少有一只抽屉要放进2个或更多个物体.

原理本身十分浅显,为了加深对它的认识,我们还是运用反证法给予证明:假设每只抽屉至多只能放进一个物体,则物体的总数至多是n,与题设矛盾.

注意到,若有$2n+1$个物体放进n只抽屉里,则至少有一只抽屉要放进3个或3个以上的物体;若有$3n+1$个物体放进n只抽屉里,则至少有一只抽屉要放进4个或4个以上的物体……更一般地,我们有:

原理2　若把m个物体放进n只抽屉里,则至少有一只抽屉要放进$\left[\dfrac{m-1}{n}\right]+1$个或更多个物体.

证　小于m的n的最大倍数是$\left[\dfrac{m-1}{n}\right]$.

假设不存在一只抽屉,它包含$\left[\frac{m-1}{n}\right]+1$个物体,则每只抽屉包含的物体最多是$\left[\frac{m-1}{n}\right]$个,而总共有 n 只抽屉,所以这 n 只抽屉所包含的物体总数不大于

$$n\left[\frac{m-1}{n}\right] \leqslant n \cdot \frac{m-1}{n} = m-1 < m,$$

与题设矛盾.因此至少有一只抽屉要放进$\left[\frac{m-1}{n}\right]+1$个或更多个物体. □

在实际应用中,我们还时常用到抽屉原理的推广形式:

原理 3 若把 $q_1+q_2+\cdots+q_n-n+1$ 个物体放进 n 只抽屉里,则或者第一只抽屉至少放进 q_1 个物体,或者第二只抽屉至少放进 q_2 个物体……或者第 n 只抽屉至少放进 q_n 个物体.

证 假设要把 $q_1+q_2+\cdots+q_n-n+1$ 个物体分配在 n 只抽屉里,若对于每个 $i\ (i=1,2,\cdots,n)$,第 i 只抽屉里所含的物体少于 q_i 个,则在所有抽屉里的物体总数就不超过

$$(q_1-1)+(q_2-1)+\cdots+(q_n-1)=q_1+q_2+\cdots+q_n-n.$$

这个数比被分配的总数少,因此得到矛盾. □

在原理 3 中,若取 $q_1=q_2=\cdots=q_n=r$,就得到:

原理 4 若把 $n(r-1)+1$ 个物体放进 n 只抽屉里,则至少有一只抽屉要放进 r 个或更多个物体.

这种情形也可以换一种说法,叙述为:

原理 5 若 n 个整数 $m_1,m_2,\cdots,m_n$ 的平均数$\frac{m_1+m_2+\cdots+m_n}{n}$大于 $r-1$,则整数 $m_1,m_2,\cdots,m_n$ 中至少有一个大于或等于 r.

原理虽简单,巧妙地运用原理却可十分便利地解决一些看上去相当复杂,甚至感到无从下手的问题.

例 1 试证:任意 3 个整数中,至少有 2 个整数的和为 2 的倍数.

证 把整数按奇、偶分类,每类看作一只抽屉.3 个整数放进 2 只抽屉里,根据原理 1,至少有一只抽屉放 2 个整数.不管在哪只抽屉里,这 2 个整数的和一定是 2 的倍数.

例 2 试证:在任意给定的 n 个正整数 $a_1,a_2,\cdots,a_n$ 中,总可以找到其中若干个数,使它们的和是 n 的倍数.

证 考察 $a_1,a_1+a_2,\cdots,a_1+a_2+\cdots+a_n$ 这 n 个数,它们被 n 除后的余数至多是 $0,1,\cdots,n-1$ 这 n 个数.

若余数中有 0,则问题得证.

若余数中没有 0,则问题变为 n 个数归入 $n-1$ 类(即 $n-1$ 只抽屉)中.根据原

理1,至少有2个数被 n 除后的余数相同,设这2个数分别为 $a_1+a_2+\cdots+a_m$ 与 $a_1+a_2+\cdots+a_k$ $(m<k)$,则

$$(a_1+a_2+\cdots+a_k)-(a_1+a_2+\cdots+a_m)$$

被 n 除后余数为0,即 $a_{m+1}+a_{m+2}+\cdots+a_k$ 能被 n 整除.至此问题得证.

例3　试证:在平面直角坐标系内的任意5个整点中,必定有2个点,其连成线段的中点也是整点.

证　对于有序整数对(x,y),按照整数的奇偶性,共可得到4种不同的类型:(奇,奇)、(奇,偶)、(偶,奇)、(偶,偶).也就是说,我们构造了4只"抽屉".对每一个整点,按照坐标的奇偶性,可以放在一只抽屉里,并且仅放在一只抽屉里.现有5个整点,根据原理1,至少有2个整点属于同一只"抽屉",不妨假定这两个整点就是 $A(x_1,y_1)$,$B(x_2,y_2)$.由于 x_1 与 x_2、y_1 与 y_2 分别有相同的奇偶性,这样,$\dfrac{x_1+x_2}{2}$,$\dfrac{y_1+y_2}{2}$都是整数,所以线段 AB 的中点是一个整点.

例4　试证:对于 $n+1$ 个不同的正整数,若每个数都小于 $2n$,则可以从中选出3个数,使其中2个数之和等于第三个.

证　首先把这 $n+1$ 个数排成单调递增序列:

$$a_0<a_1<a_2<\cdots<a_{n-1}<a_n<2n.$$

令$b_i=a_i-a_0$ $(i=1,2,\cdots,n)$,这样又造出一个单调递增序列:

$$b_1<b_2<\cdots<b_n<a_n<2n.$$

于是我们就得到 $2n+1$ 个小于 $2n$ 的正整数.根据原理2,至少有2个相等的正整数,它们位于上述2个不同的序列中,设它们分别是 a_k 及 b_j,且 $k\neq j$(因为若 $k=j$,则 $a_k=b_k=a_k-a_0$,即 $a_0=0$,不可能).由 $b_j=a_j-a_0$,知 $a_k=a_j-a_0$,即 $a_j=a_k+a_0$.

例5　把1到10这10个正整数任意摆成一个圆圈(即放在同一圆周上),试证:其中必有3个相邻的数,它们的和不小于17.

证　如图1.2所示,以 $a_1,a_2,\cdots,a_{10}$ 代表1到10这10个正整数,它们任意排成圈.

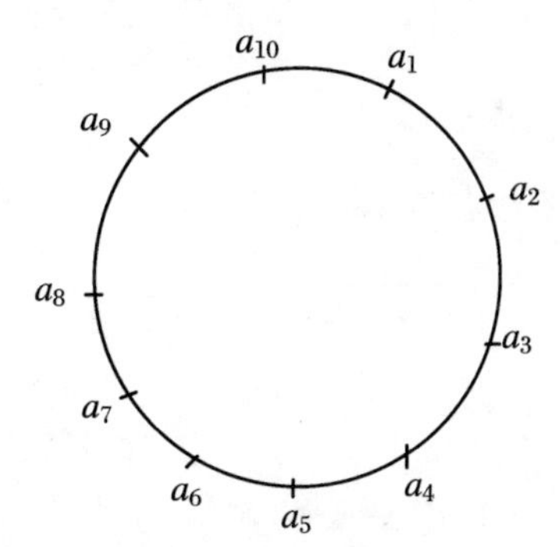

图1.2

由图1.2,可知相邻3个数之和有10个数,即

$$a_1+a_2+a_3,a_2+a_3+a_4,\cdots,a_9+a_{10}+a_1,a_{10}+a_1+a_2.$$

考虑这10个数的和

$$S=3(a_1+a_2+\cdots+a_{10})=3(1+2+\cdots+10)=165.$$

因为$\dfrac{165}{10}=16.5>17-1$,故由原理5,知上述3个数之和中至少有一个不小于17.

习 题 1.17

1. 试证:任意 4 个整数中,至少有 2 个整数的差能被 3 整除.

2. 试证:任意 5 个整数中,至少有 3 个整数的和能被 3 整除.

3. 试证:从正整数 $1,2,\cdots,2n$ 中任取 $n+1$ 个正整数,其中必定存在 2 个数,使得一个数是另一个数的整数倍.

4. 设 $m>n>0$,将 m 册书放入 n 只抽屉里,不管放书的方法如何,都至少存在一只抽屉,其中放入的书的册数至少是 r.试求满足上述条件的最大正整数 r.

5. 今有两组正整数,其中每一组中的所有数都小于正整数 n,又假设每一组中的数都是互不相等的,并且这两组数的总个数不小于 n.试证:一定可以从每组中各取一个数,使得它们的和正好等于 n.

第2章　同　　余

本章将讨论有关同余理论的基本概念及其性质，这些基本概念包括同余、同余式、剩余类、完全剩余系、欧拉函数及简化剩余系，然后介绍著名的欧拉定理和费马小定理以及它们在分数化小数方面的应用，最后介绍威尔逊(Wilson)定理.

2.1　同余的概念及其基本性质

同余的方法是德国数学家高斯在1800年前后创立的.同余是数论中最基本的概念，它是整除性理论的拓广与发展.同余概念的产生，大大丰富了数论的内容.本节主要介绍同余的概念及其基本性质.

定义 2.1　给定一个正整数 m，把它叫作模，如果用 m 去除任意两个整数 a 与 b 所得的余数相同，则称 a,b 关于模 m **同余**，记作 $a\equiv b(\text{mod } m)$；否则称 a,b 关于模 m **不同余**，记作 $a\not\equiv b(\text{mod } m)$.

容易证得：

定理 2.1　$a\equiv b(\text{mod } m)$的充要条件是 $m\mid(a-b)$或 $a=b+mk$.

证　(必要性)设 $a\equiv b(\text{mod } m)$，即 $a=mq_1+r,b=mq_2+r$ $(0\leqslant r<m$，q_1,q_2 为整数)，则 $a-b=m(q_1-q_2)$，故 $m\mid(a-b)$.

(充分性)当 $m\mid(a-b)$时，设 $a-b=mk$ (k 为整数).若 $b=mq+r$，则 $a=b+mk=m(q+k)+r$，因此 $a\equiv b(\text{mod } m)$.　□

定理2.1表明，定义2.1与下面的定义2.2等价.

定义 2.2　设 a,b 为整数，m 为正整数，若 $m\mid(a-b)$，则称 a,b 关于模 m 同余，若 $m\nmid(a-b)$，则称 a,b 关于模 m 不同余.

例如，$30\equiv-2(\text{mod } 8)$，$21\not\equiv8(\text{mod } 5)$，等等.

由定理2.1，我们可推出：

定理 2.2　整数的同余关系是等价关系.

证 容易证明整数的同余关系满足：

（ⅰ）反身性：$a \equiv a \pmod{m}$；

（ⅱ）对称性：若 $a \equiv b \pmod{m}$，则 $b \equiv a \pmod{m}$；

（ⅲ）传递性：若 $a \equiv b \pmod{m}$，$b \equiv c \pmod{m}$，则 $a \equiv c \pmod{m}$.

例 1 设素数 $p \nmid a$，$k \geqslant 1$，试证：$n^2 \equiv an \pmod{p^k}$ 的充要条件是

$$n \equiv 0 \pmod{p^k} \quad 或 \quad n \equiv a \pmod{p^k}.$$

证 充分性显然.下证必要性.

（ⅰ）当 $k=1$ 时，由 $n^2 = an \pmod{p}$，得 $p \mid (n^2 - an) = n(n-a)$.因为 p 为素数，故 $p \mid n$ 或 $p \mid (n-a)$，即

$$n \equiv 0 \pmod{p} \quad 或 \quad n \equiv a \pmod{p}.$$

（ⅱ）当 $k \geqslant 2$ 时，若 $p^i \mid n$，$p^{k-i} \mid (n-a)$（$1 \leqslant i < k$），则 $p \mid a$，与已知条件矛盾，故必有 $p^k \mid n$ 或 $p^k \mid (n-a)$，即

$$n \equiv 0 \pmod{p^k} \quad 或 \quad n \equiv a \pmod{p^k}.$$

例 2 设 $n > 4$，试证：n 是合数的充要条件是 $(n-2)! \equiv 0 \pmod{n}$.

证 （必要性）设 $n = d_1 d_2$ 是合数，则 $2 \leqslant d_1, d_2 \leqslant \frac{n}{2} < n-2$.

当 $d_1 \neq d_2$ 时，$d_1 d_2 \mid (n-2)!$，即 $(n-2)! \equiv 0 \pmod{n}$.

当 $d_1 = d_2 = \sqrt{n}$ 时，由于 $n > 4$，所以 $d_1 \geqslant 3$，从而 $n \geqslant 9$.此时 $2d_1 = 2\sqrt{n} < n-2$，于是 $3 \leqslant d_1 < 2d_1 < n-2$，即在 $(n-2)!$ 中有 d_1，$2d_1$ 两个互不相同的因数.因此 $(n-2)!$ 能被 $d_1^2 = n$ 整除，也就是 $(n-2)! \equiv 0 \pmod{n}$.

（充分性）设 $(n-2)! \equiv 0 \pmod{n}$，假设 n 不是合数，则 n 必为素数.因为 $n > 4$ 且 $n-2 < n$，故 $n \nmid (n-2)!$，因此 $(n-2)! \not\equiv 0 \pmod{n}$.此矛盾说明，$n$ 是合数.

同余式看起来有点像等式的记号.事实上，它与等式的代数运算有许多相似之处.除了定理 2.2 以外，我们还有：

定理 2.3 若 $a_1 \equiv b_1 \pmod{m}$，$a_2 \equiv b_2 \pmod{m}$，则：

(1) $a_1 \pm a_2 \equiv b_1 \pm b_2 \pmod{m}$； (2) $a_1 a_2 \equiv b_1 b_2 \pmod{m}$.

证 由假设，知 $m \mid (a_1 - b_1)$，$m \mid (a_2 - b_2)$，所以：

(1) $m \mid [(a_1 - b_1) \pm (a_2 - b_2)]$，即 $m \mid [(a_1 \pm a_2) - (b_1 \pm b_2)]$，故

$$a_1 \pm a_2 \equiv b_1 \pm b_2 \pmod{m}.$$

(2) $m \mid [a_2(a_1 - b_1) + b_1(a_2 - b_2)]$，即 $m \mid (a_1 a_2 - b_1 b_2)$，故

$$a_1 a_2 \equiv b_1 b_2 \pmod{m}.$$

□

推论 1 若 $a \equiv b \pmod{m}$，k 为整数，则 $a \pm k \equiv b \pm k \pmod{m}$.

推论 2 若 $a \equiv b \pmod{m}$，c 为整数，则 $ac \equiv bc \pmod{m}$.

推论 3 若 $a \equiv b \pmod{m}$，n 为正整数，则 $a^n \equiv b^n \pmod{m}$.

推论 4 设 $p(x)$ 是任一整系数多项式.若 $a \equiv b \pmod{m}$，则

$$p(a) \equiv p(b) \pmod{m}.$$

推论 5　设 $f(x) = \sum_{i=0}^{n} a_i x^i, g(x) = \sum_{i=0}^{n} b_i x^i$ 是两个整系数多项式. 若 $a_i \equiv b_i \pmod{m}$ $(i = 0,1,2,\cdots,n)$，则 $f(x) \equiv g(x) \pmod{m}$.

定理 2.4　若 $a_1 a_2 \equiv b_1 b_2 \pmod{m}$，$a_2 \equiv b_2 \pmod{m}$，且 $(a_2, m) = 1$，则 $a_1 \equiv b_1 \pmod{m}$.

证　利用等式 $(a_1 - b_1)a_2 + b_1(a_2 - b_2) = a_1 a_2 - b_1 b_2$. 由假设，知 $m \mid (a_1 a_2 - b_1 b_2)$，$m \mid (a_2 - b_2)$，故 $m \mid (a_1 - b_1)a_2$. 又由 $(a_2, m) = 1$，得

$$m \mid (a_1 - b_1), \quad 即 \quad a_1 \equiv b_1 \pmod{m}. \qquad \square$$

推论　若 $ac \equiv bc \pmod{m}$，且 $(c, m) = 1$，则 $a \equiv b \pmod{m}$.

该推论表明，若同余式两边有公因数与模互素，则可将其约去.

例 3　试求使得 $2^n - 1$ 为 7 的倍数的所有正整数 n.

解　因为 $2^3 \equiv 1 \pmod{7}$，所以对 n 按模 3 进行分类讨论：

（ⅰ）当 $n = 3m$ 时，

$$2^n - 1 = 2^{3m} - 1 = (2^3)^m - 1 \equiv 1^m - 1 \equiv 0 \pmod{7};$$

（ⅱ）当 $n = 3m + 1$ 时，

$$\begin{aligned} 2^n - 1 = 2^{3m+1} - 1 &= 2 \times (2^3)^m - 1 \equiv 2 \times 1^m - 1 \\ &\equiv 1 \pmod{7}; \end{aligned}$$

（ⅲ）当 $n = 3m + 2$ 时，

$$\begin{aligned} 2^n - 1 = 2^{3m+2} - 1 &= 4 \times (2^3)^m - 1 \equiv 4 \times 1^m - 1 \\ &\equiv 3 \pmod{7}. \end{aligned}$$

综上，当正整数 n 是 3 的倍数时，$2^n - 1$ 才是 7 的倍数.

例 4　已知 1996 年 2 月份有 5 个星期四，问在 2100 年以前还会有哪几年有这种二月份？

解　因为 1996 年 2 月份有 5 个星期四，所以 2 月 1 日必为星期四. 考虑到一个闰年的 2 月 1 日与下一个闰年的 2 月 1 日间相差 $3 \times 365 + 366 = 1\,461$（天），而 $1\,461 \equiv 5 \pmod{7}$. 若把各闰年 2 月 1 日的星期数依次排下去应是

$$4,2,0,5,3,1,6,4,2,\cdots.$$

它们 7 次后重复出现，即过 28 年后重复 1996 年的情形. 因此在 2100 年前，2 月份出现 5 个星期四的年份是：2024 年、2052 年、2080 年.

例 5　试证：相邻四个整数的 4 次幂的和不可能是另一个整数的 4 次幂.

证　显然对任一奇数 $2m + 1$，都有

$$(2m + 1)^4 = (4m^2 + 4m + 1)^2 \equiv 1^2 \equiv 1 \pmod{4};$$

对任一偶数 $2m$，都有

$$(2m)^4 = 16m^4 \equiv 0 \pmod{4}.$$

而相邻四个整数 a,b,c,d 中必定有两个奇数和两个偶数,故

$$a^4+b^4+c^4+d^4\equiv 2(\mathrm{mod}\,4).$$

于是 $a^4+b^4+c^4+d^4$ 不可能是一个整数的 4 次幂.

习题 2.1

1. 设 p 为素数,试证:$(a+b)^p\equiv a^p+b^p(\mathrm{mod}\,p)$.
2. 试求使得 $5^{2n}+3^{2n}$ 为 17 的倍数的所有正整数 n.
3. 1979 年国庆三十周年是星期一,问 2049 年国庆一百周年是星期几?
4. 试证:相邻两数的立方差不能被 5 整除.
5. 试证:当且仅当指数 n 不能被 4 整除时,$1^n+2^n+3^n+4^n$ 能被 5 整除.
6. 试证:形如 $3m-1$ 的正整数不是完全数.
7. 设 a 是任意正奇数,试证:$a^{2^n}\equiv 1(\mathrm{mod}\,2^{n+2})$.
8. 如果对于给定的正整数 n,不存在任何正整数 m,可使 $\sigma(n)=\sigma(m)=n+m$ 成立,则称 n 是一个孤立数.试证:对任意正整数 r,$n=2^r$ 都是孤立数.

2.2 同余的进一步性质

上一节我们给出了模不变时同余的基本性质,本节我们主要介绍模变化时同余的进一步性质.

定理 2.5 若 $a\equiv b(\mathrm{mod}\,m)$,$k$ 为正整数,则 $ak\equiv bk(\mathrm{mod}\,mk)$.

证 由 $a\equiv b(\mathrm{mod}\,m)$,知 $m\mid(a-b)$,即 $mk\mid(ak-bk)$,故

$$ak\equiv bk(\mathrm{mod}\,mk).$$

□

定理 2.6 若 $a\equiv b(\mathrm{mod}\,m)$,$d$ 是 a,b,m 的任一正公因数,则

$$\frac{a}{d}\equiv\frac{b}{d}\left(\mathrm{mod}\,\frac{m}{d}\right).$$

证 由 $a\equiv b(\mathrm{mod}\,m)$,知存在整数 k,使得 $a=b+mk$.因为 $d\mid a,d\mid b$,$d\mid m$,所以 $\frac{a}{d}=\frac{b}{d}+\frac{m}{d}k$,即 $\frac{a}{d}\equiv\frac{b}{d}\left(\mathrm{mod}\,\frac{m}{d}\right)$. □

定理 2.7 若 $a\equiv b(\mathrm{mod}\,m_i)$ $(i=1,2,\cdots,k)$,则

$$a\equiv b(\mathrm{mod}\,[m_1,m_2,\cdots,m_k]).$$

证 由已知,得 $m_i\mid(a-b)$ $(i=1,2,\cdots,k)$,故 $[m_1,m_2,\cdots,m_k]\mid(a-b)$,即 $a\equiv b(\mathrm{mod}\,[m_1,m_2,\cdots,m_k])$. □

推论　若 $a\equiv b(\bmod m_i)$ $(i=1,2,\cdots,k)$,且 $m_1,m_2,\cdots,m_k$ 两两互素,则

$$a\equiv b\left(\bmod \prod_{i=1}^{k} m_i\right).$$

定理 2.8　若 $a\equiv b(\bmod m)$, $d\mid m$, $d>0$,则 $a\equiv b(\bmod d)$.

证　由 $a\equiv b(\bmod m)$,知 $m\mid(a-b)$.又 $d\mid m$,故 $d\mid(a-b)$,即

$$a\equiv b(\bmod d).$$
□

定理 2.9　若 $a\equiv b(\bmod m)$,则 $(a,m)=(b,m)$.

证　由已知,得 $a=b+km$,故 $(a,m)=(b,m)$. □

例 1　设 n 为任意正整数,试证:$2\,000^n+855^n-572^n-302^n$ 恒为 1 981 的倍数.

证　由于 $1\,981=7\times283$,且 $(7,283)=1$,故只需证原式能被 7 及 283 整除即可.因为

$$2\,000\equiv5(\bmod 7),855\equiv1(\bmod 7),572\equiv5(\bmod 7),302\equiv1(\bmod 7),$$

所以

$$2\,000^n+855^n-572^n-302^n\equiv5^n+1^n-5^n-1^n\equiv0(\bmod 7).\quad(2.1)$$

又因为

$$2\,000\equiv19(\bmod 283),\quad 855\equiv6(\bmod 283),$$
$$572\equiv6(\bmod 283),\quad 302\equiv19(\bmod 283),$$

所以

$$2\,000^n+855^n-572^n-302^n\equiv19^n+6^n-6^n-19^n\equiv0(\bmod 283).\,(2.2)$$

由式(2.1)和(2.2),得

$$2\,000^n+855^n-572^n-302^n\equiv0(\bmod 7\times283),$$

故 $2\,000^n+855^n-572^n-302^n$ 恒为 $7\times283=1\,981$ 的倍数.

例 2　若 p 是大于 5 的素数,试证:$p^4\equiv1(\bmod 240)$.

证　(ⅰ)因为 $p>5$ 为素数,所以 $p\not\equiv0(\bmod 3)$,即 $p\equiv1,2(\bmod 3)$.于是有 $p^4\equiv1^4,2^4\equiv1,16\equiv1(\bmod 3)$.

(ⅱ)因为 $p>5$ 为素数,所以 $p\not\equiv0(\bmod 5)$,即 $p\equiv1,2,3,4(\bmod 5)$.于是有 $p^4\equiv1^4,2^4,3^4,4^4\equiv1,16,81,256\equiv1(\bmod 5)$.

(ⅲ)p 为大于 5 的素数,当然为奇数,故可设 $p=2k+1$,则

$$\begin{aligned}p^4&=(2k+1)^4=(2k)^4+4\cdot(2k)^3+6\cdot(2k)^2+4\cdot2k+1\\&\equiv24k^2+8k+1\equiv8k^2+8k+1\equiv8k(k+1)+1\equiv1(\bmod 16).\end{aligned}$$

又 3,5,16 两两互素,故 $p^4\equiv1(\bmod 3\times5\times16)$,即

$$p^4\equiv1(\bmod 240).$$

例 3　试求满足

$$a\equiv b(\bmod c),\quad b\equiv c(\bmod a),\quad c\equiv a(\bmod b)$$

的所有正整数 a,b,c.

解 若 a,b,c 满足题中的要求,则对任意正整数 k,ka,kb,kc 也满足要求.不妨设 $(a,b,c)=1$,且 $1\leqslant a\leqslant b\leqslant c$,由此及 $c\mid(a-b)$,推得 $a=b$(否则 $b-a=ct\ (t\geqslant 1)$,即 $b=a+ct>c$,矛盾).进而由 $a\mid c$ 及 $(a,b,c)=1$,推得 $a=b=1$.因此满足 $(a,b,c)=1$ 的所有正整数解为 $\{1,1,t\}$(t 为任意正整数),从而符合题意的所有正整数解为 $\{k,k,kt\}$,这里 k,t 均为正整数.

习题 2.2

1. 设 n 为正整数,试证:$6^{2n}-5^{2n}-11$ 能被 330 整除.
2. 若 p 是大于 3 的素数,试证:$p^2\equiv 1\pmod{24}$.
3. 试证:不存在这样的正整数 $N=\prod\limits_{j=1}^{n}p_j\ (n\geqslant 2)$,这里 $p_1,\cdots,p_n$ 为不同的奇素数,使得 $p_j^2\mid(m_j-1)(j=1,\cdots,n)$,$m_j=\dfrac{N}{p_j}$.

2.3 整除性判别法

利用同余的性质,可以很方便地推导出一些众所周知的整除性判别法.

2.3.1 被 2^m(或 5^m)整除的判别法

定理 2.10 一个整数 N 能被 2^m(或 5^m)整除的充要条件是它的最后 m 位数能被 2^m(或 5^m)整除.

证 设 $N=\overline{a_na_{n-1}\cdots a_ma_{m-1}\cdots a_1a_0}$,则

$$N\equiv\overline{a_{m-1}\cdots a_1a_0}\pmod{10^m},$$

即 $N\equiv\overline{a_{m-1}\cdots a_1a_0}\pmod{2^m}$,或 $N\equiv\overline{a_{m-1}\cdots a_1a_0}\pmod{5^m}$.故当且仅当 $2^m\mid\overline{a_{m-1}\cdots a_1a_0}$ 时,$2^m\mid N$.同样,当且仅当 $5^m\mid\overline{a_{m-1}\cdots a_1a_0}$ 时,$5^m\mid N$. □

2.3.2 被 3(或 9)整除的判别法

定理 2.11 一个整数 N 能被 3(或 9)整除的充要条件是它的十进数码的和能被 3(或 9)整除.

证 设

$$\begin{aligned}N&=\overline{a_na_{n-1}\cdots a_1a_0}\\&=a_n\cdot 10^n+a_{n-1}\cdot 10^{n-1}+\cdots+a_1\cdot 10+a_0,\end{aligned}$$

这里 $0\leqslant a_i<10$，a_i 为整数，$i=0,1,\cdots,n-1$，$a_n\neq 0$.

因为 $10\equiv 1 \pmod 3$，所以

$$N\equiv a_n\cdot 1^n+a_{n-1}\cdot 1^{n-1}+\cdots+a_1\cdot 1+a_0$$
$$\equiv a_n+a_{n-1}+\cdots+a_1+a_0 \pmod 3.$$

因而当且仅当 $3\left|\sum_{i=0}^{n}a_i\right.$ 时，$3\mid N$.

又 $10\equiv 1 \pmod 9$，同理可证，当且仅当 $9\left|\sum_{i=0}^{n}a_i\right.$ 时，$9\mid N$. □

2.3.3 被7(11,或13)整除的判别法

定理 2.12 将整数 N 从个位向左每三位划分为一节，则 N 能被7(11，或13)整除的充要条件是它的各奇数节的三位数之和与各偶数节的三位数之和的差能被7(11，或13)整除.

证 因为 $10^3\equiv -1 \pmod 7$，所以 $10^{3k}\equiv(-1)^k \pmod 7$（$k$ 为正整数）.

将 N 从个位起向左每三位划分为一节，设所得到的三位数从右向左依次为 $A_0,A_1,\cdots,A_k$，则

$$N=A_0+10^3A_1+\cdots+(10^3)^{k-1}A_{k-1}+(10^3)^kA_k$$
$$\equiv A_0-A_1+A_2-A_3+\cdots+(-1)^kA_k \pmod 7.$$

因而当且仅当 $7\left|\sum_{i=0}^{k}(-1)^iA_i\right.$ 时，$7\mid N$. 又 $10^3\equiv -1 \pmod{11}$，$10^3\equiv -1 \pmod{13}$，故此方法同样适用于判别 N 能否被11或13整除. □

2.3.4 被11整除的另一种判别法

定理 2.13 一个整数 N 能被11整除的充要条件是它的偶数位置上的数码之和与奇数位置上的数码之和的差能被11整除.

证 设

$$N=\overline{a_na_{n-1}\cdots a_1a_0}$$
$$=a_n\cdot 10^n+a_{n-1}\cdot 10^{n-1}+\cdots+a_1\cdot 10+a_0.$$

因为 $10\equiv -1 \pmod{11}$，所以

$$N\equiv(-1)^na_n+(-1)^{n-1}a_{n-1}+\cdots+(-1)a_1+a_0$$
$$\equiv a_0-a_1+a_2-a_3+\cdots+(-1)^na_n \pmod{11}.$$

因而当且仅当 $11\left|\sum_{i=0}^{n}(-1)^ia_i\right.$ 时，$11\mid N$. □

2.3.5 被37整除的判别法

定理 2.14 将整数 N 从个位向左每三位划分为一节，则 N 能被37整除的充

要条件是它的各节的三位数之和能被37整除.

证 因为$10^3\equiv 1 \pmod{37}$,所以$10^{3k}\equiv 1 \pmod{37}$($k$为正整数).

将N从个位起向左每三位划分为一节,设所得到的三位数从右向左依次为$A_0,A_1,\cdots,A_k$,则

$$\begin{aligned} N &= A_0 + 10^3 A_1 + \cdots + (10^3)^k A_k \\ &\equiv A_0 + A_1 + \cdots + A_k \pmod{37}. \end{aligned}$$

因而当且仅当$37 \left| \sum_{i=0}^{k} A_i \right.$时,$37 \mid N$. □

例1 试证:$13 \mid 75\,312\,289$.

证 因为$\sum_{i=0}^{2}(-1)^i A_i = 289 - 312 + 75 = 52$,而$13 \mid 52$,所以$13 \mid 75\,312\,289$.

例2 已知$99 \mid \overline{9\,2xy\,427}$,试求这个七位数.

解 因为$9 \mid \overline{9\,2xy\,427}$,所以$9 \mid (9+2+x+y+4+2+7)$,即

$$9 \mid (x+y+6).$$

而$0\leqslant x\leqslant 9, 0\leqslant y\leqslant 9$,于是$x+y+6=9$或$x+y+6=18$,即

$$x+y=3 \quad \text{或} \quad x+y=12. \tag{3.1}$$

又因为$11 \mid \overline{9\,2xy\,427}$,所以$11 \mid (9+x+4+7)-(2+y+2)$,即

$$11 \mid (x-y+5).$$

而$0\leqslant x\leqslant 9, 0\leqslant y\leqslant 9$,于是$x-y+5=0$或$x-y+5=11$,即

$$x-y=-5 \quad \text{或} \quad x-y=6. \tag{3.2}$$

联立式(3.1)和(3.2),解得$x=9, y=3$.所以这个七位数是9 293 427.

例3 试求一个最小的六位数,使其各数位上的数码不同且这个六位数既能被5整除,又能被11整除.

解 因为求的是各数位上数码不同的最小六位数,所以十万位和万位上的数字分别为1和0.先考虑这个六位数能被5整除,可令这个六位数为$\overline{10a\,bc5}$,根据被11整除的数的特征,得

$$11 \mid ((1+a+c)-(0+b+5)) = a+c-b-4.$$

因为$2\leqslant a\leqslant 9, 2\leqslant c\leqslant 9, -9\leqslant -b\leqslant -2$,所以

$$-9\leqslant a+c-b-4\leqslant 12.$$

于是$a+c-b-4=0$或11,即$a+c-b=4$或15.考虑到a,b,c是不为0,1,5的互异数码,且a尽可能小,因此

当$a+c-b=4$时,$a=2, b=4, c=6$,六位数为102 465;

当$a+c-b=15$时,$a=8, b=2, c=9$,六位数为108 295.

而$102\,465 < 108\,295$,故满足要求的六位数为102 465.

习 题 2.3

1. 试证：

(1) $7 \mid 237\,293$； (2) $37 \mid 4\,553\,294$.

2. 试找出被 101 整除的判别法.

3. 一个数，若倒过去读仍为此数，则称为回文数，如 22，1 331，935 686 539 等.

(1) 试证：每个四位数的回文数能被 11 整除.

(2) 每个六位数的回文数能被 11 整除吗？

4. 已知 $99 \mid \overline{14\,1x2\,8y3}$，试求这个八位数.

5. 试求一个最小的，且仅含有 3 与 7 的正整数，要求这个数以及它的各位数码的和都能被 3 与 7 整除.

2.4 剩余类及完全剩余系

有了同余的概念，就可以把余数相同的整数放在一起考虑，这就产生了“剩余类”的概念，同时也就引出了模 m 的完全剩余系的概念.

定义 2.3 设 m 是一个给定的正整数，我们把被模 m 除所得的余数为 r 的整数归于一类，记作

$$S_r = \{mq + r \mid q\text{为整数}, 0 \leqslant r \leqslant m-1\}.$$

所形成的 m 类 $S_0, S_1, \cdots, S_{m-1}$ 称为模 m 的**剩余类**.

例如，以 2 为模，可把全体整数分为奇数、偶数两大类.

不难看出，a,b 关于模 m 属于同一类当且仅当 a,b 关于模 m 同余.

定义 2.4 从模 m 的每一个剩余类中各取一个数作为代表所得到的 m 个数，称为模 m 的一个**完全剩余系**.

由于模 m 的完全剩余系具有多种多样的形式，所以我们给出如下的定义：

定义 2.5 $0,1,\cdots,m-1$ 这 m 个整数称为模 m 的**非负最小完全剩余系**.

当 m 为奇数时，$-\frac{m-1}{2},\cdots,-1,0,1,\cdots,\frac{m-1}{2}$ 称为**(奇数)模 m 的绝对最小完全剩余系**；

当 m 为偶数时，$-\frac{m}{2},\cdots,-1,0,1,\cdots,\frac{m}{2}-1$ 或 $-\frac{m}{2}+1,\cdots,-1,0,1,\cdots,\frac{m}{2}$ 称为**(偶数)模 m 的绝对最小完全剩余系**.

这几个剩余系是完全剩余系中最简单的，以后常常会用到. 例如，$\{0,1,2,3,4,$

5} 是模 6 的非负最小完全剩余系，而{−3，−2，−1,0,1,2}或{−2，−1,0,1,2,3}是模 6 的绝对最小完全剩余系.

例 1 试证：−10，−6，−1,2,10,12,14 是模 7 的一个完全剩余系.

证 由于

$$-10\equiv 4 \pmod 7,\quad -6\equiv 1 \pmod 7,\quad -1\equiv 6 \pmod 7,\quad 2\equiv 2 \pmod 7,$$
$$10\equiv 3 \pmod 7,\quad 12\equiv 5 \pmod 7,\quad 14\equiv 0 \pmod 7,$$

而 4,1,6,2,3,5,0 和 0,1,2,3,4,5,6 只是次序上不同，故 −10，−6，−1,2,10,12,14 是模 7 的一个完全剩余系.

例 2 试证：

(1) 被 5 除余数为 2 或 3 的整数不是完全平方数；

(2) 当 $n>3$ 时，$\sum\limits_{k=1}^{n} k!$不是完全平方数.

证 (1) 考虑以 5 为模的绝对最小完全剩余系{−2，−1,0,1,2}.

因为 $a\equiv 0 \pmod 5$，或 $a\equiv \pm 1 \pmod 5$，或 $a\equiv \pm 2 \pmod 5$，所以

$$a^2\equiv 0 \pmod 5,\quad 或\ a^2\equiv 1 \pmod 5,\quad 或\ a^2\equiv 4 \pmod 5,$$

即一个完全平方数被 5 除时余数为 0,1 或 4. 换句话说，余数为 2 或 3 的整数不可能是完全平方数.

(2) 当 $n=4$ 时，$\sum\limits_{k=1}^{4} k!=1!+2!+3!+4!=33$，显然不是完全平方数.

当 $n\geqslant 5$ 时，$\sum\limits_{k=1}^{n} k!\equiv 1!+2!+3!+4!\equiv 3 \pmod 5$.

由(1)，可知任何平方数模 5 同余 0,1,4，故 $\sum\limits_{k=1}^{n} k!$在 $n>3$ 时不是完全平方数.

例 3 试证：中间项为完全立方的三个连续整数的乘积必能被 504 整除.

证 设 $N=(n^3-1)n^3(n^3+1)$. 注意到 $504=7\times 8\times 9$，而 7,8,9 两两互素，故只需分别证 $7\mid N$，$8\mid N$，$9\mid N$.

先证 $7\mid N$. 考虑以 7 为模的绝对最小完全剩余系{−3，−2，−1,0,1,2,3}，则 $n\equiv 0 \pmod 7$，$n\equiv \pm 1 \pmod 7$，$n\equiv \pm 2 \pmod 7$，$n\equiv \pm 3 \pmod 7$，从而 $n^3\equiv 0$ 或 $\pm 1 \pmod 7$，故 $7\mid N$. 同理可证 $9\mid N$.

又当 n 为偶数时，$8\mid N$；当 n 为奇数时，若 $n\equiv 1 \pmod 4$，则 $2\mid (n^3+1)$，$4\mid (n^3-1)$，若 $n\equiv 3 \pmod 4$，则 $4\mid (n^3+1)$，$2\mid (n^3-1)$，故 $8\mid N$. 至此便可证得 $504\mid N$.

习 题 2.4

1. 试证：−2 001，−1 963，−6,6,28,496,1 963,2 001 是模 8 的一个完全剩余系.

2. 设整数 a,b,c 满足 $a^2+b^2=c^2$，试证：a,b,c 中至少有一个是5的倍数.

3. 试证：对任意正整数 n，$a_n=\sum_{k=0}^{n}2^{3k}C_{2n+1}^{2k+1}$ 不能被5整除.

4. 以 $r\bmod m$ 表示 r 所属的模 m 的剩余类.

(1) 设 $m_1\mid m$，试证：若 $l_1,l_2,\cdots,l_d$ 是模 $d=\frac{m}{m_1}$ 的一个完全剩余系，则

$$r\bmod m_1=\bigcup_{1\leqslant j\leqslant d}(r+l_jm_1)\bmod m,$$

并且右边和式中的 d 个模 m 的剩余类两两不同；

(2) 把剩余类 $1\bmod 5$ 写成模15的剩余类之和.

5. (1) 设 $(a,m)=1$，s 为任意整数，试证：一定存在模 m 的完全剩余系，使它的元素均属于剩余类 $s\bmod a$；

(2) 写出模7的一个完全剩余系，使它的元素均属于剩余类 $1\bmod 3$.

6. 问：$n\equiv 1(\bmod 2)$ 的充要条件是 n 关于模10的绝对最小剩余为哪些数？

2.5 完全剩余系的基本性质

模 m 的完全剩余系具有下列基本性质.

定理2.15 若 $a_1,a_2,\cdots,a_m$ 是关于模 m 的两两互不同余的 m 个整数，则这些整数就构成了模 m 的完全剩余系.

证 因为 $a_1,a_2,\cdots,a_m$ 这 m 个数关于模 m 两两不同余，那么它们应分别属于 m 个不同的剩余类，因此它们是模 m 的一个完全剩余系. □

定理2.16 设 m 是正整数，$(a,m)=1$，b 是任意整数. 若 x 通过模 m 的一个完全剩余系，则 $ax+b$ 也通过模 m 的完全剩余系.

证 设 $a_1,a_2,\cdots,a_m$ 是模 m 的一个完全剩余系. 根据定理2.15，只需证明 m 个整数 $aa_1+b,aa_2+b,\cdots,aa_m+b$ 关于模 m 两两不同余即可.

用反证法. 假设 $aa_i+b\equiv aa_j+b(\bmod m)$（$i,j=1,2,\cdots,m$，且 $i\neq j$），那么有 $aa_i\equiv aa_j(\bmod m)$. 因 $(a,m)=1$，故 $a_i\equiv a_j(\bmod m)$，这与 $a_1,a_2,\cdots,a_m$ 是完全剩余系的假设矛盾，因此结论成立. □

定理2.17 设 m_1,m_2 是互素的两个正整数. 若 x_1,x_2 分别通过模 m_1,m_2 的完全剩余系，则 $m_2x_1+m_1x_2$ 通过模 m_1m_2 的完全剩余系.

证 由假设，知 x_1,x_2 分别通过 m_1,m_2 个整数，因此 $m_2x_1+m_1x_2$ 通过 m_1m_2 个整数. 根据定理2.15，只需证明这 m_1m_2 个整数关于模 m_1m_2 两两不同余即可.

假设 $m_2x_1'+m_1x_2'\equiv m_2x_1''+m_1x_2''(\bmod m_1m_2)$，这里 x_1',x_1'' 是 x_1 所通过的

完全剩余系中的整数，而x_2'，x_2''是 x_2 所通过的完全剩余系中的整数，则有

$$m_2x_1' \equiv m_2x_1'' \pmod{m_1}, \quad m_1x_2' \equiv m_1x_2'' \pmod{m_2}.$$

由$(m_1,m_2)=1$，得 $x_1' \equiv x_1'' \pmod{m_1}$，$x_2' \equiv x_2'' \pmod{m_2}$。但 x_1'，x_1'' 是模 m_1 的一个完全剩余系中的整数，x_2'，x_2'' 是模 m_2 的一个完全剩余系中的整数，所以 $x_1'=x_1''$，$x_2'=x_2''$。这表明，如果 x_1' 与 x_1''、x_2' 与 x_2'' 不全相同，则 $m_2x_1'+m_1x_2' \not\equiv m_2x_1''+m_1x_2'' \pmod{m_1m_2}$。因此结论成立. □

定理 2.18 设 $m_1,m_2,\cdots,m_k$ 是 k 个正整数. 若 $x_1,x_2,\cdots,x_k$ 分别通过模 $m_1,m_2,\cdots,m_k$ 的完全剩余系，则

$$x_1+m_1x_2+m_1m_2x_3+\cdots+m_1m_2\cdots m_{k-1}x_k$$

通过模 $m_1m_2\cdots m_k$ 的完全剩余系.

证 由假设，知 x_i 通过 m_i 个整数$(i=1,2,\cdots,k)$，因此

$$x_1+m_1x_2+m_1m_2x_3+\cdots+m_1m_2\cdots m_{k-1}x_k$$

通过 $m_1m_2\cdots m_k$ 个整数. 根据定理 2.15，只需证明这 $m_1m_2\cdots m_k$ 个整数关于模 $m_1m_2\cdots m_k$ 两两不同余即可. 假定

$$\begin{aligned}&x_1'+m_1x_2'+m_1m_2x_3'+\cdots+m_1m_2\cdots m_{k-1}x_k'\\&\quad\equiv x_1''+m_1x_2''+m_1m_2x_3''+\cdots+m_1m_2\cdots m_{k-1}x_k'' \pmod{m_1m_2\cdots m_k},\end{aligned}$$

这里 x_i'，x_i'' 是 x_i 所通过的模 m_i 的完全剩余系中的整数$(i=1,2,\cdots,k)$，则有 $x_1' \equiv x_1'' \pmod{m_1}$。但 x_1'，x_1'' 是模 m_1 的一个完全剩余系中的整数，故 $x_1'=x_1''$。进一步有 $m_1x_2' \equiv m_1x_2'' \pmod{m_1m_2}$，因此 $x_2' \equiv x_2'' \pmod{m_2}$，即 $x_2'=x_2''$。以此类推，可得 $x_3'=x_3''$，$\cdots$，$x_k'=x_k''$。这表明，如果 x_i' 与 $x_i''(i=1,2,\cdots,k)$不全相同，则

$$\begin{aligned}&x_1'+m_1x_2'+m_1m_2x_3'+\cdots+m_1m_2\cdots m_{k-1}x_k'\\&\quad\not\equiv x_1''+m_1x_2''+m_1m_2x_3''+\cdots+m_1m_2\cdots m_{k-1}x_k'' \pmod{m_1m_2\cdots m_k}.\end{aligned}$$

因此结论成立. □

推论 设 n 是正整数. 若 $x_1,x_2,\cdots,x_k$ 分别通过模 n 的完全剩余系，则 $x_1+nx_2+n^2x_3+\cdots+n^{k-1}x_k$ 通过模 n^k 的完全剩余系.

证 在定理 2.18 中，令 $m_1=m_2=\cdots=m_{k-1}=n$ 即得. □

例 1 设 $m>0$，$(a,m)=1$，b 是整数，试证：若 x 通过模 m 的完全剩余系，则 $\sum\limits_x\left\{\dfrac{ax+b}{m}\right\}=\dfrac{1}{2}(m-1)$，这里符号$\{y\}$表示实数 y 的小数部分.

证 由定理 2.16，知当 x 通过模 m 的完全剩余系时，$ax+b$ 亦然，所以

$$\begin{aligned}\sum_x\left\{\frac{ax+b}{m}\right\}&=\frac{0}{m}+\frac{1}{m}+\frac{2}{m}+\cdots+\frac{m-1}{m}\\&=\frac{1}{m}(1+2+\cdots+m-1)=\frac{1}{2}(m-1).\end{aligned}$$

例 2 设 p 是一个素数，试证：$C_n^p \equiv \left[\dfrac{n}{p}\right] \pmod p$.

证 因 p 个连续正整数 $n,n-1,\cdots,n-p+1$ 构成模 p 的一个完全剩余系，所以有一个(也只有一个)数，不妨设为 $n-i$，使得

$$p\mid(n-i)\quad(0\leqslant i\leqslant p-1).$$

由 $\frac{n}{p}=\frac{n-i}{p}+\frac{i}{p}$，可得 $\left[\frac{n}{p}\right]=\frac{n-i}{p}$. 这样

$$M=\frac{n(n-1)\cdots(n-p+1)}{n-i}\equiv(p-1)!\pmod p.$$

另外，$M\left[\frac{n}{p}\right]=\frac{(n-i)M}{p}=(p-1)!C_n^p$，于是有 $(p-1)!\left[\frac{n}{p}\right]\equiv(p-1)!C_n^p\pmod p$. 但 $((p-1)!,p)=1$，故 $C_n^p\equiv\left[\frac{n}{p}\right]\pmod p$.

下面介绍完全剩余系的进一步性质.

定理 2.19 若 $y_1,y_2,\cdots,y_m$ 是模 m 的完全剩余系，则当 $2\nmid m$ 时，$\sum_{i=1}^{m}y_i\equiv0\pmod m$；当 $2\mid m$ 时，$\sum_{i=1}^{m}y_i\equiv\frac{m}{2}\pmod m$.

证 设 $y_i\equiv r_i\pmod m$ $(0\leqslant r_i<m,i=1,2,\cdots,m)$. 因 $y_1,y_2,\cdots,y_m$ 是模 m 的完全剩余系，故 $y_1,y_2,\cdots,y_m$ 关于模 m 两两不同余，从而 $r_1,r_2,\cdots,r_m$ 关于模 m 两两不同余.

又 $0\leqslant r_i<m$ $(i=1,2,\cdots,m)$，故 $r_1,r_2,\cdots,r_m$ 与 $0,1,2,\cdots,m-1$ 只是次序上不同，所以

$$\sum_{i=1}^{m}y_i\equiv\sum_{i=1}^{m}r_i\equiv0+1+\cdots+(m-1)\equiv\frac{m(m-1)}{2}\pmod m.$$

显然，当 $2\nmid m$ 时，$\sum_{i=1}^{m}y_i\equiv0\pmod m$；当 $2\mid m$ 时，$\sum_{i=1}^{m}y_i\equiv\frac{m}{2}\pmod m$. □

例 3 设 $a_1,a_2,\cdots,a_n$ 和 $b_1,b_2,\cdots,b_n$ 分别是模 n 的一组完全剩余系，试证：当 n 为偶数时，$a_1+b_1,a_2+b_2,\cdots,a_n+b_n$ 不是模 n 的一组完全剩余系.

证 由于 $a_1,a_2,\cdots,a_n$ 是模 n 的一组完全剩余系，当 n 为偶数时，由定理 2.19，知

$$\sum_{i=1}^{n}a_i\equiv\sum_{i=1}^{n}i=\frac{n(n+1)}{2}\equiv\frac{n}{2}\pmod n.\tag{5.1}$$

同样，有

$$\sum_{i=1}^{n}b_i\equiv\frac{n}{2}\pmod n.\tag{5.2}$$

如果 $a_1+b_1,a_2+b_2,\cdots,a_n+b_n$ 是模 n 的一组完全剩余系，则也有

$$\sum_{i=1}^{n}(a_i+b_i)\equiv\frac{n}{2}\pmod n.\tag{5.3}$$

但由式(5.1)和(5.2),得

$$\sum_{i=1}^{n}(a_i+b_i)\equiv n\equiv 0 \pmod n;$$

再由式(5.3),得

$$\frac{n}{2}\equiv 0 \pmod n.$$

上式显然不能成立.故 $a_1+b_1,a_2+b_2,\cdots,a_n+b_n$ 在 n 为偶数时,不是模 n 的一组完全剩余系.

习 题 2.5

1. 设 $m>0,(a,m)=1$,试证:$\sum_{x=1}^{m-1}\left[\frac{ax}{m}\right]=\frac{1}{2}(m-1)(a-1)$.

2. 试证:$x=u+p^{s-t}v$ ($u=0,1,\cdots,p^{s-t}-1;v=0,1,\cdots,p^t-1;t\leqslant s$)是模 p^s 的一个完全剩余系.

3. 设 $m_1,m_2,\cdots,m_k$ 是 k 个两两互素的正整数,$x_1,x_2,\cdots,x_k$ 分别通过模 $m_1,m_2,\cdots,m_k$ 的完全剩余系,试证:$M_1x_1+M_2x_2+\cdots+M_kx_k$ 通过模 $m_1m_2\cdots m_k=m$ 的完全剩余系,这里 $m=m_iM_i(i=1,2,\cdots,k)$.

4. 设整数 $H=\frac{1}{2}(3^{n+1}-1)$.

(1) 试证:序列 $-H,\cdots,-1,0,1,\cdots,H$ 中的每一个整数有且仅有一种方法表示成 $M=3^nx_n+3^{n-1}x_{n-1}+\cdots+3x_1+x_0$ 的形式,这里 $x_i=-1,0$ 或 1 ($i=1,\cdots,n$);

(2) 说明应用 $n+1$ 个特制的砝码,在天平上可以称出 1 到 H 中的任何一个质量(单位:克).

2.6 欧拉函数的定义及其计算公式

这一节,我们将介绍数论上一个十分重要的函数——欧拉函数.

定义 2.6 欧拉函数 $\varphi(m)$ 表示不超过正整数 m 且与 m 互素的正整数的个数.

例如,不超过 10 且与 10 互素的正整数有 1,3,7,9 四个数,故 $\varphi(10)=4$.

显然 $\varphi(1)=1$.若 p 为素数,则 $\varphi(p)=p-1$.一般地,我们有:

定理 2.20 若正整数 m 的标准分解式为 $m=p_1^{a_1}p_2^{a_2}\cdots p_k^{a_k}$,则

$$\varphi(m)=\prod_{i=1}^{k}(p_i^{a_i}-p_i^{a_i-1})=m\prod_{i=1}^{k}\left(1-\frac{1}{p_i}\right).$$

证 用 N_{p_1} 表示 $1,2,\cdots,m$ 中不与 p_1 互素的正整数个数……用 N_{p_k} 表示不与 p_k 互素的正整数个数;用 $N_{p_1p_2}$ 表示不与 p_1,p_2 互素的正整数个数……用 $N_{p_{k-1}p_k}$ 表示不与 p_{k-1},p_k 互素的正整数个数……用 $N_{p_1\cdots p_k}$ 表示不与 $p_1,\cdots,p_k$ 互素的正整数个数.显然

$$N_{p_1}=\frac{m}{p_1},\cdots,N_{p_k}=\frac{m}{p_k};\cdots;N_{p_1\cdots p_k}=\frac{m}{p_1\cdots p_k}.$$

由逐步淘汰原则,可知 $1,2,\cdots,m$ 中与 m 互素的正整数个数为

$$\begin{aligned}\varphi(m)&=m-N_{p_1}-\cdots-N_{p_k}+N_{p_1p_2}+\cdots+N_{p_{k-1}p_k}\quad N_{p_1p_2p_3}\\&\quad-\cdots+\cdots+(-1)^kN_{p_1\cdots p_k}\\&=m-\frac{m}{p_1}-\cdots-\frac{m}{p_k}+\frac{m}{p_1p_2}+\cdots+\frac{m}{p_{k-1}p_k}-\cdots+\cdots+(-1)^k\frac{m}{p_1\cdots p_k}\\&=m\prod_{i=1}^{k}\left(1-\frac{1}{p_i}\right).\end{aligned}$$

□

推论 若 $(m,n)=1$,则 $\varphi(mn)=\varphi(m)\varphi(n)$.

定义 2.7 用 $\varepsilon(m)$ 表示不超过正整数 m 且与 m 互素的正整数(共 $\varphi(m)$ 个)之和.

定理 2.21 设 $m\geqslant 2$,则 $\varepsilon(m)=\frac{m}{2}\varphi(m)$.

证 如果 $(m,k)=1$,那么 $(m,m-k)=1$.事实上,设 $(m,m-k)=d$,则 $d\mid m,d\mid(m-k)$,从而有 $d\mid k$.于是 $d\mid(m,k)$,即 $d\mid 1$,所以 $(m,m-k)=1$.今设 $k_1,k_2,\cdots,k_{\varphi(m)}$ 为不超过 m 且与 m 互素的正整数的全体,则

$$m-k_1,m-k_2,\cdots,m-k_{\varphi(m)}$$

也是不超过 m 且与 m 互素的正整数的全体.于是

$$\varepsilon(m)=k_1+k_2+\cdots+k_{\varphi(m)},$$

$$\varepsilon(m)=(m-k_1)+(m-k_2)+\cdots+(m-k_{\varphi(m)}).$$

把以上两式相加,得 $2\varepsilon(m)=\varphi(m)\cdot m$,即

$$\varepsilon(m)=\frac{m}{2}\varphi(m).$$

□

例 1 计算:$\varphi(2\,008)$.

解 因为 $2\,008=2^3\times 251$,所以

$$\varphi(2\,008)=2\,008\left(1-\frac{1}{2}\right)\left(1-\frac{1}{251}\right)=1\,000.$$

例 2 计算:$\varepsilon(420)$.

解 因为 $420=2^2\cdot 3\cdot 5\cdot 7$,所以

$$\varphi(420)=420\left(1-\frac{1}{2}\right)\left(1-\frac{1}{3}\right)\left(1-\frac{1}{5}\right)\left(1-\frac{1}{7}\right)=96,$$

从而

$$\varepsilon(420) = \frac{420}{2} \times 96 = 20\,160.$$

例 3 试求所有的正整数 n,使得 $\varphi(n)$ 为 2 的方幂.

解 由 $\varphi(n) = \prod_{p \mid n} p^{a-1}(p-1)$,知 n 的奇素因数 p(如果有的话)相应的幂次 $a = 1$ 且 $p-1$ 是 2 的方幂,从而 p 是费马素数,因此推出 n 是 2 的方幂或者是 2 的方幂与费马素数的积.这样的 n 显然满足要求.

例 4 设 $n \geqslant 2$,试证:n 为素数的充要条件是

$$\varphi(n) \mid (n-1) \quad 且 \quad (n+1) \mid \sigma(n).$$

证 当 $n=2$ 时,结论显然成立.下设 $n \geqslant 3$.

(必要性)若 n 为素数,则 $\varphi(n) = n-1$,$\sigma(n) = n+1$.因此有

$$\varphi(n) \mid (n-1) \quad 且 \quad (n+1) \mid \sigma(n).$$

(充分性)由 $\varphi(n) \mid (n-1)(n \geqslant 3)$,可知 n 为奇数.

如果 $p^k \mid n\ (k>1)$,那么 $p^{k-1} \mid \varphi(n)$,即 $p^{k-1} \mid (n-1)$,矛盾.从而 n 为无平方因子的数.设 $n = p_1 \cdots p_l$,$p_i(1 \leqslant i \leqslant l)$是互不相同的奇素数,则有

$$\varphi(n) = \prod_{i=1}^{l}(p_i - 1), \quad \sigma(n) = \prod_{i=1}^{l}(p_i + 1).$$

如果 $l>1$,那么 $2^l \mid \varphi(n)$,$2^l \mid \sigma(n)$.注意到 $4 \mid \varphi(n)$,所以 $4 \mid (n-1)$,从而 $4 \nmid (n+1)$,于是得出 $2^{l-1} \,\Big|\, \dfrac{\sigma(n)}{n+1}$,但是

$$2^{l-1} \leqslant \frac{\sigma(n)}{n+1} < \frac{\sigma(n)}{n} = \prod_{i=1}^{l}\left(1 + \frac{1}{p_i}\right) \leqslant \left(\frac{4}{3}\right)^l.$$

当 $l>1$ 时上式不能成立,故 $l=1$,即 n 为素数.

习题 2.6

1. 计算:$\varphi(1\,963)$,$\varphi(25\,296)$,$\varepsilon(1\,001)$.

2. 设 $m>2$,试证:$\varphi(m)$必为偶数.

3. 设 $n \geqslant 1$,试证:$\sum_{d \mid n}\varphi(d) = n$.

4. 试求满足 $\varphi(mn) = \varphi(m) + \varphi(n)$的一切正整数对$(m,n)$.

5. 试用欧拉函数证明素数有无穷多个.

6. 试求满足下列条件的一切正整数 n:

(1) $\varphi(n) = 24$;　　(2) $\varphi(n) = 2^6$.

7. 试求所有的正整数 n,使得 $\varphi(n) \mid n$.

8. 由前文,知 $d(n)$,$\sigma(n)$,$\varphi(n)$分别表示正整数 n 的正因数个数、正因数之和与欧拉

函数,试证:n 为素数的充要条件是 $\sigma(n)+\varphi(n)=n\cdot d(n)$.

9. 设正整数 n 满足 $\varphi(n+3)=\varphi(n)+2$,试证:$n=2p^r$ 或 $2p^r-3$,这里 p 是满足 $p\equiv 3 \pmod 4$ 的奇素数,r 是正整数.

10. 设正整数 a,b 满足 $a \mid b$,试证:$\varphi(a) \mid \varphi(b)$.

2.7　简化剩余系

前面我们已经讨论了完全剩余系的基本性质,本节我们将进一步讨论完全剩余系中与模互素的整数,这就需要引进简化剩余系的概念.

定义 2.8　与正整数 m 互素的剩余类共有 $\varphi(m)$ 类,从每一类中取出一个数作为代表,所得到的 $\varphi(m)$ 个数,称为模 m 的一个**简化剩余系**.或者说,在模 m 的一个完全剩余系中,与 m 互素的数的全体称为模 m 的一个简化剩余系.

例如,在模 8 的非负最小完全剩余系 $\{0,1,2,3,4,5,6,7\}$ 中,只有 1,3,5,7 与 8 互素,因此 $\{1,3,5,7\}$ 是模 8 的一个最小正简化剩余系.

模 m 的简化剩余系具有下列基本性质.

定理 2.22　若 $a_1,a_2,\cdots,a_{\varphi(m)}$ 是 $\varphi(m)$ 个与 m 互素的整数,并且两两关于模 m 互不同余,则这些整数就构成了模 m 的简化剩余系.

证　因为 $a_1,a_2,\cdots,a_{\varphi(m)}$ 这 $\varphi(m)$ 个数关于模 m 两两不同余,故它们应分别属于和 m 互素的 $\varphi(m)$ 个不同的剩余类.因此它们是模 m 的一个简化剩余系.　□

定理 2.23　若 $(a,m)=1$,x 通过模 m 的简化剩余系,则 ax 也通过模 m 的简化剩余系.

证　设 $x_1,x_2,\cdots,x_{\varphi(m)}$ 是模 m 的一个简化剩余系,则 $(x_i,m)=1$ $(i=1,2,\cdots,\varphi(m))$,且当 $i\neq j$ 时,$x_i\not\equiv x_j \pmod m$.

又因为 $(a,m)=1$,所以 $(ax_i,m)=1$ $(i=1,2,\cdots,\varphi(m))$,且当 $i\neq j$ 时,$ax_i\not\equiv ax_j \pmod m$.再由定理 2.22,知 $ax_1,ax_2,\cdots,ax_{\varphi(m)}$ 是模 m 的一个简化剩余系,即如果 $(a,m)=1$,x 通过模 m 的简化剩余系,那么 ax 也通过模 m 的简化剩余系.　□

定理 2.24　若 m_1,m_2 是两个互素的正整数,x_1,x_2 分别通过模 m_1,m_2 的简化剩余系,则 $m_2x_1+m_1x_2$ 通过模 m_1m_2 的简化剩余系.

证　因为 $(m_1,m_2)=1$,所以当 x_1,x_2 分别通过模 m_1,m_2 的简化剩余系时,$m_2x_1+m_1x_2$ 通过 $\varphi(m_1)\varphi(m_2)=\varphi(m_1m_2)$ 个数.

又当 x_1,x_2 分别通过模 m_1,m_2 的完全剩余系时,$m_2x_1+m_1x_2$ 通过模 m_1m_2 的完全剩余系.故上述 $\varphi(m_1m_2)$ 个数关于模 m_1m_2 互不同余.于是只需证

它们与 m_1m_2 互素.

事实上,因为$(x_1,m_1)=1$,$(m_2,m_1)=1$,即 $(m_2x_1,m_1)=1$,故

$$(m_2x_1+m_1x_2,m_1)=1.$$

同理可证$(m_2x_1+m_1x_2,m_2)=1$.再由$(m_1,m_2)=1$,可得$(m_2x_1+m_1x_2,m_1m_2)=1$.因此 $m_2x_1+m_1x_2$ 通过模 m_1m_2 的简化剩余系. □

例 1 设 p 是一奇素数,且 $2^m\not\equiv1(\bmod p)$,试证:

$$1^m+2^m+\cdots+(p-1)^m\equiv0(\bmod p).$$

证 因 $1,2,\cdots,p-1$ 是模 p 的一个简化剩余系,$(2,p)=1$,故由定理 2.23,知 $2,4,\cdots,2(p-1)$ 也是模 p 的一个简化剩余系,于是

$$1^m+2^m+\cdots+(p-1)^m\equiv2^m+4^m+\cdots+(2(p-1))^m(\bmod p),$$

即 $\sum_{i=1}^{p-1}i^m\equiv2^m\sum_{i=1}^{p-1}i^m(\bmod p)$.又 $2^m\not\equiv1(\bmod p)$,故

$$\sum_{i=1}^{p-1}i^m\equiv0(\bmod p).$$

例 2 设 $m>1$,$(a,m)=1$,试证:若 y 通过模 m 的简化剩余系,则

$$\sum_y\left\{\frac{ay}{m}\right\}=\frac{1}{2}\varphi(m),$$

这里$\{x\}$表示实数 x 的小数部分.

证 由定理 2.23,知 ay 也通过模 m 的简化剩余系,记为$\{R_1,R_2,\cdots,R_{\varphi(m)}\}$,所以

$$\sum_y\left\{\frac{ay}{m}\right\}=\left\{\frac{R_1}{m}\right\}+\left\{\frac{R_2}{m}\right\}+\cdots+\left\{\frac{R_{\varphi(m)}}{m}\right\}.$$

对模 m,由 $R_i=mq_i+r_i$ $(i=1,2,\cdots,\varphi(m))$,知

$$\left\{\frac{R_i}{m}\right\}=\left\{\frac{mq_i+r_i}{m}\right\}=\left\{\frac{r_i}{m}\right\}.$$

故

$$\sum_y\left\{\frac{ay}{m}\right\}=\left\{\frac{r_1}{m}\right\}+\left\{\frac{r_2}{m}\right\}+\cdots+\left\{\frac{r_{\varphi(m)}}{m}\right\},$$

这里 $r_1,r_2,\cdots,r_{\varphi(m)}$ 是模 m 的最小正简化剩余系.

我们注意到,在模 m 的最小正简化剩余系中,r_i 与 $m-r_i$ 是成对出现的.事实上,若$(r_i,m)=1$,则必有$(m-r_i,m)=1$,所以模 m 的最小正简化剩余系可记成

$$\{r_1,r_2,\cdots,r_{\frac{1}{2}\varphi(m)},m-r_{\frac{1}{2}\varphi(m)},\cdots,m-r_2,m-r_1\}.$$

于是

$$\sum_y\left\{\frac{ay}{m}\right\}=\frac{r_1}{m}+\frac{r_2}{m}+\cdots+\frac{r_{\varphi(m)}}{m}$$

$$= \left(\frac{r_1}{m} + \frac{m - r_1}{m}\right) + \left(\frac{r_2}{m} + \frac{m - r_2}{m}\right) + \cdots + \left(\frac{r_{\frac{1}{2}\varphi(m)}}{m} + \frac{m - r_{\frac{1}{2}\varphi(m)}}{m}\right)$$

$$= \underbrace{1 + 1 + \cdots + 1}_{\frac{1}{2}\varphi(m)\text{个}} = \frac{1}{2}\varphi(m).$$

习 题 2.7

1. 设 $m>1,(a,m)=1$,试证:若 y 通过模 m 的最小正简化剩余系,则

$$\sum_y \left[\frac{ay}{m}\right] = \frac{1}{2}\varphi(m)(a-1).$$

2. 若 $m_1,m_2,\cdots,m_k$ 是 k 个两两互素的正整数,$\xi_1,\xi_2,\cdots,\xi_k$ 分别通过模 $m_1,m_2,\cdots,m_k$ 的简化剩余系,试证:

$$M_1\xi_1 + M_2\xi_2 + \cdots + M_k\xi_k$$

通过模 $m_1m_2\cdots m_k = m$ 的简化剩余系,这里 $m = m_iM_i\ (i=1,2,\cdots,k)$.

3. 已知 $e^{2\pi i\frac{r}{m}} = \cos\frac{2\pi r}{m} + i\sin\frac{2\pi r}{m}$. 试证:若 $C_r(m) = \sum_\eta e^{2\pi i\frac{\eta m}{r}}$,$\eta$ 通过模 r 的简化剩余系,则当 $(s,t)=1$ 时,有 $C_{st}(m) = C_s(m)C_t(m)$.

2.8　欧拉定理与费马小定理

这一节我们将应用简化剩余系的性质证明数论中两个著名的定理,并说明它们的用处.

定理 2.25(欧拉定理)　设 m 是大于 1 的整数,$(a,m)=1$,则

$$a^{\varphi(m)} \equiv 1 \pmod m.$$

证　若 $r_1,r_2,\cdots,r_{\varphi(m)}$ 是模 m 的简化剩余系,那么当 $(a,m)=1$ 时,$ar_1,ar_2,\cdots,ar_{\varphi(m)}$ 也是模 m 的简化剩余系,故

$$(ar_1)(ar_2)\cdots(ar_{\varphi(m)}) \equiv r_1r_2\cdots r_{\varphi(m)} \pmod m,$$

即

$$a^{\varphi(m)}(r_1r_2\cdots r_{\varphi(m)}) \equiv r_1r_2\cdots r_{\varphi(m)} \pmod m.$$

又 $(r_1,m)=(r_2,m)=\cdots=(r_{\varphi(m)},m)=1$,即 $(r_1r_2\cdots r_{\varphi(m)},m)=1$,故

$$a^{\varphi(m)} \equiv 1 \pmod m.$$ □

定理 2.26(费马小定理)　若 p 为素数,$p\nmid a$,则

$$a^{p-1} \equiv 1 \pmod p.$$

证　由于 p 是一个素数，所以 $\varphi(p)=p-1$. 又 $p\nmid a$，故 $(a,p)=1$. 因此在定理 2.25 中取 $m=p$，就有

$$a^{p-1}\equiv 1(\bmod p).$$ □

此定理是由费马于 1640 年提出的，欧拉于 1736 年给出了证明.

推论　若 p 为素数，则对一切整数 a，有

$$a^{p}\equiv a(\bmod p).$$

证　若 $(a,p)=1$，由定理 2.26，得 $a^{p-1}\equiv 1(\bmod p)$，所以

$$a^{p}\equiv a(\bmod p).$$

若 $(a,p)=p$，即 $p\mid a$，此时显然有 $a^{p}\equiv 0\equiv a(\bmod p)$. □

下面介绍费马小定理的实际应用.

一方面，可以编制一种简易而难破译的密码：

(1) 任何文件都可译成电码，即所谓"明码"，电码都是数字，对长文可分段送出，因此可对文词的长度加以限制，我们仅考虑小于某正整数 N 的正整数.

(2) 取一个大于 N 的素数 p，再取另一个与 p 大小相仿的整数 q，使

$$(q,p-1)=1.$$

(3) 令 $m=pq$，公布 m，但不公开因数分解 $m=pq$.

(4) 设有一明码 $n<N$，解 $n^{m}\equiv c(\bmod m)$ $(1\leqslant c<m)$，得 c，此即讯息 n 的密码，这里 $c\neq 0$.

(5) 收码人知道因数分解 $m=pq$，因为 $(q,p-1)=1$，可得整数 a,b，满足 $aq-b(p-1)=1$，即 $aq=1+b(p-1)$，所以收得密码 c 后，进行运算：

$$\begin{aligned}c^{a}&\equiv(n^{pq})^{a}\equiv(n^{aq})^{p}\equiv(n^{1+b(p-1)})^{p}\\&\equiv n^{p}\cdot(n^{p-1})^{bp}\equiv n^{p}\cdot 1^{bp}\equiv n^{p}\equiv n(\bmod p),\end{aligned}$$

即解得 n $(1\leqslant n<p)$.

使用这种密码，只要一台电子计算机进行运算即可，从目前的技术水平来看，求已知数 m 的因数分解是极缓慢的过程，但上述(4)，(5)两步在求高次方的余数时却极为方便. 这就是这种密码使用方便而难以破译的原因.

另一方面，可以检验一个整数是素数还是合数.

设 N 是要检查的数，选取某一与 N 互素的较小的数 a，通常取不能整除 N 的小素数. 若 N 是素数，则应满足

$$a^{N-1}\equiv 1(\bmod N).$$

因此假如经验算得上式不成立，则 N 是合数.

如取 $N=91$，再选 $a=2$，这时

$$a^{N-1}=2^{90}=2^{64}\cdot 2^{16}\cdot 2^{8}\cdot 2^{2}.$$

因为

$$2^8 \equiv -17 \pmod{91},\quad 2^{16} \equiv (-17)^2 \equiv 16 \pmod{91},$$
$$2^{32} \equiv 16^2 \equiv -17 \pmod{91},\quad 2^{64} \equiv 16 \pmod{91},$$

所以

$$\begin{aligned} 2^{90} &\equiv 2^{64} \cdot 2^{16} \cdot 2^8 \cdot 2^2 \equiv 16 \cdot 16 \cdot (-17) \cdot 4 \\ &\equiv 64 \not\equiv 1 \pmod{91}. \end{aligned}$$

于是断定 N 是合数.

遗憾的是,费马小定理的逆不成立,即当 $a^{m-1} \equiv 1 \pmod m$ 时,m 不一定是素数.但在某些特殊情况下,费马小定理的逆是成立的.我们有:

定理 2.27 若 $a^{m-1} \equiv 1 \pmod m$,且对于 $m-1$ 的任一真因数 n,有

$$a^n \not\equiv 1 \pmod m,$$

则 m 是素数.

证 根据已知条件,$m-1$ 是满足 $a^x \equiv 1 \pmod m$ 的最小正整数.由欧拉定理,知

$$a^{\varphi(m)} \equiv 1 \pmod m.$$

由带余除法,知 $\varphi(m) = (m-1)q + r\ (0 \leqslant r < m-1)$.因为 $a^{\varphi(m)} = a^{(m-1)q+r} = (a^{m-1})^q \cdot a^r$,所以 $a^r \equiv 1 \pmod m$.

由 $m-1$ 的最小性,得 $r=0$,从而 $\varphi(m) = (m-1)q$.由此推得 $\varphi(m) \geqslant m-1$.但对于任何大于 1 的 m,都有 $\varphi(m) \leqslant m-1$,因此 $\varphi(m) = m-1$,这说明 m 为素数. □

定义 2.9 我们把满足 $2^n \equiv 2 \pmod n$ 的合数 n 称为**伪素数**,例如,$n=341$ 是伪素数;而把满足 $a^n \equiv a \pmod n$ 的合数 n 称为**绝对伪素数**.

易知若 $n = q_1 \cdots q_k$ ($q_1, \cdots, q_k$ 是两两不同的素数),且 $(q_i - 1) \mid (n-1)$ $(1 \leqslant i \leqslant k)$,则 n 是绝对伪素数.由此推出 $561 = 3 \times 11 \times 17$ 是绝对伪素数,而 341 不是.

很自然的一个问题是:是否有无穷多个伪素数?回答是肯定的.我们有:

定理 2.28 若 n 是奇伪素数,则 $2^n - 1$ 是更大的奇伪素数.

证 由题设,n 是合数又是奇数,故可设 $N = ab$,且 a, b 均为大于 1 的奇数,则

$$\begin{aligned} 2^n - 1 &= 2^{ab} - 1 = (2^b)^a - 1 \\ &= (2^b - 1)((2^b)^{a-1} + (2^b)^{a-2} + \cdots + 2^b + 1). \end{aligned}$$

因为 $a, b > 1$,故 $2^b - 1 > 1$,$(2^b)^{a-1} + (2^b)^{a-2} + \cdots + 2^b + 1 > 1$.从而 $m = 2^n - 1$ 是合数.另外,n 满足 $2^n \equiv 2 \pmod n$,故 $n \mid (2^n - 2)$,因此可设 $2^n - 2 = dn$,于是

$$2^m - 2 = 2^{2^n - 1} - 2 = 2(2^{2^n - 2} - 1) = 2(2^{dn} - 1) = 2((2^n)^d - 1),$$

而 $(2^n - 1) \mid ((2^n)^d - 1)$,故 $m \mid (2^m - 2)$.

由此立得 $2^m \equiv 2 \pmod m$,所以 $m = 2^n - 1$ 也是奇伪素数. □

根据定理2.28,从奇伪素数341出发,我们就可以得到无穷多个一个比一个大的奇伪素数.

另一个问题是:有没有偶伪素数?若有,有多少?直到1950年美国人莱默(Lehmer)才首次发现了一个偶伪素数:161 038. 1951年,贝格(Beeger)证明了偶伪素数同样有无穷多个.

例1 如果今天是星期一,问从今天起再过$10^{10^{10}}$天是星期几?

解 因为$10^{10}\equiv4^{10}\equiv(4^2)^5\equiv4^5\equiv4^4\times4\equiv4(\mathrm{mod}\ 6)$,所以

$$10^{10}=6k+4\quad(k\text{ 为某正整数}).$$

由费马小定理,知$10^6\equiv1(\mathrm{mod}\ 7)$,故

$$10^{10^{10}}\equiv10^{6k+4}\equiv(10^6)^k\cdot10^4\equiv10^4\equiv3^4\equiv4(\mathrm{mod}\ 7).$$

因此再过$10^{10^{10}}$天是星期五.

例2 试求$(12\,371^{170}+34)^{28}$被243除的余数.

解 因为$\varphi(243)=\varphi(3^5)=162$,$12\,371\equiv221\equiv-22(\mathrm{mod}\ 243)$,即$(12\,371,243)=(-22,243)=1$,故由欧拉定理,知$12\,371^{162}\equiv1(\mathrm{mod}\ 243)$.因此$12\,371^{170}\equiv12\,371^8(\mathrm{mod}\ 243)$,而

$$12\,371^2\equiv(-22)^2\equiv-2(\mathrm{mod}\ 243),\quad 12\,371^8\equiv16(\mathrm{mod}\ 243),$$

所以

$$(12\,371^{170}+34)^{28}\equiv(16+34)^{28}\equiv50^{28}(\mathrm{mod}\ 243).$$

又因为$50^2\equiv70(\mathrm{mod}\ 243)$,$50^4\equiv40(\mathrm{mod}\ 243)$,$50^8\equiv142(\mathrm{mod}\ 243)$,$50^{16}\equiv-5(\mathrm{mod}\ 243)$,所以

$$50^{28}=50^{16}\times50^8\times50^4\equiv-5\times142\times40\equiv31(\mathrm{mod}\ 243),$$

即余数为31.

例3 试求243^{402}的最后三位数字.

解 因为$\varphi(1\,000)=1\,000\left(1-\dfrac{1}{2}\right)\left(1-\dfrac{1}{5}\right)=400$,$(243,1\,000)=1$,故由欧拉定理,知$243^{400}\equiv1(\mathrm{mod}\ 1\,000)$,于是

$$243^{402}\equiv243^{400}\times243^2\equiv1\times59\,049\equiv049(\mathrm{mod}\ 1\,000),$$

即243^{402}的最后三位数字为049.

例4 若正整数a,b都与2 730互素,试证:$a^{12}-b^{12}$能被2 730整除.

证 因为$2\,730=2\times3\times5\times7\times13$,所以只需证$a^{12}-b^{12}$分别能被2,3,5,7,13整除即可.先证$a^{12}-b^{12}$能被13整除.

因为$(a,13)=(b,13)=1$,所以由费马小定理,知$a^{12}\equiv1(\mathrm{mod}\ 13)$,$b^{12}\equiv1(\mathrm{mod}\ 13)$,即$a^{12}-b^{12}\equiv0(\mathrm{mod}\ 13)$,故$13\mid(a^{12}-b^{12})$.

同理,$(a,7)=(b,7)=1$,故由费马小定理,知$a^6\equiv1(\mathrm{mod}\ 7)$,$b^6\equiv1(\mathrm{mod}\ 7)$,即$a^6-b^6\equiv0(\mathrm{mod}\ 7)$,而$(a^6-b^6)\mid(a^{12}-b^{12})$,所以$7\mid(a^{12}-b^{12})$.

类似可证:$2\mid(a^{12}-b^{12})$,$3\mid(a^{12}-b^{12})$,$5\mid(a^{12}-b^{12})$.

由于2,3,5,7,13两两互素,故$2\times3\times5\times7\times13\mid(a^{12}-b^{12})$,即

$$2\,730\mid(a^{12}-b^{12}).$$

例5 设 p 为奇素数,试证:

$$(p-1)2^{p-1}+1\equiv0(\mathrm{mod}\ p),\quad (p-2)2^{p-2}+1\equiv0(\mathrm{mod}\ p).$$

证 由费马小定理,知 $2^{p-1}\equiv1(\mathrm{mod}\ p)$,故

$$(p-1)\cdot2^{p-1}+1\equiv(p-1)\cdot1+1\equiv p\equiv0(\mathrm{mod}\ p),$$

$$(p-2)\cdot2^{p-2}+1\equiv p\cdot2^{p-2}-2^{p-1}+1\equiv0(\mathrm{mod}\ p).$$

例6 设 p 为奇素数,试证:若求出偶完全数 $n=2^{p-1}(2^p-1)$ 的数字和,并对此数连续求出它的数字和,则最后必得1.例如

$$8\,128\rightarrow8+1+2+8=19\rightarrow1+9=10\rightarrow1+0=1.$$

证 事实上,命题等价于求证:当 p 为奇素数时,完全数

$$n=2^{p-1}(2^p-1)\equiv1(\mathrm{mod}\ 9).$$

当 $p=3$ 时,$n=28\equiv1(\mathrm{mod}\ 9)$.

当 $p>3$ 时,素数 p 可以写成 $6k-1$ 或 $6k+1$ 的形式,这里 k 为正整数.

因为欧拉函数 $\varphi(9)=6$,故由欧拉定理,知 $2^6\equiv1(\mathrm{mod}\ 9)$.若 $p=6k-1$,则

$$\begin{aligned}n&=2^{p-1}(2^p-1)=2^{6(k-1)+4}(2^{6(k-1)+5}-1)\\&\equiv2^4(2^5-1)=496\equiv1(\mathrm{mod}\ 9);\end{aligned}$$

若 $p=6k+1$,则

$$\begin{aligned}n&=2^{p-1}(2^p-1)=2^{6k}(2^{6k+1}-1)\\&\equiv2-1\equiv1(\mathrm{mod}\ 9).\end{aligned}$$

综上,可知命题成立.

例7 试证:形如 $4k+1$ 的素数有无穷多个.

证 设 m 是一个大于1的整数,则 $m!$ 有因数2,即 $m!$ 是偶数.

因为 $(m!)^2+1$ 是一个大于1的奇数,所以它必定有一个奇素因数 p.

现在证明 p 是形如 $4k+1$ 的素数.假设 $p=4k+3$,由于 $(m!)^{p-1}+1=((m!)^2)^{2k+1}+1$,故 $((m!)^2+1)\mid((m!)^{p-1}+1)$.

由 $p\mid((m!)^2+1)$,可得 $p\mid((m!)^p+m!)$.再根据费马小定理,可得 $p\mid((m!)^p-m!)$.故 $p\mid((m!)^p+m!-(m!)^p+m!)$,即 $p\mid2\cdot m!$,而 p 是奇素数,即 $p\nmid2$,因此 $p\mid m!$,从而 $p\mid(m!)^2$.

又因为 $p\mid((m!)^2+1)$,所以 $p\mid1$,矛盾.于是对每个正整数 $m>1$,$(m!)^2+1$ 的素因数 p 都形如 $4k+1$.现在证明 $p>m$.若不然,可假设 $p\leqslant m$,那么 $p\mid m!$,即 $p\mid(m!)^2$,因而 $p\mid1$,矛盾,所以 $p>m$.由于 m 可以任意大,所以形如 $4k+1$ 的素数有无穷多个.

习题 2.8

1. 如果今天是星期日,问从今天起再过 3^{2008} 天是星期几?

2. 试求 1777^{1855} 被41除的余数.

3. 试求 7^{355} 的最后两位数字.

4. 设 n 为正整数,试证:$7\mid(n^7+6!n)$.

5. (1) 设 p 为素数,试证:对每个整数 k,有

$$(k+1)^p-k^p\equiv 1 \pmod p;$$

(2) 由(1)推出费马小定理.

6. 试证:161 038是偶伪素数.

7. 设 p 为奇素数,若 $a^{p-1}\equiv 1\pmod{p^2}$,则称 a 为 p 的费马解.试证:2为1 093的费马解.

8. 试证:若 p,q 均为奇素数,且 $(p,q-1)=1,(q,p-1)=1$,则

$$(p-1)^{q-1}\equiv(q-1)^{p-1}\pmod{pq}.$$

9. 设 $(m,n)=1$,试证:$m^{\varphi(n)}+n^{\varphi(m)}\equiv 1\pmod{mn}$.

10. 设 $m=p_1^{k_1}p_2^{k_2}\cdots p_s^{k_s}$($p_1,p_2,\cdots,p_s$ 是不同的素数),$k=\max\{k_1,k_2,\cdots,k_s\}$,试证:对任意整数 a,有

$$a^{k+\varphi(m)}\equiv a^k\pmod m.$$

11. 设 $n\geqslant 2$,试证:从任意 $2n-1$ 个整数中,必可选出 n 个整数,其和能被 n 整除.

12. 设 $r_1,r_2,\cdots,r_{\varphi(m)}$ 是模 m 的简化剩余系,且 $A=r_1r_2\cdots r_{\varphi(m)}$,试证:

$$A^2\equiv 1\pmod m.$$

2.9 有限小数

设 $\frac{a}{b}(0<a<b)$ 是真分数,当 $(a,b)=1$ 时,$\frac{a}{b}$ 称为**既约分数**.

显然,任何一个真分数都可以化为既约真分数,所以我们只讨论既约真分数的情形.

定理 2.29 既约真分数 $\frac{a}{b}$ 可化为有限小数的充要条件是 $b=2^\alpha\cdot 5^\beta$(α,β 是不全为0的非负整数),且有限小数的位数为 $\max\{\alpha,\beta\}$.

证 (充分性)设 $b=2^\alpha\cdot 5^\beta$,且 $\alpha\geqslant\beta$,则

$$\frac{a}{b}=\frac{a}{2^\alpha\cdot 5^\beta}=\frac{5^{\alpha-\beta}a}{10^\alpha}.$$

因为 $\alpha\geqslant\beta$，所以 $5^{\alpha-\beta}a$ 为整数，即$\dfrac{a}{b}$为有限小数，其位数为 α. 同理，当 $\alpha<\beta$ 时，$\dfrac{a}{b}=\dfrac{a}{2^{\alpha}\cdot 5^{\beta}}=\dfrac{2^{\beta-\alpha}a}{10^{\beta}}$为有限小数，其位数为 β，故当 $b=2^{\alpha}\cdot 5^{\beta}$（$\alpha,\beta$ 是不全为 0 的非负整数）时，既约真分数$\dfrac{a}{b}$可化为有限小数，且位数为 $\max\{\alpha,\beta\}$.

（必要性）设$\dfrac{a}{b}$是既约真分数，且$\dfrac{a}{b}=\dfrac{c}{10^k}$（$k$ 为正整数）. 若 b 含有 2 和 5 以外的素因数 p，可设 $b=b_1p$，则由$\dfrac{a}{b}=\dfrac{a}{b_1p}=\dfrac{c}{10^k}$，得

$$a\cdot 10^k=b_1pc,\quad 即\quad a\cdot 2^k\cdot 5^k=b_1pc.$$

因为 $p\mid(a\cdot 2^k\cdot 5^k)$，但$(2^k\cdot 5^k,p)=1$，所以 $p\mid a$，而 $p\mid b$，这与$\dfrac{a}{b}$为既约真分数矛盾，所以 b 不含 2 和 5 以外的素因数. □

例 1 试求下列既约真分数化为有限小数后的位数：

(1) $\dfrac{1}{3\,125}$；(2) $\dfrac{1}{1\,024}$；(3) $\dfrac{97}{31\,250}$；(4) $\dfrac{3\,947}{20\,480}$.

解 (1) 因为 $3\,125=5^5$，所以$\dfrac{1}{3\,125}$的位数是 5.

$\left(事实上，\dfrac{1}{3\,125}=0.000\,32.\right)$

(2) 因为 $1\,024=2^{10}$，所以$\dfrac{1}{1\,024}$的位数是 10.

$\left(事实上，\dfrac{1}{1\,024}=0.000\,976\,562\,5.\right)$

(3) 因为 $31\,250=2\times 5^6$，所以$\dfrac{97}{31\,250}$的位数是 6.

$\left(事实上，\dfrac{97}{31\,250}=0.003\,104.\right)$

(4) 因为 $20\,480=2^{12}\times 5$，所以$\dfrac{3\,947}{20\,480}$的位数是 12.

$\left(事实上，\dfrac{3\,947}{20\,480}=0.192\,724\,609\,375.\right)$

例 2 设$\dfrac{1}{n}$在 b 进制中的小数展开式为

$$\frac{1}{n}=\frac{d_1}{b}+\frac{d_2}{b^2}+\frac{d_3}{b^3}+\cdots\quad(0\leqslant d_k<b,k=1,2,3,\cdots),$$

试证：若此小数展开式有限，则 n 的每一个素因数都是 b 的一个因数.

证 设$\frac{1}{n}=\frac{d_1}{b}+\frac{d_2}{b^2}+\cdots+\frac{d_t}{b^t}$ $(0\leqslant d_k<b, k=1,2,\cdots,t)$,则

$$\frac{b^t}{n}=d_1b^{t-1}+d_2b^{t-2}+\cdots+d_t$$

是整数,即 $n\mid b^t$.所以 n 的每一个素因数都是 b 的一个因数.

习题 2.9

1. 试求下列既约真分数化为有限小数后的位数:

(1) $\frac{1}{128}$; (2) $\frac{17}{320}$; (3) $\frac{81}{800}$.

2. 试证:在 b 进制中,若 n 的每一个素因数都是 b 的一个因数,则$\frac{1}{n}$的小数展开式是有限的.

2.10 无限循环小数

上一节我们介绍了有限小数,这一节我们将讨论无限小数.

定义 2.10 设 a_i $(i=1,2,\cdots)$是不大于 9 的非负整数,如果对于小数 $0.a_1a_2\cdots a_n\cdots$中的任一 a_j,总存在一个大于 j 的正整数k,使得 $a_k\neq0$,那么就把 $0.a_1a_2\cdots a_n\cdots$称为**无限小数**.

定义 2.11 若对于一个无限小数 $0.a_1a_2\cdots a_n\cdots$,能找到两个整数 $s\geqslant0$, $t>0$,使得 $a_{s+i}=a_{s+kt+i}$ $(i=1,2,\cdots,t;k=1,2,\cdots)$,我们就称它为**循环小数**,简记成 $0.a_1a_2\cdots a_s\dot{a}_{s+1}\cdots\dot{a}_{s+t}$.

定义 2.12 对循环小数而言,具有上述性质的 s 及 t 不止一个,若找到的 t 是最小的,就称 $a_{s+1}\cdots a_{s+t}$为**循环节**,t 称为**循环节长**.若最小的 $s=0$,这个小数就称为**纯循环小数**,否则称为**混循环小数**.

关于纯循环小数,我们有:

定理 2.30 既约真分数$\frac{a}{b}$可化为纯循环小数的充要条件是$(b,10)=1$,并且循环节长是使$10^t\equiv1 \pmod b$成立的最小正整数 t.

证 (必要性)若$\frac{a}{b}$能表示成纯循环小数,记循环节长为 t,则由 $0<\frac{a}{b}<1$,知

$$\frac{a}{b}=0.\dot{a}_1a_2\cdots\dot{a}_t.$$

即$10^t \cdot \frac{a}{b} = (10^{t-1}a_1 + 10^{t-2}a_2 + \cdots + a_t) + 0.\dot{a}_1 a_2 \cdots \dot{a}_t = q + \frac{a}{b}$（$q$ 为正整数），

故$\frac{a}{b} = \frac{q}{10^t - 1}$，从而 $bq = a(10^t - 1)$．

因为$(a,b)=1$，所以 $b \mid (10^t - 1)$，即$(b,10)=1$，且$10^t \equiv 1 \pmod b$．

（充分性）若$(b,10)=1$，则由欧拉定理，知一定存在某个正整数 t（t 可能就是$\varphi(b)$），使得$10^t \equiv 1 \pmod b$成立，所以$10^t a \equiv a \pmod b$，即$10^t a - a = bm$（m 是一个正整数），于是$10^t \cdot \frac{a}{b} - \frac{a}{b} = m$．

令$\frac{a}{b} = 0.a_1 a_2 \cdots a_t a_{t+1} a_{t+2} \cdots$，则有

$$10^t \cdot \frac{a}{b} = (10^{t-1}a_1 + 10^{t-2}a_2 + \cdots + a_t) + 0.a_{t+1}a_{t+2}\cdots,$$

所以

$$m = (10^{t-1}a_1 + 10^{t-2}a_2 + \cdots + a_t) + 0.a_{t+1}a_{t+2}\cdots - 0.a_1\cdots a_t a_{t+1}a_{t+2}\cdots.$$

而 m 是正整数，故 $0.a_{t+1}a_{t+2}\cdots - 0.a_1\cdots a_t a_{t+1}a_{t+2}\cdots = 0$，即

$$0.a_1\cdots a_t a_{t+1}a_{t+2}\cdots = 0.a_{t+1}a_{t+2}\cdots.$$

因此有$a_i = a_{kt+i}$（$i=1,2,\cdots,t;k=1,2,\cdots$）．

这说明$\frac{a}{b}$能表示成纯循环小数，循环节长是使$10^t \equiv 1 \pmod b$成立的最小正整数 t．　□

当求使$10^t \equiv 1 \pmod b$成立的最小正整数 t 时，不必从指数 1 开始逐一检验$10,10^2,10^3,\cdots$直到$10^t \equiv 1 \pmod b$成立为止，而可应用下面的定理：

定理 2.31　设 b 是一个正整数，且$(b,10)=1$，t 是一个能使$10^t \equiv 1 \pmod b$成立的最小正整数，则 $t \mid \varphi(b)$．

证　根据欧拉定理，知$10^{\varphi(b)} \equiv 1 \pmod b$．因为 t 是使$10^t \equiv 1 \pmod b$成立的最小正整数，所以 $0 < t \leqslant \varphi(b)$．

设 $\varphi(b) = tm + r$（$0 \leqslant r < t$，m 为一正整数），则

$$10^{\varphi(b)} \equiv 10^{tm+r} \equiv 10^r \equiv 1 \pmod b.$$

若 $r \neq 0$，则 $0 < r < t$，且$10^r \equiv 1 \pmod b$，与 t 的定义矛盾，故 $r=0$．此时

$$t \mid \varphi(b).$$

□

定理 2.31 说明，纯循环小数的循环节长是 $\varphi(b)$的一个因数．

例 1　试求下列既约真分数化为小数后的循环节长：

（1）$\frac{1}{13}$；　（2）$\frac{1}{17}$；　（3）$\frac{1}{21}$．

解　（1）因为 $\varphi(13)=12$，而

$$10 \equiv 10 \pmod{13},\quad 10^2 \equiv 9 \pmod{13},\quad 10^3 \equiv 12 \pmod{13},$$
$$10^4 \equiv 3 \pmod{13},\quad 10^6 \equiv 1 \pmod{13},$$

所以$\frac{1}{13}$的循环节长为 6. 事实上，$\frac{1}{13}=0.\dot{0}76\,92\dot{3}$.

(2) 因为 $\varphi(17)=16$，而

$$10 \equiv 10 \pmod{17},\quad 10^2 \equiv -2 \pmod{17},\quad 10^4 \equiv 4 \pmod{17},$$
$$10^8 \equiv -1 \pmod{17},\quad 10^{16} \equiv 1 \pmod{17},$$

所以$\frac{1}{17}$的循环节长为 16. 事实上，$\frac{1}{17}=0.\dot{0}58\,823\,529\,411\,764\,\dot{7}$.

(3) 因为 $\varphi(21)=\varphi(3)\varphi(7)=2\times 6=12$，而

$$10 \equiv 10 \pmod{21},\quad 10^2 \equiv -5 \pmod{21},\quad 10^3 \equiv -8 \pmod{21},$$
$$10^4 \equiv 4 \pmod{21},\quad 10^6 \equiv 1 \pmod{21},$$

所以$\frac{1}{21}$的循环节长为 6. 事实上，$\frac{1}{21}=0.\dot{0}47\,61\dot{9}$.

例 2　试证：$\frac{1}{3\,989}$的循环节长不小于 997 位.

证　3 989 为素数，令 t 是使$10^t \equiv 1 \pmod{3\,989}$成立的最小正整数.

因为 $\varphi(3\,989)=3\,988=4\times 997$，由定理 2.31，得 $t \mid 4\times 997$，而

$$10 \not\equiv 1 \pmod{3\,989},\quad 10^2 \not\equiv 1 \pmod{3\,989},\quad 10^4 \not\equiv 1 \pmod{3\,989},$$

所以 $t\neq 4$，从而 $t\geqslant 997$.

关于混循环小数，我们同样可以证明：

定理 2.32　既约真分数$\frac{a}{b}$可化为混循环小数的充要条件是 $b=2^\alpha\cdot 5^\beta\cdot b_1$ ($b_1>1$，$(b_1,10)=1$，α,β 是不全为 0 的非负整数)，并且不循环部分的位数是 $\max\{\alpha,\beta\}$，循环部分的循环节长是使$10^t\equiv 1 \pmod{b_1}$成立的最小正整数 t.

例 3　试判断以下列各数为分母的既约真分数，可以化为哪一类小数，并计算它们的位数或循环节长：

(1) 41；　(2) 80；　(3) 1 825；　(4) 808.

解　(1) 因为$(41,10)=1$，故以 41 为分母的既约真分数可化为纯循环小数，而满足$10^t\equiv 1 \pmod{41}$的最小正整数 $t=5$，故循环节长为 5.

(2) 因为 $80=2^4\times 5$，故以 80 为分母的既约真分数可化为有限小数，其位数是 4.

(3) 因为 $1\,825=5^2\times 73$，$(73,10)=1$，满足$10^t\equiv 1 \pmod{73}$的最小正整数 $t=8$，故以 1 825 为分母的既约真分数可化为混循环小数，不循环部分有两位，循环部分的循环节长为 8. 事实上，$\frac{1}{1\,825}=0.00\dot{0}\,547\,945\,\dot{2}$.

(4) 因为 $808=2^3\times 101$，$(101,10)=1$，满足 $10^t\equiv 1 \pmod{101}$ 的最小正整数 $t=4$，故以 808 为分母的既约真分数可化为混循环小数，不循环部分有 3 位，循环部分的循环节长为 4. 事实上，$\dfrac{1}{808}=0.001\dot{2}37\dot{6}$.

下面我们来研究循环节的构造.

若既约真分数 $\dfrac{a}{b}$ 可化为混循环小数，则 $b=2^\alpha\cdot 5^\beta\cdot b_1$，$b_1>1$ 且 $(b_1,10)=1$. 记 $k=\max\{\alpha,\beta\}$，有

$$\frac{a}{b}=0.q_1q_2\cdots q_k+\frac{1}{10^k}\cdot\frac{a_1}{b_1}.$$

易知 $\dfrac{a_1}{b_1}$ 是一个与 $\dfrac{a}{b}$ 有相同循环节的纯循环小数. 因此我们只需讨论可化为纯循环小数的既约真分数的循环节的构造.

定理 2.33 若由既约真分数 $\dfrac{a}{b}$ 所化成的纯循环小数的循环节长 t 是偶数，即 $t=2k$，记 $\dfrac{a}{b}=0.\dot{q}_1q_2\cdots q_kt_1t_2\cdots \dot{t}_k$，且 $(b,10^k-1)=1$，则

$$q_i+t_i=9\quad(i=1,2,\cdots,k).$$

证 因为 $10^t\equiv 1 \pmod b$，$t=2k$，所以

$$b\mid(10^t-1),\quad 即\quad b\mid(10^k+1)(10^k-1).$$

由 $(b,10^k-1)=1$，知 $b\mid(10^k+1)$.

令 $10^k+1=bs$，则

$$bs-2=10^k-1=\underbrace{99\cdots 9}_{k个}. \tag{10.1}$$

由

$$10^ka=(bs-1)a=(sa-1)b+(b-a)\quad(0<b-a<b)$$

及

$$10^ka=(10^{k-1}q_1+10^{k-2}q_2+\cdots+10q_{k-1}+q_k)b+r\quad(0<r<b),$$

知

$$sa-1=10^{k-1}q_1+10^{k-2}q_2+\cdots+10q_{k-1}+q_k. \tag{10.2}$$

又由

$$\begin{aligned}10^k(b-a)&=10^kr\\&=(10^{k-1}t_1+10^{k-2}t_2+\cdots+10t_{k-1}+t_k)b+r_t\quad(0<r_t<b)\end{aligned}$$

及

$$10^k(b-a)=(bs-1)(b-a)=(bs-1-as)b+a\quad(0<a<b),$$

知

$$bs-1-as=10^{k-1}t_1+10^{k-2}t_2+\cdots+10t_{k-1}+t_k. \tag{10.3}$$

将式(10.2)与(10.3)相加，得

$$bs-2=10^{k-1}(q_1+t_1)+10^{k-2}(q_2+t_2)+\cdots+10(q_{k-1}+t_{k-1})+(q_k+t_k). \tag{10.4}$$

比较式(10.1)与(10.4)的两边，有

$$q_i+t_i=9\quad(i=1,2,\cdots,k).$$

□

定理 2.34 设 b 是大于 1 的正整数. 当 $(10,b)=1$ 时，分数 $\frac{1}{b}$ 可表示成无限纯循环小数 $\frac{1}{b}=0.\dot{a}_1a_2\cdots\dot{a}_r$；若 b_1 是 b 的个位数，则 $\frac{1}{b}$ 的循环节 $a_1a_2\cdots a_r$ 中的 a_r 是与 b_1 之积的末位数字为 9 的数字，其他各位(自后向前)依次是后一位数字与 $\frac{a_rb+1}{10}$ 乘积的个位(有进位时要将进位数加进去).

证 易知 $\frac{1}{b}=\frac{1}{10^r-1}(a_r+10a_{r-1}+\cdots+10^{r-1}a_1)$，即

$$(a_r+10a_{r-1}+\cdots+10^{r-1}a_1)b=10^r-1. \tag{10.5}$$

在式(10.5)中取模 10，可得

$$a_rb\equiv-1\equiv 9\pmod{10}. \tag{10.6}$$

因为 b_1 是 b 的个位数，所以

$$b\equiv b_1\pmod{10},$$

代入式(10.6)，即得

$$a_rb_1\equiv 9\pmod{10}.$$

这说明 a_r 是与 b_1 之积的末位数字为 9 的数字.

由式(10.5)，又得

$$\frac{a_rb+1}{10}+(a_{r-1}+\cdots+10^{k-2}a_{r-k+1}+10^{k-1}a_{r-k}+\cdots+10^{r-2}a_1)b=10^{r-1}.$$

上式两边同乘以 a_r，整理得

$$-a_{r-k}(a_rb)=\frac{a_r}{10^{k-1}}\left(\frac{a_rb+1}{10}+(a_{r-1}+\cdots+10^{k-2}a_{r-k+1})b\right)$$
$$+(10a_{r-k-1}+\cdots+10^{r-k-1})a_rb-10^{r-k}a_r. \tag{10.7}$$

在式(10.7)中取模 10，并结合式(10.6)，得

$$a_{r-k}\equiv\frac{a_r}{10^{k-1}}\left(\frac{a_rb+1}{10}+(a_{r-1}+\cdots+10^{k-2}a_{r-k+1})b\right)\pmod{10},$$

这里 $k=1,2,\cdots,r-1$. 于是，对于给定的 $i\ (1\leqslant i\leqslant r-1)$，有

$$a_{r-i}\equiv\frac{a_r}{10^{i-1}}\left(\frac{a_rb+1}{10}+(a_{r-1}+\cdots+10^{i-2}a_{r-i+1})b\right)\pmod{10}, \tag{10.8}$$

$$a_{r-i+1} \equiv \frac{a_r}{10^{i-2}}\left(\frac{a_r b+1}{10} + (a_{r-1} + \cdots + 10^{i-3} a_{r-i+2}) b\right) \pmod{10}. \qquad (10.9)$$

将式(10.9)代入式(10.8),得

$$a_{r-i} \equiv \frac{a_r b+1}{10} a_{r-i+1} \pmod{10}.$$ □

例 4 写出$\frac{1}{29}$化为循环小数的结果.

解 因为 $\varphi(29)=28$,28 的全部正因数是 1,2,4,7,14,28,而

$10 \equiv 10 \pmod{29}$, $10^2 \equiv 13 \pmod{29}$, $10^4 \equiv -5 \pmod{29}$,

$10^7 \equiv -12 \pmod{29}$, $10^{14} \equiv -1 \pmod{29}$, $10^{28} \equiv 1 \pmod{29}$,

所以循环节长 $t=28$.

令$\frac{1}{29}=0.\dot{a}_1 a_2 \cdots \dot{a}_{28}$,显然$\frac{1\times 29+1}{10}=3$.利用定理 2.34:

由 $1\times 9\equiv 9 \pmod{10}$,知 $a_{28}=1$;由 $1\times 3=3$,知 $a_{27}=3$;

由 $3\times 3=9$,知 $a_{26}=9$;由 $9\times 3=2\times 10+7$,知 $a_{25}=7$;

由 $7\times 3=2\times 10+1$,知 $a_{24}=1+2=3$;由 $3\times 3=9$,$9+2=1\times 10+1$,知 $a_{23}=1$;

由 $1\times 3=3$,知 $a_{22}=3+1=4$;由 $4\times 3=1\times 10+2$,知 $a_{21}=2$;

由 $2\times 3=6$,知 $a_{20}=6+1=7$;由 $7\times 3=2\times 10+1$,知 $a_{19}=1$;

由 $1\times 3=3$,知 $a_{18}=3+2=5$;由 $5\times 3=1\times 10+5$,知 $a_{17}=5$;

由 $5\times 3=1\times 10+5$,知 $a_{16}=5+1=6$;由 $6\times 3=1\times 10+8$,知 $a_{15}=8+1=9$.

又$(29,10^{14}-1)=1$,利用定理 2.33,可得

$$a_1=0, a_2=3, a_3=4, a_4=4, a_5=8, a_6=2, a_7=7,$$
$$a_8=5, a_9=8, a_{10}=6, a_{11}=2, a_{12}=0, a_{13}=6, a_{14}=8.$$

因此

$$\frac{1}{29}=0.\dot{0}34\,482\,758\,620\,689\,655\,172\,413\,793\,\dot{1}.$$

习 题 2.10

1. 试求下列既约真分数化为小数后的循环节长:

(1) $\frac{1}{7}$; (2) $\frac{1}{19}$; (3) $\frac{1}{27}$.

2. 试判断以下列各数为分母的既约真分数,可以化为哪一类小数,并计算它们的位数或循环节长:

(1) 11; (2) 14; (3) 16.

3. 写出下列既约真分数化为循环小数的结果：

(1) $\frac{5}{17}$；　　(2) $\frac{1}{23}$.

2.11　威尔逊定理

本节我们将给出一个判别整数 p 为素数的充要条件,并讲述其应用.

定理 2.35(威尔逊定理)　p 为素数的充要条件是

$$(p-1)!\equiv -1 \pmod p.$$

证　(必要性)当 $p=2$ 或 3 时,定理显然成立.下设 $p>3$.

若 r 是 $p-3$ 个数

$$2,3,\cdots,p-2$$

中的一个,则在这些数中必有一个数 $s\neq r$,使得 $r\cdot s\equiv 1 \pmod p$.

事实上,$r,2r,3r,\cdots,(p-1)r$ 为模 p 的一个简化剩余系,且其中有且仅有一个数 sr,满足 $sr\equiv 1 \pmod p$.由于 $2\leqslant r\leqslant p-2$,故 $s\neq 1$,$s\neq p-1$.此外,$s\neq r$;否则 $r^2\equiv 1 \pmod p$,即

$$(r+1)(r-1)\equiv 0 \pmod p.$$

故应有 $p\mid(r+1)$或 $p\mid(r-1)$,但 $2\leqslant r\leqslant p-2$,矛盾.

又因为 $rs=sr$,即 r 与 s 是成对出现的,故

$$2,3,\cdots,p-2$$

这 $p-3$ 个数共可分为$\frac{p-3}{2}$对,每一对数的乘积均模 p 同余 1,因此

$$2\cdot 3\cdots(p-2)\equiv 1^{\frac{p-3}{2}}\equiv 1 \pmod p,$$

即$(p-2)!\equiv 1 \pmod p$,从而

$$(p-1)!\equiv -1 \pmod p.$$

(充分性)用反证法.假设 p 为合数,则 p 有一个真因数 d,即 $1<d<p$ 且 $d\mid p$.由 $d\leqslant p-1$,知 $d\mid(p-1)!$.又$(p-1)!\equiv -1 \pmod p$,故 $d\mid 1$,因而 $d=1$,这与 $d>1$ 矛盾,说明 p 必为素数.　□

威尔逊定理的重要性在于它给出了一个数是素数的充要条件.就理论上说,判别一个给定的正整数是否为素数的问题已经完全解决.但实际上用这个定理来判别是非常麻烦的.因为对于比较大的正整数 p,要计算$(p-1)!+1$,运算量相当大,即使对比较小的素数,如 $p=17$,计算 $16!+1$ 也不是一件容易的事.

例 1　设 p 为奇素数,试证:

$$1^2\cdot 3^2\cdots(p-2)^2\equiv(-1)^{\frac{p+1}{2}}(\text{mod } p).$$

证 当 p 为奇素数时

$$\begin{aligned}(p-1)! &= (1\cdot(p-1))(3\cdot(p-3))\cdots((p-2)(p-(p-2)))\\ &\equiv(-1)^{\frac{p-1}{2}}\cdot 1^2\cdot 3^2\cdots(p-2)^2(\text{mod } p).\end{aligned}$$

由威尔逊定理,得$(p-1)!\equiv-1(\text{mod } p)$,即

$$(-1)^{\frac{p-1}{2}}\cdot 1^2\cdot 3^2\cdots(p-2)^2\equiv-1(\text{mod } p).$$

因此$1^2\cdot 3^2\cdots(p-2)^2\equiv(-1)^{\frac{p+1}{2}}(\text{mod } p)$.

例2 设 p,n 是正整数,且 $p\geqslant n$,试证:p 为素数的充要条件是

$$(n-1)!(p-n)!\equiv(-1)^n(\text{mod } p).$$

证 因为 $k\equiv-(p-k)(\text{mod } p)$,所以

$$(n-1)!\equiv(-1)^{n-1}(p-1)(p-2)\cdots(p-n+1)(\text{mod } p).$$

由威尔逊定理,得 p 为素数的充要条件是

$$\begin{aligned}(n-1)!(p-n)! &\equiv(-1)^{n-1}(p-1)\cdots(p-n+1)(p-n)!\\ &\equiv(-1)^{n-1}(p-1)!\equiv(-1)^{n-1}(-1)\equiv(-1)^n(\text{mod } p).\end{aligned}$$

例3 试证:p 与 $p+2$ 是一对孪生素数的充要条件是

$$4((p-1)!+1)+p\equiv 0(\text{mod } p(p+2)).$$

证 (必要性)当 p 与 $p+2$ 均为素数时,显然 $p>2$,所以 p 与 $p+2$ 均为奇素数.根据威尔逊定理,$(p-1)!\equiv-1(\text{mod } p)$,$(p+1)!\equiv-1(\text{mod } p+2)$,从而有

$$4((p-1)!+1)+p\equiv 0(\text{mod } p),$$

以及

$$\begin{aligned}4((p-1)!+1) &\equiv-(-2)(-1)(-2)((p-1)!+1)\\ &\equiv-p(p+1)p((p-1)!+1)\\ &\equiv-p((p+1)!+(p+1)p)\\ &\equiv-p((p+1)!+(-1)(-2))\\ &\equiv-p((p+1)!+2)\equiv-p(\text{mod } p+2),\end{aligned}$$

即$4((p-1)!+1)+p\equiv 0(\text{mod } p+2)$.而$(p,p+2)=1$,故$4((p-1)!+1)+p\equiv 0(\text{mod } p(p+2))$.

(充分性)设$4((p-1)!+1)+p\equiv 0(\text{mod } p(p+2))$.我们先证明 p 是素数.

事实上,$p=2,4$ 不满足上式.再令 $p=2m\ (m>2)$,则

$$4((2m-1)!+1)\equiv 0(\text{mod } 2m),$$

即$2((2m-1)!+1)\equiv 0(\text{mod } m)$.

由于 $m>2$,$2m-1>m$,故$(2m-1)!\equiv 0(\text{mod } m)$,从而有 $2\equiv 0(\text{mod } m)$,即 $m\mid 2$,这与 $m>2$ 矛盾,因此 p 是奇数,此时$(4,p)=1$.

由 $4((p-1)!+1)\equiv 0 \pmod p$，得 $(p-1)!\equiv -1 \pmod p$. 再由威尔逊定理，知 p 为素数.

下面证明，当 p 为素数时，若 $4((p-1)!+1)+p\equiv 0 \pmod{p+2}$，则 $p+2$ 也为素数. 事实上，由于

$$p(p+1)\equiv 2 \pmod{p+2},\quad p^2(p+1)\equiv -4 \pmod{p+2},$$

故

$$\begin{aligned}0 &\equiv 4((p-1)!+1)+p\equiv -p^2(p+1)((p-1)!+1)+p \\ &\equiv -p((p+1)!+2)+p\equiv -p((p+1)!+1) \pmod{p+2}.\end{aligned}$$

易知 p 为奇素数(因为 $p=2$ 不满足上述同余式)，从而 $(p,p+2)=1$. 否则 $p\mid(p+2)$，即 $p\mid 2$，与 $p>2$ 矛盾. 于是有 $(p+1)!\equiv -1 \pmod{p+2}$. 由威尔逊定理，知 $p+2$ 为素数.

例 4 试证：对正整数 m 和 n，函数

$$f(m,n)=\frac{n-1}{2}(|Q^2-1|-(Q^2-1))+2,$$

$$Q=m(n+1)-(n!+1)$$

只取素数值，且取到所有的素数值，而每个奇素数正好各取一次.

证 (i) 当 m,n 为任意正整数时，Q 为整数，因而 $Q^2\geqslant 1$ 或 $Q^2=0$. 若 $Q^2\geqslant 1$，则 $Q^2-1\geqslant 0$，$|Q^2-1|=Q^2-1$，这时

$$f(m,n)=\frac{n-1}{2}(Q^2-1-(Q^2-1))+2=2$$

是素数.

若 $Q^2=0$，则

$$f(m,n)=\frac{n-1}{2}(|-1|-(-1))+2=n+1.$$

但这时 $Q=0$，即 $m(n+1)-(n!+1)=0$，也即

$$n!\equiv -1 \pmod{n+1}.$$

根据威尔逊定理，$n+1$ 是素数，所以 $f(m,n)$ 只产生素数.

(ii) 显然当 $m=n=1$ 时，$f(1,1)=2$.

现设 p 为奇素数，根据威尔逊定理，$(p-1)!+1$ 能被 p 整除，故可取

$$n=p-1,\quad m=\frac{1}{p}((p-1)!+1).$$

于是 $mp=(p-1)!+1$，$n+1=p$.

由 $m(n+1)=mp=(p-1)!+1=n!+1$，得 $Q=0$，此时

$$f(m,n)=n+1=p,$$

即 $f(m,n)$ 给出了所有的素数.

(ⅲ) 由于 $f(m,n)$ 的值只有 2 和 $n+1$,所以它取得的奇素数 p 必为 $n+1$ 的形式,因而使 $f(m,n)=p$ 的数组 (m,n) 中,必有 $n=p-1$.

为使 $f(m,n)$ 的值是奇素数 $n+1$,而不是 2,则必有 $Q=0$. 此时数组 (m,n) 满足

$$m(n+1)=n!+1.$$

取 $m=\frac{n!+1}{n+1}$(注意,$n+1$ 是素数,威尔逊定理保证 m 是正整数),那么选择一个 n,就产生唯一一个 m 值,从而给出唯一一对数

$$(m,n)=\left(\frac{(p-1)!+1}{p},p-1\right),$$

使 $f(m,n)$ 取值 p. 因此尽管 $f(m,n)$ 在大多数情形下取值 2,但每个奇素数恰好各取一次.

注 上述公式确实是一个人们梦寐以求的奇妙公式,它不仅只产生素数,而且能产生全部素数,甚至每个奇素数恰好各取一次,所以这个公式的出现,的确是一件值得庆贺的突破性进展.

例 5 试求满足 $(n-1)!=n^k-1$ 的一切正整数对 (n,k).

解 $n=1$ 显然不满足原等式.

由 $n>1$ 及 $(n-1)!=n^k-1\equiv-1\pmod n$,知 n 为素数.

当 $n\leqslant5$ 时,易求出

$$(n,k)=(2,1),(3,1),(5,2).$$

当 $n>5$ 时,我们可证明不存在正整数对 (n,k) 满足等式.

事实上,因 $n-1>4$ 且 $n-1$ 不是素数,故

$$(n-1)\mid(n-2)!.$$

把等式变形为

$$(n-1)(n-2)!=(n-1)^k+\cdots+k(n-1).$$

可见 $(n-1)\mid k$,即 $k\geqslant n-1$,因此

$$n^k-1\geqslant n^{n-1}-1>(n-1)!.$$

习 题 2.11

1. 设 p 为奇素数,试证:

(1) $2^2\cdot4^2\cdots(p-1)^2\equiv(-1)^{\frac{p+1}{2}}\pmod p$;

(2) $\left(\left(\frac{p-1}{2}\right)!\right)^2\equiv(-1)^{\frac{p+1}{2}}\pmod p$.

2. (1) 设 p 为素数,a 为任意整数,试证:$a^p(p-1)!\equiv a(p-1)\pmod p$;

(2) 利用(1),证明费马小定理及威尔逊定理的一部分:

$$(p-1)!\equiv -1 \pmod p.$$

3. 设 p 是一个奇素数,试证:若存在 r,使得 $(-1)^r r!\equiv 1 \pmod p$,则

$$(p-r-1)!+1\equiv 0 \pmod p.$$

由此说明 $61!+1\equiv 0 \pmod{71}$, $63!+1\equiv 0 \pmod{71}$.

4. 设 $p=2n+1$ 是素数,试证:$(n!)^2+(-1)^n\equiv 0 \pmod p$.

第3章　不定方程

不定方程是数论中的一个十分重要的课题.本章首先讨论二元一次不定方程有整数解的条件及其解法,进而讨论多元一次不定方程,最后介绍几个高次不定方程及著名的费马大定理.

3.1　二元一次不定方程

首先我们明确不定方程的概念.

定义 3.1　所谓**不定方程**,是指未知数的个数多于方程的个数,其解受到某种限制的方程或方程组.

不定方程是数论中最古老的一个分支,内容极其丰富,近几十年来,这个领域又有了重要的进展.

我国古代对不定方程的研究很早.有的结果,例如不定方程 $x^2+y^2=z^2$ 的一些正整数解,要比古希腊数学家丢番图(Diophantus)研究的结果早得多.由于丢番图对不定方程的贡献,不定方程又称**丢番图方程**.目前,我国数论界对不定方程有较深入的研究.

所谓**二元一次不定方程**,是指形如

$$ax+by=c$$

的方程,这里 a 和 b 均为非零整数,而 c 是任意整数.

求方程 $ax+by=c$ 的整数解 x,y,称为解二元一次不定方程.关于二元一次不定方程,我们有:

定理 3.1　不定方程 $ax+by=c$ 有整数解的充要条件是 $(a,b)\mid c$.

证　(必要性)设方程 $ax+by=c$ 有整数解 $x=x_0,y=y_0$,且 $(a,b)=d$,即 $a=q_1d,b=q_2d$ (q_1,q_2 为整数且互素),则

$$d(q_1x_0+q_2y_0)=c.$$

于是 $d\mid c$,即$(a,b)\mid c$.

(充分性)若$(a,b)=d\mid c$,则 $c=dm$ (m 为整数).因为$(a,b)=d$,所以存在 x_0,y_0,使得 $ax_0+by_0=d$,因此 $a(x_0m)+b(y_0m)=dm$,即

$$a(x_0m)+b(y_0m)=c.$$

这就是说,方程 $ax+by=c$ 有整数解 $x=x_0m,y=y_0m$. □

由定理3.1立得:

推论1 若$(a,b)\nmid c$,则方程 $ax+by=c$ 没有整数解.

推论2 若$(a,b)=1$,则方程 $ax+by=c$ 必有整数解.

根据推论2,在方程 $ax+by=c$ 有整数解的情况下,总可以假设$(a,b)=1$.

现在的问题是如何找出给定方程的一组整数解,通常采用"尝试法".尝试法是求解二元一次不定方程的一种很好的方法,即用 x,y 的系数中绝对值较小的一个,例如 x 的系数,去除方程的各项,解出 x,并把整数部分分离出来,然后列举 y 的值进行尝试,就可以找出方程的一组整数解.

例1 试求方程 $3x+4y=23$ 的一组整数解.

解 原方程可化为 $x=\dfrac{23-4y}{3}=7-y+\dfrac{2-y}{3}$.

因为 x 是整数,所以 $3\mid(2-y)$.取 $y=2$,可得不定方程的一组整数解为 $x=5,y=2$.

求出二元一次不定方程的一切整数解并非难事.因为我们有:

定理3.2 若$(a,b)=1$,且不定方程 $ax+by=c$ 有整数解 $x=x_0,y=y_0$,则它的一切整数解可表示成

$$\begin{cases}x=x_0+bt\\y=y_0-at\end{cases}\quad(t\text{ 为任意整数}).$$

证 由 $ax+by=c$ 及 $ax_0+by_0=c$,得$a(x-x_0)+b(y-y_0)=0$.因为$(a,b)=1$,所以 $b\mid(x-x_0)$.令 $x-x_0=bt$,得

$$x=x_0+bt,\tag{1.1}$$

于是 $abt+b(y-y_0)=0$,即

$$y=y_0-at.\tag{1.2}$$

将式(1.1)和(1.2)代入原不定方程,得

$$a(x_0+bt)+b(y_0-at)=ax_0+by_0=c.$$

因此不定方程 $ax+by=c$ 的一切整数解可表示成

$$\begin{cases}x=x_0+bt\\y=y_0-at\end{cases}\quad(t\text{ 为任意整数}).$$ □

上式又称为不定方程 $ax+by=c$ 的**通解**,通解中的 x_0,y_0 称为**特解**.寻求特解是解二元一次不定方程的关键.

例2　试求不定方程 $11x+15y=7$ 的通解.

解　因为 $(11,15)=1$,所以该方程有整数解.

用11除方程的各项,得

$$x=\frac{7-15y}{11}=-y+\frac{7-4y}{11}.$$

取 $y=-1$,得到方程的一组特解 $x_0=2,y_0=-1$,所以该方程的通解为

$$\begin{cases}x=2+15t\\ y=-1-11t\end{cases}\quad(t\text{ 为任意整数}).$$

例3　试求方程 $5x-14y=-11$ 的最小正整数解.

解　用尝试法容易求得该方程的一组特解 $x_0=-5,y_0=-1$,所以它的一切整数解为

$$\begin{cases}x=-5-14t\\ y=-1-5t\end{cases}\quad(t\text{ 为任意整数}).$$

令 $\begin{cases}-5-14t>0\\ -1-5t>0\end{cases}$,得 $t<-\frac{5}{14}$.由于 t 是整数,且 x,y 均随 t 的减小而增大,故当 $t=-1$时,原方程的最小正整数解为 $\begin{cases}x=9\\ y=4\end{cases}$.

例4　把239分成两个正整数,使一个可被17整除,另一个可被24整除.

解　设其中一个为 $17x$,另一个为 $24y$,则问题转化为求不定方程 $17x+24y=239$ 的正整数解.用尝试法容易求得该方程的一组特解 $x_0=7,y_0=5$,所以它的一切整数解为

$$\begin{cases}x=7+24t\\ y=5-17t\end{cases}\quad(t\text{ 为任意整数}).$$

令 $\begin{cases}7+24t>0\\ 5-17t>0\end{cases}$,得 $-\frac{7}{24}<t<\frac{5}{17}$.由于 t 是整数,故 $t=0$,从而 $\begin{cases}x=7\\ y=5\end{cases}$ 是该方程的唯一一组正整数解.此时 $17x=119,24y=120$,即239可以分成119和120.

例5　如何把一个矩形分解成如图3.1所示的边长不等的正方形?

解　我们先标出相邻的 x,y,这时很容易按照下列次序标出其余正方形:

$x+y,2x+y,x+2y,x+3y,3x+y,2x+5y,3x-3y,6x-2y,9x-5y.$

由于被分割矩形的两条水平对边相等,故得

$$9x-5y+6x-2y=2x+5y+x+2y+x+y+2x+y,$$

即 $9x-16y=0$,其通解为

$$\begin{cases}x=16t\\ y=9t\end{cases}\quad(t\text{ 为任意整数}).$$

取 $t=1$,此时 $x=16,y=9$,可得 177×176 矩形的分割.

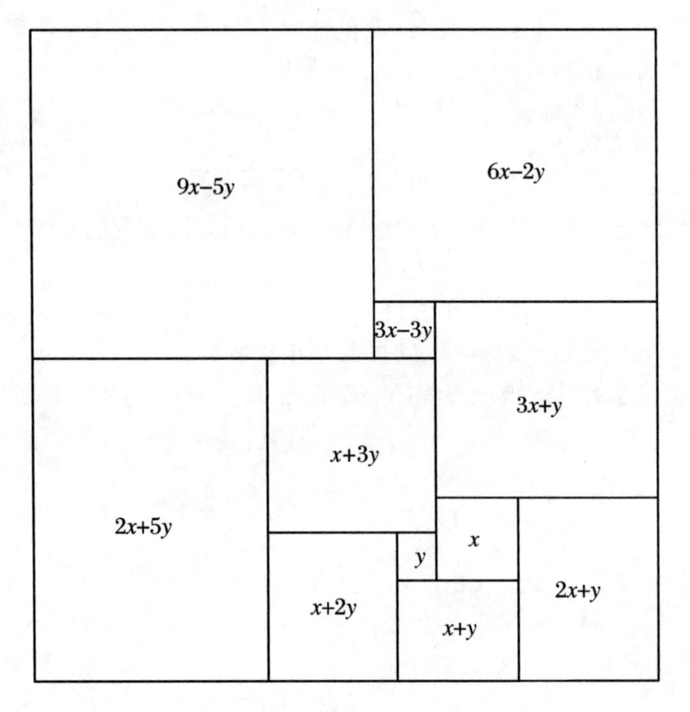

图 3.1

例 6 设 $a>1,b>1$，且 $(a,b)=1$. 试证：当 $N>ab-a-b$ 时，二元一次不定方程

$$ax+by=N$$

有非负整数解；$N=ab-a-b$ 时，则不然.

证 首先，证方程

$$ax+by=N \tag{1.3}$$

当 $N>ab-a-b$ 时有非负整数解. 方程(1.3)的一切整数解为

$$\begin{cases} x=x_0+bt \\ y=y_0-at \end{cases} \quad (t\text{ 为任意整数}).$$

取整数 t，使 $0\leqslant y=y_0-at<a$（这样的 t 一定存在，因为 $ta\leqslant y_0<(t+1)a$），即 $0\leqslant y=y_0-at\leqslant a-1$. 对此 t，将相应的 x 代入式(1.3)，有

$$\begin{aligned} ax &= a(x_0+bt)=N-b(y_0-at) \\ &> ab-a-b-b(a-1)=-a. \end{aligned}$$

而 $a>0$，故 $x=x_0+bt>-1$，即 $x\geqslant 0$. 这就证明了当 $N>ab-a-b$ 时，方程(1.3)有非负整数解.

其次，证 $N=ab-a-b$ 时方程(1.3)无非负整数解. 若不然，即方程(1.3)有

解 $x\geqslant 0, y\geqslant 0$，则由 $ax+by=ab-a-b$，得

$$a(x+1)+b(y+1)=ab. \tag{1.4}$$

因 $(a,b)=1$，故 $a\mid(y+1), b\mid(x+1)$，从而 $y+1\geqslant a, x+1\geqslant b$.

由式(1.4)就有

$$ab=a(x+1)+b(y+1)\geqslant 2ab.$$

但 $a>1, b>1$，这是不可能的，所以结论成立.

此结论可简述为：

设 $(a,b)=1, a>0, b>0$，凡大于 $ab-a-b$ 的数必可表示为 $ax+by(x\geqslant 0, y\geqslant 0)$ 的形式，但 $ab-a-b$ 不能表示成此形式.

习题 3.1

1. 试求下列不定方程的通解：

(1) $11x-13y=8$；　(2) $6x+17y=-5$；

(3) $34x+109y=20$；　(4) $31x-127y=53$；

(5) $54x+37y=20$；　(6) $306x-360y=630$.

2. 试求不定方程 $8x-5y=-200$ 的小于 100 的正整数解.

3. 用载重 4 吨的卡车和载重 2.5 吨的货车运送货物.现有货物 46 吨，要一次运完，且每辆汽车都要装足，那么卡车和货车各需几辆？

4. 试证：二元一次不定方程

$$ax+by=N \quad (a>0, b>0, (a,b)=1)$$

的非负整数解的个数为 $\left[\dfrac{N}{ab}\right]$ 或 $\left[\dfrac{N}{ab}\right]+1$.

5. 设 a,b,c 为三个正整数，且 $(a,b)=(b,c)=(c,a)=1$.试证：当 $N>2abc-ab-bc-ca$ 时，不定方程

$$bcx+cay+abz=N$$

有非负整数解；$N=2abc-ab-bc-ca$ 时，则不然.

3.2 多元一次不定方程

所谓**多元一次不定方程**，是指形如

$$a_1x_1+a_2x_2+\cdots+a_nx_n=c$$

的方程，这里 $n\geqslant 3, a_1, a_2, \cdots, a_n$ 均为非零整数，而 c 是任意整数.

与二元一次不定方程一样，我们有：

定理 3.3 $n\ (n\geqslant 2)$元一次不定方程

$$a_1x_1 + a_2x_2 + \cdots + a_nx_n = c \tag{2.1}$$

有整数解的充要条件是 $(a_1, a_2, \cdots, a_n) \mid c$.

证 (必要性)若方程(2.1)有整数解:$x_i = k_i\ (i=1,2,\cdots,n)$,即

$$a_1k_1 + a_2k_2 + \cdots + a_nk_n = c,$$

则由$(a_1, a_2, \cdots, a_n) \mid a_i\ (i=1,2,\cdots,n)$,得

$$(a_1, a_2, \cdots, a_n) \mid c.$$

(充分性)用第一数学归纳法.当 $n=2$ 时,方程(2.1)显然有整数解.

假设条件对 $n-1$ 元一次不定方程是充分的,下证对 n 元一次不定方程也是充分的.令 $d_2=(a_1, a_2)$,则 $(d_2, a_3, \cdots, a_n) \mid c$.由归纳假设,方程

$$d_2t_2 + a_3x_3 + \cdots + a_nx_n = c$$

有整数解,设其中一个解为 $s, k_3, \cdots, k_n$.再考虑

$$a_1x_1 + a_2x_2 = d_2s,$$

易知该方程有整数解.设它的一个解为 k_1, k_2,则

$$a_1k_1 + a_2k_2 + \cdots + a_nk_n = d_2s + a_3k_3 + \cdots + a_nk_n = c,$$

所以 $k_1, k_2, \cdots, k_n$ 是方程(2.1)的整数解.充分性得证. □

推论 1 若$(a_1, a_2, \cdots, a_n) \nmid c$,则方程 $a_1x_1 + a_2x_2 + \cdots + a_nx_n = c$ 没有整数解.

推论 2 若$(a_1, a_2, \cdots, a_n) = 1$,则方程 $a_1x_1 + a_2x_2 + \cdots + a_nx_n = c$ 必有整数解.

下面介绍 n 元一次不定方程(2.1)的通解的求法.

方法 1 定理 3.3 的充分性证明为方程(2.1)提供了一种求通解的方法,即先顺次求出

$$(a_1, a_2) = d_2, (d_2, a_3) = d_3, \cdots, (d_{n-1}, a_n) = d_n.$$

若 $d_n \nmid c$,则方程(2.1)无整数解;若 $d_n \mid c$,则方程(2.1)有整数解.然后做方程组

$$\begin{cases} a_1x_1 + a_2x_2 = d_2t_2 \\ d_2t_2 + a_3x_3 = d_3t_3 \\ \cdots \\ d_{n-2}t_{n-2} + a_{n-1}x_{n-1} = d_{n-1}t_{n-1} \\ d_{n-1}t_{n-1} + a_nx_n = c \end{cases}, \tag{2.2}$$

把等式右边的 $t_i\ (i=2,3,\cdots,n-1)$ 看成常数,分别求出方程组(2.2)中每一个二元一次不定方程的通解,再从结果中消去 $t_i\ (i=2,3,\cdots,n-1)$就得到方程(2.1)的通解.由于方程组(2.2)中包含 $n-1$ 个二元一次不定方程,而每一个二元一次不定方程的通解中都有一个参数,所以 n 元一次不定方程的通解中含有 $n-1$ 个

参数.

请看下面的例子.

例 1　试求不定方程 $9x+24y-5z=1\,000$ 的通解.

解　因为 $(9,24)=3,(3,-5)=1,1\mid 1\,000$,所以原方程有整数解.

令 $9x+24y=3t$,则原方程可化为

$$3x+8y=t \tag{2.3}$$

以及

$$3t-5z=1\,000. \tag{2.4}$$

由于方程(2.3)的通解为

$$\begin{cases} x=3t+8u \\ y=-t-3u \end{cases} \quad (u\text{ 为任意整数}),$$

方程(2.4)的通解为

$$\begin{cases} t=335-5v \\ z=1-3v \end{cases} \quad (v\text{ 为任意整数}),$$

故消去 t,可得原方程的通解为

$$\begin{cases} x=1\,005+8u-15v \\ y=-335-3u+5v \\ z=1-3v \end{cases} \quad (u,v\text{ 为任意整数}).$$

方法 2　用方程所有未知数的系数中绝对值最小的一个系数,例如 x 的系数去除它的各项,解出 x,并将整数部分分离出来,然后建立一个系数更小的不定方程,重复上述过程,最后便得到方程(2.1)的通解.

例 2　试求不定方程 $25x-13y+7z=4$ 的通解.

解　原方程可化为

$$z=-4x+2y+\frac{3x-y+4}{7}. \tag{2.5}$$

由于 x,y,z 均为整数,故 $7\mid(3x-y+4)$.

设 $3x-y+4=7t_1$ (t_1 为整数),则

$$y=4-7t_1+3x. \tag{2.6}$$

再设 $x=t_2$ (t_2 为整数),代入式(2.6),得 $y=4-7t_1+3t_2$.

将 $x=t_2,y=4-7t_1+3t_2$ 一起代入式(2.5),得 $z=8-13t_1+2t_2$.

综上,原方程的通解为

$$\begin{cases} x=t_2 \\ y=4-7t_1+3t_2 \\ z=8-13t_1+2t_2 \end{cases} \quad (t_1,t_2\text{ 为任意整数}).$$

方法 3　仿照二元一次不定方程求通解的方法.

设$(a_1,a_2,\cdots,a_n)=1$，$x_{10},x_{20},\cdots,x_{n0}$为方程(2.1)的一组特解，则由

$$a_1x_1+a_2x_2+\cdots+a_nx_n=c \quad \text{及} \quad a_1x_{10}+a_2x_{20}+\cdots+a_nx_{n0}=c,$$

得

$$a_1(x_1-x_{10})+a_2(x_2-x_{20})+\cdots+a_n(x_n-x_{n0})=0,$$

故 $a_n(x_n-x_{n0})=-a_1(x_1-x_{10})-a_2(x_2-x_{20})-\cdots-a_{n-1}(x_{n-1}-x_{n-1,0})$.

令 $X_i=x_i-x_{i0}\ (i=1,\cdots,n)$，则

$$a_nX_n=-a_1X_1-a_2X_2-\cdots-a_{n-1}X_{n-1}.$$

显然上式有 $n-1$ 个自由未知量，其基础解系为

$$\eta_1=(a_n,0,\cdots,0,-a_1),\quad \eta_2=(0,a_n,0,\cdots,0,-a_2),\quad \cdots,$$
$$\eta_{n-1}=(0,\cdots,0,a_n,-a_{n-1}).$$

故方程(2.1)的任意解是 $\eta_1,\eta_2,\cdots,\eta_{n-1}$的线性组合，因此

$$\begin{aligned}&(x_1-x_{10},x_2-x_{20},\cdots,x_n-x_{n0})\\&\quad=t_1\eta_1+t_2\eta_2+\cdots+t_{n-1}\eta_{n-1}\\&\quad=(a_nt_1,a_nt_2,\cdots,a_nt_{n-1},-a_1t_1-a_2t_2-\cdots-a_{n-1}t_{n-1}),\end{aligned}$$

即方程(2.1)的通解为

$$\begin{cases}x_1=x_{10}+a_nt_1\\x_2=x_{20}+a_nt_2\\\cdots\\x_{n-1}=x_{n-1,0}+a_nt_{n-1}\\x_n=x_{n0}-(a_1t_1+a_2t_2+\cdots+a_{n-1}t_{n-1})\end{cases},$$

这里 $t_1,t_2,\cdots,t_{n-1}$为任意整数.

例 3 试求不定方程 $2x_1+3x_2+5x_3+7x_4=19$ 的通解.

解 易知方程的一组特解为 $x_{10}=5,x_{20}=-1,x_{30}=1,x_{40}=1$，故其通解为

$$\begin{cases}x_1=5+7t_1\\x_2=-1+7t_2\\x_3=1+7t_3\\x_4=1-2t_1-3t_2-5t_3\end{cases}\quad (t_1,t_2,t_3,t_4\ \text{为任意整数}).$$

例 4 把$\dfrac{77}{60}$写成分母两两互素的三个既约真分数之和.

解 因 $60=2^2\times3\times5$，故可设$\dfrac{77}{60}=\dfrac{x}{2^2}+\dfrac{y}{3}+\dfrac{z}{5}$. 于是 x,y,z 满足

$$15x+20y+12z=77.$$

这是一个不定方程，由于$(15,20,12)=1$，故它有整数解.

容易求出它的一个整数解：$x=3,y=1,z=1$，故

$$\frac{77}{60}=\frac{3}{2^2}+\frac{1}{3}+\frac{1}{5}=\frac{1}{3}+\frac{3}{4}+\frac{1}{5}.$$

例 5(百鸡问题) 鸡翁一,值钱五;鸡母一,值钱三;鸡雏三,值钱一.百钱买百鸡,问鸡翁、母、雏各几何?

解 设所买百鸡中,鸡翁为 x 只,鸡母为 y 只,鸡雏为 z 只.根据题意,得

$$\begin{cases}x+y+z=100,\\5x+3y+\dfrac{1}{3}z=100,\end{cases}$$

即

$$\begin{cases}x+y+z=100, & (2.7)\\15x+9y+z=300. & (2.8)\end{cases}$$

式(2.8)减式(2.7),得 $7x+4y=100$.解这个不定方程,得它的通解为

$$\begin{cases}x=4+4t\\y=18-7t\end{cases}\quad(t\text{ 为任意整数}).$$

将上述解代入式(2.7),整理后得

$$z=78+3t.$$

所以原不定方程组的通解为

$$\begin{cases}x=4+4t\\y=18-7t\\z=78+3t\end{cases}\quad(t\text{ 为任意整数}).$$

令

$$\begin{cases}4+4t\geqslant 0\\18-7t\geqslant 0,\\78+3t\geqslant 0\end{cases}$$

解得 $-1\leqslant t\leqslant 2\dfrac{4}{7}$.由于 t 为整数,故 t 可取 $-1,0,1,2$.于是得原不定方程组的四个非负整数解:

$$\begin{cases}x=0\\y=25,\\z=75\end{cases}\begin{cases}x=4\\y=18,\\z=78\end{cases}\begin{cases}x=8\\y=11,\\z=81\end{cases}\begin{cases}x=12\\y=4\\z=84\end{cases}.$$

综上,有四种买法:鸡翁不买,只买鸡母 25 只、鸡雏 75 只;或鸡翁 4 只,鸡母 18 只,鸡雏 78 只;或鸡翁 8 只,鸡母 11 只,鸡雏 81 只;或鸡翁 12 只,鸡母 4 只,鸡雏 84 只.

例 6 如何把一个矩形分解成如图 3.2 所示的边长不等的正方形?

解 我们先标出相邻的 x,y,z,这时很容易按照下列次序标出其余正方形:

$$x+y, 2x+y, y-z, y-2z, y-3z, 2y-5z.$$

然后我们可以推出这些未知数之间的关系，例如，我们可以让矩形的对边所标出的长度相等.

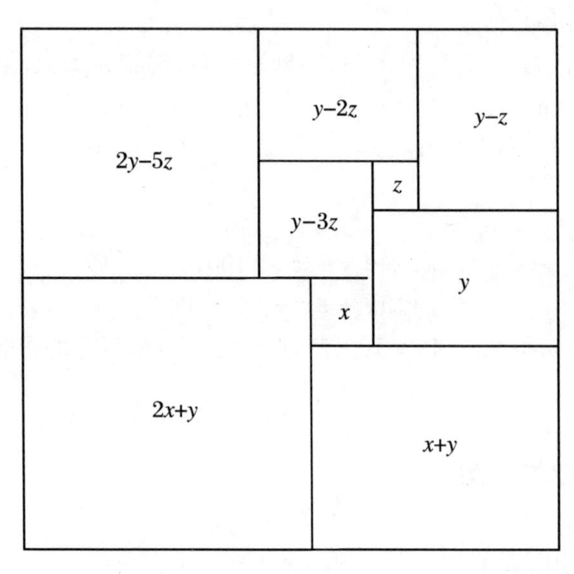

图 3.2

由水平边，得 $2x+y+x+y=2y-5z+y-2z+y-z$，即

$$3x-2y+8z=0; \tag{2.9}$$

而由竖直边，得 $2y-5z+2x+y=y-z+y+x+y$，即

$$x-4z=0. \tag{2.10}$$

由式(2.9)和(2.10)，得 $x=4z$ 且 $y=10z$. 取 $z=1$，此时 $x=4$，$y=10$，可得 33×32 矩形的分割.

习 题 3.2

1. 判断下列方程有没有整数解：

(1) $12x+6y+9z=83$；　　(2) $-7x+28y+91z-35t=161$.

2. 试求下列方程的通解：

(1) $25x+13y+7z=4$；　　(2) $39x-24y+9z=78$.

3. 设 $a_1, a_2, \cdots, a_n$ 为 n 个正整数，且 $(a_i, a_j)=1$ $(i, j=1,2,\cdots,n, i\neq j)$. 若 $A=a_1a_2\cdots a_n=a_1A_1=a_2A_2=\cdots=a_nA_n$，试证：由 n 元线性型

$$A_1x_1+A_2x_2+\cdots+A_nx_n \quad (x_1\geqslant0, x_2\geqslant0, \cdots, x_n\geqslant0)$$

不可表出的最大整数为

$$(n-1)A-\sum_{i=1}^{n}A_i.$$

4. 把$\frac{181}{180}$写成分母两两互素的三个既约真分数之和.

5. 买2元6角钱的东西,需用1元、5角、2角、1角四种钱币去付.若每种钱币都得用,问共有多少种付法?

6. (水手与猴子)有五个水手和一只猴子在一个小岛上,水手们白天采集了一些椰子作为食物.晚上,一个水手醒了,决定拿出自己的一份椰子,他把椰子分为相等的五份后,还剩下一个,于是他把剩下的一个给了猴子,然后把自己的一份藏了起来,就回去睡了.过了一会儿,第二个水手醒了,他和第一个水手一样,也决定拿出自己的一份,当他把剩下的椰子分为相等的五份后,也剩下一个,他把这一个也给了猴子,然后把自己的一份藏起来,也回去睡了.剩下的三个水手依次做了同样的事情.第二天早上,他们醒来后,都装着什么事也没有发生一样,把剩下的椰子分为相等的五份,一人一份,这次一个也没有剩下.问:原来这堆椰子最少有多少?他们每人总共拿到了多少椰子?

7. 将正整数$1-n^2$填入由n^2个小正方形组成的正方形方阵中,使得每行、每列以及每条对角线上n个数之和都相等,满足这些要求的方阵称为n阶幻方.试构造一个3阶幻方.

3.3 不定方程 $x^2+y^2=z^2$

我国古代《周髀算经》中曾提到"勾广三,股修四,径隅五",指出了商高定理的一个特例,即不定方程

$$x^2+y^2=z^2 \tag{3.1}$$

有一组正整数解:$x=3,y=4,z=5$.

三国时刘徽(公元263年)评注的《九章算术》中指出:$5^2+12^2=13^2,7^2+24^2=25^2,8^2+15^2=17^2,20^2+21^2=29^2$.由此可见,我国古代数学家早已得到了不定方程(3.1)的许多组整数解.

下面我们来讨论不定方程(3.1)的一切整数解的公式表示.

显然,若x,y,z是方程(3.1)的一组整数解,且$(x,y)=d$,则可设$x=x_1d,y=y_1d$,此时$(x_1,y_1)=1$,代入式(3.1),得$x_1^2d^2+y_1^2d^2=z^2$.所以$d^2\mid z^2$,即$d\mid z$,令$z=z_1d$,则方程(3.1)就变为

$$x_1^2+y_1^2=z_1^2, \tag{3.2}$$

这样就得到了和方程(3.1)形式一样的方程,且$(x_1,y_1)=1$.因此可在限定x和y互素的前提下讨论方程(3.1)的解.这时容易看出x,y,z也是两两互素的.

定义3.2 我们把满足式(3.1)的正整数x,y,z称为**勾股数**,而把满足

式(3.2)的正整数 x_1,y_1,z_1 称为**基本勾股数**.

由于 x,y,z 两两互素,所以其中不能有两个偶数,但 x,y,z 又不能全是奇数(两奇数的平方和是偶数),故必然有两个奇数一个偶数.若 x,y 为奇数,z 为偶数,则

$$x^2+y^2\equiv 1+1\equiv 2 \pmod 4,$$

而 $z^2\equiv 0\pmod 4$.故式(3.1)不能成立.因此 x,y 为一奇一偶,不妨假定 x 是偶数.

为了求出满足上述条件的不定方程 $x^2+y^2=z^2$ 的一切整数解,我们先证明:

引理 不定方程

$$uv=w^2\quad (w>0,u>0,v>0,(u,v)=1)\tag{3.3}$$

的一切正整数解可表示为

$$u=a^2,\quad v=b^2,\quad w=ab,\tag{3.4}$$

这里 $a>0,b>0,(a,b)=1$.

证 设 u,v,w 是方程(3.3)的解.写出 u 和 v 的标准分解式:

$$u=p_1^{e_1}p_2^{e_2}\cdots p_k^{e_k},\quad v=q_1^{f_1}q_2^{f_2}\cdots q_l^{f_l}.$$

由 $(u,v)=1$,知没有任何素数会同时出现在这两个分解式中.根据算术基本定理,w^2 的标准分解式可写成

$$w^2=uv=p_1^{e_1}p_2^{e_2}\cdots p_k^{e_k}q_1^{f_1}q_2^{f_2}\cdots q_l^{f_l},$$

这里 p_i 和 q_j 是互不相同的素数,而 w^2 是一个完全平方数,故所有的指数 e_i,f_j $(i=1,\cdots,k;j=1,\cdots,l)$ 均为偶数.可设

$$a^2=p_1^{e_1}p_2^{e_2}\cdots p_k^{e_k},\quad b^2=q_1^{f_1}q_2^{f_2}\cdots q_l^{f_l},$$

则 $u=a^2,v=b^2,w=ab$,这里 $a>0,b>0,(a,b)=1$.

反之,式(3.4)中的 u,v,w 显然满足式(3.3).

由此我们可以得到:

定理 3.4 不定方程 $x^2+y^2=z^2$ 满足条件 $(x,y)=1,2\mid x$ 的一切正整数解(即基本勾股数)可表示为

$$x=2ab,\quad y=a^2-b^2,\quad z=a^2+b^2.\tag{3.5}$$

这里 $a>b>0,(a,b)=1,a,b$ 为一奇一偶.

证 设 x,y,z 为任一组基本勾股数,且 $2\mid x$,则 y,z 必为奇数.

因为 $x^2=z^2-y^2=(z+y)(z-y)$,所以 $\left(\dfrac{x}{2}\right)^2=\dfrac{z+y}{2}\cdot\dfrac{z-y}{2}$.令 $\left(\dfrac{z+y}{2},\dfrac{z-y}{2}\right)=d$,则

$$d\,\Big|\left(\frac{z+y}{2}+\frac{z-y}{2}\right)=z,\quad d\,\Big|\left(\frac{z+y}{2}-\frac{z-y}{2}\right)=y,$$

即 $d\mid(z,y)=1$,故 $\left(\dfrac{z+y}{2},\dfrac{z-y}{2}\right)=1$.于是由引理,知必存在整数 a,b,使得

$$\frac{z+y}{2}=a^2,\quad \frac{z-y}{2}=b^2,\quad \frac{x}{2}=ab\quad (a>0,b>0,(a,b)=1),$$

即 $x=2ab,y=a^2-b^2,z=a^2+b^2$ $(a>0,b>0,(a,b)=1)$.

由 $y>0$,得 $a>b$.又 y 是奇数,故 a,b 之中有一奇一偶.

这就证明了一切基本勾股数有式(3.5)的形式,且 a,b 符合定理条件.

下面证明,形如式(3.5)的一切 x,y,z 均满足方程 $x^2+y^2=z^2$,且 x,y,z 两两互素,即它们是基本勾股数.

由 $x^2+y^2=(2ab)^2+(a^2-b^2)^2=(a^2+b^2)^2=z^2$,知形如式(3.5)的一切 x,y,z均为勾股数.

现在证明这种勾股数是基本勾股数.

设$(x,y)=d$,则 $d\mid x,d\mid y$,从而 $d\mid z$,即 $d\mid(a^2-b^2),d\mid(a^2+b^2)$,于是 $d\mid 2(a^2,b^2)$.但由$(a,b)=1$,知$(a^2,b^2)=1$,故 $d\mid 2$.

另外,由 a,b 为一奇一偶,知 $z=a^2+b^2$ 为奇数.又由 $d\mid 2,d\mid z$,推得 $d=1$,所以$(x,y)=1$.这时必有$(y,z)=1,(x,z)=1$.这就证明了所要的结论. □

应该指出,上述定理给出了不定方程 $x^2+y^2=z^2$ 的一切基本勾股数,而该方程的一切勾股数为

$$x=2kab,\quad y=k(a^2-b^2),\quad z=k(a^2+b^2),$$

这里 $a>b>0,(a,b)=1,a,b$ 为一奇一偶,k 为任意正整数.于是方程(3.1)的一切整数解为

$$x=\pm 2kab,\quad y=\pm k(a^2-b^2),\quad z=\pm k(a^2+b^2),$$

这里 $a>b>0,(a,b)=1,a,b$ 为一奇一偶,k 为任意非负整数,"±"号任取.

推论 单位圆周上的一切有理点可以表示为

$$\left(\pm\frac{2ab}{a^2+b^2},\pm\frac{a^2-b^2}{a^2+b^2}\right)\quad 及\quad \left(\pm\frac{a^2-b^2}{a^2+b^2},\pm\frac{2ab}{a^2+b^2}\right),$$

这里 a,b 不全为 0,"±"号任取.

证 由$\left(\pm\dfrac{2ab}{a^2+b^2}\right)^2+\left(\pm\dfrac{a^2-b^2}{a^2+b^2}\right)^2=1$,知

$$\left(\pm\frac{2ab}{a^2+b^2},\pm\frac{a^2-b^2}{a^2+b^2}\right)\quad 及\quad \left(\pm\frac{a^2-b^2}{a^2+b^2},\pm\frac{2ab}{a^2+b^2}\right)$$

是单位圆周 $x^2+y^2=1$ 上的有理点.

反之,单位圆周 $x^2+y^2=1$ 上的有理点可表示为

$$x=\frac{q}{p},\quad y=\frac{r}{p}\quad (p>0).$$

从而第一象限及坐标轴的正半轴上的有理点可表为

$$x=\frac{q}{p},\quad y=\frac{r}{p}\quad ((p,q)=1,q\geqslant 0,r\geqslant 0).$$

于是得 $q^2+r^2=p^2$.

又 $q^2+r^2=p^2$ 满足 $(p,q)=1,2|q$ 的一切非负整数解可表示为

$$q=2ab,\quad r=a^2-b^2,\quad p=a^2+b^2,$$

这里 $a\geqslant b\geqslant 0$, a,b 不全为 0, $(a,b)=1$. 故单位圆周 $x^2+y^2=1$ 在第一象限及坐标轴的正半轴上的有理点可表示为

$$\left(\frac{2ab}{a^2+b^2},\frac{a^2-b^2}{a^2+b^2}\right)\quad 及\quad \left(\frac{a^2-b^2}{a^2+b^2},\frac{2ab}{a^2+b^2}\right),$$

这里 $a\geqslant b\geqslant 0$, a,b 不全为 0, $(a,b)=1$.

由单位圆周上有理点的对称性,得 $x^2+y^2=1$ 上的任意有理点可表示为

$$\left(\pm\frac{2ab}{a^2+b^2},\pm\frac{a^2-b^2}{a^2+b^2}\right)\quad 及\quad \left(\pm\frac{a^2-b^2}{a^2+b^2},\pm\frac{2ab}{a^2+b^2}\right),$$

这里 a,b 不全为 0,"$\pm$"号任取.

例 1 若 x,y,z 是基本勾股数,试证:$60|xyz$.

证 由定理 3.4,得

$$xyz=2ab(a^2-b^2)(a^2+b^2)=2ab(a^4-b^4),$$

这里 $a>b>0$, $(a,b)=1$, a,b 为一奇一偶.

因为数 a 与 b 中有一个是偶数,所以 $2ab$ 可被 4 整除,从而 $4|xyz$.

当数 a 与 b 中至少有一个被 3 整除时,有 $3|xyz$. 但若 a 与 b 均不能被 3 整除,则由费马小定理,知 $a^2\equiv 1\pmod 3$ 及 $b^2\equiv 1\pmod 3$,此时

$$a^2-b^2\equiv 1-1\equiv 0\pmod 3.$$

故 $3|(a^2-b^2)$,从而 $3|xyz$.

若 a 或 b 被 5 整除,则 $5|xyz$. 不然,再由费马小定理,知

$$a^4-b^4\equiv 1-1\equiv 0\pmod 5,$$

即 $5|(a^4-b^4)$,故 $5|xyz$.

由于 $[3,4,5]=60$,所以 $60|xyz$.

例 2 试求不定方程 $x^2+y^2=z^2$ 满足 $z=65$ 的一切勾股数与基本勾股数.

解 依题意,$k(a^2+b^2)=65$,这里 $a>b>0$, $(a,b)=1$, a,b 为一奇一偶, k 为正整数.

因 $k|65\ (0<k<65)$,故 $k=1,5,13$.

(ⅰ)当 $k=1$ 时,$65=8^2+1^2=7^2+4^2$,即 $a=8,b=1$ 或 $a=7,b=4$. 相应地,有

$$2kab=16,k(a^2-b^2)=63\quad 或\quad 2kab=56,k(a^2-b^2)=33.$$

(ⅱ)当 $k=5$ 时,$65=5\times 13=5(3^2+2^2)$,即 $a=3,b=2$. 相应地,有

$$2kab=60,\quad k(a^2-b^2)=25.$$

(ⅲ)当 $k=13$ 时,$65=13\times 5=13(2^2+1^2)$,即 $a=2,b=1$. 相应地,有

$$2kab=52,\quad k(a^2-b^2)=39.$$

因此不定方程 $x^2+y^2=z^2$ 满足 $z=65$ 的一切勾股数为

$$\{16,63,65\},\quad \{33,56,65\},\quad \{25,60,65\},\quad \{39,52,65\}.$$

其中基本勾股数为$\{16,63,65\}$,$\{33,56,65\}$.

例 3 试证:对于边长为整数的直角三角形,当斜边长与一直角边长的差为 1 时,它的三条边的长可表示为 $2b+1,2b^2+2b,2b^2+2b+1$,这里 b 是任意正整数.

证 设直角三角形的两直角边长分别为 x,y,斜边长为 z,且 $z-x=1$,则有 $x^2+y^2=z^2$.

由于 x,y 中必定有一个为偶数,且 $z-x=1$,z 为奇数,所以 x 必定为偶数.依定理 3.4,有

$$x=2ab,\quad y=a^2-b^2,\quad z=a^2+b^2,$$

这里 $a>b>0,(a,b)=1,a,b$ 为一奇一偶.

因为 $z-x=a^2+b^2-2ab=(a-b)^2=1$,所以 $a-b=1$,即

$$a=b+1.$$

因此

$$x=2b^2+2b,\quad y=2b+1,\quad z=2b^2+2b+1,$$

这里 b 是任意正整数.

例 4 试证:不定方程 $x^2+y^2=z^4$ 满足条件$(x,y)=1,2\mid x$ 的一切正整数解可表示为

$$x=4ab(a^2-b^2),\quad y=|a^4+b^4-6a^2b^2|,\quad z=a^2+b^2,\tag{3.6}$$

这里 $a>b>0,(a,b)=1,a,b$ 为一奇一偶.

证 设 x,y,z 是方程$x^2+y^2=z^4$ 的正整数解,且满足$(x,y)=1$,则 x,y,z^2 是方程 $x^2+y^2=z^2$ 的基本勾股数.由定理 3.4,知

$$x=2rs,\quad y=r^2-s^2,\quad z^2=r^2+s^2,\tag{3.7}$$

这里 $r>s>0,(r,s)=1,r,s$ 为一奇一偶.若 $2\mid s$,则由定理 3.4,知

$$s=2ab,\quad r=a^2-b^2,\quad z=a^2+b^2,\tag{3.8}$$

这里 a,b 满足(注意 $r>s$)

$$a>b>0,(a,b)=1,\ a,b\ \text{为一奇一偶},\ \text{且}\ a^2-b^2>2ab.\tag{3.9}$$

由式(3.7)和(3.8),得

$$x=4ab(a^2-b^2),\quad y=a^4+b^4-6a^2b^2,\quad z=a^2+b^2.\tag{3.10}$$

由式(3.9),得

$$(\sqrt{2}-1)a>b>0,\quad (a,b)=1,\quad a,b\ \text{为一奇一偶}.\tag{3.11}$$

若 $2\mid r$,则由定理 3.4,知

$$r = 2ab, \quad s = a^2 - b^2, \quad z = a^2 + b^2, \tag{3.12}$$

这里 a,b 满足(注意 $r>s$)

$$a>b>0, \quad (a,b)=1, \quad a,b \text{ 为一奇一偶}, \quad \text{且 } 2ab>a^2-b^2. \tag{3.13}$$

由式(3.7)和(3.12),得

$$x = 4ab(a^2-b^2), \quad y = 6a^2b^2 - a^4 - b^4, \quad z = a^2 + b^2. \tag{3.14}$$

由式(3.13),得

$$a > b > (\sqrt{2}-1)a > 0, \quad (a,b) = 1, \quad a,b \text{ 为一奇一偶}. \tag{3.15}$$

故由式(3.10)和(3.14)及式(3.11)和(3.15),推出 $x^2+y^2=z^4$ 满足 $(x,y)=1$,且 $2\mid x$ 的一切正整数解有式(3.6)的形式,且 a,b 符合条件.

此外,容易直接验证:由式(3.6),以及 $a>b>0,(a,b)=1,a,b$ 为一奇一偶,知所给出的 x,y,z 一定是方程 $x^2+y^2=z^4$ 满足 $(x,y)=1$ 的正整数解.

例 5 试求满足 $x^2+y^2=z^2$ 且 $x+y+z$ 为完全平方数的一切基本勾股数.

解 不妨设 $2\mid x$,则满足 $x^2+y^2=z^2$ 的一切基本勾股数为

$$x = 2ab, \quad y = a^2 - b^2, \quad z = a^2 + b^2, \tag{3.16}$$

这里 $a>b>0,(a,b)=1,a,b$ 为一奇一偶.由 $(a,b)=1$,知 $(a,a+b)=1$.此外

$$x + y + z = 2a^2 + 2ab = 2a(a+b) \tag{3.17}$$

为完全平方数.考虑到 $a+b$ 为奇数,又由式(3.17),知 a 必为偶数,故可设 $a=2m^2,a+b=n^2$,这里 m 为正整数,n 为正奇数,$(m,n)=1$.于是

$$a = 2m^2, \quad b = n^2 - 2m^2. \tag{3.18}$$

由 $a>b>0$,知 $\sqrt{2}m<n<2m$.把式(3.18)代入式(3.16),可得满足题设条件的一切基本勾股数为

$$x = 4m^2(n^2-2m^2), \quad y = n^2(4m^2-n^2), \quad z = 8m^4 - 4m^2n^2 + n^4,$$

这里 m 为正整数,n 为正奇数,$(m,n)=1$,且 $\sqrt{2}m<n<2m$.

例 6 试证:不定方程

$$x^2 + py^2 = z^2 \quad (p \text{ 为奇素数}) \tag{3.19}$$

满足 $(x,y)=1$ 的一切正整数解可表示为

$$x = \frac{1}{2}\left| a^2 - pb^2 \right|, \quad y = ab, \quad z = \frac{1}{2}(a^2 + pb^2), \tag{3.20}$$

这里 $a>0,b>0,(a,b)=1,a,b$ 都是奇数,$p\nmid a$;或者

$$x = \left| a^2 - pb^2 \right|, \quad y = 2ab, \quad z = a^2 + pb^2, \tag{3.21}$$

这里 $a>0,b>0,(a,b)=1,a,b$ 为一奇一偶,$p\nmid a$.

证 一方面,式(3.20)和(3.21)显然满足式(3.19).

在式(3.20)中,若设 $(x,z)=d$,则 $\left(\frac{1}{2}(a^2-pb^2),\frac{1}{2}(a^2+pb^2)\right)=d$,即

$$(a^2-pb^2,a^2+pb^2)=2d.$$

于是 $2d\mid 2a^2$, $2d\mid 2pb^2$,即 $d\mid a^2$, $d\mid pb^2$.由 $(a,b)=1$, $p\nmid a$,知 $d=1$,故 $(x,z)=1$,进而 $(x,y)=1$.又 a,b,p 都是奇数,故 x,y,z 均为正整数.

在式(3.21)中,若设 $(x,z)=d$,则 $(a^2-pb^2,a^2+pb^2)=d$,即 $d\mid 2a^2$, $d\mid 2pb^2$.由 $(a,b)=1$, $p\nmid a$,知 $d\mid 2$.但 a,b 为一奇一偶,即 d 为正奇数,故 $d=1$,于是 $(x,z)=1$,进而 $(x,y)=1$.显然,x,y,z 均为正整数.

因此式(3.20)和(3.21)给出了式(3.19)的满足 $(x,y)=1$ 的一切正整数解.

另一方面,若 x,y,z 是式(3.19)的一组正整数解,且满足 $(x,y)=1$,则 x,y,z 两两互素.

易知 $z^2\equiv x^2 \pmod p$,即 $z\equiv x \pmod p$ 或 $z\equiv -x \pmod p$.

(ⅰ)当 $z\equiv x \pmod p$ 时,可设

$$z=x+pk \quad (k\text{ 是正整数}). \tag{3.22}$$

把式(3.22)代入式(3.19),整理得

$$y^2=k(2x+pk). \tag{3.23}$$

由 $(x,z)=1$,知 $(x,x+pk)=(x,pk)=1$,所以

$$(x,k)=(x,p)=1.$$

于是当 k 为奇数时

$$(k,2x+pk)=(k,2x)=1.$$

对于式(3.23),根据引理,有

$$2x+pk=a^2,\quad k=b^2,\quad y=ab \quad (a>0,b>0,(a,b)=1).$$

进一步有

$$x=\frac{1}{2}(a^2-pb^2),\quad y=ab,\quad z=\frac{1}{2}(a^2+pb^2), \tag{3.24}$$

这里 $a>0$, $b>0$, $(a,b)=1$, a,b 都是奇数,$p\nmid a$,且 $a^2>pb^2$.

当 k 为偶数时

$$(k,2x+pk)=(k,2x)=2.$$

式(3.23)可变为

$$\left(\frac{y}{2}\right)^2=\frac{k}{2}\cdot\frac{2x+pk}{2}. \tag{3.25}$$

由于 $\left(\frac{k}{2},\frac{2x+pk}{2}\right)=1$,对于式(3.25),根据引理,有

$$\frac{2x+pk}{2}=a^2,\quad \frac{k}{2}=b^2,\quad \frac{y}{2}=ab \quad (a>0,b>0,(a,b)=1).$$

进一步有

$$x=a^2-pb^2,\quad y=2ab,\quad z=a^2+pb^2, \tag{3.26}$$

这里 $a>0,b>0,(a,b)=1,a,b$ 为一奇一偶，$p\nmid a$，且 $a^2>pb^2$.

（ⅱ）当 $z\equiv -x \pmod p$ 时，可设

$$z=-x+pk \quad (k\ \text{是正整数}). \tag{3.27}$$

把式(3.27)代入式(3.19)，整理得

$$y^2=k(-2x+pk). \tag{3.28}$$

由 $(x,z)=1$，知 $(x,-x+pk)=(x,pk)=1$，所以

$$(x,k)=(x,p)=1.$$

于是当 k 为奇数时

$$(k,-2x+pk)=(k,-2x)=1.$$

对于式(3.28)，根据引理，有

$$-2x+pk=a^2,\quad k=b^2,\quad y=ab \quad (a>0,b>0,(a,b)=1).$$

进一步有

$$x=\frac{1}{2}(pb^2-a^2),\quad y=ab,\quad z=\frac{1}{2}(a^2+pb^2). \tag{3.29}$$

这里 $a>0,b>0,(a,b)=1,a,b$ 都是奇数，$p\nmid a$，且 $a^2<pb^2$.

当 k 为偶数时

$$(k,-2x+pk)=(k,-2x)=2.$$

式(3.28)可变为

$$\left(\frac{y}{2}\right)^2=\frac{k}{2}\cdot\frac{-2x+pk}{2}. \tag{3.30}$$

由于 $\left(\frac{k}{2},\frac{-2x+pk}{2}\right)=1$，对于式(3.30)，根据引理，有

$$\frac{-2x+pk}{2}=a^2,\quad \frac{k}{2}=b^2,\quad \frac{y}{2}=ab \quad (a>0,b>0,(a,b)=1).$$

进一步有

$$x=pb^2-a^2,\quad y=2ab,\quad z=a^2+pb^2. \tag{3.31}$$

这里 $a>0,b>0,(a,b)=1,a,b$ 为一奇一偶，$p\nmid a$，且 $a^2<pb^2$.

综合式(3.24)和(3.29)及式(3.26)和(3.31)，知不定方程(3.19)满足 $(x,y)=1$ 的一切正整数解可表示为式(3.20)和(3.21).

习 题 3.3

1. 试求不定方程 $x^2+y^2=z^2$ 满足下列数 z 的一切勾股数与基本勾股数：

(1) 117；　(2) 1 105.

2. 试求不定方程 $x^2+y^2=z^2$ 满足 $(x,y)=1$ 以及 $0<z<30$ 的一切正整数解.

3. 试证：不定方程 $x^2+y^2=z^2$ 满足条件 $(x,y)=1,2\nmid x$ 的一切正整数解可表示为

$$x = uv, \quad y = \frac{1}{2}(u^2 - v^2), \quad z = \frac{1}{2}(u^2 + v^2),$$

这里 u, v 是互素的正奇数,且 $u > v$.

4. 试证:不定方程 $x^2 + 2y^2 = z^2$ 满足条件 $(x, y) = 1$ 的一切正整数解可表示为

$$x = |a^2 - 2b^2|, \quad y = 2ab, \quad z = a^2 + 2b^2,$$

这里 $a > 0, b > 0, (a, b) = 1$,且 $2 \nmid a$.

5. 试证:不定方程 $x^2 + y^2 = 2z^2$ 满足条件 $(x, y) = 1, x > y$ 的一切正整数解可表示为

$$x = m^2 - n^2 + 2mn, \quad y = |m^2 - n^2 - 2mn|, \quad z = m^2 + n^2,$$

这里 $m > n > 0, (m, n) = 1, m, n$ 为一奇一偶.

6. 试求不定方程 $x^4 + y^2 = z^2$ 的一切正整数解,这里 x, y, z 是两两互素的.

7. 设 m 无平方因子,试证:当 $m = 2k - 1$ 时,不定方程 $x^2 + my^2 = z^2$ 满足 $(x, y) = 1$ 的一切正整数解可表示为

(ⅰ) $x = |m_1 a^2 - m_2 b^2|, y = 2ab, z = m_1 a^2 + m_2 b^2$(这里 a, b, m_1, m_2 均为正整数,且 $(a, b) = (m_1, b) = (m_2, a) = 1, 2 \nmid (a + b), m_1 m_2 = m$);

(ⅱ) $x = \frac{1}{2}|m_1 a^2 - m_2 b^2|, y = ab, z = \frac{1}{2}(m_1 a^2 + m_2 b^2)$(这里 a, b, m_1, m_2 均为正整数,且 $(a, b) = (m_1, b) = (m_2, a) = 1, 2 \nmid ab, m_1 m_2 = m$).

8. 设 m 无平方因子,试证:当 $m = 4k - 2$ 时,不定方程 $x^2 + my^2 = z^2$ 满足 $(x, y) = 1$ 的一切正整数解可表示为

$$x = |m_1 a^2 - 2m_2 b^2|, \quad y = 2ab, \quad z = m_1 a^2 + 2m_2 b^2,$$

这里 a, b, m_1, m_2 均为正整数,且 $(a, b) = (b, m_1) = (a, 2m_2) = 1, m = 2m_1 m_2$.

9. 若 $p_i\ (i = 1, 2, \cdots, s)$ 为奇素数,且 $p_1 < p_2 < \cdots < p_s$,试证:满足条件

$$2p_1 p_2 \cdots p_s (x + y + z) = xy$$

的勾股数 (x, y, z) 恰有 $4 \cdot 3^s$ 组.

10. 试证:不定方程 $\frac{1}{x^2} + \frac{1}{y^2} = \frac{1}{z^2}$ 满足条件 $(x, y, z) = 1, 2 \mid y$ 的一切正整数解可表示为

$$x = r^4 - s^4, \quad y = 2rs(r^2 + s^2), \quad z = 2rs(r^2 - s^2),$$

这里 $r > s > 0, (r, s) = 1, r, s$ 为一奇一偶.

11. 设 n 为正整数,若存在三个正有理数 x, y, z,满足 $x^2 + y^2 = z^2$ 和 $\frac{1}{2}xy = n$,则称 n 为整同余数.试证:

(1) n 是整同余数当且仅当有一个有理数 x,使得 $x, x + n, x - n$ 都是有理数的平方;

(2) n 是整同余数当且仅当方程组 $\begin{cases} a^2 + nb^2 = c^2 \\ a^2 - nb^2 = d^2 \end{cases}$ 有正整数解 (a, b, c, d);

(3) n 是整同余数当且仅当有一组正整数 s, t, b,满足 $s > t, (s, t) = 1, s, t$ 为一奇一偶,使得 $nb^2 = |6s^2 t^2 - s^4 - t^4|$ 或 $4st(s^2 - t^2)$.

3.4 费马大定理与无穷递降法

著名的法国数学家费马生于1601年8月20日，卒于1665年1月12日.1621年，20岁的费马在巴黎买了一本丢番图的著作《算术》法文译本；1637年左右，他在该书第二卷第8命题"将一个平方数分为两个平方数"的边页上写下了这样的评注："相反，要将一个立方数分为两个立方数，一个4次幂分为两个4次幂，或者，一般地将一个高于2次的幂分为两个同次的幂，都是不可能的.对此，我确信已发现了一种绝妙的证明，可惜这里空白处太小，写不下."换句话说，费马作出了这样的论断：不定方程 $x^n+y^n=z^n$ 在 $n\geqslant 3$ 时，没有正整数解.

这就是数学史上著名的"费马大定理"，或称"费马最后定理".

费马虽然在数学上有很多重大成就，但他生前几乎没有出版过什么数学著作，他的著作大都是在他去世以后，由他的儿子把他的手稿和与别人往来的书信整理出版的.人们在手稿中发现，费马本人曾创造了一种"无穷递降法"，并用之证明了 $n=4$ 时，费马大定理成立，即有：

定理 3.5 不定方程

$$x^4+y^4=z^4 \tag{4.1}$$

没有正整数解.

"无穷递降法"源于这样的想法：

考虑 $x^4+y^4=z^4$ 所有正整数解的集合，假定它不是空集，则在这个正整数解的集合中，必有一组解使 z 值最小，设 z_0 就是这个值.使 z 取此值的解可能有好几组，要是那样的话，我们可任取一组解（取哪一组解都一样），并将它记为 x_0,y_0,z_0.证明的思想是，造出一组正整数 r,s,t，使它们也满足 $x^4+y^4=z^4$，即 $r^4+s^4=t^4$，但 $t<z$.鉴于 z_0 已被选定为最小，因而解集非空的假定是错误的，故该方程没有正整数解.这就是费马的"无穷递降法".

下面我们就用费马的无穷递降法来证明定理3.5.

证 先证明不定方程

$$x^4+y^4=u^2 \tag{4.2}$$

没有正整数解.

因为若方程(4.1)有正整数解 (a,b,c)，即 $a^4+b^4=c^4$，则方程(4.2)有正整数解 (a,b,c^2).所以我们只需证明方程(4.2)无正整数解即可.

设方程(4.2)，即 $(x^2)^2+(y^2)^2=u^2$ 有一组正整数解，又不妨设 $x>0,y>0$，

$u>0,(x,y)=1,x$ 是偶数,则有

$$x^2 = 2ab, \quad y^2 = a^2 - b^2, \quad u = a^2 + b^2,$$

这里 $a>b>0,(a,b)=1,a,b$ 为一奇一偶.

若 a 是偶数,b 是奇数,则 $y^2=a^2-b^2$ 为形如 $4m-1$ 的数,这不可能,因此只能是 a 为奇数,b 为偶数.再由 $b^2+y^2=a^2$,得

$$b = 2pq, \quad y = p^2 - q^2, \quad a = p^2 + q^2,$$

这里 $p>q>0,(p,q)=1,p,q$ 为一奇一偶,故

$$x^2 = 2ab = 4pq(p^2 + q^2). \tag{4.3}$$

由$(p,q)=1$,知$(p,p^2+q^2)=1,(q,p^2+q^2)=1$.

因此由式(4.3),可知 p,q,p^2+q^2 都是平方数.

令 $p=r^2,q=s^2,p^2+q^2=t^2$,这里必有$(r,s)=1$,于是得到

$$r^4 + s^4 = t^2 \quad (t = \sqrt{a} < u), \tag{4.4}$$

即 r,s,t 是方程(4.2)的另一组解,但 $t<u$.对于方程(4.4)可以重复以上讨论,又可得到方程(4.2)的一组解(r_1,s_1,t_1),而 $t_1<t<u$.不断做下去,可以得出无穷递降的正整数序列 $u>t>t_1>\cdots$.由于 $u>1$ 是确定的整数,这不可能,因此方程(4.2)没有正整数解,从而方程(4.1)没有正整数解. □

我们还可以用这种方法证明:

定理 3.6 不定方程

$$x^4 - y^4 = z^2 \quad ((x,y) = 1) \tag{4.5}$$

没有正整数解.

证 设 x 是所有正整数解中最小的,显然 x 是奇数,y 可以是奇数或偶数.

如果 y 是奇数,则由式(4.5),得

$$x^2 = a^2 + b^2, \quad y^2 = a^2 - b^2, \quad z = 2ab \quad ((a,b) = 1, a > b > 0),$$

于是

$$x^2y^2 = a^4 - b^4 \quad ((a,b) = 1).$$

这是式(4.5)的一种情形,但 $0<a<x$,与 x 为最小的假设矛盾.

如果 y 是偶数,则由式(4.5),得

$$x^2 = a^2 + b^2, \quad y^2 = 2ab \quad ((a,b) = 1, a > 0, b > 0).$$

这里不妨设 a 是偶数,b 是奇数.由 $y^2=2ab,(a,b)=1$,知

$$a = 2p^2, \quad b = q^2 \quad ((p,q) = 1, p > 0, q > 0).$$

代入 $x^2=a^2+b^2$,得 $x^2=4p^4+q^4$.由此知

$$p^2 = rs, \quad q^2 = r^2 - s^2 \quad ((r,s) = 1, r > s > 0).$$

又由 $p^2=rs,(r,s)=1$,推出 $r=u^2,s=v^2,(u,v)=1,u>0,v>0$,故

$$q^2 = r^2 - s^2 = u^4 - v^4.$$

但 $0<u=\sqrt{r}\leqslant p<x$,仍与 x 为最小的假设矛盾. □

例 1 试证:不定方程 $x^4-4y^4=z^2$ 无正整数解.

证 对原方程作如下变形:

$$z^4=(x^4-4y^4)^2=x^8-8x^4y^4+16y^8=(x^8+8x^4y^4+16y^8)-16x^4y^4$$
$$=(x^4+4y^4)^2-(2xy)^4,$$

即 $(2xy)^4+z^4=(x^4+4y^4)^2$.

若原方程有正整数解 x_0,y_0,z_0,那么 $2x_0y_0,z_0,x_0^4+4y_0^4$ 将是 $x^4+y^4=z^2$ 的正整数解.但方程 $x^4+y^4=z^2$ 无正整数解,所以所给方程无正整数解.

例 2 试证:不定方程 $x^4+y^4=2z^2$ $((x,y)=1)$ 仅有正整数解

$$x=y=z=1.$$

证 对原方程作如下变形:

$$z^4-(xy)^4=\left(\frac{x^4-y^4}{2}\right)^2. \tag{4.6}$$

由定理 3.6,知式(4.6)仅给出 $x=y=z=1$.故原方程仅有正整数解 $x=y=z=1$.

例 3 试证:不定方程 $x^2-2y^4=1$ 无正整数解.

证 用反证法.假设原方程有正整数解 x_0,y_0,则

$$x_0^2-2y_0^4=1 \quad 且 \quad 2\nmid x_0.$$

设 $x_0=2k+1$ (k 为正整数),则有 $2k(k+1)=y_0^4$.

(ⅰ) 当 $2\mid k$ 时,由 $(2k,k+1)=1$,知

$$2k=u^4,\quad k+1=v^4,$$

这里 $(u,v)=1$,u,v 为一偶一奇.令 $u=2^ru_1$,得 $k=2^{4r-1}u_1^4$,从而 $v^4=2^{4r-1}u_1^4+1$.两边同时加上 $(2^{2r-1}u_1^2)^4$,得 $v^4+(2^{2r-1}u_1^2)^4=(2^{4r-2}u_1^4+1)^2$.但这与方程 $x^4+y^4=z^2$ 无正整数解矛盾.

(ⅱ) 当 $2\nmid k$ 时,由 $(k,2(k+1))=1$,知

$$k=u^4,\quad 2(k+1)=v^4,$$

这里 $(u,v)=1$,u,v 为一奇一偶.令 $v=2^sv_1$,得 $k=2^{4s-1}v_1^4-1$,从而 $u^4-2^{4s-1}v_1^4+1=0$.两边同时加上 $(2^{2s-1}v_1^2)^4$,得 $(2^{2s-1}v_1^2)^4-u^4=(2^{4s-2}v_1^4-1)^2$.但这与方程 $x^4-y^4=z^2$ 无正整数解矛盾.故原方程无正整数解.

例 4 试证:方程 $x^3=2y^3+4z^3$ 无正整数解.

证 设 (x_0,y_0,z_0) 是方程的一组正整数解.因 $x_0^3=2y_0^3+4z_0^3$,故 x_0 必为偶数.令 $x_0=2x_1$,代入得 $4x_1^3=y_0^3+2z_0^3$,所以 y_0 必为偶数.令 $y_0=2y_1$,代入得 $2x_1^3=4y_1^3+z_0^3$,所以 z_0 必为偶数.令 $z_0=2z_1$,代入得 $x_1^3=2y_1^3+4z_1^3$.这样 (x_1,y_1,z_1) 即 $\left(\frac{x_0}{2},\frac{y_0}{2},\frac{z_0}{2}\right)$ 也是原方程的一组正整数解.同理,又可得 $\left(\frac{x_0}{2^2},\frac{y_0}{2^2},\frac{z_0}{2^2}\right)$ 也是原方程的正整数解.

此过程可以无限次继续下去,从而可得$\left(\frac{x_0}{2^n},\frac{y_0}{2^n},\frac{z_0}{2^n}\right)$($n$ 为任意正整数)都是原方程的正整数解.这显然不可能.故原方程没有正整数解.

下例的解法显示了"无穷递降法"的威力,这里并非证明条件不可能,而是表明怎样从某种形式的方程的最小可能的解开始,一步步地得出满足题设条件的解.

例 5 试找出不定方程

$$z^2+2(2xy)^2=(x^2-y^2+2xy)^2 \tag{4.7}$$

的前两组正整数解.

解 首先,我们注意到

$$(x^4+y^4-6x^2y^2)^2+(4x^3y-4xy^3)^2=(x^2+y^2)^4$$

及

$$x^4+y^4-6x^2y^2+4x^3y-4xy^3=z^2,$$

故令 $X=x^4+y^4-6x^2y^2$, $Y=4x^3y-4xy^3$, $s=x^2+y^2$,则有

$$X+Y=z^2,\quad X^2+Y^2=s^4.$$

若 $X-Y=t$,则联立 $X+Y=z^2$,可得

$$X=\frac{1}{2}(z^2+t),\quad Y=\frac{1}{2}(z^2-t).$$

此时 $X^2+Y^2=\frac{1}{4}(2z^4+2t^2)=\frac{1}{2}(z^4+t^2)=s^4$,即

$$2s^4-z^4=t^2. \tag{4.8}$$

另外,由于不定方程 $U^2+2V^2=W^2$ 满足$(U,V,W)=1$的一切正整数解为

$$U=|a^2-2b^2|,\quad V=2ab,\quad W=a^2+2b^2,$$

这里 a,b 是满足$(a,b)=1$的正整数,且 a 是奇数,所以

$$z=|a^2-2b^2|,\quad 2xy=2ab,\quad x^2-y^2+2xy=a^2+2b^2. \tag{4.9}$$

由式(4.9)中的第二式,知$\frac{x}{a}=\frac{b}{y}$,假设这两个分数约简后的既约分数为$\frac{d}{c}$,则

$$x=Kd,\quad b=Ld,\quad a=Kc,\quad y=Lc,$$

这里 K,L 为非零整数.代入式(4.9)中的第三式,整理得

$$(c^2+2d^2)L^2-2cdLK+(c^2-d^2)K^2=0,$$

即

$$(c^2+2d^2)\left(\frac{L}{K}\right)^2-2cd\left(\frac{L}{K}\right)+(c^2-d^2)=0. \tag{4.10}$$

因$\frac{L}{K}$是有理数,故以$\frac{L}{K}$为未知量的一元二次方程(4.10)的根的判别式

$$\Delta=4c^2d^2-4(c^2+2d^2)(c^2-d^2)=4(2d^4-c^4)$$

应是一个平方数,设它为$4e^2$,于是有

$$2d^4 - c^4 = e^2. \tag{4.11}$$

此时

$$\frac{L}{K} = \frac{cd \pm e}{c^2 + 2d^2}. \tag{4.12}$$

可以看出式(4.11)的形式与式(4.8)完全一样,只是数字较小一些,通过类似讨论可得到一个与它形式完全一样而数值更小的关系式.若式(4.8)有解,进而式(4.7)有解,则最小解必然会达到.

易知式(4.11)的最小解是 $d_1 = c_1 = e_1 = 1$,代入式(4.12),可得

$$\frac{L}{K} = \frac{2}{3} \quad \left(\frac{L}{K} = 0 \text{ 舍去}\right).$$

取 $L = 2, K = 3$,此时 $x_1 = 3, y_1 = 2, z_1 = 1$.

因 $s = x_1^2 + y_1^2 = 13, z = X_1 + Y_1 = 1, t = X_1 - Y_1 = -239$,故令 $d_2 = 13, c_2 = 1, e_2 = -239$(显然满足式(4.8)和(4.11)),代入式(4.12),可得

$$\frac{L}{K} = -\frac{2}{3} \quad \text{或} \quad \frac{84}{113}.$$

取 $L = -2, K = 3$,此时 $x = 39, y = -2$,不合题意;

取 $L = 2, K = -3$,此时 $x = -39, y = 2$,不合题意;

取 $L = 84, K = 113$,此时 $x_2 = 1\,469, y_2 = 84, z_2 = 2\,372\,159$.

因此不定方程 $z^2 + 2(2xy)^2 = (x^2 - y^2 + 2xy)^2$ 的前两组正整数解为

$$(x, y, z) = (3, 2, 1) \quad \text{及} \quad (x, y, z) = (1\,469, 84, 2\,372\,159).$$

又

$$s = x_2^2 + y_2^2 = 2\,165\,017, \quad z = X_2 + Y_2 = 5\,627\,138\,321\,281,$$
$$t = X_2 - Y_2 = 3\,503\,833\,734\,241,$$

因此令 $d_3 = 2\,165\,017, c_3 = 5\,627\,138\,321\,281, e_3 = 3\,503\,833\,734\,241$(也满足式(4.8)和(4.11)),代入式(4.12),可得$\frac{L}{K}$,进而求出式(4.7)的第三组解.以此类推,可求出式(4.7)的一切正整数解.

习题 3.4

1. 试用无穷递降法证明下列不定方程无正整数解:

(1) $x^2 + y^2 + z^2 = 2xyz$; (2) $x^4 + 27y^4 = z^2, (x, y) = 1$.

2. 试求不定方程 $x^2 + y^2 + z^2 = x^2y^2$ 的一切整数解.

3. 试求不定方程 $x^4 - 2y^2 = -1$ 的一切正整数解.

4. 试证:不定方程 $x^4 + 4y^4 = z^2$ 无正整数解,并由此导出不定方程 $x^4 + y^2 = z^4$ 无正整数解.

5. 试找出一个直角三角形,使其两直角边之和及斜边均为完全平方数.(本题是1643年费马写信给梅森征求解答的题).

6. 试证:不定方程 $x^4-y^4=2z^2$ 无正整数解.

7. 试求不定方程 $x^2+y^2+z^2=3xyz$ 的一切正整数解.

3.5 费马大定理的证明历程

继费马之后,人们先对费马大定理作了如下探讨:假如费马大定理对于某一正整数 r 成立,那么对 r 的任何倍数 kr 也是成立的.因为

$$x^{kr}+y^{kr}=z^{kr}$$

可以写成

$$(x^k)^r+(y^k)^r=(z^k)^r.$$

又由于任何一个大于2的整数,若不能被4整除,就一定能被某一奇素数整除,所以只需证明 $n=4$ 及 n 是任一奇素数 p 时的情形成立,该定理就得证.

$n=4$ 的情形,费马本人已经证明,因此剩下的只需证明 n 是奇素数 p 时结论成立即可.

最初的证明是一个数一个数进行的.

1770年,欧拉证明了 $p=3$ 时费马大定理成立,但他的证明不够完善.后来高斯给出了一个完善的证明.

1825年,法国数学家勒让德(Legendre)和狄利克雷(Dirichlet)各自独立地证明了 $p=5$ 时费马大定理成立.1832年,后者还证明了 $n=14$ 的情形.

1839年,法国另一位数学家拉梅(Lamé)证明了 $p=7$ 时费马大定理成立.

1847年,德国数学家库默尔(Kummer)证明了100以内除37,59,67外的所有素数,费马大定理成立.1857年,他证明了 $p=59,67$ 时费马大定理也成立.由于库默尔第一次"成批地"证明了定理成立,人们视之为费马大定理证明的一次重大突破,1857年,他获得巴黎科学院的金质奖章.

1892年,米里诺夫(Mirimanoff)证明了 $p=37$ 时费马大定理成立.

至此费马大定理对 $n<100$ 时都成立.

1944年,尼可(Nicol)等人将 n 推进到小于4 002.

1976年,瓦格斯塔夫(Wagstaff)证明了对所有小于125 000的素数,费马大定理成立.

1985年,美国数学教授罗瑟(Rosser)借助大型电子计算机证明了 $n<41\,000\,000$ 时,费马大定理成立.

在此之前的 1983 年，联邦德国一位 29 岁的大学讲师法尔廷斯(Faltings)在猜想的证明上取得了突破性的进展，他证明了：

当 $n\geqslant 3$ 时，$x^n+y^n=z^n$ 至多有有限组正整数解.

这一结果引起了国际数学界的轰动.人们认为这可能是"20 世纪解决的最重要的问题，至少对数论来讲，已达到 20 世纪的顶峰"(然而几年后却被另一位成功的攀登者所取代)，他本人也因此于 1986 年获得数学最高荣誉奖——菲尔兹奖.他的结果也证明了英国数学家莫德尔(Modell)1922 年提出的关于二元有理系数多项式解的个数的猜想.尽管如此，它距猜想的彻底解决仍有不小距离，然而这种突破或许会导致问题的最终解决.

此后又据报载：1988 年初，日本东京大学的宫冈洋一教授宣称已证得此猜想，但不久，经过一些专家的仔细研究，发现论文中存在逻辑上的错误，从而宣告失败.

令人振奋的时刻终于到来了!

1993 年 6 月 23 日，星期三，英国剑桥大学新落成的牛顿数学研究所的大厅里正在进行例行的学术报告会，报告从上午 8 点整开始，报告人美国普林斯顿大学教授、英国数学家安德鲁·怀尔斯(Andrew Wiles)用了两个半小时作了一个长篇发言，10 点 30 分，报告结束时，他平静地宣布："我证明了费马大定理."这句话像一声惊雷，把许多只需作例行鼓掌的手"定"在了空中，大厅里鸦雀无声，片刻之后，雷鸣般的掌声仿佛要掀开大厅的屋顶.很快，这一消息轰动了全世界，许多一流的大众媒体迅速报道了这一消息.可是，怀尔斯的长达 200 页的论文送交审查时，却被发现证明有漏洞.怀尔斯在挫折面前没有止步，从 1993 年 7 月起，他就一直在修改论文，补正漏洞.一年以后，修补漏洞的工作已由怀尔斯本人及其学生泰勒(R. Taylor)共同完成.1994 年 9 月，怀尔斯重新写出了一篇 108 页的论文，于 1994 年 10 月 14 日送交《数学年刊》(美国)，论文顺利通过审查.1995 年 5 月，《数学年刊》第 41 卷第 3 期只登载了他的论文以及他与学生泰勒合作的那篇论文！这一成果被认为是"20 世纪最重大的数学成就".

费马问题的解决告诉我们，人类的认识是无穷的.任何历史上著名的数学问题最终必将得到解决.但值得注意的是，对于一些长期未能解决的、表面上看起来是属于初等数学范畴的数学问题，如孪生素数问题、哥德巴赫猜想等，似乎不大可能只用初等的方法来解决.因此有志于攻克著名难题的人，必须扎扎实实地打好基础，努力钻研近代数学，才能有所收获.

说来也怪，费马大定理是：不定方程 $x^n+y^n=z^n$ $(n\geqslant 3)$ 无正整数解.但不定方程 $x^n+y^n=z^{n+1}$(n 是正整数)或 $x^n+y^n=z^{n-1}$ (n 是大于 1 的正整数)则一定有正整数解，甚至只要 $(m,n)=1$，那么不定方程 $x^n+y^n=z^m$ (m,n 都是正整数)一定有正整数解.

定理 3.7　设 m, n 都是正整数，且 $(m,n)=1$，则不定方程

$$x^n + y^n = z^m \tag{5.1}$$

至少有一组正整数解.

证　设 $x=(ac)^{rn}$，$y=(bc)^{rn}$，$z=c^s$（a,b,c,r,s 都是正整数），代入式(5.1)，得 $(ac)^{rn^2}+(bc)^{rn^2}=c^{ms}$，即 $c^{rn^2}(a^{rn^2}+b^{rn^2})=c^{ms}$.

令 $a^{rn^2}+b^{rn^2}=c$，得 $c^{rn^2+1}=c^{ms}$，即 $rn^2+1=ms$，所以

$$ms - n^2 r = 1.$$

考虑到 $(m,n)=1$，进而 $(m,n^2)=1$，故必存在正整数 r 和 s 满足上式. 从而当 $(m,n)=1$ 时，方程(5.1)至少有一组正整数解. □

推论　不定方程 $x^n+y^n=z^{n+1}$（n 是正整数）或 $x^n+y^n=z^{n-1}$（n 是大于1的正整数）至少有一组正整数解.

例 1　设 n 是正整数，试求出不定方程 $x^n+y^n=z^{n+1}$ 的一族正整数解.

解　设 $x=(ac)^{rn}$，$y=(bc)^{rn}$，$z=c^s$（a,b,c,r,s 都是正整数），代入原方程，得 $(ac)^{rn^2}+(bc)^{rn^2}=c^{(n+1)s}$，即

$$c^{rn^2}(a^{rn^2}+b^{rn^2})=c^{(n+1)s}.$$

令 $a^{rn^2}+b^{rn^2}=c$，得 $c^{rn^2+1}=c^{(n+1)s}$，即 $rn^2+1=(n+1)s$. 取 $r=n$，得 $s=n^2-n+1$.（或取 $r=n^{2k-1}$，得 $s=n^{2k}-n^{2k-1}+\cdots-n+1$.）故不定方程 $x^n+y^n=z^{n+1}$ 的一组正整数解为

$$x=a^{n^2}(a^{n^3}+b^{n^3})^{n^2},\quad y=b^{n^2}(a^{n^3}+b^{n^3})^{n^2},\quad z=(a^{n^3}+b^{n^3})^{n^2-n+1},$$

这里 a,b,n 都是正整数.

关于幂不定方程，下面我们再举几个例子.

例 2　试证：对任意正整数 n，不定方程 $x^2+y^2=z^n$ 都有正整数解.

证　用数学归纳法. 当 $n=1,2$ 时，结论显然成立.

假设当 $n=k$ 时，结论成立，即存在正整数 x_0,y_0,z_0，满足

$$x_0^2+y_0^2=z_0^k.$$

取 $x_1=x_0z_0$，$y_1=y_0z_0$，$z_1=z_0$，就有

$$x_1^2+y_1^2=z_1^{k+2}.$$

故当 $n=k+2$ 时，结论也成立. 因此对任意正整数 n，不定方程 $x^2+y^2=z^n$ 都有正整数解.

例 3　试求不定方程 $x^y+y^x=z$ 的一切素数解.

解　显然 $x\neq y$，不妨设 $x<y$. 因 z 为素数，故 x 与 y 不能全为奇数，从而 $x=2$. 直接试验，得解 $x=2, y=3, z=17$.

当 y 为不小于5的素数时，有

$$x^y+y^x=2^y+y^2=(2^y+1)+(y^2-1)$$

$$= 3(2^{y-1} - 2^{y-2} + \cdots + 1) + (y-1)(y+1).$$

由于 y 不是 3 且又不是 3 的倍数,而 $y-1,y,y+1$ 这三个连续正整数中,必有一个数是 3 的倍数,故 $(y-1)(y+1)$ 是 3 的倍数,于是 x^y+y^x 是 3 的倍数,即 z 不可能为素数,矛盾,故 $y<5$.

因此得方程的唯一解:$x=2,y=3,z=17$.

例 4 试求不定方程 $x^2+615=2^y$ 的一切正整数解.

解 对于非负整数 k,$2^{2k+1}=4^k\cdot 2\equiv(-1)^k\cdot 2\equiv 2,3\pmod 5$.

因为 $x^2\equiv 0,1,4\pmod 5$,所以 y 必须是偶数. 令 $y=2z$,代入原方程,得 $(2^z-x)(2^z+x)=615=3\times5\times41$. 于是

$$2^z+x=615,\quad 2^z-x=1; \tag{5.2}$$

$$2^z+x=205,\quad 2^z-x=3; \tag{5.3}$$

$$2^z+x=123,\quad 2^z-x=5; \tag{5.4}$$

$$2^z+x=41,\quad 2^z-x=15. \tag{5.5}$$

显然方程组(5.2),(5.3),(5.5)无正整数解. 由方程组(5.4),得 $2^z=64$,即 $z=6$,此时 $x=59,y=12$. 故原方程仅有唯一一组正整数解:

$$x=59,\quad y=12.$$

一般地,可求出不定方程 $x^2+5(2^n-5)=2^y\ (n\geqslant 3)$ 的一切正整数解.

习 题 3.5

1. 设 n 是大于 1 的正整数,试求不定方程 $x^n+y^n=z^{n-1}$ 的一组正整数解.

2. 设 n 为正整数. 试证:不定方程 $x^2+3y^2=2^n$,当 n 为偶数时,有正整数解;当 n 为奇数时,没有正整数解.

3. 试证:方程 $(x-2)(x-1)x(x+1)(x+2)=y^2$ 无正整数解.

4. 试求不定方程 $x^4+x^3+x^2+x+1=y^2$ 的一切整数解.

5. 试求不定方程 $x^y+1=z$ 的一切素数解.

6. 试证:不定方程 $x^2+y^5=z^3$ 有无穷多组正整数解.

7. 设正整数 $n\geqslant 2$,试证:不定方程 $x^{2n}+y^{2n}=z^2$ 无正整数解.

8. 设素数 $p\equiv 3\pmod 4$,试证:不定方程 $p^x+\left(\dfrac{p^2-1}{2}\right)^y=\left(\dfrac{p^2+1}{2}\right)^z$ 有唯一的正整数解 $x=y=z=2$.

3.6 解不定方程的常用方法

前面我们曾用无穷递降法解决了一些不定方程,本节我们将介绍解不定方程

的其他一些常用方法，包括分类讨论法、同余法、估值法、分解因子法、比较素数幂法、构造法等.

3.6.1 分类讨论法

所谓分类讨论法，是指将所给不定方程中的变量进行分类，然后对每一类进行讨论，以获得所需解的方法.

例 1 试求不定方程

$$x^y + y^z + z^x = 0 \tag{6.1}$$

的一切整数解.

解 设(x,y,z)是方程(6.1)的任一整数解.显然，$xyz\neq0$且x,y,z中至少有一个是负整数.

由于方程(6.1)是关于x,y,z的循环形式，故可分下列几种情况进行讨论：

情形1 若$x>0,y>0,z<0$，则方程(6.1)可化为

$$x^y + z^x = -\frac{1}{y^{-z}}. \tag{6.2}$$

由假设很容易推得，当且仅当$y=1$时，方程(6.2)成立.此时式(6.2)成为$x+z^x=-1$，解得$x=1,z=-2$，故

$$(x,y,z)=(1,1,-2).$$

再由x,y,z的对称性，知方程(6.1)有三组整数解：

$$(-2,1,1),\quad (1,-2,1),\quad (1,1,-2).$$

情形2 若$x>0,y<0,z<0$，则方程(6.1)可化为

$$\frac{1}{x^{-y}}+\frac{1}{y^{-z}}=-z^x. \tag{6.3}$$

由假设很容易推得，当且仅当$|z^x|\leqslant2$时，方程(6.3)成立.此时

$$z=-2,x=1 \quad 或 \quad z=-1.$$

当$z=-2,x=1$时，$y=-1$，故

$$(x,y,z)=(1,-2,-1).$$

再由x,y,z的对称性，知方程(6.1)又有三组整数解：

$$(1,-1,-2),\quad (-1,-2,1),\quad (-2,1,-1).$$

当$z=-1$时，方程(6.3)成为

$$\frac{1}{x^{-y}}=(-1)^{x+1}-\frac{1}{y}. \tag{6.4}$$

若y为负偶数，令$y=-2k$（k为正整数），则式(6.4)变为

$$x^{2k}=\frac{2k}{1+(-1)^{x+1}\cdot 2k},$$

上式不可能成立.

若 y 为负奇数,令 $y=-(2k-1)$(k 为正整数),则式(6.4)变为

$$x^{2k-1}=\frac{2k-1}{1+(-1)^{x+1}\cdot(2k-1)}.$$

上式也不可能成立.

情形 3　若 $x<0,y<0,z<0$,则方程(6.1)可化为

$$\frac{1}{x^{-y}}+\frac{1}{y^{-z}}+\frac{1}{z^{-x}}=0. \tag{6.5}$$

当 x,y,z 都是奇数时

$$\frac{1}{x^{-y}}+\frac{1}{y^{-z}}+\frac{1}{z^{-x}}<0; \tag{6.6}$$

当 x,y,z 都是偶数时

$$\frac{1}{x^{-y}}+\frac{1}{y^{-z}}+\frac{1}{z^{-x}}>0. \tag{6.7}$$

式(6.6)和(6.7)均与式(6.5)矛盾.

当 x,y,z 中一个为偶数、两个为奇数时,不失一般性,可设 x 为偶数,y,z 为奇数,则方程(6.5)变为

$$y^{-z}\cdot z^{-x}+z^{-x}\cdot x^{-y}+x^{-y}\cdot y^{-z}=0. \tag{6.8}$$

但式(6.8)的左边为奇数,右边为偶数,矛盾.故 x,y,z 中只能两个为偶数、一个为奇数.不妨设 $2\mid x,2\mid y,2\nmid z$,并记

$$x=2^s a,\quad y=2^t b,\quad M=z^{-x}, \tag{6.9}$$

这里 $s,t\geqslant 1$,a,b 均为负整数,$2\nmid abM$.将式(6.9)代入式(6.8),得

$$(2^t b)^{-z}(M+(2^s a)^{-2^t b})=-M\cdot(2^s a)^{-2^t b}. \tag{6.10}$$

比较式(6.10)两边 2 的方幂,有

$$tz=2^t sb.$$

由 $2\nmid z$,知 $2^t\mid t$,显然矛盾.故 x,y,z 也不可能全为负数.

综上,不定方程(6.1)有且仅有六组整数解:

$$(-2,1,1),\quad(1,-2,1),\quad(1,1,-2),$$
$$(1,-1,-2),\quad(-1,-2,1),\quad(-2,1,-1).$$

3.6.2　同余法

所谓同余法,是指不定方程取某个大于 1 的正整数为模来制造矛盾的方法.

例 2　试求不定方程 $\sum\limits_{s=1}^{n}(s!)^m=\sum\limits_{t=1}^{m}(t!)^n$ 的一切正整数解.

解　不定方程显然有正整数解 $(m,n)=(k,k)$,这里 k 是任意正整数,而且其他解 (m,n) 都满足 $m\neq n$.

如果 $m<n$，则不定方程可化为

$$2^n-2^m=2^m(2^{n-m}-1)=\sum_{s=3}^{n}(s!)^m-\sum_{t=3}^{m}(t!)^n.$$

易知 $3\mid(2^{n-m}-1)$，因此 $n-m$ 必为偶数，故 $n\geqslant m+2$. 此时

$$\begin{aligned}\sum_{t=2}^{m}(t!)^n&=2^n+6^n+\sum_{t=4}^{m}(t!)^n\\&\equiv 2^n(1+3^n)+\sum_{t=4}^{m}(t!)^n\equiv 0(\bmod 2^{m+3}).\end{aligned}$$

若不定方程有正整数解，则必然有

$$\sum_{s=2}^{n}(s!)^m\equiv 0(\bmod 2^{m+3}).$$

但上式给出 $1+3^m\equiv 0(\bmod 8)$，即 $2,4\equiv 0(\bmod 8)$，矛盾. 所以 $m<n$ 时，不定方程没有正整数解.

同理可证，$m>n$ 时，不定方程也没有正整数解. 故原方程的一切正整数解为 $(m,n)=(k,k)$，这里 k 为任意正整数.

3.6.3　估值法

所谓估值法，就是利用不等式来估值，以达到缩小未知量取值范围的目的，然后求得不定方程的解或证明不定方程无解.

例 3　试求不定方程 $\dfrac{4}{w!}=\dfrac{1}{x!}+\dfrac{1}{y!}+\dfrac{1}{z!}$ 的一切正整数解.

解　设 (x,y,z,w) 是不定方程的一组正整数解. 由方程中 x,y,z 的对称性，不妨假定 $x\leqslant y\leqslant z$，则有

$$\frac{4}{w!}=\frac{1}{x!}+\frac{1}{y!}+\frac{1}{z!}\leqslant\frac{3}{x!},$$

故 $w>x$. 假设 $w\geqslant x+2$，则由原方程，可得

$$\frac{4}{(x+2)!}-\frac{1}{x!}\geqslant\frac{4}{w!}-\frac{1}{x!}=\frac{1}{y!}+\frac{1}{z!}>0,$$

即

$$4>\frac{(x+2)!}{x!}=(x+2)(x+1)\geqslant 6.$$

这一矛盾说明假设不成立. 因此 $w=x+1$. 再由 $x\leqslant y\leqslant z$ 以及原方程，可得 $z\leqslant x+1$（$z\geqslant x+2$ 不可能成立，事实上，可设 $z=x+l$ $(l\geqslant 2)$，$y=x+k$ $(0\leqslant k\leqslant l)$，代入原方程讨论便知）. 结合 $x\leqslant z$，立得 $z=x$ 或 $z=x+1$.

若 $z=x$，则 $\dfrac{4}{(x+1)!}=\dfrac{4}{w!}=\dfrac{3}{x!}$，于是 $x=\dfrac{1}{3}$，不合题意.

若 $z=x+1$，则原方程可化为

$$\frac{4}{(x+1)!}=\frac{2}{x!}+\frac{1}{(x+1)!},\tag{6.11}$$

或

$$\frac{4}{(x+1)!}=\frac{1}{x!}+\frac{2}{(x+1)!}.\tag{6.12}$$

解方程(6.11)，得 $x=\frac{1}{2}$，不合题意；解方程(6.12)，得 $x=1$，此时

$$(x,y,z,w)=(1,2,2,2).$$

因此不定方程 $\frac{4}{w!}=\frac{1}{x!}+\frac{1}{y!}+\frac{1}{z!}$ 的一切正整数解为

$$(1,2,2,2),\quad (2,1,2,2),\quad (2,2,1,2).$$

3.6.4 分解因子法

所谓分解因子法，是指将所给的不定方程进行整理，化为

$$f(x_1,x_2,\cdots,x_n)=Dy^n\quad (n\geqslant 2)$$

的形式，然后把 f 分解为两项的乘积 f_1f_2，再根据唯一分解定理，得到

$$f_1=D_1y_1^2,\quad f_2=D_2y_2^2,$$

这里 $Dy^n=D_1D_2(y_1y_2)^n$．这样可使问题得到简化．

例 4 试证：不定方程

$$x^4-2y^2=1\tag{6.13}$$

仅有整数解 $(x,y)=(\pm 1,0)$．

证 由式(6.13)，知 $2\nmid x$，$2\mid y$，故式(6.13)可整理为

$$\frac{x^2+1}{2}\cdot\frac{x^2-1}{2}=2\left(\frac{y}{2}\right)^2.\tag{6.14}$$

因为 $\left(\frac{x^2+1}{2},\frac{x^2-1}{2}\right)=1$ 且 $\frac{x^2+1}{2}\equiv 1\pmod 2$，故由式(6.14)给出

$$\frac{x^2+1}{2}=y_1^2,\quad \frac{x^2-1}{2}=2y_2^2,\quad y=2y_1y_2,\tag{6.15}$$

这里 $(y_1,y_2)=1$．

由式(6.15)中的第二式，可知 $x^2-4y_2^2=1$，即有

$$x+2y_2=1,x-2y_2=1\quad 或\quad x+2y_2=-1,x-2y_2=-1,$$

解得 $x=\pm 1$，$y_2=0$，从而 $y=2y_1y_2=0$．

综上，不定方程(6.13)仅有整数解 $(x,y)=(\pm 1,0)$．

例 5 试证：对任何正整数 n，不定方程

$$x(x+1)^n=y^{n+1}\tag{6.16}$$

仅有整数解$(x,y)=(0,0)$和$(-1,0)$.

证 当$x=0$或-1时,都有$y=0$,故方程(6.16)有整数解$(x,y)=(0,0)$和$(-1,0)$.

当$x\neq 0,-1$时,由式(6.16),可知$y\neq 0$.因为$(x,x+1)=1$,故式(6.16)可化为

$$x=a^{n+1},\quad (x+1)^n=b^{n+1},\quad y=ab,\tag{6.17}$$

这里a,b均为整数,且$(a,b)=1$.

由于$(n,n+1)=1$,故由式(6.17)中的第二个等式,知存在整数c,使得$b=c^n$.此时

$$x+1=c^{n+1}.\tag{6.18}$$

将式(6.17)中的第一个等式代入式(6.18),得

$$a^{n+1}+1=c^{n+1}.\tag{6.19}$$

又由式(6.17)和(6.18),知$a\neq 0,c\neq 0$.如果a是正整数,则由式(6.19),知c为满足$c>a$的正整数.但

$$1=c^{n+1}-a^{n+1}=(c-a)(c^n+c^{n-1}a+\cdots+a^n)\geqslant n+1,$$

即$n\leqslant 0$,与已知矛盾.

同理可证,如果a是负整数且$n+1$是偶数,则式(6.19)也不成立.如果a是负整数且$n+1$是奇数,则因$c\neq 0$,故有$a<-1$及$a<c<0$,此时由式(6.19),可得

$$|c|^{n+1}+1=|a|^{n+1}.\tag{6.20}$$

由于$|a|$和$|c|$都是正整数,所以用前面的方法可以证明式(6.20)不可能成立.

综上,方程(6.16)仅有整数解$(x,y)=(0,0)$和$(-1,0)$.

例6 试证:不定方程

$$x^2+y^2+z^2=w^2\quad((x,y,z)=1)\tag{6.21}$$

的一切整数解由下式给出:

$$dx=2ac,\quad dy=2bc,\quad dz=c^2-a^2-b^2,\quad dw=c^2+a^2+b^2,$$

这里$(a,b,c)=1$,d为正整数.

证 设$x=tA,y=tB$,则由式(6.21)给出

$$t^2(A^2+B^2)=w^2-z^2=(w-z)(w+z).$$

令$w+z=\lambda t,w-z=\dfrac{t}{\lambda}(A^2+B^2)$,这里$\lambda=\dfrac{c}{u}$,$(c,u)=1$.于是

$$u(w+z)=ct,\quad c(w-z)=ut(A^2+B^2).\tag{6.22}$$

由式(6.22)中的第一式,知$u\mid t$.令$t=ut_1$,则有

$$w+z=ct_1,\quad c(w-z)=u^2t_1(A^2+B^2),$$

即

$$c(w+z)=t_1c^2,\quad c(w-z)=t_1(uA)^2+t_1(uB)^2. \tag{6.23}$$

再令 $a=uA$，$b=uB$，结合式(6.23)可得

$$x=ut_1A=t_1a,\quad y=ut_1B=t_1b,$$

$$t_1(c^2-a^2-b^2)=2zc,\quad t_1(c^2+a^2+b^2)=2wc,$$

所以

$$\frac{x}{2ac}=\frac{y}{2bc}=\frac{z}{c^2-a^2-b^2}=\frac{w}{c^2+a^2+b^2}.$$

由此即得方程(6.21)的一切整数解.

3.6.5 比较素数幂法

所谓比较素数幂法，是指在不定方程两边比较某素数的最高方幂，由此来导致矛盾，从而确定方程整数解的方法.

例 7 设 p 为奇素数，k 为大于 1 的正整数，试证：不定方程

$$\frac{x^p-y^p}{x-y}=p^kz\quad((x,y)=1) \tag{6.24}$$

无整数解.

证 假设方程(6.24)有整数解 (x,y,z). 由式(6.24)，知

$$x^p-y^p=p^kz(x-y).$$

根据费马小定理的推论，$x^p\equiv x \pmod p$，$y^p\equiv y \pmod p$，故 $x-y\equiv 0 \pmod p$. 令 $x-y=kp$，则

$$\frac{x^p-y^p}{x-y}=\frac{(y+kp)^p-y^p}{kp}=\sum_{i=1}^{p}\mathrm{C}_p^i y^{p-i}(kp)^{i-1},$$

即

$$\sum_{i=1}^{p}\mathrm{C}_p^i y^{p-i}(kp)^{i-1}=p^kz. \tag{6.25}$$

下面我们来比较式(6.25)两边含 p 的最高方幂.

由于 $p\mid(x-y)$，且由 $(x,y)=1$，知 $p\nmid y$，结合 $p\mid \mathrm{C}_p^i\ (1\leqslant i\leqslant p-1)$，得

$$\sum_{i=1}^{p}\mathrm{C}_p^i y^{p-i}(kp)^{i-1}\equiv py^{p-1} \pmod{p^2},$$

所以式(6.25)左边 p 的最高方幂为 1，但右边 p 的最高方幂大于 1，矛盾. 这说明方程(6.24)无整数解.

3.6.6 构造法

所谓构造法，是指构造满足一定条件的解的方法.

例 8 试证：不定方程

$$\prod_{i=1}^{k} x_i^{x_i} = z^z \quad (k \geqslant 2, x_i > 1, i = 1,2,\cdots,k) \tag{6.26}$$

有无穷多组正整数解：

$$x_1 = k^{k^n(k^{n+1}-2n-k)+2n}(k^n-1)^{2(k^n-1)},$$

$$x_2 = k^{k^n(k^{n+1}-2n-k)}(k^n-1)^{2(k^n-1)+2},$$

$$x_3 = \cdots = x_k = k^{k^n(k^{n+1}-2n-k)+n}(k^n-1)^{2(k^n-1)+1},$$

$$z = k^{k^n(k^{n+1}-2n-k)+n+1}(k^n-1)^{2(k^n-1)+1},$$

这里 $k=2$ 时，$n>1$；$k\geqslant 3$ 时，$n>0$.

证 设$(x_1,x_2,\cdots,x_k,z)=d$，令

$$x_i = dt_i \ (i = 1,2,\cdots,k), \quad z = du,$$

代入方程(6.26)，得

$$d^{\sum_{i=1}^{k} t_i - u} \cdot \prod_{i=1}^{k} t_i^{t_i} = u^u. \tag{6.27}$$

如果能找到满足

$$\sum_{i=1}^{k} t_i - u = 1, \quad \prod_{i=1}^{k} t_i^{t_i} \mid u^u$$

的 t_i $(i=1,\cdots,k)$和 u，则由式(6.27)解出 d，即可得方程(6.26)的一组正整数解. 为此，令 $t_1=k^{2n}$，$t_2=(k^n-1)^2$，$t_3=\cdots=t_k=(k^n-1)k^n$，$u=k^{n+1}(k^n-1)$，那么

$$\sum_{i=1}^{k} t_i - u = k^{2n} + (k^n-1)^2 + (k-2)(k^n-1)k^n - k^{n+1}(k^n-1) = 1.$$

又知

$$\frac{u^u}{\prod_{i=1}^{k} t_i^{t_i}} = \frac{k^{(n+1)k^{n+1}(k^n-1)} \cdot (k^n-1)^{k^{n+1}(k^n-1)}}{k^{2nk^{2n}+n(k^n-1)k^n(k-2)} \cdot (k^n-1)^{2(k^n-1)^2+(k^n-1)k^n(k-2)}}$$

$$= k^h(k^n-1)^l,$$

这里

$$\begin{aligned} h &= (n+1)k^{n+1}(k^n-1) - 2nk^{2n} - n(k^n-1)k^n(k-2) \\ &= k^n(k^{n+1}-k-2n), \\ l &= k^{n+1}(k^n-1) - 2(k^n-1)^2 - (k^n-1)k^n(k-2) \\ &= 2(k^n-1). \end{aligned}$$

显然在 $k=2,n>1$ 或 $k\geqslant 3,n>0$ 时，有 $h>0,l>0$，故由式(6.27)给出

$$d = k^h(k^n-1)^l = k^{k^n(k^{n+1}-k-2n)} \cdot (k^n-1)^{2(k^n-1)}.$$

于是结论成立.

例 9 试证:不定方程

$$x^4 + y^4 + z^4 = w^2 \tag{6.28}$$

有无穷多组整数解:

$$x = 2st(s^2 + t^2), \quad y = 2st(s^2 - t^2),$$
$$z = s^4 - t^4, \quad w = (s^4 - t^4)^2 + 16s^4t^4, \tag{6.29}$$

这里 s,t 为任意整数.

证 设 $w = z^2 + m$,则

$$w^2 - z^4 = m^2 + 2z^2m. \tag{6.30}$$

因为 $(u+v)^4 + (u-v)^4 = 2(u^2 - v^2)^2 + 16u^2v^2$,所以

$$16u^2v^2((u+v)^4 + (u-v)^4) = 2(u^2 - v^2)^2(16u^2v^2) + (16u^2v^2)^2. \tag{6.31}$$

比较式(6.30)和(6.31)的右边,取 $m = 16u^2v^2, z = u^2 - v^2$,得到

$$w^2 - (u^2 - v^2)^4 = 16u^2v^2((u+v)^4 + (u-v)^4). \tag{6.32}$$

将式(6.32)与(6.28)进行比较,只需取 $u = s^2, v = t^2$,那么式(6.32)变为

$$w^2 - (s^4 - t^4)^4 = 16s^4t^4((s^2 + t^2)^4 + (s^2 - t^2)^4).$$

再将 $w = z^2 + m$ 代入,即得

$$((s^4 - t^4)^2 + 16s^4t^4)^2 - (s^4 - t^4)^4 = (2st(s^2 + t^2))^4 + (2st(s^2 - t^2))^4.$$

因此方程(6.28)有无穷多组整数解,如式(6.29)所示.

例 10 试证:不定方程

$$x^4 + y^4 + 4z^4 = w^4 \tag{6.33}$$

有无穷多组整数解:

$$x = a^4 - 2b^4, \quad y = 2a^3b, \quad z = 2ab^3, \quad w = a^4 + 2b^4, \tag{6.34}$$

这里 a,b 为任意整数.

证 把求方程(6.33)的整数解问题化为求方程

$$X^4 + Y^4 + 4Z^4 = 1 \tag{6.35}$$

的有理解问题.令 $X^2 + 2YZ = 1$,则

$$Y^4 + 4Z^4 = 1 - X^4 = 1 - (1 - 2YZ)^2,$$

即 $(Y^2 + 2Z^2)^2 = 4YZ$.

设 $Y = t^2Z$(t 为有理数),则有 $(t^4 + 2)Z = 2t$,从而

$$Z = \frac{2t}{t^4 + 2}, \quad Y = \frac{2t^3}{t^4 + 2}.$$

因为 $(Y^2 - 2Z^2)^2 = 4YZ(1 - 2YZ) = 4t^2Z^2X^2$,所以

$$X = \frac{Y^2 - 2Z^2}{2tZ} = \frac{t^4 - 2}{2t}Z = \frac{t^4 - 2}{t^4 + 2}.$$

这就得到了方程(6.35)的一组有理解:

$$X=\frac{t^4-2}{t^4+2},\quad Y=\frac{2t^3}{t^4+2},\quad Z=\frac{2t}{t^4+2}.$$

令 $t=\dfrac{a}{b}$ (a,b 是整数,$b\neq0$),则方程(6.35)的一组有理解为

$$X=\frac{a^4-2b^4}{a^4+2b^4},\quad Y=\frac{2a^3b}{a^4+2b^4},\quad Z=\frac{2ab^3}{a^4+2b^4}.$$

因此方程(6.33)有无穷多组整数解,如式(6.34)所示.

习 题 3.6

1. 试求不定方程 $x^3+y^3+z^3=3xyz$ 的一切整数解.

2. 试求不定方程 $\sum_{k=1}^{n}k!=2^m-1$ 的一切正整数解.

3. 试求不定方程 $x^y=y^x$ 的一切整数解.

4. 试证:不定方程 $4x^4-3y^2=1$ 仅有正整数解 $(x,y)=(1,1)$,并由此证明不定方程 $x^3+1=2y^2$ 仅有正整数解 $(x,y)=(1,1)$ 和 $(23,78)$.

5. 试证:不定方程 $x^4-3y^2=1$ 仅有整数解 $(x,y)=(\pm1,0)$.

6. 试求不定方程 $x_1^2+x_2^2+\cdots+x_n^2=y^2\ (n\geqslant2)$ 满足 $(x_1,x_2,\cdots,x_n)=1$ 的一切整数解.

7. 试求不定方程 $x^y+y^z+z^x=3$ 的一切整数解.

8. 试求不定方程 $\dfrac{1}{x}+\dfrac{1}{y}+\dfrac{1}{z}=\dfrac{m-1}{m}$ 满足 $x<y<z$,$m=[x,y,z]$ 的一切正整数解.

9. 试证:不定方程 $\dfrac{x(x+1)}{2}+y^2=z^3$ 有无穷多组正整数解.

10. 试证:不定方程 $(x+2)^{2y}=x^z+2$ 无正整数解.

11. 试证:不定方程 $x^4+y^4=z^4+w^4$ 有无穷多组整数解.

12. 试证:不定方程 $\dfrac{1}{x}=\dfrac{1}{y}+\dfrac{1}{z}+\dfrac{1}{w}+\dfrac{1}{xyzw}$ 有无穷多组正整数解.

13. 试求不定方程 $x^3+y^3+z^3=t^3$ 的一组正整数解.

14. 试给出求不定方程 $x^2+y^2=z^n$ 的一组正整数解的方法,并举例说明.

15. 设 l,m,n 为正整数,$(nl,m)=1$,试证:不定方程 $x^l+y^m=z^n$ 有无穷多组正整数解.

16. 试求不定方程 $3^x-2^y=1$ 的一切正整数解.

17. 当 $x>1,y>1,z>1$ 时,试求不定方程 $x^yy^x=z^z$ 的一组正整数解.

18. 设 p 为奇素数,k 为正整数,试证:不定方程

$$y(y+1)(y+2)(y+3)=p^{2k}x(x+1)(x+2)(x+3)$$

无正整数解.

19. 设 p 为奇素数,且 $p\equiv3\pmod 8$,试证:不定方程 $x^4-y^4=pz^2$ 无正整数解.

20. 试证:不定方程 $x^3+y^3+z^3+w^3=n$,当 $n=18k,18k\pm1,18k\pm3,18k\pm6,18k\pm$

$7, 18k \pm 8, 18k \pm 9$ 时有整数解，这里 k 为任意整数.

21. 设$n = 2^r p_1^{r_1} \cdots p_k^{r_k}$，$p_i\ (i=1,\cdots,k)$均为奇素数，且 $p_1 < \cdots < p_k$，r 与$r_i (i=1,\cdots,k)$均为正整数，试证：不定方程 $x^3 + y^3 + z^3 - 3xyz = n$ 有非负整数解的充要条件是 $p_1 \neq 3$；或 $p_1 = 3$ 时，$r_1 \geqslant 2$. 并求出不定方程 $x^3 + y^3 + z^3 - 3xyz = 123\,480$ 的一组非负整数解.

3.7 母函数与一次不定方程非负整数解的个数

3.7.1 母函数与形式幂级数

定义 3.3 我们称多项式

$$a_0 + a_1 x + a_2 x^2 + \cdots + a_n x^n$$

为数列 $a_0, a_1, a_2, \cdots, a_n$ 的**母函数**.

例如，数列 $C_n^0, C_n^1, \cdots, C_n^r, \cdots, C_n^n$ 的母函数就是多项式$(1+x)^n$.

定义 3.4 无穷数列

$$a_0, a_1, a_2, \cdots, a_n, \cdots$$

的母函数应该是一个“无穷次多项式”：

$$a_0 + a_1 x + a_2 x^2 + \cdots + a_n x^n + \cdots.$$

我们把这种“无穷次多项式”称为**形式幂级数**.

这个名词是这样得来的：无穷个数相加的式子称为级数，而级数中的每一项都是幂函数 $a_k x^k$，故称之为幂级数；之所以要加上“形式”二字，是因为我们要把整个幂级数看作一个对象加以研究和使用.

另外，两个形式幂级数的和、差、积、商，我们是不知道的，因此必须重新定义.

定义 3.5 两个形式幂级数

$$\sum_{n=0}^{\infty} a_n x^n, \quad \sum_{n=0}^{\infty} b_n x^n$$

相等，当且仅当$a_n = b_n\ (n = 0, 1, 2, \cdots)$.

定义 3.6 两个形式幂级数$\sum_{n=0}^{\infty} a_n x^n$，$\sum_{n=0}^{\infty} b_n x^n$ 的和是一个以 $a_n + b_n$ 为系数的形式幂级数，即

$$\sum_{n=0}^{\infty} a_n x^n + \sum_{n=0}^{\infty} b_n x^n = \sum_{n=0}^{\infty} (a_n + b_n) x^n.$$

定义 3.7 常数 c 与形式幂级数$\sum_{n=0}^{\infty} a_n x^n$ 的乘积是一个以 ca_n 为系数的形式幂级数，即

$$c\sum_{n=0}^{\infty}a_nx^n = \sum_{n=0}^{\infty}(ca_n)x^n.$$

定义 3.8 两个形式幂级数$\sum_{n=0}^{\infty}a_nx^n$，$\sum_{n=0}^{\infty}b_nx^n$ 的积定义为形式幂级数

$$\sum_{n=0}^{\infty}c_nx^n,$$

这里 $c_n = \sum_{k=0}^{n}a_kb_{n-k}$，即$\left(\sum_{n=0}^{\infty}a_nx^n\right)\left(\sum_{n=0}^{\infty}b_nx^n\right) = \sum_{n=0}^{\infty}c_nx^n$.

定义 3.9 设

$$f = \sum_{n=0}^{\infty}a_nx^n,\quad g = \sum_{n=0}^{\infty}b_nx^n,\quad h = \sum_{n=0}^{\infty}c_nx^n$$

是三个形式幂级数，如果 $f = gh$，就称 f 被 g 除的商是 h，记为$\frac{f}{g} = h$.

下面我们给出几个结论.

定理 3.8 $\frac{1}{1-x} = \sum_{r=0}^{\infty}x^r$.

证 我们把 1 和 $1-x$ 看成形式幂级数，并设它们的商$\frac{1}{1-x} = \sum_{n=0}^{\infty}c_nx^n$，则

$$1 = (1-x)\sum_{n=0}^{\infty}c_nx^n.$$

上式右边改写为

$$\begin{aligned}(1-x)\sum_{n=0}^{\infty}c_nx^n &= \sum_{n=0}^{\infty}c_nx^n - \sum_{n=0}^{\infty}c_nx^{n+1} = \sum_{n=0}^{\infty}c_nx^n - \sum_{n=1}^{\infty}c_{n-1}x^n\\ &= c_0 + \sum_{n=1}^{\infty}(c_n - c_{n-1})x^n,\end{aligned}$$

故 $1 = c_0 + \sum_{n=1}^{\infty}(c_n - c_{n-1})x^n$. 比较两边同幂次的系数，得 $c_0 = 1, c_n - c_{n-1} = 0$ $(n = 1,2,3,\cdots)$，即

$$c_0 = c_1 = c_2 = \cdots = c_n = \cdots = 1.$$

因而得展开式

$$\frac{1}{1-x} = 1 + x + x^2 + \cdots + x^n + \cdots = \sum_{r=0}^{\infty}x^r.$$

这个展开式在下面的讨论中十分重要. □

值得注意的是：上述展开式中的相等是形式幂级数的相等，在它的两边并不能用 x 的具体值代入. 这是形式幂级数与多项式的本质区别. 另外，用类似的方法可以得到

$$\frac{1}{1-sx}=\sum_{r=0}^{\infty}s^r x^r \quad (s\text{ 是任一实数}).$$

定理 3.9 $\dfrac{1}{(1-x)^n}=\sum\limits_{r=0}^{\infty}C_{n+r-1}^{n-1}x^r.$

证 用第一数学归纳法. 当 $n=1$ 时,结论显然成立. 今设 $n=k$,结论成立,即

$$\frac{1}{(1-x)^k}=\sum_{j=0}^{\infty}C_{k+j-1}^{k-1}x^j.$$

于是当 $n=k+1$ 时

$$\begin{aligned}\frac{1}{(1-x)^{k+1}}&=\frac{1}{(1-x)^k}\cdot\frac{1}{1-x}=\Big(\sum_{j=0}^{\infty}C_{k+j-1}^{k-1}x^j\Big)\Big(\sum_{j=0}^{\infty}x^j\Big)\\&=\sum_{r=0}^{\infty}\Big(\sum_{j=0}^{r}C_{k+j-1}^{k-1}\Big)x^r.\end{aligned}$$

注意到组合数公式 $C_n^r+C_n^{r+1}=C_{n+1}^{r+1}$,我们有

$$\begin{aligned}\sum_{j=0}^{r}C_{k+j-1}^{k-1}&=C_{k-1}^{k-1}+C_k^{k-1}+C_{k+1}^{k-1}+\cdots+C_{k+r-1}^{k-1}\\&=(C_k^k+C_k^{k-1})+C_{k+1}^{k-1}+\cdots+C_{k+r-1}^{k-1}\\&=C_{k+1}^k+C_{k+1}^{k-1}+C_{k+2}^{k-1}+\cdots+C_{k+r-1}^{k-1}\\&=C_{k+2}^k+C_{k+2}^{k-1}+\cdots+C_{k+r-1}^{k-1}=\cdots=C_{k+r}^k.\end{aligned}$$

因此

$$\frac{1}{(1-x)^{k+1}}=\sum_{r=0}^{\infty}C_{k+r}^k x^r.$$

即当 $n=k+1$ 时,结论也成立. 根据第一数学归纳法,结论对所有正整数 n 都成立. □

3.7.2 一次不定方程非负整数解的个数

关于这类问题,我们有:

定理 3.10 一次不定方程

$$x_1+x_2+\cdots+x_n=r \tag{7.1}$$

的非负整数解的个数等于 C_{n+r-1}^r.

证 设方程(7.1)有 a_r 个非负整数解. 不难发现,数列 $a_0,a_1,a_2,\cdots,a_r,\cdots$ 的母函数就是

$$\underbrace{(1+x+x^2+\cdots+x^k+\cdots)(1+x+x^2+\cdots+x^k+\cdots)\cdots\cdot(1+x+x^2+\cdots+x^k+\cdots)}_{n\text{个}}. \tag{7.2}$$

事实上,式(7.2)的展开式中每个 x^r 必可写成

$$x^r = x^{m_1} \cdot x^{m_2} \cdots x^{m_n} = x^{m_1+m_2+\cdots+m_n}, \tag{7.3}$$

这里 $x^{m_1}, x^{m_2}, \cdots, x^{m_n}$ 分别取自第 $1,2,\cdots,n$ 个括号，显然 $m_1, m_2, \cdots, m_n$ 都是非负整数. 由式(7.3)，可知

$$m_1 + m_2 + \cdots + m_n = r.$$

故 $(m_1, m_2, \cdots, m_n)$ 是方程(7.1)的一个非负整数解. 这就是说式(7.2)中每一项 x^r 对应方程(7.1)的一个非负整数解 $(m_1, m_2, \cdots, m_n)$；方程(7.1)的每一个非负整数解也对应式(7.2)的一项 x^r. 因此方程(7.1)的非负整数解的个数 a_r 就等于式(7.2)中 x^r 的项数. 合并同类项后，a_r 就等于 x^r 的系数. 从而式(7.2)就是 $\{a_r\}$ 的母函数.

又式(7.2)等于 $\frac{1}{1-x} \cdot \frac{1}{1-x} \cdots \frac{1}{1-x} = \frac{1}{(1-x)^n}$，即

$$\frac{1}{(1-x)^n} = a_0 + a_1 x + a_2 x^2 + \cdots + a_r x^r + \cdots,$$

故由定理 3.9，可得

$$a_r = \mathrm{C}_{n+r-1}^r \quad (r = 0,1,2,\cdots).$$

□

推论 不定方程 $x_1 + x_2 + \cdots + x_n = r$ 的正整数解的个数为 C_{r-1}^{n-1}.

证 作变换：$x_1 = y_1 + 1, x_2 = y_2 + 1, \cdots, x_n = y_n + 1$，则原方程可化为

$$y_1 + y_2 + \cdots + y_n = r - n.$$

当 $x_1, x_2, \cdots, x_n$ 取正整数时，$y_1, y_2, \cdots, y_n$ 取非负整数值. 这样问题就转化为求上面关于 $y_1, y_2, \cdots, y_n$ 的方程的非负整数解的个数. 由定理 3.10，可知非负整数解的个数为

$$\mathrm{C}_{n+(r-n)-1}^{r-n} = \mathrm{C}_{r-1}^{r-n} = \mathrm{C}_{r-1}^{n-1}.$$

这就是原方程的正整数解的个数. □

为便于读者进一步探讨线性不定方程非负整数解或正整数解的个数问题，我们给出定理 3.10 及其推论的另一种证明：

把问题转化为求“将 r 个相同小球投放到 n 个盒子中的不同的投放方式种数”. 我们把 n 个盒子“抽象”为并排设置的 $n-1$ 块隔板，这 $n-1$ 块隔板划分的 n 个区域相当于 n 个盒子. 于是把 r 个小球与这 $n-1$ 块隔板进行排列(每一种不同的排列对应一种投球结果，即对应方程(7.1)的一个解)，排列数等于在 $r+n-1$ 个位置中挑选出 $n-1$ 个隔板位置的组合数 C_{r+n-1}^{n-1}，因而方程(7.1)的非负整数解的个数等于 $\mathrm{C}_{r+n-1}^{n-1} = \mathrm{C}_{n+r-1}^r$.

如果要求每个未知数都为正整数，即相当于每个盒子中至少要投放一个小球. 不妨先在每个盒子中放一个小球，然后把剩下的 $r-n$ 个小球与 $n-1$ 块隔板进行排列，共有 $\mathrm{C}_{(r-n)+n-1}^{n-1}$ 种，因而得到当 $r \geqslant n$ 时，方程(7.1)的正整数解的个数等于 C_{r-1}^{n-1}.

当然,如果方程(7.1)中 $x_1,x_2,\cdots,x_n$ 的系数不全是1,而是其他正整数 $s_1,s_2,\cdots,s_n$,即方程为

$$s_1x_1+s_2x_2+\cdots+s_nx_n=r, \tag{7.4}$$

如何计算它的非负整数解的个数呢?

仍然用母函数的方法来处理.设方程(7.4)的非负整数解的个数为 b_r,我们来计算数列$\{b_r\}$的母函数.

仿照处理方程(7.1)的办法,考虑函数

$$\underbrace{[1+x^{s_1}+(x^{s_1})^2+\cdots+(x^{s_1})^k+\cdots][1+x^{s_2}+(x^{s_2})^2+\cdots+(x^{s_2})^k+\cdots]\cdots\cdot[1+x^{s_n}+(x^{s_n})^2+\cdots+(x^{s_n})^k+\cdots]}_{n\text{个}},$$

它等于

$$(1+x^{s_1}+x^{2s_1}+\cdots+x^{ks_1}+\cdots)(1+x^{s_2}+x^{2s_2}+\cdots+x^{ks_2}+\cdots)\cdots\cdot(1+x^{s_n}+x^{2s_n}+\cdots+x^{ks_n}+\cdots). \tag{7.5}$$

它的展开式中每一项 x^r 必可写成

$$x^r=x^{m_1s_1}x^{m_2s_2}\cdots x^{m_ns_n}=x^{m_1s_1+m_2s_2+\cdots+m_ns_n}, \tag{7.6}$$

这里 $x^{m_1s_1},x^{m_2s_2},\cdots,x^{m_ns_n}$ 分别取自第 $1,2,\cdots,n$ 个括号,$m_1,m_2,\cdots,m_n$ 都是非负整数. 由式(7.6),得

$$m_1s_1+m_2s_2+\cdots+m_ns_n=r.$$

即$(m_1,m_2,\cdots,m_n)$是方程(7.4)的一个非负整数解.反之,方程(7.4)的任何一个非负整数解也对应式(7.5)的展开式中的一个项 x^r,因而方程(7.4)的非负整数解的个数等于式(7.5)的展开式中 x^r 的项数,即 x^r 的系数. 由此得知数列$\{b_r\}$的母函数就是式(7.5),它等于

$$\frac{1}{(1-x^{s_1})(1-x^{s_2})\cdots(1-x^{s_n})}, \tag{7.7}$$

展开式(7.7),便能求得 b_r. 于是有:

定理 3.11 设方程 $s_1x_1+s_2x_2+\cdots+s_nx_n=r$ 的非负整数解的个数为 b_r,则 b_r 的母函数是

$$\frac{1}{(1-x^{s_1})(1-x^{s_2})\cdots(1-x^{s_n})},$$

这里 $s_1,s_2,\cdots,s_n$ 都是正整数.

例 1 试求方程 $x+y+z=24$ 的大于1的整数解的个数.

解 作变换:$x=X+2,y=Y+2,z=Z+2$,则问题转化为求方程

$$X+Y+Z=18$$

的非负整数解的个数.由定理 3.10,得解数为

$$C_{3+18-1}^{18}=C_{20}^{2}=190.$$

例 2 试求方程 $x+y+z=24$ 的整数解的个数，要求 $x>1, y>2, z>3$.

解 作变换：$x=X+2, y=Y+3, z=Z+4$，则问题转化为求方程

$$X+Y+Z=15$$

的非负整数解的个数.由定理 3.10，得解的个数为

$$C_{3+15-1}^{15}=C_{17}^{2}=136.$$

例 3 试证：方程 $x_1+x_2+x_3=12$ 与 $x_1+x_2+\cdots+x_{10}=12$ 有相同数目的正整数解.

证 由定理 3.10 的推论，知第一个方程的正整数解的个数为 $C_{12-1}^{3-1}=C_{11}^{2}$，第二个方程的正整数解的个数为 $C_{12-1}^{10-1}=C_{11}^{9}=C_{11}^{2}$，因此两者相等.

例 4 试求方程 $x_1+x_2+x_3+x_4=23$ 的正整数解的个数，要求 $x_1\leqslant 9, x_2\leqslant 8, x_3\leqslant 7, x_4\leqslant 6$.

解 设方程 $x_1+x_2+x_3+x_4=r$ 满足条件 $x_1\leqslant 9, x_2\leqslant 8, x_3\leqslant 7, x_4\leqslant 6$ 的正整数解的个数为 a_r，则 a_r 的母函数为

$$(x+x^2+\cdots+x^9)(x+x^2+\cdots+x^8)(x+x^2+\cdots+x^7)(x+x^2+\cdots+x^6).$$

易知上式的展开式中 x^{23} 的系数 a_{23} 就是问题的解.而 a_{23} 又是

$$f(x)=(1+x+\cdots+x^8)(1+x+\cdots+x^7)(1+x+\cdots+x^6)(1+x+\cdots+x^5)$$

的展开式中 x^{19} 的系数，上式等于

$$f(x)=\frac{(1-x^9)(1-x^8)(1-x^7)(1-x^6)}{(1-x)^4}.$$

因为 $\frac{1}{(1-x)^4}=\sum_{r=0}^{\infty}C_{r+3}^{3}x^r$，把 $f(x)$ 的分子展开，并去掉次数高于 19 的项，问题就转化为求

$$(1-x^6-x^7-x^8-x^9+x^{13}+x^{14}+2x^{15}+x^{16}+x^{17})\sum_{r=0}^{\infty}C_{r+3}^{3}x^r$$

展开式中 x^{19} 的系数，易知它等于

$$\begin{aligned}&C_{22}^{3}-C_{16}^{3}-C_{15}^{3}-C_{14}^{3}-C_{13}^{3}+C_{9}^{3}+C_{8}^{3}+2C_{7}^{3}+C_{6}^{3}+C_{5}^{3}\\&\quad=1\,540-560-455-364-286+84+56+70+20+10\\&\quad=115.\end{aligned}$$

例 5 试求方程 $x_1+2x_2+3x_3=r$ 的非负整数解的个数.

解 设 b_r 为方程非负整数解的个数，则 $\{b_r\}$ 的母函数是

$$\frac{1}{(1-x)(1-x^2)(1-x^3)}.$$

由复数的知识，知三次方程 $x^3-1=0$ 的三个根是 $1,\omega,\omega^2$，这里 $\omega=\cos\frac{2\pi}{3}+\mathrm{i}\sin\frac{2\pi}{3}$. 容易验证 $1+\omega+\omega^2=0, \omega^3=1$，且

$$1-x^3=(1-x)(1+x+x^2)=(1-x)(1-\omega x)(1-\omega^2 x).$$

于是

$$\begin{aligned}\frac{1}{(1-x)(1-x^2)(1-x^3)}&=\frac{1}{(1-x)^3(1+x)(1-\omega x)(1-\omega^2 x)}\\&=\frac{1}{6(1-x)^3}+\frac{1}{4(1-x)^2}+\frac{17}{72(1-x)}\\&\quad+\frac{1}{8(1+x)}+\frac{1}{9(1-\omega x)}+\frac{1}{9(1-\omega^2 x)}.\end{aligned}$$

注意到下列展开式：

$$\frac{1}{(1-x)^3}=\sum_{r=0}^{\infty}C_{r+2}^2 x^r,\quad \frac{1}{(1-x)^2}=\sum_{r=0}^{\infty}C_{r+1}^1 x^r,\quad \frac{1}{1-x}=\sum_{r=0}^{\infty}x^r,$$

$$\frac{1}{1+x}=\sum_{r=0}^{\infty}(-1)^r x^r,\quad \frac{1}{1-\omega x}=\sum_{r=0}^{\infty}\omega^r x^r,\quad \frac{1}{1-\omega^2 x}=\sum_{r=0}^{\infty}\omega^{2r}x^r,$$

即有

$$\begin{aligned}&\frac{1}{(1-x)^3(1+x)(1-\omega x)(1-\omega^2 x)}\\&\quad=\sum_{r=0}^{\infty}\left(\frac{1}{6}C_{r+2}^2+\frac{1}{4}C_{r+1}^1+\frac{17}{72}+\frac{(-1)^r}{8}+\frac{\omega^r+\omega^{2r}}{9}\right)x^r,\end{aligned}$$

故得 $b_r=\frac{1}{6}C_{r+2}^2+\frac{1}{4}C_{r+1}^1+\frac{17}{72}+\frac{(-1)^r}{8}+\frac{\omega^r+\omega^{2r}}{9}$. 由于 $\omega=\cos\frac{2\pi}{3}+i\sin\frac{2\pi}{3}$，所以

$$\omega^r+\omega^{2r}=\cos\frac{2r\pi}{3}+i\sin\frac{2r\pi}{3}+\cos\frac{4r\pi}{3}+i\sin\frac{4r\pi}{3}=2\cos\frac{2r\pi}{3}.$$

因此

$$\begin{aligned}b_r&=\frac{(r+2)(r+1)}{12}+\frac{r+1}{4}+\frac{17}{72}+\frac{(-1)^r}{8}+\frac{2}{9}\cos\frac{2r\pi}{3}\\&=\frac{(r+3)^2}{12}-\frac{7}{72}+\frac{(-1)^r}{8}+\frac{2}{9}\cos\frac{2r\pi}{3}.\end{aligned}$$

由此式已经可以计算出 b_r，但计算较复杂. 实际计算时，可考虑

$$\left|-\frac{7}{72}+\frac{(-1)^r}{8}+\frac{2}{9}\cos\frac{2r\pi}{3}\right|\leqslant\frac{7}{72}+\frac{1}{8}+\frac{2}{9}=\frac{32}{72}<\frac{1}{2},$$

即 $\left|b_r-\frac{(r+3)^2}{12}\right|<\frac{1}{2}$. 故离 $\frac{(r+3)^2}{12}$ 较近的那个整数就是 b_r.

习题 3.7

1. 试求方程 $x+y+z=1$ 的整数解的个数，要求 x,y,z 都大于 -5.

2. 试证:方程 $x_1+x_2+\cdots+x_7=13$ 与 $x_1+x_2+\cdots+x_{14}=6$ 有相同数目的非负整数解.

3. 试求方程 $x_1+x_2+\cdots+x_n=r$ 的整数解的个数,要求 $x_1>a_1,x_2>a_2,\cdots,x_n>a_n$.

4. 试求方程 $x+y+z=24$ 的整数解的个数,要求

$$1\leqslant x\leqslant 5,\quad 12\leqslant y\leqslant 18,\quad -1\leqslant z\leqslant 12.$$

5. 试求方程 $x+2y=r$ 的非负整数解的个数.

6. 试求方程 $5x+2y+z=10n$ (n 为正整数)的非负整数解的个数.

第4章　同 余 方 程

同余方程是同余理论的核心内容.本章首先讨论一次同余方程、同余方程组,进而讨论高次同余方程,最后介绍余新河数学题.

4.1　一次同余方程的解法

一元一次同余方程的一般形式是

$$ax \equiv b \pmod{m}, \tag{1.1}$$

这里 $a \not\equiv 0 \pmod{m}$.

我们注意到,要是存在一个整数 r 满足式(1.1),则必存在无限多个整数 $r+km$ (k 为任意整数)满足式(1.1).这是因为

$$a(r+km) \equiv ar \equiv b \pmod{m}.$$

此时我们把 $x \equiv r \pmod{m}$ 称为同余方程(1.1)的一个解.

在 $r+km$ 这些整数中,恰有一个数(例如说 s)满足 $0 \leqslant s < m$,这是因为每个整数都介于 m 的相继两个倍数之间.若 r 对某个 k 满足

$$km \leqslant r < (k+1)m,$$

则有 $0 \leqslant r-km < m$.令 $s=r-km$,即 $0 \leqslant s < m$.因此我们尽量将同余方程(1.1)的一个解记成

$$x \equiv s \pmod{m},$$

这里 s 在模 m 的非负最小完全剩余系内.

定理 4.1　若 $(a,m)=1$,则同余方程(1.1)有且仅有一个解;若 $(a,m) \nmid b$,则同余方程(1.1)无解.

证　因为 $(a,m)=1$,所以存在整数 r,s,使得 $ar+ms=1$.各项乘上 b 后即得 $a(rb)+m(sb)=b$.由此可得 $a(rb)-b$ 是 m 的一个倍数,即

$$a(rb) \equiv b \pmod{m}.$$

在模 m 的非负最小完全剩余系内与 rb 同余的整数所属的剩余类就是同余方程(1.1)的解.

现在我们证明该同余方程只有一解.

设 $x\equiv r(\bmod m)$, $x\equiv s(\bmod m)$ 均为方程(1.1)的解,则 $ar\equiv b(\bmod m)$, $as\equiv b(\bmod m)$,即

$$ar\equiv as(\bmod m).$$

因为 $(a,m)=1$,所以 $r\equiv s(\bmod m)$. 这说明解唯一.

另外,若 $(a,m)\nmid b$,我们假设 r 是同余方程(1.1)的解,即 $ar\equiv b(\bmod m)$,则存在整数 k,使得 $ar-b=km$. 由 $(a,m)\mid ar$, $(a,m)\mid km$,知 $(a,m)\mid b$,导致矛盾. 故同余方程(1.1)无解. □

下面给出四种求一次同余方程解的方法.

方法1　同余变形法. 即在同余方程(1.1)的左边或右边减去或加上模 m 的倍数,使同余方程(1.1)两边有可能消去一些值,从而降低 x 的系数.

方法2　欧几里得算法. 即用定理4.1所介绍的方法,求得模 m 的非负最小完全剩余系内与 rb 同余的整数.

方法3　公式法. 设 $(a,m)=1$,则同余方程(1.1)仅有一解,令 r 满足式(1.1),则有 $ar\equiv b(\bmod m)$,于是 $a^{\varphi(m)-1}\cdot ar\equiv b\cdot a^{\varphi(m)-1}(\bmod m)$,即

$$a^{\varphi(m)}\cdot r\equiv ba^{\varphi(m)-1}(\bmod m).$$

因为 $a^{\varphi(m)}\equiv 1(\bmod m)$,所以 $r\equiv ba^{\varphi(m)-1}(\bmod m)$. 故与 $ba^{\varphi(m)-1}$ 关于模 m 同余且为模 m 的非负最小剩余所属的剩余类即为同余方程(1.1)的解.

当系数或模较大时,下面的方法比较有效.

方法4　模变更法. 即由 $ax\equiv b(\bmod m)$,可得 $ax=b+my$,从而 $my\equiv -b(\bmod a)$.

例1　解同余方程 $14x\equiv 27(\bmod 31)$.

解　用同余变形法. 因为 $(14,31)=1$,故同余方程仅有一解. 同余方程右边加上31后,同余方程仍成立,即

$$14x\equiv 27+31\equiv 58(\bmod 31).$$

因 $(2,31)=1$,故可消去2,得 $7x\equiv 29(\bmod 31)$. 再在同余方程右边逐次加上31,使能消去7,即 $7x\equiv 60\equiv 91(\bmod 31)$. 又因 $(7,31)=1$,故该同余方程的解为 $x\equiv 13(\bmod 31)$.

例2　解同余方程 $11x\equiv 40(\bmod 47)$.

解　用欧几里得算法. 因为 $(11,47)=1$,故同余方程仅有一解.

又 $11\times(-17)+47\times 4=1$,即 $11\times(-17\times 40)+47\times 4\times 40=40$,故有 $x\equiv -17\times 40\equiv -680\equiv 25(\bmod 47)$.

例 3 解同余方程 $5x \equiv 3 \pmod{12}$.

解 用公式法. 因为 $(5,12)=1$, 故同余方程仅有一解.

又

$$ba^{\varphi(m)-1} = 3 \times 5^{\varphi(12)-1} = 3 \times 5^3 = 375,$$

故同余方程的解为

$$x \equiv 375 \equiv 3 \pmod{12}.$$

例 4 解同余方程 $863x \equiv 880 \pmod{2\,151}$.

解 用模变更法. 因为 863 为素数, $863 \nmid 2\,151$, 即 $(863, 2\,151)=1$, 故同余方程有唯一解.

由于 $863x - 880 = 2\,151y$, 所以 $2\,151y \equiv -880 \pmod{863}$, 即 $425y \equiv -880 \pmod{863}$, 得 $85y \equiv -176 \pmod{863}$. 因此 $85y + 176 = 863z$, 由此得 $863z \equiv 176 \pmod{85}$, 即 $13z \equiv 6 \pmod{85}$, 故 $13z - 6 = 85u$. 又有 $85u \equiv -6 \pmod{13}$, 即 $u \equiv 1 \pmod{13}$, 因此

$$u_0 = 1, \quad z_0 = \frac{85+6}{13} = 7,$$

$$y_0 = \frac{863 \times 7 - 176}{85} = 69,$$

$$x_0 = \frac{2\,151 \times 69 + 880}{863} = 173,$$

故 $x \equiv 173 \pmod{2\,151}$ 是所求的解.

习 题 4.1

1. 解下列同余方程:

(1) $256x \equiv 179 \pmod{337}$;

(2) $121x \equiv 87 \pmod{257}$;

(3) $5x \equiv -1 \pmod{18}$.

2. 设 p 是素数, $0 < a < p$, 试证:

$$x \equiv b(-1)^{a-1}\frac{(p-1)\cdots(p-a+1)}{a!} \pmod{p}$$

满足同余方程 $ax \equiv b \pmod{p}$, 并利用此结果求出同余方程 $7x \equiv 8 \pmod{11}$ 的解.

4.2 一次同余方程解的结构

对于 4.1 节的同余方程(1.1), 我们已经阐明了: 当 $(a,m) \nmid b$ 时无解, 当

$(a,m)=1$ 时仅有一解.那么在什么条件下,同余方程有若干个解呢?我们有:

定理 4.2 若 $(a,m)\mid b$,则同余方程(1.1)恰有 (a,m) 个解.

证 令 $d=(a,m)$,并设 $a=a_1d$,$m=m_1d$,则 $(a_1,m_1)=1$.由于 $d=(a,m)\mid b$,故令 $b=b_1d$,因而 $ax\equiv b\pmod m$ 可写成

$$a_1dx\equiv b_1d\pmod{m_1d}\quad 或\quad a_1x\equiv b_1\pmod{m_1}.$$

因 $(a_1,m_1)=1$,故 $a_1x\equiv b_1\pmod{m_1}$ 恰有一解 $x\equiv r\pmod{m_1}$.

先证明:

$$x\equiv r,r+m_1,r+2m_1,\cdots,r+(d-1)m_1\pmod m \tag{2.1}$$

均为方程(1.1)的解.事实上,对 $k=1,2,\cdots,d-1$,有

$$a(r+km_1)=ar+da_1km_1=a_1rd+a_1k(m_1d).$$

因为 $a_1r\equiv b_1\pmod{m_1}$,即 $ar\equiv b\pmod m$,$m_1d=m$,所以

$$a(r+km_1)\equiv b+a_1km\equiv b\pmod m.$$

另外,式(2.1)中任意两个数关于模 m 互不同余.这样就证明了同余方程(1.1)有 (a,m) 个解.

例 1 解同余方程 $1\,215x\equiv 560\pmod{2\,755}$.

解 因为 $(1\,215,2\,755)=5\mid 560$,所以该同余方程有五个解.

将原同余方程化简,得 $243x\equiv 112\pmod{551}$.

由 $3^5x\equiv 112\equiv 663\pmod{551}$,消去3,得 $3^4x\equiv 221\pmod{551}$;

由 $3^4x\equiv 221\equiv 1323\pmod{551}$,消去 3^3,得 $3x\equiv 49\pmod{551}$;

由 $3x\equiv 49\equiv 600\pmod{551}$,消去3,得 $x\equiv 200\pmod{551}$.

综上,原同余方程的五个解为

$$x\equiv 200,751,1\,302,1\,853,2\,404\pmod{2\,755}.$$

例 2 解同余方程 $1\,296x\equiv 1\,125\pmod{1\,935}$.

解 因为 $(1\,296,1\,935)=9\mid 1\,125$,所以该同余方程有九个解.

将原同余方程化简,得 $144x\equiv 125\pmod{215}$.

由 $144x\equiv 125\equiv 340\pmod{215}$,消去4,得 $36x\equiv 85\pmod{215}$;

由 $36x\equiv 85\equiv 300\pmod{215}$,消去12,得 $3x\equiv 25\pmod{215}$;

由 $3x\equiv 25\equiv 240\pmod{215}$,消去3,得 $x\equiv 80\pmod{215}$.

综上,原同余方程的九个解为

$$x\equiv 80,295,510,725,940,1\,155,1\,370,1\,585,1\,800\pmod{1\,935}.$$

例 3 在数列 $a,2a,3a,\cdots,ba$ 中,有多少个数是 b 的倍数?

解 因当 $(a,m)\mid b$ 时,同余方程 $ax\equiv b\pmod m$ 有 (a,m) 个解,故对同余方程 $ax\equiv 0\pmod b$ 来说,它有 (a,b) 个整数解,即在 $a,2a,3a,\cdots,ba$ 中,有 (a,b) 个数是 b 的倍数.

关于二元一次同余方程,我们有:

定理 4.3 同余方程

$$ax+by\equiv c\pmod{m} \tag{2.2}$$

有解的充要条件是 $d=(a,b,m)\mid c$;若此条件成立,则方程(2.2)有 md 个解.

证 必要性是显然的.下证充分性.

设 $d_1=(a,m)$,则 $d=(d_1,b)$.因为 $d=(d_1,b)\mid c$,所以 $by\equiv c\pmod{d_1}$有解.令 $by=c-c_1d_1$,于是式(2.2)成为

$$ax\equiv c_1d_1\pmod{m}. \tag{2.3}$$

又因$(a,m)=d_1\mid c_1d_1$,所以方程(2.3)有解.因此方程(2.2)有解.充分性得证.

再看方程(2.2)的解的个数.关于模 d_1,$by\equiv c\pmod{d_1}$有$(d_1,b)=d$ 个解.对于它的每一个解,就模 m 来说方程 $by\equiv c\pmod{m}$恰有$\dfrac{m}{d_1}$个解,所以关于模 m,它共有 $d\cdot\dfrac{m}{d_1}$个解.又因对于每一个确定的 c_1d_1,方程(2.3)有$(a,m)=d_1$ 个解,因此方程(2.2)共有 $d\cdot\dfrac{m}{d_1}\cdot d_1=md$ 个解.

一般地,用数学归纳法可证得如下结论:

同余方程

$$a_1x_1+a_2x_2+\cdots+a_kx_k\equiv b\pmod{m}$$

有解的充要条件是 $d=(a_1,a_2,\cdots,a_k,m)\mid b$;若此条件成立,则该同余方程有 $m^{k-1}d$ 个解.

由定理 4.3 的充分性证明,可知解同余方程 $ax+by\equiv c\pmod{m}$时,可以先解同余方程 $by\equiv c\pmod{d_1}$,这里 $d_1=(a,m)$,再将结果代入原同余方程即可解之.

例 4 解同余方程 $6x+15y\equiv 9\pmod{18}$.

解 由于$(6,15,18)=3\mid 9$,所以原同余方程有 $18\times 3=54$ 个解.

因 $d_1=(6,18)=6$,所以先解同余方程 $15y\equiv 9\pmod{6}$,解得 $y\equiv 1\pmod{2}$,即 $y=1+2t$ (t 为整数).代入原方程,得 $6x\equiv -6-12t\pmod{18}$,即 $x\equiv -1-2t\pmod{3}$,因此 $x=-1-2t+3s$ (s 为整数).

于是所求的全部解为

$$x\equiv -1-2t+3s\pmod{18},\quad y\equiv 1+2t\pmod{18},$$

这里 $s=0,1,2,3,4,5$;$t=0,1,2,3,4,5,6,7,8$.

习 题 4.2

1. 解下列同余方程:

(1) $111x \equiv 75 \pmod{321}$;

(2) $286x \equiv 121 \pmod{341}$.

2. 解同余方程 $2x+7y \equiv 5 \pmod{12}$.

4.3 孙子剩余定理

关于解一次同余方程组的问题,我国古代有着极其辉煌的研究成果.本节特别介绍我国古代数学家孙子建立的剩余定理,也称作中国剩余定理.

定理 4.4(孙子剩余定理) 设 $m_1, m_2, \cdots, m_k$ ($k \geqslant 2$)是两两互素的正整数,令

$$m_1 m_2 \cdots m_k = M = m_1 M_1 = m_2 M_2 = \cdots = m_k M_k,$$

则同余方程组

$$\begin{cases} x \equiv c_1 \pmod{m_1} \\ x \equiv c_2 \pmod{m_2} \\ \cdots \\ x \equiv c_k \pmod{m_k} \end{cases}$$

有唯一解

$$x \equiv M_1 \alpha_1 c_1 + M_2 \alpha_2 c_2 + \cdots + M_k \alpha_k c_k \pmod{M},$$

这里 $M_i \alpha_i \equiv 1 \pmod{m_i}$ ($i=1,2,\cdots,k$).

证 先证解的存在性.因为 $m_1, m_2, \cdots, m_k$ 两两互素,从而

$$(M_1, m_1) = (M_2, m_2) = \cdots = (M_k, m_k) = 1.$$

故下列 k 个同余方程

$$M_i x \equiv 1 \pmod{m_i} \quad (i = 1,2,\cdots,k)$$

中的每一个都有解,设为 $x \equiv \alpha_i \pmod{m_i}$ ($i=1,2,\cdots,k$),即

$$M_i \alpha_i \equiv 1 \pmod{m_i} \quad (i = 1,2,\cdots,k).$$

又因为当 $j \neq i$ 时,恒有 $m_i \mid M_j$,所以

$$M_j \alpha_j \equiv 0 \pmod{m_i} \quad (j \neq i).$$

故若令 $S = M_1 \alpha_1 c_1 + M_2 \alpha_2 c_2 + \cdots + M_k \alpha_k c_k$,则有

$$\begin{cases} S \equiv M_1 \alpha_1 c_1 \equiv c_1 \pmod{m_1} \\ S \equiv M_2 \alpha_2 c_2 \equiv c_2 \pmod{m_2} \\ \cdots \\ S \equiv M_k \alpha_k c_k \equiv c_k \pmod{m_k} \end{cases}.$$

于是 $x\equiv S(\bmod M)$,即

$$x\equiv M_1\alpha_1c_1+M_2\alpha_2c_2+\cdots+M_k\alpha_kc_k(\bmod M)$$

为同余方程组的解.

再证解的唯一性.设同余方程组还有解 $x\equiv R(\bmod M)$,即

$$\begin{cases}R\equiv c_1(\bmod m_1)\\R\equiv c_2(\bmod m_2)\\\cdots\\R\equiv c_k(\bmod m_k)\end{cases},$$

则 $S\equiv R(\bmod m_i)$ $(i=1,2,\cdots,k)$,于是

$$m_i\mid(S-R)\quad(i=1,2,\cdots,k).$$

又因 $m_1,m_2,\cdots,m_k$ 两两互素,所以 $M\mid(S-R)$,即

$$S\equiv R(\bmod M).$$

于是解的唯一性得证. □

例 1 今有物不知其数,三三数之剩二,五五数之剩三,七七数之剩二,问物几何?(摘自《孙子算经》)

解 设所求的物数为 x,则有

$$\begin{cases}x\equiv 2(\bmod 3)\\x\equiv 3(\bmod 5)\\x\equiv 2(\bmod 7)\end{cases}.$$

此时

$$M=3\times5\times7=105,\ M_1=\frac{105}{3}=35,\ M_2=\frac{105}{5}=21,\ M_3=\frac{105}{7}=15.$$

由 $35\alpha_1\equiv1(\bmod 3)$,$21\alpha_2\equiv1(\bmod 5)$,$15\alpha_3\equiv1(\bmod 7)$,可取

$$\alpha_1=2,\quad \alpha_2=1,\quad \alpha_3=1.$$

故同余方程组的解是

$$\begin{aligned}x&\equiv 35\times2\times2+21\times1\times3+15\times1\times2\\&\equiv 233\equiv 23(\bmod 105).\end{aligned}$$

综上,物数为 $23+105k$ (k 为非负整数).

例 2 二数余一,五数余二,七数余三,九数余四,问本数.(摘自杨辉的《续古摘奇算法》)

解 设所求的数为 x,则有

$$\begin{cases}x\equiv 1(\bmod 2)\\x\equiv 2(\bmod 5)\\x\equiv 3(\bmod 7)\\x\equiv 4(\bmod 9)\end{cases}.$$

此时

$$M=2\times5\times7\times9=630,\quad M_1=\frac{630}{2}=315,\quad M_2=\frac{630}{5}=126,$$

$$M_3=\frac{630}{7}=90,\quad M_4=\frac{630}{9}=70.$$

由

$$315\alpha_1\equiv1(\bmod 2),\quad 126\alpha_2\equiv1(\bmod 5),$$
$$90\alpha_3\equiv1(\bmod 7),\quad 70\alpha_4\equiv1(\bmod 9),$$

可取

$$\alpha_1=1,\quad \alpha_2=1,\quad \alpha_3=6,\quad \alpha_4=4.$$

故同余方程组的解是

$$x\equiv315\times1\times1+126\times1\times2+90\times6\times3+70\times4\times4$$
$$\equiv3\,307\equiv157(\bmod 630).$$

综上,所求的数为 $157+630k$（k 为非负整数）.

例3　解同余方程组

$$\begin{cases}3x\equiv2(\bmod 5)\\7x\equiv3(\bmod 8)\\4x\equiv7(\bmod 11)\end{cases}.$$

解　经化简,得到与它同解的同余方程组

$$\begin{cases}x\equiv4(\bmod 5)\\x\equiv5(\bmod 8)\\x\equiv10(\bmod 11)\end{cases}.$$

因模 5,8,11 两两互素,故可用孙子剩余定理求解.此时

$$M=5\times8\times11=440,\quad M_1=\frac{440}{5}=88,$$

$$M_2=\frac{440}{8}=55,\quad M_3=\frac{440}{11}=40.$$

由 $88\alpha_1\equiv1(\bmod 5)$,$55\alpha_2\equiv1(\bmod 8)$,$40\alpha_3\equiv1(\bmod 11)$,可取

$$\alpha_1=2,\quad \alpha_2=7,\quad \alpha_3=8.$$

故同余方程组的解是

$$x\equiv88\times2\times4+55\times7\times5+40\times8\times10\equiv704+1\,925+3\,200$$
$$\equiv5\,829\equiv109(\bmod 440).$$

例4　试求 $2\,008^{2\,008}$ 被 70 除所得的余数.

解　易知 $70=2\times5\times7$.令 $x=2\,008^{2\,008}$.我们容易求出 x 分别用 2,5,7 去除所得的余数:

$$x \equiv 0 \pmod 2), \quad x \equiv 3^{2\,008} \equiv 9^{1\,004} \equiv (-1)^{1\,004} \equiv 1 \pmod 5,$$
$$x \equiv (-1)^{2\,008} \equiv 1 \pmod 7.$$

于是 x 满足

$$\begin{cases} x \equiv 0 \pmod 2 \\ x \equiv 1 \pmod 5, \\ x \equiv 1 \pmod 7 \end{cases}$$

此时 $M = 70, M_1 = 35, M_2 = 14, M_3 = 10$. 由 $35\alpha_1 \equiv 1 \pmod 2$, $14\alpha_2 \equiv 1 \pmod 5$, $10\alpha_3 \equiv 1 \pmod 7$,可取

$$\alpha_1 = -1, \quad \alpha_2 = -1, \quad \alpha_3 = -2.$$

因此

$$x \equiv 35 \times (-1) \times 0 + 14 \times (-1) \times 1 + 10 \times (-2) \times 1 \equiv -34 \equiv 36 \pmod{70},$$

即 $2\,008^{2\,008}$ 被 70 除所得的余数为 36.

例 5 设 $F_n = 2^{2^n} + 1$, n 为正奇数且 $n \geqslant 3$,试证:

$$F_n \equiv 53 \pmod{204}.$$

证 易知当 $n \geqslant 3$ 时

$$\begin{cases} F_n \equiv 2 \pmod 3 \\ F_n \equiv 1 \pmod 4, \\ F_n \equiv 2 \pmod{17} \end{cases}$$

这里

$$m_1 = 3, \quad m_2 = 4, \quad m_3 = 17,$$
$$M_1 = 68, \quad M_2 = 51, \quad M_3 = 12, \quad M = 204.$$

由 $68\alpha_1 \equiv 1 \pmod 3$, $51\alpha_2 \equiv 1 \pmod 4$, $12\alpha_3 \equiv 1 \pmod{17}$,可取

$$\alpha_1 = 2, \quad \alpha_2 = 3, \quad \alpha_3 = 10.$$

因此 $F_n \equiv 68 \times 2 \times 2 + 51 \times 3 \times 1 + 12 \times 10 \times 2 \equiv 665 \equiv 53 \pmod{204}$.

例 6 试证:对于任意正整数 n,存在 n 个连续的正整数,它们都不是素数的整次幂.

证 由孙子剩余定理,知同余方程组

$$\begin{cases} x \equiv -1 \pmod{a_1} \\ x \equiv -2 \pmod{a_2} \\ \cdots \\ x \equiv -n \pmod{a_n} \end{cases}$$

在 $a_1, a_2, \cdots, a_n$ 两两互素时有正整数解. 今取 $a_k = p_k q_k \ (k = 1, 2, \cdots, n)$,这里 $p_k, q_k \ (k = 1, 2, \cdots, n)$ 为 $2n$ 个不同的素数,此时模 $a_1, a_2, \cdots, a_n$ 两两互素,同余方程组有正整数解 x_0.

因 x_0+k 有不同的素因素 p_k,q_k，即 x_0+k 不是素数的整次幂，故 n 个连续整数 $x_0+1,x_0+2,\cdots,x_0+n$ 都不是素数的整次幂.

例 7 试证：对于任意正整数 n 与 m，存在 n 个连续的正整数，它们都可被 m 个不同的素数整除，并且这些素数不能整除其余 $n-1$ 个数中的任何一个.

证 取 mn 个不同的素数 p_{ij} $(i=1,2,\cdots,m;j=1,2,\cdots,n)$，每一个 p_{ij} 都大于 n.

由孙子剩余定理，知同余方程组

$$x+j\equiv 0(\bmod p_{ij})\quad (i=1,2,\cdots,m;j=1,2,\cdots,n)$$

有正整数解. 这时 $x+j$ 被 m 个不同的素数 $p_{1j},p_{2j},\cdots,p_{mj}$ 整除 $(j=1,2,\cdots,n)$.

当 $t\neq j$ $(1\leqslant t,j\leqslant n)$ 时，$0<|(x+j)-(x+t)|=|j-t|<n<p_{ij}$，所以 p_{ij} 不能整除 $x+t$.

于是 $x+1,x+2,\cdots,x+n$ 就是符合要求的 n 个连续正整数.

孙子剩余定理的重要条件是模 $m_1,m_2,\cdots,m_k$ 两两互素，当模不满足上述条件时，常采用下列方法进行处理，此方法对模两两互素的情形也同样适用. 设同余方程组为

$$x\equiv c_1(\bmod m_1),\ x\equiv c_2(\bmod m_2),\ \cdots,\ x\equiv c_k(\bmod m_k).$$

令 $x=c_1+m_1k_1$，代入第二个同余方程，得

$$c_1+m_1k_1\equiv c_2(\bmod m_2).$$

若 $(m_1,m_2)\nmid(c_2-c_1)$，则该同余方程无解，从而原同余方程组无解；否则，可解得 $k_1\equiv s(\bmod m_2')$. 令 $k_1=s+k_2m_2'$，则 $x=c_1+m_1(s+k_2m_2')=c_1+m_1s+k_2m_1m_2'$，代入第三个同余方程. 如此做下去，可得原同余方程组无解或有唯一解

$$x\equiv c(\bmod[m_1,m_2,\cdots,m_k]).$$

例 8 今有数不知总，以五累减之无剩，以七百十五累减之剩十，以二百四十七累减之剩一百四十，以三百九十一累减之剩二百四十五，以一百八十七累减之剩一百零九，问总数若干？（摘自黄宗宪的《求一术通解》）

解 设总数是 x，依题意得

$$\begin{cases}x\equiv 0(\bmod 5)\\ x\equiv 10(\bmod 715)\\ x\equiv 140(\bmod 247).\\ x\equiv 245(\bmod 391)\\ x\equiv 109(\bmod 187)\end{cases}$$

令 $x=5k_1$，代入第二个同余方程，得 $5k_1\equiv 10(\bmod 715)$，解得 $k_1\equiv 2(\bmod 143)$.

令 $k_1=2+143k_2$，则 $x=5(2+143k_2)=10+715k_2$，代入第三个同余方程，得 $10+715k_2\equiv 140(\bmod 247)$，解得 $k_2\equiv 14(\bmod 19)$.

令 $k_2=14+19k_3$，则 $x=10+715(14+19k_3)=10\ 020+13\ 585k_3$，代入第四个同余方程，得 $10\ 020+13\ 585k_3\equiv 245(\bmod 391)$，解得 $k_3\equiv 0(\bmod 391)$.

令 $k_3=391k_4$，则 $x=10\ 020+13\ 585\cdot 391k_4=10\ 020+5\ 311\ 735k_4$，代入第五个同余方程恒成立．故同余方程组的解是 $x\equiv 10\ 020(\bmod 5\ 311\ 735)$.

综上，总数为 $10\ 020+5\ 311\ 735k$（k 为非负整数）.

习 题 4.3

1．解下列各题（摘自杨辉的《续古摘奇算法》）：

(1) 七数剩一，八数剩一，九数剩三，问本数；

(2) 十一数余三，七十二数余二，十三数余一，问本数；

(3) 十五数余七，三十五数余二，二十一数余十六，问本数.

2．（韩信点兵）有兵一队，若排成 5 路纵队，则末行 1 人；成 6 路纵队，则末行 5 人；成 7 路纵队，则末行 4 人；成 11 路纵队，则末行 10 人．求兵数.

3．设 $F_n=2^{2^n}+1$，n 为正整数且 $n\geqslant 2$，试证：$F_n\equiv 17(\bmod 20)$.

4．试求 $1\ 999^{1\ 999}$ 被 70 除所得的余数.

5．设 n 为正整数，试证：必有 n 个连续的整数，其中每一个都具有平方因数（即被某个素数的平方整除）.

6．设 m 和 k 都是大于 1 的整数，试证：存在模 m 的一个简化剩余系，其中每个数的素因数都大于 k.

7．设 k 是任意给定的正整数，试证：一定存在 k 个连续整数，使其中任何一个数都能被大于 1 的立方数整除.

8．设 $m_i\mid n_i(i=1,\cdots,k)$，这里 $m_1,\cdots,m_k$ 两两互素，且 $[m_1,\cdots,m_k]\mid[n_1,\cdots,n_k]$，试证：同余方程组 $x\equiv c_i(\bmod n_i)$ $(i=1,\cdots,k)$ 在有解的情况下，与同余方程组 $x\equiv c_i(\bmod m_i)$ $(i=1,\cdots,k)$ 同解.

9．试证：存在一个正整数 k，使得 $k\cdot 2^n+1$ 对每一个非负整数 n 均为合数.

4.4　素数模高次同余方程

对 n 次同余方程 $f(x)\equiv 0(\bmod m)$ 来说，它的解数很不规则．例如：

$x^2+1\equiv 0(\bmod 3)$ 无解；

$x^2-1\equiv 0(\bmod 3)$ 有两个解；

$x^3-x\equiv 0(\bmod 6)$ 有六个解.

而且我们还没有一般的方法去解素数模高次同余方程．因此本节只就素数模高次同余方程的次数与解数的关系作初步的探讨.

定理 4.5 若 p 是素数,$p \nmid a_n$,则同余方程

$$f(x) = a_nx^n + a_{n-1}x^{n-1} + \cdots + a_1x + a_0 \equiv 0 \pmod p$$

与一个次数不超过 $p-1$ 的素数模同余方程等价.

证 用多项式 $x^p - x$ 去除 $f(x)$,得 $f(x) = (x^p - x)q(x) + r(x)$,这里 $r(x) = 0$ 或 $r(x)$的次数小于 p.

由费马小定理,知任何整数 x 都满足 $x^p - x \equiv 0 \pmod p$,所以对任何整数 x 来说,$f(x) \equiv r(x) \pmod p$,即 $f(x) \equiv 0 \pmod p$ 与 $r(x) \equiv 0 \pmod p$ 等价. □

定理 4.6 设 $k \leqslant n$,p 是素数,而 $x \equiv \alpha_i \pmod p\ (i = 1,2,\cdots,k)$是同余方程

$$f(x) = a_nx^n + a_{n-1}x^{n-1} + \cdots + a_1x + a_0 \equiv 0 \pmod p$$

的 k 个不同的解,则对任何整数 x,有

$$f(x) \equiv (x - \alpha_1)(x - \alpha_2)\cdots(x - \alpha_k)f_k(x) \pmod p,$$

这里 $f_k(x)$是首项系数为 a_n 的 $n-k$ 次多项式.

证 对 k 用第一数学归纳法.当 $k = 1$ 时,由多项式的带余除法,得

$$f(x) = (x - \alpha_1)f_1(x) + r,$$

这里 $f_1(x)$是首项系数为 a_n 的 $n-1$ 次多项式,而 r 是一个常数.

根据已知条件,$f(\alpha_1) \equiv 0 \pmod p$,故 $r \equiv 0 \pmod p$,因此对任何整数 x,都有 $f(x) \equiv (x - \alpha_1)f_1(x) \pmod p$.这说明 $k = 1$ 时结论成立.

假设 $k-1$ 时结论成立.令 $x = \alpha_i\ (i = 2,3,\cdots,k)$,得

$$0 \equiv f(\alpha_i) \equiv (\alpha_i - \alpha_1)f_1(\alpha_i) \pmod p,$$

而 $\alpha_i \not\equiv \alpha_1 \pmod p\ (i = 2,3,\cdots,k)$,且 p 为素数,故

$$f_1(\alpha_i) \equiv 0 \pmod p \quad (i = 2,3,\cdots,k).$$

由归纳假设

$$f_1(x) \equiv (x - \alpha_2)(x - \alpha_3)\cdots(x - \alpha_k)f_k(x) \pmod p,$$

这里 $f_k(x)$是首项系数为 a_n 的$(n-1)-(k-1) = n-k$ 次多项式,故

$$f(x) \equiv (x - \alpha_1)(x - \alpha_2)\cdots(x - \alpha_k)f_k(x) \pmod p,$$

这里 $f_k(x)$是首项系数为 a_n 的 $n-k$ 次多项式.

这说明对于 k 结论也成立.根据第一数学归纳法,结论对一切正整数 $k \leqslant n$ 都成立. □

推论 1 对任何整数 x,有

$$x^{p-1} - 1 \equiv (x-1)(x-2)\cdots(x-(p-1)) \pmod p.$$

证 因为 $x \equiv 1,2,\cdots,p-1 \pmod p$是 $x^{p-1} - 1 \equiv 0 \pmod p$的 $p-1$ 个不同的解,故由定理 4.6,知对任何整数 x,有

$$x^{p-1} - 1 \equiv (x-1)(x-2)\cdots(x-(p-1)) \cdot f_{p-1}(x) \pmod p.$$

而 $f_{p-1}(x)$ 是 $(p-1)-(p-1)=0$ 次多项式，且首项系数为 1，即 $f_{p-1}(x)=1$，故结论对任何整数 x 都成立. □

若令 $x=p$，则 $(p-1)!\equiv -1 \pmod p$. 此乃威尔逊定理的一部分.

推论 2 若 p 是素数，$p\nmid a_n$，则同余方程

$$f(x)=a_nx^n+a_{n-1}x^{n-1}+\cdots+a_1x+a_0\equiv 0 \pmod p$$

最多有 n 个解.

证 用反证法. 假设该同余方程的解超过 n 个，则它至少有 $n+1$ 个不同的解，记为

$$x\equiv \alpha_i \pmod p \quad (i=1,2,\cdots,n,n+1).$$

由定理 4.6，知

$$f(x)\equiv a_n(x-\alpha_1)(x-\alpha_2)\cdots(x-\alpha_n) \pmod p.$$

因为 $f(\alpha_{n+1})\equiv 0 \pmod p$，所以

$$a_n(\alpha_{n+1}-\alpha_1)(\alpha_{n+1}-\alpha_2)\cdots(\alpha_{n+1}-\alpha_n)\equiv 0 \pmod p.$$

而 p 是素数，$p\nmid a_n$，故有一个 $\alpha_i\ (i=1,2,\cdots,n)$，使得

$$\alpha_{n+1}-\alpha_i\equiv 0 \pmod p, \quad 即 \quad \alpha_{n+1}\equiv \alpha_i \pmod p.$$

这与假设矛盾. □

由推论 2，立得：

推论 3 设 p 是素数，若同余方程

$$f(x)=a_nx^n+a_{n-1}x^{n-1}+\cdots+a_1x+a_0\equiv 0 \pmod p$$

有多于 n 个不同的解，则它的所有系数都是 p 的倍数，即

$$a_i\equiv 0 \pmod p \quad (i=0,1,2,\cdots,n).$$

下面我们给出同余方程 $f(x)\equiv 0 \pmod p$ 的解数与次数相等的条件.

定理 4.7 如果 $n\leqslant p$，则同余方程 $f(x)\equiv 0 \pmod p$ 有 n 个解的充要条件是 $f(x)$ 关于模 p 是 x^p-x 的因式.

证 （必要性）根据带余除法定理，$x^p-x=q(x)f(x)+r(x)$，这里 $r(x)=0$ 或 $r(x)$ 的次数小于 n.

若 $f(x)\equiv 0 \pmod p$ 有 n 个解，则由费马小定理，知这 n 个解都是 $x^p-x\equiv 0 \pmod p$ 的解，因而也都是 $r(x)\equiv 0 \pmod p$ 的解. 但 $r(x)$ 的次数小于 n，由定理 4.6 的推论 3，知 $r(x)$ 的系数都是 p 的倍数，即

$$x^p-x\equiv q(x)f(x) \pmod p.$$

（充分性）设 $x^p-x\equiv q(x)f(x) \pmod p$，如果 $f(x)\equiv 0 \pmod p$ 的解数小于 n，由于 $q(x)\equiv 0 \pmod p$ 的解数不能多于 $p-n$，因此 $q(x)f(x)\equiv 0 \pmod p$ 的解数小于 p. 但由费马小定理，知 $x^p-x\equiv 0 \pmod p$ 有 p 个解，这就导致了矛盾，所以 $f(x)\equiv 0 \pmod p$ 有 n 个解. □

例 1 试证:同余方程 $x^{\varphi(m)}-1\equiv 0(\bmod m)$恰有 $\varphi(m)$个解.

证 设$(x_0,m)\neq 1$,则$(x_0^{\varphi(m)},m)\neq 1$,而$(1,m)=1$,因此凡与 m 不互素的数都不会是所给同余方程的解,即原方程至多有 $\varphi(m)$个解.

另外,由欧拉定理,知任意与 m 互素的数都满足$x^{\varphi(m)}\equiv 1(\bmod m)$.因此同余方程 $x^{\varphi(m)}-1\equiv 0(\bmod m)$恰有 $\varphi(m)$个解.

例 2 设 $n\mid(p-1)$,$n>1$,$(a,p)=1$,试证:同余方程 $x^n\equiv a(\bmod p)$有解的充要条件是 $a^{\frac{p-1}{n}}\equiv 1(\bmod p)$,并且在有解的情况下其解数为 n.

证 (必要性)若 $x\equiv x_0(\bmod p)$是 $x^n\equiv a(\bmod p)$的解,即 $x_0^n\equiv a(\bmod p)$,则由$(a,p)=1$,知 $(x_0,p)=1$.由此及费马小定理,就推出

$$a^{\frac{p-1}{n}}\equiv(x_0^n)^{\frac{p-1}{n}}\equiv x_0^{p-1}\equiv 1(\bmod p).$$

(充分性)若 $a^{\frac{p-1}{n}}\equiv 1(\bmod p)$,则

$$x^{p-1}-1=(x^n)^{\frac{p-1}{n}}-a^{\frac{p-1}{n}}+a^{\frac{p-1}{n}}-1=(x^n-a)q(x)+pc,\qquad(4.1)$$

这里 $q(x)$为某整系数多项式,c 为某一常数.式(4.1)两边同乘以 x,并令 $Q(x)=xq(x)$,得

$$x^p-x=(x^n-a)Q(x)+p\cdot cx,$$

即

$$x^p-x\equiv(x^n-a)Q(x)(\bmod p).\qquad(4.2)$$

由式(4.2)及定理 4.7,就推出 $x^n\equiv a(\bmod p)$有解且解数为 n.

尽管没有一般的方法去解素数模高次同余方程,但当模较小时,我们还是能够找到这种高次同余方程的解的.

例 3 解同余方程

$$f(x)=x^7-2x^6-7x^5+x+2\equiv(\bmod 5).$$

解 对原方程化简系数,得 $f_1(x)=x^7-2x^6-2x^5+x+2\equiv 0(\bmod 5)$.为降低同余方程的次数,以 x^5-x 除之,得

$$f_1(x)=(x^5-x)(x^2-2x-2)+x^3-2x^2-x+2.$$

于是原同余方程等价于 $r(x)=x^3-2x^2-x+2\equiv 0(\bmod 5)$.

用 5 的绝对最小完全剩余系 $-2,-1,0,1,2$ 代入,知它有三个解:

$$x\equiv 1,2,4(\bmod 5).$$

习题 4.4

1. 设 n 是正整数,$(n,p-1)=k$,试证:$x^n\equiv 1(\bmod p)$有 k 个解.
2. 设 p 为奇素数,$(a,p)=1$,试求二次同余方程

$$x^2\equiv a(\bmod p)$$

的解数为 2 的充要条件.

3. 解同余方程 $f(x)=3x^9-2x^7+x^4-x^3+10x+9\equiv 0(\bmod 7)$.

4. 试证:当素数 $p>3$ 时,$(p-1)!\sum_{k=1}^{p-1}\frac{1}{k}\equiv 0(\bmod p^2)$.

4.5 合数模高次同余方程

本节主要讨论合数模高次同余方程的解数与解法.

先介绍几个性质.

定理 4.8 若 $m_1,m_2,\cdots,m_k$ 是 k 个两两互素的正整数,且 $m=m_1m_2\cdots m_k$,则同余方程

$$f(x)\equiv 0(\bmod m) \tag{5.1}$$

与同余方程组

$$f(x)\equiv 0(\bmod m_i)\quad (i=1,2,\cdots,k) \tag{5.2}$$

等价.

证 设 x_0 是满足式(5.1)的整数,则 $f(x_0)\equiv 0(\bmod m)$. 由于 $m_i\mid m\ (i=1,2,\cdots,k)$,所以有

$$f(x_0)\equiv 0(\bmod m_i)\quad (i=1,2,\cdots,k).$$

反之,若 x_0 满足式(5.2),即 $f(x_0)\equiv 0(\bmod m_i)\ (i=1,2,\cdots,k)$,则

$$f(x_0)\equiv 0(\bmod [m_1,m_2,\cdots,m_k]).$$

由于 $m_1,m_2,\cdots,m_k$ 两两互素,故 $[m_1,m_2,\cdots,m_k]=m_1m_2\cdots m_k=m$. 于是有 $f(x_0)\equiv 0(\bmod m)$.

综上,式(5.1)与(5.2)等价. □

定理 4.9 若 $m_1,m_2,\cdots,m_k$ 是 k 个两两互素的正整数,$m=m_1m_2\cdots m_k$,且 $f(x)\equiv 0(\bmod m_i)$ 的解数为 $T_i\ (i=1,2,\cdots,k)$,则 $f(x)\equiv 0(\bmod m)$ 的解数

$$T=T_1T_2\cdots T_k.$$

证 设 $f(x)\equiv 0(\bmod m_i)$ 的 T_i 个不同的解是

$$x\equiv b_{i1},b_{i2},\cdots,b_{iT_i}\quad (i=1,2,\cdots,k).$$

则式(5.2)的解即为下列诸同余方程组的解

$$\begin{cases} x\equiv b_{11},b_{12},\cdots,b_{1T_1}(\bmod m_1)\\ x\equiv b_{21},b_{22},\cdots,b_{2T_2}(\bmod m_2)\\ \cdots\\ x\equiv b_{k1},b_{k2},\cdots,b_{kT_k}(\bmod m_k)\end{cases}. \tag{5.3}$$

根据孙子剩余定理,式(5.3)中每一个同余方程组对模 m 恰有一解. 又式(5.3) 有 $T_1T_2\cdots T_k$ 个同余方程组,故式(5.3) 对模 m 有 $T_1T_2\cdots T_k$ 个解,现证明这些解关于模 m 两两不同余. 事实上,设 $m_iM_i = m$ $(i = 1,2,\cdots,k)$,则由 $\sum_{i=1}^{k} M_i\alpha_i b_i' \equiv \sum_{i=1}^{k} M_i\alpha_i b_i'' \pmod m$,这里 $M_i\alpha_i \equiv 1 \pmod{m_i}$,$b_i'$,$b_i''$ 是模 m_i 的完全剩余系中的两个数$(i = 1,2,\cdots,k)$,可得

$$M_i\alpha_i b_i' \equiv M_i\alpha_i b_i'' \pmod{m_i} \quad (i = 1,2,\cdots,k).$$

即 $b_i' \equiv b_i'' \pmod{m_i}$ $(i=1,2,\cdots,k)$,从而 $b_i' = b_i''$. 另外,由定理 4.8,知式(5.1)的解与式(5.3)的解相同,故式(5.1)关于模 m 的解数是

$$T = T_1T_2\cdots T_k.$$

□

定理 4.10 设 $f'(x)$是 $f(x)$的导函数,$x \equiv x_1 \pmod p$是 $f(x) \equiv 0 \pmod p$的一个解,且 $p \nmid f'(x_1)$,则 $x \equiv x_1 \pmod p$恰好给出 $f(x) \equiv 0 \pmod{p^\alpha}$的一个解:

$$x \equiv x_\alpha \pmod{p^\alpha},$$

这里 $x_\alpha \equiv x_1 \pmod p$.

证 用第一数学归纳法.

(ⅰ) 设 $x = x_1 + pt_1$ (t_1 为整数),考虑 $f(x_1 + pt_1) \equiv 0 \pmod{p^2}$,应用泰勒公式将此式左边展开,即得

$$f(x_1) + pt_1 f'(x_1) \equiv 0 \pmod{p^2}.$$

而 $f(x_1) \equiv 0 \pmod p$,即 $p \mid f(x_1)$,故

$$f'(x_1) \cdot t_1 \equiv -\frac{f(x_1)}{p} \pmod p.$$

又 $p \nmid f'(x_1)$,即$(f'(x),p) = 1$,故上述同余方程恰有一解:

$$t_1 \equiv s_1 \pmod p,$$

即 $t_1 = s_1 + pt_2$ (t_2 为整数). 此时 $x = x_1 + p(s_1 + pt_2) = x_1 + ps_1 + p^2t_2$. 令 $x_2 = x_1 + ps_1$,则

$$x = x_2 + p^2t_2.$$

显然 $x_2 \equiv x_1 \pmod p$,且满足 $f(x) \equiv 0 \pmod{p^2}$,所以 $f(x) \equiv 0 \pmod{p^2}$恰有一解:

$$x \equiv x_2 \pmod{p^2},$$

这里 $x_2 \equiv x_1 \pmod p$.

(ⅱ) 假设定理对 $\alpha - 1$ 的情形成立,即 $f(x) \equiv 0 \pmod{p^{\alpha-1}}$恰有一解:

$$x \equiv x_{\alpha-1} \pmod{p^{\alpha-1}},$$

这里 $x_{\alpha-1} \equiv x_1 \pmod p$. 仿(ⅰ),可证 $f(x) \equiv 0 \pmod{p^\alpha}$恰有一解:

$$x \equiv x_\alpha \pmod{p^\alpha},$$

这里 $x_\alpha\equiv x_1 \pmod p$.因此结论对 α 的情形同样成立. □

推论1 设 p 为素数,$f(x)\equiv 0 \pmod p$ 与 $f'(x)\equiv 0 \pmod p$ 无公共解,则同余方程 $f(x)\equiv 0 \pmod{p^\alpha}$ 与 $f(x)\equiv 0 \pmod p$ 的解数相同.

证 一方面,$f(x)\equiv 0 \pmod{p^\alpha}$ 的解都是 $f(x)\equiv 0 \pmod p$ 的解.

另一方面,若 $x\equiv x_1 \pmod p$ 满足 $f(x)\equiv 0 \pmod p$,则因 $f(x)\equiv 0 \pmod p$ 与 $f'(x)\equiv 0 \pmod p$ 无公共解,故 $p\nmid f'(x_1)$,依定理4.10,由 $f(x)\equiv 0 \pmod p$ 的一个解,恰好给出 $f(x)\equiv 0 \pmod{p^\alpha}$ 的一个解.故两者的解数相同. □

推论2 设 p 为素数,则同余方程 $x^{p-1}\equiv 1 \pmod{p^l}$ 有 $p-1$ 个解,这里 $l\geqslant 1$.

证 令 $f(x)=x^{p-1}-1$,则

$$f'(x)=(p-1)x^{p-2}.$$

显然 $f(x)\equiv 0 \pmod p$ 的解为 $1,2,\cdots,p-1$,而 $f'(x)\equiv 0 \pmod p$ 的解为0,两者无公共解.由推论1,知

$$x^{p-1}-1\equiv 0 \pmod{p^l}\ (l\geqslant 1) \quad 与 \quad x^{p-1}-1\equiv 0 \pmod p$$

的解数相同,均为 $p-1$. □

下面来考虑合数模高次同余方程的解法.

我们已经知道,任一正整数 m 可以写成标准分解式 $m=p_1^{\alpha_1}p_2^{\alpha_2}\cdots p_k^{\alpha_k}$.

由定理4.8,知同余方程 $f(x)\equiv 0 \pmod m$ 与同余方程组 $f(x)\equiv 0 \pmod{p_i^{\alpha_i}}$ $(i=1,2,\cdots,k)$ 等价,因此,解合数模高次同余方程可归结为解同余方程

$$f(x)\equiv 0 \pmod{p_i^{\alpha_i}}. \tag{5.4}$$

定理4.10不仅指出了同余方程(5.4)的解数,而且由于证明过程是构造性的,所以它也给出了解同余方程(5.4)的具体方法.

例1 解同余方程

$$f(x)=x^4+2x^3+8x+9\equiv 0 \pmod{35}.$$

解 由定理4.8,知同余方程 $f(x)\equiv 0 \pmod{35}$ 与同余方程组

$$\begin{cases} f(x)\equiv 0 \pmod 5 \\ f(x)\equiv 0 \pmod 7 \end{cases}$$

等价.容易验证:

第一个同余方程有2个解:$x\equiv 1,4 \pmod 5$;

第二个同余方程有3个解:$x\equiv 3,5,6 \pmod 7$.

故同余方程 $f(x)\equiv 0 \pmod{35}$ 有 $2\times 3=6$ 个解,即诸同余方程组

$$\begin{cases} x\equiv b_1 \pmod 5 \\ x\equiv b_2 \pmod 7 \end{cases}$$

的解.这里 $b_1=1,4$;$b_2=3,5,6$.由孙子剩余定理,得

$$x\equiv 21b_1+15b_2 \pmod{35}.$$

以 b_1, b_2 的值分别代入，即得同余方程 $f(x) \equiv 0 \pmod{35}$ 的全部解：

$$x \equiv 31, 26, 6, 24, 19, 34 \pmod{35}.$$

例 2 解同余方程

$$f(x) = x^4 + 7x + 4 \equiv 0 \pmod{27}.$$

解 因为 $f'(x) = 4x^3 + 7$，$f(x) \equiv 0 \pmod 3$ 有唯一解 $x \equiv 1 \pmod 3$，且 $3 \nmid f'(1)$，故可以把 $x = 1 + 3t_1$ 代入 $f(x) \equiv 0 \pmod 9$，得

$$f(1) + 3t_1 f'(1) \equiv 0 \pmod 9.$$

而 $f(1) = 12 \equiv 3 \pmod 9$，$f'(1) = 11 \equiv 2 \pmod 9$，故

$$3 + 3t_1 \cdot 2 \equiv 0 \pmod 9, \quad 即 \quad 2t_1 + 1 \equiv 0 \pmod 3.$$

解此同余方程，得 $t_1 \equiv 1 \pmod 3$. 令 $t_1 = 1 + 3t_2$，则

$$x = 1 + 3(1 + 3t_2) = 4 + 9t_2.$$

将此式代入 $f(x) \equiv 0 \pmod{27}$，得

$$f(4) + 9t_2 \cdot f'(4) \equiv 0 \pmod{27}.$$

又由于 $f(4) = 288 \equiv 18 \pmod{27}$，$f'(4) = 263 \equiv -7 \pmod{27}$，故

$$18 + 9t_2 \cdot (-7) \equiv 0 \pmod{27}, \quad 即 \quad 2 - 7t_2 \equiv 0 \pmod 3.$$

解此同余方程，得 $t_2 \equiv 2 \pmod 3$. 令 $t_2 = 2 + 3t_3$，则 $x = 4 + 9(2 + 3t_3) = 22 + 27t_3$. 故 $f(x) \equiv 0 \pmod{27}$ 的解为 $x \equiv 22 \pmod{27}$.

例 3 解同余方程

$$f(x) = x^3 - 2x + 6 \equiv 0 \pmod{125}.$$

解 易知 $f'(x) = 3x^2 - 2$，$f(x) = x^3 - 2x + 6 \equiv 0 \pmod 5$ 有两个解：$x \equiv 1, 2 \pmod 5$，且 $5 \nmid f'(1)$，$5 \mid f'(2)$.

若以 $x = 2 + 5s$ 代入 $f(x) \equiv 0 \pmod{25}$，则得

$$f(2) + 5sf'(2) \equiv 0 \pmod{25}.$$

但 $f(2) = 10$，$5 \mid f'(2)$，从而上式不能成立. 故此时同余方程无解.

以 $x = 1 + 5t_1$ 代入 $f(x) \equiv 0 \pmod{25}$，得

$$f(1) + 5t_1 f'(1) \equiv 0 \pmod{25}.$$

而 $f(1) = 5$，$f'(1) = 1$，故 $5 + 5t_1 \equiv 0 \pmod{25}$，解此同余方程，得 $t_1 \equiv -1 \pmod 5$. 令 $t_1 = -1 + 5t_2$，则

$$x = 1 + 5(-1 + 5t_2) = -4 + 25t_2.$$

将此式代入 $f(x) \equiv 0 \pmod{125}$，得

$$f(-4) + 25t_2 f'(-4) \equiv 0 \pmod{125}.$$

又 $f(-4) = -50$，$f'(-4) = 46$，故

$$-50 + 25t_2 \cdot 46 \equiv 0 \pmod{125}, \quad 即 \quad -2 + 46t_2 \equiv 0 \pmod 5,$$

解此同余方程，得 $t_2 \equiv 2 \pmod 5$. 令 $t_2 = 2 + 5t_3$，则

$$x = -4 + 25(2 + 5t_3) = 46 + 125t_3.$$

故 $f(x) \equiv 0 \pmod{125}$ 的解为 $x \equiv 46 \pmod{125}$.

例 4 试证:对任意正整数 n,总存在正整数 m,使同余方程 $x^2 \equiv 1 \pmod{m}$ 的解多于 n 个.

证 对任意奇素数 p,同余方程 $x^2 \equiv 1 \pmod{p}$ 有两个解:$1, p-1$. 设 $p_1, p_2, \cdots, p_k$ 是 k 个不同的奇素数,由孙子剩余定理,知同余方程组

$$\begin{cases} x \equiv a_1 \pmod{p_1} \\ x \equiv a_2 \pmod{p_2} \\ \cdots \\ x \equiv a_k \pmod{p_k} \end{cases}$$

($a_i = 1$ 或 $p_i - 1, i = 1, 2, \cdots, k$)关于模 $m = p_1 p_2 \cdots p_k$ 有 2^k 个不同的解. 显然,这些解也是同余方程 $x^2 \equiv 1 \pmod{m}$ 的 2^k 个解.

由 $m = p_1 p_2 \cdots p_k$,取 k 使得 $2^k > n$. 这样我们就有 $m > 0$,使同余方程 $x^2 \equiv 1 \pmod{m}$ 的解多于 n 个.

习 题 4.5

1. 解下列同余方程:

(1) $f(x) = 6x^3 + 27x^2 + 17x + 20 \equiv 0 \pmod{30}$;

(2) $f(x) = x^4 - 8x^3 + 9x^2 + 9x + 14 \equiv 0 \pmod{25}$;

(3) $f(x) = 31x^4 + 57x^3 + 96x + 191 \equiv 0 \pmod{225}$.

2. 试证:

$$5x^2 + 11y^2 \equiv 1 \pmod{m}$$

对任何正整数 m 都有解.

4.6 一般二次同余方程的简化

一元二次同余方程的一般形式是

$$ax^2 + bx + c \equiv 0 \pmod{m}, \tag{6.1}$$

这里 $a \not\equiv 0 \pmod{m}$.

为了便于迅速求出一般二次同余方程的解,我们有必要对式(6.1)进行化简.

设 m 的标准分解式为 $m = p_1^{\alpha_1} p_2^{\alpha_2} \cdots p_k^{\alpha_k}$,则式(6.1)有解的充要条件是每一个同余方程

$$ax^2+bx+c\equiv 0 \pmod{p_i^{\alpha_i}} \quad (i=1,2,\cdots,k)$$

有解.因此我们转而讨论素数幂模同余方程

$$f(x)=ax^2+bx+c\equiv 0 \pmod{p^{\alpha}}. \tag{6.2}$$

不妨假设 $p\nmid(a,b,c)$,我们有:

定理 4.11 如果 $p\mid a,p\mid b,p\nmid c$,则方程(6.2)无解;如果 $p\mid a,p\nmid b$,则方程(6.2)有解.

证 由 $p\mid a,p\mid b,p\nmid c$,知同余方程 $ax^2+bx+c\equiv 0 \pmod p$,即 $c\equiv 0 \pmod p$ 无解,故方程(6.2)无解.

由 $p\mid a,p\nmid b$,知同余方程 $ax^2+bx+c\equiv 0 \pmod p$,即 $bx+c\equiv 0 \pmod p$ 有解,且 $f'(x)=2ax+b\equiv 0 \pmod p$ 无解,即 $p\nmid f'(x)$,故由 $ax^2+bx+c\equiv 0 \pmod p$ 的解可导出方程(6.2)的解. □

定理 4.12 若 $p>2,p\nmid a$,则方程(6.2)与同余方程

$$y^2\equiv A \pmod{p^{\alpha}} \quad (A=b^2-4ac)$$

等价.

证 由题设,知 $(p^{\alpha},4a)=1$,用 $4a$ 乘方程(6.2)后再配方,可得

$$(2ax+b)^2\equiv b^2-4ac \pmod{p^{\alpha}}.$$

令 $y=2ax+b$,且 $A=b^2-4ac$,则方程(6.2)变为

$$y^2\equiv A \pmod{p^{\alpha}}. \tag{6.3}$$

可以证明方程(6.2)有解的充要条件是方程(6.3)有解.

事实上,若方程(6.2)有解,则方程(6.3)显然有解.反之,若方程(6.3)有解 $y=y_0$,因 $(2a,p^{\alpha})=1$,故 $2ax+b\equiv y_0 \pmod{p^{\alpha}}$ 有解,因此方程(6.2)有解. □

定理 4.13 设 $p=2$,若 $2\nmid a,2\nmid b,2\mid c$,则方程(6.2)有解;若 $2\nmid a,2\nmid b$,$2\nmid c$,则方程(6.2)无解;若 $2\nmid a,2\mid b$,则方程(6.2)与同余方程

$$y^2\equiv B \pmod{2^{\alpha}} \quad \left(B=\left(\frac{b}{2}\right)^2-ac\right) \tag{6.4}$$

等价.

证 对任何 x 来说,$x^2\equiv x \pmod 2$,从而同余方程

$$ax^2+bx+c\equiv 0 \pmod 2 \tag{6.5}$$

与

$$(a+b)x+c\equiv 0 \pmod 2 \tag{6.6}$$

等价.

由 $2\nmid a,2\nmid b$,知 $2\mid(a+b)$.若 $2\mid c$,则方程(6.6)有解,从而方程(6.5)有解.

又 $f'(x)=2ax+b\equiv 0 \pmod 2$ 无解,即 $2\nmid f'(x)$,故由方程(6.5)可导出方程(6.2)的解.

若 $2\nmid c$,则方程(6.6)无解,从而方程(6.5)无解,进而方程(6.2)无解.

若 $2\nmid a, 2\mid b$,此时由于$(2^\alpha, a)=1$,故方程(6.2)与同余方程

$$(ax)^2+b(ax)+ac\equiv 0 \pmod{2^\alpha},\ 即\ \left(ax+\frac{b}{2}\right)^2\equiv\left(\frac{b}{2}\right)^2-ac \pmod{2^\alpha}$$

等价. 令 $y=ax+\frac{b}{2}$,且 $B=\left(\frac{b}{2}\right)^2-ac$,则方程(6.2)与方程(6.4)等价. □

综合上述定理,判断一般二次同余方程是否有解的问题,一定可化成判断形如

$$y^2\equiv A \pmod{p^\alpha} \tag{6.7}$$

的同余方程是否有解的问题. 现在转而讨论方程(6.7).

若 $p^\alpha\mid A$,则不难求出方程(6.7)的一切解.

若 $p^\alpha\nmid A$,可设 $p^\beta\parallel A$(表示 $p^\beta\mid A$ 但 $p^{\beta+1}\nmid A$),而 $A=p^\beta A_1(\alpha>\beta\geqslant 0)$. 若 $\beta\geqslant 1$,则有 $p\mid y$. 令 $p^r\parallel y, y=p^r z$,代入式(6.7),得

$$p^{2r}z^2\equiv p^\beta A_1 \pmod{p^\alpha}\quad (p\nmid z, p\nmid A_1). \tag{6.8}$$

由式(6.8),得

$$(p^{2r}z^2, p^\alpha)=(p^\beta A_1, p^\alpha)=p^\beta.$$

故 $\beta=\min\{2r,\alpha\}=2r$.

这说明只有当 β 是偶数时,方程(6.8)才可能有解,至于当 β 是偶数时,方程(6.8)究竟有没有解,还要看

$$z^2\equiv A_1 \pmod{p^{\alpha-\beta}}\quad ((A_1, p^{\alpha-\beta})=1)$$

有没有解.

由以上讨论,我们看到最后的问题就是要讨论二次同余方程

$$x^2\equiv a \pmod{p^\alpha}\quad ((a, p^\alpha)=1)$$

是否有解,或者更一般地,就是要讨论二次同余方程

$$x^2\equiv a \pmod{m}\quad ((a, m)=1)$$

是否有解. 因此我们引入下面的定义:

定义 4.1 若同余方程

$$x^2\equiv a \pmod{m}\quad ((a, m)=1)$$

有解,则称 a 为模 m 的**平方剩余**(或**二次剩余**),否则称 a 为模 m 的**平方非剩余**(或**二次非剩余**).

本节只讨论以素数 p 为模的平方剩余与平方非剩余,而素数 2 的平方剩余显然是 1,无须考虑,因此我们着重讨论奇素数模 p 的情形.

定理 4.14 设 p 为奇素数,则在模 p 的简化剩余系中,共有$\frac{p-1}{2}$个模 p 的平方剩余,它们分别与

$$1^2, 2^2, \cdots, \left(\frac{p-1}{2}\right)^2$$

同余,而剩下的$\frac{p-1}{2}$个数是模 p 的全部平方非剩余.

证 设 a 是模 p 的一个平方剩余,即同余方程

$$x^2 \equiv a \pmod p \quad ((a,p)=1)$$

有解 k,则 k 必在模 p 的简化剩余系

$$\left\{\pm 1, \pm 2, \cdots, \pm \frac{p-1}{2}\right\}$$

之中.因此与 $1^2, 2^2, \cdots, \left(\frac{p-1}{2}\right)^2$ 中的任一数同余的数都是模 p 的平方剩余.

又上述$\frac{p-1}{2}$个数关于模 p 是两两互不同余的.否则,由

$$a^2 \equiv b^2 \pmod p \quad \left(1 \leqslant a < b \leqslant \frac{p-1}{2}\right),$$

可得$(b+a)(b-a) \equiv 0 \pmod p$,即 $p \mid (b+a)$或 $p \mid (b-a)$,但这是不可能的.因此在模 p 的简化剩余系中,模 p 的全部平方剩余共有$\frac{p-1}{2}$个,它们分别与 1^2, $2^2, \cdots, \left(\frac{p-1}{2}\right)^2$ 同余,而剩下的$\frac{p-1}{2}$个数是模 p 的全部平方非剩余. □

例 1 将同余方程 $2x^2+3x+1 \equiv 0 \pmod 5$化成 $y^2 \equiv A \pmod p$的形式.

解 方程两边同乘 $4a=8$,得 $16x^2+24x+8 \equiv 0 \pmod 5$,即

$$(4x+3)^2 \equiv 1 \pmod 5.$$

令 $y=4x+3$,即得 $y^2 \equiv 1 \pmod 5$.

例 2 在同余方程 $y^2 \equiv A \pmod{p^\alpha}$中,若 $p^\alpha \mid A$,试求出该同余方程的一切解.

解 由 $p^\alpha \mid A$,知 $A \equiv 0 \pmod{p^\alpha}$.于是原方程可化为

$$y^2 \equiv 0 \pmod{p^\alpha}.$$

设 α 为偶数,则$y=p^{\frac{\alpha}{2}}t\ (t=0, \pm 1, \pm 2, \cdots)$是满足原方程的一切整数,故原方程的一切解为

$$y \equiv 0, p^{\frac{\alpha}{2}}, 2p^{\frac{\alpha}{2}}, \cdots, (p^{\frac{\alpha}{2}}-1)p^{\frac{\alpha}{2}} \pmod{p^\alpha}.$$

设 α 为奇数,则 $y=p^{\frac{\alpha+1}{2}}t\ (t=0, \pm 1, \pm 2, \cdots)$是适合原方程的一切整数,故原方程的一切解为

$$y \equiv 0, p^{\frac{\alpha+1}{2}}, 2p^{\frac{\alpha+1}{2}}, \cdots, (p^{\frac{\alpha-1}{2}}-1)p^{\frac{\alpha+1}{2}} \pmod{p^\alpha}.$$

例 3 试求模 37 的平方剩余与平方非剩余.

解 因为

$$1^2 \equiv 1 \pmod{37}, 2^2 \equiv 4 \pmod{37}, 3^2 \equiv 9 \pmod{37}, 4^2 \equiv 16 \pmod{37},$$

$5^2 \equiv 25 \pmod{37}, 6^2 \equiv 36 \pmod{37}, 7^2 \equiv 12 \pmod{37}, 8^2 \equiv 27 \pmod{37},$

$9^2 \equiv 7 \pmod{37}, 10^2 \equiv 26 \pmod{37}, 11^2 \equiv 10 \pmod{37}, 12^2 \equiv 33 \pmod{37},$

$13^2 \equiv 21 \pmod{37}, 14^2 \equiv 11 \pmod{37}, 15^2 \equiv 3 \pmod{37}, 16^2 \equiv 34 \pmod{37},$

$17^2 \equiv 30 \pmod{37}, 18^2 \equiv 28 \pmod{37}.$

所以由定理4.14,知模37的平方剩余为

$$1,3,4,7,9,10,11,12,16,21,25,26,27,28,30,33,34,36,$$

于是其平方非剩余为

$$2,5,6,8,13,14,15,17,18,19,20,22,23,24,29,31,32,35.$$

例4 设 p 为奇素数,$p \nmid a$,试证:存在整数 $u,v,(u,v)=1$,使得 $u^2+av^2 \equiv 0 \pmod p$ 的充要条件是 $-a$ 是模 p 的平方剩余.

证 设 $p \mid v$,则由 $u^2+av^2 \equiv 0 \pmod p$,知 $p \mid u$,从而 $p \mid (u,v)=1$,得 $p=1$,与已知矛盾.故 $(v,p)=1$.于是存在 v',使得 $vv' \equiv 1 \pmod p$.若 $u^2+av^2 \equiv 0 \pmod p$,则 $(uv')^2 \equiv -a \pmod p$,即 $-a$ 是模 p 的平方剩余.

反之,若 $-a$ 是模 p 的平方剩余,令 $(uv')^2 \equiv -a \pmod p$,那么由 $p \nmid a$,得 $p \nmid uv'$,于是存在 v,使得 $vv' \equiv 1 \pmod p$.此时

$$(uv')^2 + a(vv')^2 \equiv 0 \pmod p.$$

考虑到 $(v',p)=1$,可得 $u^2+av^2 \equiv 0 \pmod p$.

习 题 4.6

1. 将同余方程 $4x^2-11x-3 \equiv 0 \pmod{13}$ 化成 $y^2 \equiv A \pmod p$ 的形式.

2. 试证:同余方程

$$ax^2+bx+c \equiv 0 \pmod m \quad ((2a,m)=1)$$

有解的充要条件是

$$y^2 \equiv q \pmod m \quad (q=b^2-4ac)$$

有解,并且前一同余方程的一切解可由后一同余方程的解导出.

3. 试求模23的平方剩余与平方非剩余.

4. 设素数 $p>3$,试证:p 整除它的所有平方剩余之和.

4.7 欧拉判别条件

为了讨论形如

$$x^2 \equiv a \pmod p \quad (p\text{ 为奇素数},(a,p)=1)$$

的同余方程的解，我们有：

定理 4.15(欧拉判别条件) 若 p 为奇素数，$(a,p)=1$，则

(1) a 是模 p 的平方剩余的充要条件是 $a^{\frac{p-1}{2}}\equiv 1 \pmod p$；

(2) a 是模 p 的平方非剩余的充要条件是 $a^{\frac{p-1}{2}}\equiv -1 \pmod p$.

证 (1) 因为 x^2-a 能整除 $x^{p-1}-a^{\frac{p-1}{2}}$，即有一整系数多项式 $q(x)$，使得 $x^{p-1}-a^{\frac{p-1}{2}}=(x^2-a)q(x)$，故

$$x^p - x = x\left(x^{p-1}-a^{\frac{p-1}{2}}\right)+\left(a^{\frac{p-1}{2}}-1\right)x$$

$$=(x^2-a)xq(x)+\left(a^{\frac{p-1}{2}}-1\right)x.$$

若 a 是平方剩余，则由 $x^p-x\equiv 0 \pmod p$，$x^2-a\equiv 0 \pmod p$ 及 $(x,p)=1$，知 $a^{\frac{p-1}{2}}-1\equiv 0 \pmod p$，即 $a^{\frac{p-1}{2}}\equiv 1 \pmod p$.

反之，若 $a^{\frac{p-1}{2}}\equiv 1 \pmod p$，即存在正整数 k，使得 $a^{\frac{p-1}{2}}-1=kp$，则

$$x^p - x = (x^2-a)xq(x)+p\cdot kx,$$

或者

$$x^p - x\equiv (x^2-a)(xq(x)) \pmod p.$$

因而 $x^2-a\equiv 0 \pmod p$ 有两个不同的解，即 a 是平方剩余.

(2) 根据费马小定理，若 $(a,p)=1$，则 $a^{p-1}\equiv 1 \pmod p$. 因此

$$\left(a^{\frac{p-1}{2}}+1\right)\left(a^{\frac{p-1}{2}}-1\right)\equiv 0 \pmod p.$$

由于 p 是奇素数，故 $a^{\frac{p-1}{2}}+1\equiv 0 \pmod p$ 与 $a^{\frac{p-1}{2}}-1\equiv 0 \pmod p$ 有且仅有一式成立，否则 $p\mid 2$. 但由(1)知，当且仅当 $a^{\frac{p-1}{2}}\not\equiv 1 \pmod p$ 时，a 不是平方剩余. 故 a 是平方非剩余的充要条件是 $a^{\frac{p-1}{2}}\equiv -1 \pmod p$. □

例 1 对于同一素数模 p，试证：

(1) 两平方剩余之积仍为平方剩余；

(2) 一平方剩余与一平方非剩余之积为平方非剩余.

证 (1) 设 a_1,a_2 均为模 p 的平方剩余，则

$$a_1^{\frac{p-1}{2}}\equiv 1 \pmod p,\quad a_2^{\frac{p-1}{2}}\equiv 1 \pmod p,$$

故

$$(a_1a_2)^{\frac{p-1}{2}}\equiv a_1^{\frac{p-1}{2}}\cdot a_2^{\frac{p-1}{2}}\equiv 1\times 1\equiv 1 \pmod p,$$

即 a_1a_2 是模 p 的平方剩余.

(2) 仿(1)，同理可证.

例 2 利用欧拉判别条件，确定下列各数关于模 13 是否是平方剩余：

(1) 2； (2) 3； (3) 5； (4) 7.

解 (1) 因为 $2^{\frac{13-1}{2}} \equiv 2^6 \equiv -1 \pmod{13}$,所以 2 是模 13 的平方非剩余;

(2) 因为 $3^{\frac{13-1}{2}} \equiv 3^6 \equiv 1 \pmod{13}$,所以 3 是模 13 的平方剩余;

(3) 因为 $5^{\frac{13-1}{2}} \equiv 5^6 \equiv -1 \pmod{13}$,所以 5 是模 13 的平方非剩余;

(4) 因为 $7^{\frac{13-1}{2}} \equiv 7^6 \equiv -1 \pmod{13}$,所以 7 是模 13 的平方非剩余.

习 题 4.7

1. 试证:对于同一素数模 p,两平方非剩余之积为平方剩余.
2. 利用欧拉判别条件,确定下列各数关于模 17 是否是平方剩余:
(1) 2; (2) 3; (3) 5; (4) 7.
3. 设素数 $p=4m+1$,试证:同余方程 $x^2+1\equiv 0 \pmod{p}$ 的解是
$$x \equiv \pm (2m)! \pmod{p}.$$

4.8 勒让德符号

虽然上一节得出平方剩余与平方非剩余的欧拉判别条件,但当素数 p 较大时这个判别条件实际上很难被运用.

为便于迅速判别数 a 是否是模 p 的平方剩余,我们引入勒让德符号.

定义 4.2 设 p 为奇素数,$(a,p)=1$,则如下规定的 $\left(\frac{a}{p}\right)$ 称为**勒让德符号**:

$$\left(\frac{a}{p}\right)=\begin{cases}1, & 若\ a\ 是模\ p\ 的平方剩余\\ -1, & 若\ a\ 是模\ p\ 的平方非剩余\end{cases}.$$

我们将 $\left(\frac{a}{p}\right)$ 读作:a 对 p 的勒让德符号. a 和 p 分别称为勒让德符号的分子和分母. 约定:当 $p\mid a$ 时,$\left(\frac{a}{p}\right)=0$.

显然,若 $p\nmid n$,则 $\left(\frac{n^2}{p}\right)=1$,特别地,$\left(\frac{1}{p}\right)=1$.

由欧拉判别条件,有

$$\left(\frac{a}{p}\right)\equiv a^{\frac{p-1}{2}} \pmod{p}.$$

定理 4.16 设 p 为奇素数,且 $a_1\equiv a_2 \pmod{p}$,则

$$\left(\frac{a_1}{p}\right)=\left(\frac{a_2}{p}\right).$$

证 由于$\left(\frac{a_1}{p}\right)\equiv a_1^{\frac{p-1}{2}}\equiv a_2^{\frac{p-1}{2}}\equiv\left(\frac{a_2}{p}\right)\pmod p$，两边只能同时取1或$-1$，否则将有$p\mid 2$，这与$p$是奇素数矛盾，因此$\left(\frac{a_1}{p}\right)=\left(\frac{a_2}{p}\right)$. □

定理4.17 设p为奇素数，则

$$\left(\frac{a_1a_2\cdots a_n}{p}\right)=\left(\frac{a_1}{p}\right)\left(\frac{a_2}{p}\right)\cdots\left(\frac{a_n}{p}\right).$$

证 由于

$$\begin{aligned}\left(\frac{a_1a_2\cdots a_n}{p}\right)&\equiv(a_1a_2\cdots a_n)^{\frac{p-1}{2}}\\&\equiv a_1^{\frac{p-1}{2}}\cdot a_2^{\frac{p-1}{2}}\cdots a_n^{\frac{p-1}{2}}\\&\equiv\left(\frac{a_1}{p}\right)\left(\frac{a_2}{p}\right)\cdots\left(\frac{a_n}{p}\right)\pmod p,\end{aligned}$$

两边只能同时取1或-1，否则将有$p\mid 2$，这与p是奇素数矛盾，因此

$$\left(\frac{a_1a_2\cdots a_n}{p}\right)=\left(\frac{a_1}{p}\right)\left(\frac{a_2}{p}\right)\cdots\left(\frac{a_n}{p}\right).$$ □

推论 $\left(\frac{b^2c}{p}\right)=\left(\frac{c}{p}\right)$，即勒让德符号分子的平方因数可以去掉.

定理4.18 设p为奇素数，则$\left(\frac{-1}{p}\right)=(-1)^{\frac{p-1}{2}}$.

证 由于$\left(\frac{-1}{p}\right)\equiv(-1)^{\frac{p-1}{2}}\pmod p$，两边只能同时取1或$-1$，否则将有$p\mid 2$，这与$p$是奇素数矛盾，因此$\left(\frac{-1}{p}\right)=(-1)^{\frac{p-1}{2}}$. □

定理4.18说明：当$p\equiv1\pmod 4$时，-1为p的平方剩余；当$p\equiv3\pmod 4$时，-1为p的平方非剩余.

例1 试证：同余方程$(x^2-a)(x^2-b)(x^2-ab)\equiv0\pmod p$总有解，这里$a$，$b$为任意整数.

证 若$p\mid ab$，结论显然成立.

若$p\nmid ab$，由于$\left(\frac{a}{p}\right)$，$\left(\frac{b}{p}\right)$，$\left(\frac{ab}{p}\right)$中必有一个值是1，所以

$$x^2\equiv a\pmod p,\quad x^2\equiv b\pmod p,\quad x^2\equiv ab\pmod p$$

中必有一个方程有解. 因此同余方程$(x^2-a)(x^2-b)(x^2-ab)\equiv0\pmod p$总有解.

例2 试证：当$l\geqslant3$时，对任意素数p，$x^{2^l}\equiv2^{2^{l-1}}\pmod p$总有解.

证 先考虑同余方程$x^8\equiv16\pmod p$. 易知

$$x^8-16=(x^4+4)(x^2+2)(x^2-2)$$

$$= (x^2 + 2x + 2)(x^2 - 2x + 2)(x^2 + 2)(x^2 - 2)$$
$$= ((x + 1)^2 + 1)((x - 1)^2 + 1)(x^2 + 2)(x^2 - 2),$$

以及 $p \equiv 1 \pmod 4$ 时 $\left(\frac{-1}{p}\right) = 1$；$p \equiv 3 \pmod 4$ 时 $\left(\frac{-1}{p}\right) = -1$，此时 $\left(\frac{-2}{p}\right) = \left(\frac{-1}{p}\right)\left(\frac{2}{p}\right) = -\left(\frac{2}{p}\right)$，即 $\left(\frac{-2}{p}\right)$ 与 $\left(\frac{2}{p}\right)$ 中总有一个值是 1. 故对任意素数 p，$x^8 \equiv 16 \pmod p$ 总有解.

当 $l \geqslant 3$ 时，$(x^8 - 16) \mid (x^{2^l} - 2^{2^{l-1}})$. 因此 $x^{2^l} \equiv 2^{2^{l-1}} \pmod p$ $(l \geqslant 3)$ 总有解.

例 3 试证：形如 $4n+1$ 的素数有无穷多个.

证 假设形如 $4n+1$ 的素数只有有限多个：

$$p_1, p_2, \cdots, p_k,$$

则 $(2p_1p_2\cdots p_k)^2 + 1$ 为形如 $4n+1$ 的数.

(ⅰ) 若 $(2p_1p_2\cdots p_k)^2 + 1$ 是素数，则形如 $4n+1$ 的素数有无穷多个.

(ⅱ) 若 $(2p_1p_2\cdots p_k)^2 + 1$ 不是素数，易知

$$p_i \nmid ((2p_1p_2\cdots p_k)^2 + 1) \quad (i = 1, 2, \cdots, k),$$

因此 $(2p_1p_2\cdots p_k)^2 + 1$ 必有异于 p_i $(i = 1, 2, \cdots, k)$ 的素因数 p. 又 $x^2 + 1 \equiv 0 \pmod p$ 只有当 $p = 4n+1$ 时才有解. 事实上，$x^2 + 1 \equiv 0 \pmod p$ 的充要条件是 $\left(\frac{-1}{p}\right) = 1$，从而 $p = 4n+1$. 故 $p_1, p_2, \cdots, p_k$ 之外还有形如 $4n+1$ 的素数，与假设矛盾，所以形如 $4n+1$ 的素数有无穷多个.

例 4 试证：不定方程 $y^2 = x^3 + 7$ 没有整数解.

证 若 x 为偶数，则 y 为奇数. 此时 $y^2 \equiv 1 \pmod 4$，$x^3 + 7 \equiv 3 \pmod 4$，所以 x 必须是奇数.

又 $y^2 + 1 = (x+2)((x-1)^2 + 3)$ 且 $(x-1)^2 + 3 \equiv 3 \pmod 4$，即它有一个素因数 $p \equiv 3 \pmod 4$，故对 $y^2 = x^3 + 7$ 模 p，得到

$$y^2 + 1 \equiv 0 \pmod p.$$

假设原方程有整数解，那么 $\left(\frac{-1}{p}\right) = 1$. 但当 $p \equiv 3 \pmod 4$ 时，$\left(\frac{-1}{p}\right) = -1$，矛盾. 因此原方程没有整数解.

习题 4.8

1. 试证：同余方程 $x^6 - 11x^4 + 36x^2 - 36 \equiv 0 \pmod p$ 总有解.
2. 试证：形如 $8n+5$ 的素数有无穷多个.
3. 若正整数 n 满足 $\sigma(n) = 2n+1$，试证：n 一定是某奇数的平方.
4. 试证：方程 $y^2 = x^3 - 6$ 没有整数解.

4.9 高斯引理

根据勒让德符号的性质，讨论同余方程 $x^2 \equiv a \pmod p$ 是否可解将归结为计算勒让德符号$\left(\frac{a}{p}\right)$的问题.

若 $a = \pm 2^l q_1^{l_1} \cdots q_k^{l_k}$，则 $\left(\frac{a}{p}\right) = \left(\frac{\pm 1}{p}\right)\left(\frac{2}{p}\right)^l \left(\frac{q_1}{p}\right)^{l_1} \cdots \left(\frac{q_k}{p}\right)^{l_k}$. 因此计算$\left(\frac{a}{p}\right)$最终可归结为计算

$$\left(\frac{\pm 1}{p}\right), \left(\frac{2}{p}\right), \left(\frac{q}{p}\right) \quad (p, q \text{ 为奇素数}).$$

上一节已经知道

$$\left(\frac{1}{p}\right) = 1, \quad \left(\frac{-1}{p}\right) = (-1)^{\frac{p-1}{2}}.$$

本节我们来计算$\left(\frac{2}{p}\right)$，首先给出下面的高斯引理.

定理 4.19（高斯引理） 设 p 为奇素数，$(p, a) = 1$. 若

$$a, 2a, \cdots, \frac{p-1}{2}a$$

各数模 p 的最小正剩余中，恰有 μ 个大于$\frac{p-1}{2}$，则

$$\left(\frac{a}{p}\right) = (-1)^{\mu}.$$

证 用 $r_1, r_2, \cdots, r_\lambda$ 表示

$$a, 2a, \cdots, \frac{p-1}{2}a$$

模 p 的最小正剩余中不大于$\frac{p-1}{2}$的数，而 $s_1, s_2, \cdots, s_\mu$ 表示它们中大于$\frac{p-1}{2}$的数，则 $\lambda + \mu = \frac{p-1}{2}$. 现在我们来证明$\frac{p-1}{2}$个数

$$r_1, r_2, \cdots, r_\lambda, p - s_1, p - s_2, \cdots, p - s_\mu$$

关于模 p 两两互不同余.

易知任意两个 r_i 关于模 p 均不同余，否则就存在 k_1 和 k_2，使得

$$k_1 a \equiv k_2 a \pmod p \quad \left(1 \leqslant k_1, k_2 \leqslant \frac{p-1}{2}\right).$$

由于$(a,p)=1$,故得$k_1=k_2$.同理,任意两个s_j关于模p也不同余.因此只需证明,对任意i和j,$r_i\not\equiv p-s_j \pmod p$即可.事实上,若有$r_i\equiv p-s_j \pmod p$,即$r_i+s_j\equiv 0 \pmod p$,则因$r_i\equiv ta \pmod p$,$s_j\equiv ua \pmod p$ $\left(1\leqslant t,u\leqslant \frac{p-1}{2}\right)$,应有$(t+u)a\equiv 0 \pmod p$.由于$(a,p)=1$,故$t+u\equiv 0 \pmod p$.这不可能,因为$2\leqslant t+u\leqslant p-1$,所以对任意$i$和$j$,总有

$$r_i\not\equiv p-s_j \pmod p.$$

于是$r_1,r_2,\cdots,r_\lambda,p-s_1,p-s_2,\cdots,p-s_\mu$这$\frac{p-1}{2}$个数关于模$p$两两互不同余.又$1\leqslant r_i\leqslant\frac{p-1}{2}$,$1\leqslant p-s_j\leqslant\frac{p-1}{2}$ $(i=1,2,\cdots,\lambda;s=1,2,\cdots,\mu)$,故$r_1,r_2,\cdots,r_\lambda,p-s_1,p-s_2,\cdots,p-s_\mu$只是$1,2,\cdots,\frac{p-1}{2}$的不同顺序排列而已.因此

$$\begin{aligned}1\cdot 2\cdots\frac{p-1}{2}&\equiv r_1r_2\cdots r_\lambda(p-s_1)(p-s_2)\cdots(p-s_\mu)\\&\equiv(-1)^\mu r_1r_2\cdots r_\lambda\cdot s_1s_2\cdots s_\mu \pmod p,\end{aligned}$$

即$r_1r_2\cdots r_\lambda\cdot s_1s_2\cdots s_\mu\equiv(-1)^\mu\left(\frac{p-1}{2}\right)! \pmod p$.

另外,$a\cdot 2a\cdots\frac{p-1}{2}a\equiv r_1r_2\cdots r_\lambda\cdot s_1s_2\cdots s_\mu \pmod p$,即

$$a^{\frac{p-1}{2}}\cdot\left(\frac{p-1}{2}\right)!\equiv(-1)^\mu\left(\frac{p-1}{2}\right)! \pmod p.$$

故$a^{\frac{p-1}{2}}\equiv(-1)^\mu \pmod p$.由欧拉判别条件,知

$$\left(\frac{a}{p}\right)\equiv a^{\frac{p-1}{2}}\equiv(-1)^\mu \pmod p.$$

因为$p>2$,故得

$$\left(\frac{a}{p}\right)=(-1)^\mu.$$

□

根据上述定理,可推出:

定理 4.20 设p为奇素数,则$\left(\frac{2}{p}\right)=(-1)^{\frac{p^2-1}{8}}$.

证 用2分别乘$1,2,\cdots,\frac{p-1}{2}$,得

$$2,4,\cdots,p-1.$$

这是$2r$形式的数.由$2\leqslant 2r\leqslant\frac{p-1}{2}$,可知$1\leqslant r\leqslant\frac{p-1}{4}$,故其中大于$\frac{p-1}{2}$的数共有

$\mu=\dfrac{p-1}{2}-\left[\dfrac{p-1}{4}\right]$个.

若 $p\equiv 1 \pmod 8$,可设 $p=8n+1$,则

$$\mu=4n-2n=2n,\quad \frac{p^2-1}{8}\equiv 0 \pmod 2;$$

若 $p\equiv 3 \pmod 8$,可设 $p=8n+3$,则

$$\mu=4n+1-2n=2n+1,\quad \frac{p^2-1}{8}\equiv 1 \pmod 2;$$

若 $p\equiv 5 \pmod 8$,可设 $p=8n+5$,则

$$\mu=4n+2-2n-1=2n+1,\quad \frac{p^2-1}{8}\equiv 1 \pmod 2;$$

若 $p\equiv 7 \pmod 8$,可设 $p=8n+7$,则

$$\mu=4n+3-2n-1=2n+2,\quad \frac{p^2-1}{8}\equiv 0 \pmod 2.$$

综上 $\mu,\dfrac{p^2-1}{8}$同奇同偶,故

$$\left(\frac{2}{p}\right)=(-1)^{\mu}=(-1)^{\frac{p^2-1}{8}}.$$ □

定理4.20说明:当 $p\equiv 1$ 或 $7 \pmod 8$时,2为 p 的平方剩余;当 $p\equiv 3$ 或 $5 \pmod 8$时,2为 p 的平方非剩余.

例1 判断同余方程

$$x^2\equiv 2 \pmod{101}$$

是否有解.

解 由于101是奇素数,且

$$\left(\frac{2}{101}\right)=(-1)^{\frac{101^2-1}{8}}=-1,$$

故同余方程 $x^2\equiv 2 \pmod{101}$无解.

例2 试证:形如 $p\equiv 7 \pmod 8$的素数有无穷多个.

证 设 N 是任意正整数,$p_1,p_2,\cdots,p_s$ 是不超过 N 的一切形如 $p\equiv 7 \pmod 8$的素数.记

$$q=(p_1p_2\cdots p_s)^2-2.$$

由于 p_i 是形如 $p\equiv 7 \pmod 8$的素数,故它必为奇素数,从而$(p_1p_2\cdots p_s)^2$是奇数,所以 $2\nmid q$.设 a 是 q 的任一素因数(若 q 本身是素数,a 就取作 q),于是 $q\equiv 0 \pmod a$,即$(p_1p_2\cdots p_s)^2\equiv 2 \pmod a$.故2是模 a 的平方剩余,即$\left(\dfrac{2}{a}\right)=1$.由定理4.20,知

$$a \equiv 1 \pmod 8 \quad \text{或} \quad a \equiv 7 \pmod 8.$$

又由于 $p_i^2 \equiv 7^2 \equiv 1 \pmod 8$，故

$$q = p_1^2 p_2^2 \cdots p_s^2 - 2 \equiv -1 \pmod 8.$$

因此如果对 q 的一切素因数 a，均有 $a \equiv 1 \pmod 8$，那么就有 $q \equiv 1 \pmod 8$，但这与 $q \equiv -1 \pmod 8$ 矛盾，所以 q 一定含有形如 $a \equiv 7 \pmod 8$ 的素因数. 显然 $p_i \nmid q$ $(i = 1, 2, \cdots, s)$，故 $a \neq p_i$ $(i = 1, 2, \cdots, s)$，从而 $a > N$. 这表示，对任取的正整数 N，存在大于 N 的素数 a，故形如 $p \equiv 7 \pmod 8$ 的素数有无穷多个.

例 3 设 m, n 是任意整数，试证：$(2m^2 + 3) \nmid (n^2 - 2)$.

证 假设 $(2m^2 + 3) \mid (n^2 - 2)$，则

$$n^2 - 2 \equiv 0 \pmod{2m^2 + 3}. \tag{9.1}$$

由于 $2m^2 + 3 \equiv \pm 3 \pmod 8$，故 $2m^2 + 3$ 至少有一个素因数 q，满足 $q \equiv 3 \pmod 8$ 或 $q \equiv 5 \pmod 8$. 由式(9.1)，得

$$n^2 - 2 \equiv 0 \pmod q.$$

即 $\left(\dfrac{2}{q}\right) = 1$，但这与 $\left(\dfrac{2}{q}\right) = -1$ 矛盾，故

$$(2m^2 + 3) \nmid (n^2 - 2).$$

例 4 设 p 为素数，$\left(\dfrac{d}{p}\right) = -1$，试证：$p$ 一定不能表示为 $x^2 - dy^2$ 的形式.

证 用反证法.

若 $p = x^2 - dy^2$，因 p 是素数，必有 $(p, x) = (p, y) = 1$，故可推出

$$1 = \left(\frac{x^2}{p}\right) = \left(\frac{p + dy^2}{p}\right) = \left(\frac{dy^2}{p}\right) = \left(\frac{d}{p}\right)\left(\frac{y^2}{p}\right) = \left(\frac{d}{p}\right),$$

与已知矛盾.

例 5 设 p 为素数，$p \equiv 3 \pmod 4$，试证：$2p + 1$ 为素数的充要条件是

$$2^p \equiv 1 \pmod{2p + 1}.$$

证 （必要性）若 $q = 2p + 1$ 是素数，则由条件，知 $q \equiv 7 \pmod 8$.

根据定理 4.20，$\left(\dfrac{2}{q}\right) = 1$，再由欧拉判别条件，可得

$$2^p \equiv 2^{\frac{q-1}{2}} \equiv 1 \pmod{2p + 1}.$$

（充分性）若 $2^p \equiv 1 \pmod{2p + 1}$，可设 $\varphi(2p + 1) = kp + r$ $(0 \leqslant r < p)$，则

$$2^r \equiv (2^p)^k \cdot 2^r \equiv 2^{pk + r} \equiv 2^{\varphi(2p+1)} \equiv 1 \pmod{2p + 1}.$$

由于 p 是素数，所以 $r = 0$. 否则，由 $0 < r < p$，可得 $2^p \not\equiv 1 \pmod{2p + 1}$. 故 $\varphi(2p + 1) = kp$，即 $p \mid \varphi(2p + 1)$，因此必有 $\varphi(2p + 1) = p$ 或 $2p$.

考虑到 $m > 2$ 时，$2 \mid \varphi(m)$，所以 $\varphi(2p + 1) = 2p$，这就证明了 $2p + 1$ 是素数.

例 6 若 n 是正整数，$4n + 3$ 及 $8n + 7$ 均为素数，试证：

$$2^{4n+3} \equiv 1 (\bmod 8n+7).$$

由此说明：

$23 \mid (2^{11}-1)$， $47 \mid (2^{23}-1)$， $167 \mid (2^{83}-1)$， $263 \mid (2^{131}-1)$，
$359 \mid (2^{179}-1)$， $383 \mid (2^{191}-1)$， $479 \mid (2^{239}-1)$， $503 \mid (2^{251}-1)$.

证 设 $p=8n+7$,则$\frac{p-1}{2}=4n+3$.

由于$\left(\frac{2}{p}\right)=(-1)^{\frac{p^2-1}{8}}=(-1)^{\frac{(8n+7)^2-1}{8}}=1$,故由欧拉判别法,知

$$2^{4n+3}=2^{\frac{p-1}{2}} \equiv \left(\frac{2}{p}\right)=1(\bmod p),$$

即 $2^{4n+3} \equiv 1(\bmod 8n+7)$.

分别取 $n=2,5,20,32,44,47,59,62$,可证得后半部分.

习 题 4.9

1. 在高斯引理中,设 $p=19,a=7$,试求 μ.
2. 判断同余方程 $x^2 \equiv 2(\bmod 103)$是否有解.
3. 试证:形如 $p \equiv 3(\bmod 8)$的素数有无穷多个.
4. 设 m,n 是任意整数,试证:$(3m^2+4) \nmid (n^2+2)$.
5. 试证:若 p 是 n^4+1 的奇素因数,则 $p \equiv 1(\bmod 8)$.
6. 设 a 是无平方因数的整数,且 a 含有素因数 $p \equiv \pm 3(\bmod 8)$,试证:不定方程 $x^2-2y^2=az^2$ 仅有整数解 $x=y=z=0$.

4.10 二次互反律

到目前为止,我们已能够很方便地计算出$\left(\frac{\pm 1}{p}\right)$与$\left(\frac{2}{p}\right)$.当 p,q 为奇素数时,为了能较方便地计算$\left(\frac{q}{p}\right)$,我们给出高斯一生中最得意也是最伟大的发现——二次互反律.

定理 4.21(二次互反律) 若 p,q 是两个不同的奇素数,则

$$\left(\frac{p}{q}\right)\left(\frac{q}{p}\right)=(-1)^{\frac{p-1}{2}\cdot\frac{q-1}{2}}.$$

证 我们取

$$q, 2q, 3q, \cdots, \frac{p-1}{2}q$$

关于模 p 的最小正剩余,并将它们分成两类:不大于$\frac{p-1}{2}$的那些数归入一类,记作

$$r_1, r_2, \cdots, r_\lambda;$$

而大于$\frac{p-1}{2}$的那些数归入另一类,记作

$$s_1, s_2, \cdots, s_\mu.$$

因此 $\lambda+\mu=\frac{p-1}{2}$.高斯引理的结论是:$\left(\frac{q}{p}\right)=(-1)^\mu$.为了书写方便,令

$$R = r_1 + r_2 + \cdots + r_\lambda, \quad S = s_1 + s_2 + \cdots + s_\mu.$$

在证明高斯引理的过程中,说明过

$$r_1, r_2, \cdots, r_\lambda, p-s_1, p-s_2, \cdots, p-s_\mu \tag{10.1}$$

是如下各数的一个排列:

$$1, 2, \cdots, \frac{p-1}{2}. \tag{10.2}$$

式(10.1)中各数之和为

$$\sum_{i=1}^{\lambda} r_i + \sum_{i=1}^{\mu}(p-s_i) = R + \mu p - S;$$

式(10.2)中各数之和为

$$\frac{1}{2}\left(\frac{p-1}{2}\right)\left(\frac{p-1}{2}+1\right) = \frac{p^2-1}{8}.$$

因而我们有

$$R = S - \mu p + \frac{p^2-1}{8}, \tag{10.3}$$

$iq\left(i=1,2,\cdots,\frac{p-1}{2}\right)$关于模 p 的最小正剩余,就是 iq 用p 除所得的余数,我们知道其商为$\left[\frac{iq}{p}\right]$,故当我们用 t_i 表示iq 关于模p 的最小正剩余时,就有

$$iq = \left[\frac{iq}{p}\right]p + t_i \quad \left(i = 1, 2, \cdots, \frac{p-1}{2}\right).$$

将这些式子关于 i 求和,得

$$\sum_{i=1}^{\frac{p-1}{2}} iq = \sum_{i=1}^{\frac{p-1}{2}}\left[\frac{iq}{p}\right]p + \sum_{i=1}^{\frac{p-1}{2}} t_i, \quad 即 \quad q\sum_{i=1}^{\frac{p-1}{2}} i = p\sum_{i=1}^{\frac{p-1}{2}}\left[\frac{iq}{p}\right] + \sum_{i=1}^{\lambda} r_i + \sum_{i=1}^{\mu} s_i,$$

也就是

$$\frac{q(p^2-1)}{8}=p\sum_{i=1}^{\frac{p-1}{2}}\left[\frac{iq}{p}\right]+R+S. \tag{10.4}$$

将式(10.3)代入式(10.4),得

$$\frac{q(p^2-1)}{8}=p\sum_{i=1}^{\frac{p-1}{2}}\left[\frac{iq}{p}\right]+2S-\mu p+\frac{p^2-1}{8},$$

即

$$\frac{(q-1)(p^2-1)}{8}=p\left(\sum_{i=1}^{\frac{p-1}{2}}\left[\frac{iq}{p}\right]-\mu\right)+2S.$$

在上式中,左边是偶数$\left(因为\frac{p^2-1}{8}是整数,q-1是偶数\right)$,$2S$ 也是偶数,因此余下的一项必为偶数,故$\sum_{i=1}^{\frac{p-1}{2}}\left[\frac{iq}{p}\right]-\mu$ 也是偶数.因而$(-1)^{\sum_{i=1}^{\frac{p-1}{2}}\left[\frac{iq}{p}\right]-\mu}=1$.由于$(-1)^{\mu}=\left(\frac{q}{p}\right)$,所以

$$(-1)^{\sum_{i=1}^{\frac{p-1}{2}}\left[\frac{iq}{p}\right]}=(-1)^{\mu}=\left(\frac{q}{p}\right), \tag{10.5}$$

交换 p 与 q 的位置,可得

$$(-1)^{\sum_{j=1}^{\frac{q-1}{2}}\left[\frac{jp}{q}\right]}=\left(\frac{p}{q}\right). \tag{10.6}$$

将式(10.5)和(10.6)相乘,就有

$$\left(\frac{p}{q}\right)\left(\frac{q}{p}\right)=(-1)^{\sum_{i=1}^{\frac{p-1}{2}}\left[\frac{iq}{p}\right]+\sum_{j=1}^{\frac{q-1}{2}}\left[\frac{jp}{q}\right]}.$$

下证

$$\sum_{i=1}^{\frac{p-1}{2}}\left[\frac{iq}{p}\right]+\sum_{j=1}^{\frac{q-1}{2}}\left[\frac{jp}{q}\right]=\frac{p-1}{2}\cdot\frac{q-1}{2}. \tag{10.7}$$

取$\frac{p-1}{2}\cdot\frac{q-1}{2}$个数:

$$jp-iq\quad\left(j=1,2,\cdots,\frac{q-1}{2};i=1,2,\cdots,\frac{p-1}{2}\right),$$

其中不含 0,因为若 $jp=iq$,则 $q\mid jp$,与 $j<q$,$(q,p)=1$ 矛盾.

我们证明 $jp-iq$ 中有$\sum_{j=1}^{\frac{q-1}{2}}\left[\frac{jp}{q}\right]$个正整数、$\sum_{i=1}^{\frac{p-1}{2}}\left[\frac{iq}{p}\right]$个负整数.对于给定的 j,

$jp - iq > 0$,即 $i < \dfrac{jp}{q}$,从而 $1 \leqslant i \leqslant \left[\dfrac{jp}{q}\right]$.但 $\dfrac{jp}{q} < \dfrac{\frac{q}{2}p}{q} = \dfrac{p}{2}$,故 $\left[\dfrac{jp}{q}\right] \leqslant \dfrac{p-1}{2}$.

由于当 j 给定时,这样的 i 有 $\left[\dfrac{jp}{q}\right]$ 个,所以在 $jp - iq$ 中共有 $\sum\limits_{j=1}^{\frac{q-1}{2}}\left[\dfrac{jp}{q}\right]$ 个正整数;同理可证 $jp - iq$ 中有 $\sum\limits_{i=1}^{\frac{p-1}{2}}\left[\dfrac{iq}{p}\right]$ 个负整数,因此式(10.7)成立.故

$$\left(\frac{p}{q}\right)\left(\frac{q}{p}\right) = (-1)^{\frac{p-1}{2}\cdot\frac{q-1}{2}}. \qquad \square$$

二次剩余的概念最早出现在欧拉 1754 年发表的论文中,1783 年欧拉明确地叙述了二次互反律.但是二次互反律的第一个严格证明是高斯在 1796 年左右给出的(当时高斯只有 19 岁).高斯一共给出了 7 个证明,我们这里给出的证明是其中之一,到 1963 年,人们已经给出了二次互反律的 152 个证明！二次互反律是 18 世纪数论当中最富于首创精神并且能从中引出最多成果的一个伟大发现.

推论 (1) 若奇素数 p 和 q 均被 4 除余 3,则 $\left(\dfrac{q}{p}\right) = -\left(\dfrac{p}{q}\right)$;

(2) 若 p, q 中至少有一个被 4 除余 1,则 $\left(\dfrac{q}{p}\right) = \left(\dfrac{p}{q}\right)$.

证 (1) 设 $p = 4k + 3, q = 4l + 3$,由二次互反律,可得

$$\left(\frac{q}{p}\right)\left(\frac{p}{q}\right) = (-1)^{\frac{4k+2}{2}\cdot\frac{4l+2}{2}} = -1,$$

于是 $\left(\dfrac{q}{p}\right) = -\left(\dfrac{p}{q}\right)$.

(2) 不妨设 $p = 4k + 1$,由二次互反律,可得

$$\left(\frac{q}{p}\right)\left(\frac{p}{q}\right) = (-1)^{\frac{4k}{2}\cdot\frac{q-1}{2}} = (-1)^{2k\cdot\frac{q-1}{2}} = 1,$$

于是 $\left(\dfrac{q}{p}\right) = \left(\dfrac{p}{q}\right)$. $\square$

例 1 判断同余方程

$$x^2 \equiv 438 \pmod{593}$$

是否有解.

解 由于 593 是素数,$438 = 2 \times 3 \times 73$,所以

$$\left(\frac{438}{593}\right) = \left(\frac{2}{593}\right)\left(\frac{3}{593}\right)\left(\frac{73}{593}\right).$$

而

$$\left(\frac{2}{593}\right)=(-1)^{\frac{593^2-1}{8}}=1,$$

$$\left(\frac{3}{593}\right)=\left(\frac{593}{3}\right)=\left(\frac{2}{3}\right)=(-1)^{\frac{3^2-1}{8}}=-1,$$

$$\left(\frac{73}{593}\right)=\left(\frac{593}{73}\right)=\left(\frac{9}{73}\right)=\left(\frac{3^2}{73}\right)=1,$$

故$\left(\frac{438}{593}\right)=-1$.因而同余方程 $x^2\equiv 438(\bmod 593)$无解.

例2 试求素数 p,使得同余方程 $x^2\equiv 5(\bmod p)$有解.

解 显然当 $p=2$ 或 5 时,同余方程是有解的;当 $p=3$ 时,无解.下设 $p\geqslant 7$.由于 $5\equiv 1(\bmod 4)$,故由二次互反律,知

$$\left(\frac{5}{p}\right)=\left(\frac{p}{5}\right).$$

当 $p\equiv 1(\bmod 5)$时,$\left(\frac{p}{5}\right)=\left(\frac{1}{5}\right)=1$;

当 $p\equiv 2(\bmod 5)$时,$\left(\frac{p}{5}\right)=\left(\frac{2}{5}\right)=(-1)^{\frac{5^2-1}{8}}=-1$;

当 $p\equiv 3(\bmod 5)$时,$\left(\frac{p}{5}\right)=\left(\frac{3}{5}\right)=\left(\frac{5}{3}\right)=\left(\frac{2}{3}\right)=(-1)^{\frac{3^2-1}{8}}=-1$;

当 $p\equiv 4(\bmod 5)$时,$\left(\frac{p}{5}\right)=\left(\frac{4}{5}\right)=1$.

综上所述,同余方程 $x^2\equiv 5(\bmod p)$有解的充要条件是

$$p=2,5\quad 或\ p\equiv\pm 1(\bmod 5).$$

例3 设 p 为奇素数,试求使得$\left(\frac{-5}{p}\right)=\pm 1$ 的一切 p.

解 由于$\left(\frac{-5}{p}\right)=\left(\frac{-1}{p}\right)\left(\frac{5}{p}\right)$,故当

$$\begin{cases}\left(\frac{-1}{p}\right)=1\\ \left(\frac{5}{p}\right)=1\end{cases}\quad 或\quad \begin{cases}\left(\frac{-1}{p}\right)=-1\\ \left(\frac{5}{p}\right)=-1\end{cases}$$

时,有$\left(\frac{-5}{p}\right)=1$.而 $p\equiv 1(\bmod 4)$时,$\left(\frac{-1}{p}\right)=1$;$p\equiv 3(\bmod 4)$时,$\left(\frac{-1}{p}\right)=-1$;$p\equiv 1,4(\bmod 5)$时,$\left(\frac{5}{p}\right)=1$;$p\equiv 2,3(\bmod 5)$时,$\left(\frac{5}{p}\right)=-1$.故当

$$\begin{cases}p\equiv 1(\bmod 4)\\ p\equiv 1(\bmod 5)\end{cases},\quad \begin{cases}p\equiv 1(\bmod 4)\\ p\equiv 4(\bmod 5)\end{cases},$$

$$\begin{cases} p \equiv 3 \pmod 4 \\ p \equiv 2 \pmod 5 \end{cases}, \quad \begin{cases} p \equiv 3 \pmod 4 \\ p \equiv 3 \pmod 5 \end{cases},$$

即 $p \equiv 1,9,7,3 \pmod{20}$ 时

$$\left(\frac{-5}{p}\right) = 1.$$

于是当 $p \equiv 11,13,17,19 \pmod{20}$ 时，$\left(\frac{-5}{p}\right) = -1$.

例 4 试证：3 是所有大于 3 的梅森素数（即形如 $2^q - 1$ 的素数）的一个平方非剩余.

证 若 $p = 2^q - 1$ 是大于 3 的素数，则 q 是奇素数. 由

$$p = 2 \cdot 4^{\frac{q-1}{2}} - 4 + 3 \equiv 3 \pmod 4,$$

得 $\left(\frac{3}{p}\right) = -\left(\frac{p}{3}\right)$. 又 $p = 2^q - 1 = (3-1)^q - 1 \equiv (-1)^q - 1 \equiv -2 \equiv 1 \pmod 3$，故

$$\left(\frac{3}{p}\right) = -\left(\frac{p}{3}\right) = -\left(\frac{1}{3}\right) = -1.$$

即 3 是所有大于 3 的梅森素数的一个平方非剩余.

例 5 试证：形如 $p \equiv 1 \pmod 6$ 的素数有无穷多个.

证 设 N 是任意正整数，$p_1, p_2, \cdots, p_s$ 是不超过 N 的一切形如 $p \equiv 1 \pmod 6$ 的素数，记

$$q = 4(p_1 p_2 \cdots p_s)^2 + 3.$$

q 的任意素因数 a 不能是 2，否则 $3 \equiv 0 \pmod 2$，这是不可能的. 因此 -3 是模 a 的平方剩余，即

$$\left(\frac{-3}{a}\right) = 1.$$

而

$$\left(\frac{3}{a}\right) = \begin{cases} 1, & a \equiv 1 \text{ 或 } 11 \pmod{12} \\ -1, & a \equiv 5 \text{ 或 } 7 \pmod{12} \end{cases},$$

$$\left(\frac{-1}{a}\right) = \begin{cases} 1, & a \equiv 1 \pmod 4 \\ -1, & a \equiv 3 \pmod 4 \end{cases},$$

故当

$$\begin{cases} a \equiv 1 \pmod{12} \\ a \equiv 1 \pmod 4 \end{cases}, \quad \begin{cases} a \equiv 11 \pmod{12} \\ a \equiv 1 \pmod 4 \end{cases},$$

$$\begin{cases} a \equiv 5 \pmod{12} \\ a \equiv 3 \pmod 4 \end{cases}, \quad \begin{cases} a \equiv 7 \pmod{12} \\ a \equiv 3 \pmod 4 \end{cases},$$

即 $a \equiv 1$ 或 $7 \pmod{12}$，也就是 $a \equiv 1 \pmod 6$ 时

$$\left(\frac{-3}{a}\right)=\left(\frac{-1}{a}\right)\left(\frac{3}{a}\right)=1.$$

又 $a \neq p_i(i=1,2,\cdots,s)$. 事实上,如果 a 与某个 p_i 相等,则 $3 \equiv 0(\bmod a)$,但 a 是形如 $a \equiv 1(\bmod 6)$ 的素数,故这是不可能的,从而 $a>N$. 因此形如 $p \equiv 1(\bmod 6)$ 的素数有无穷多个.

习题 4.10

1. 判断下列同余方程是否有解:

(1) $x^2 \equiv 17(\bmod 23)$;

(2) $x^2 \equiv 219(\bmod 383)$;

(3) $x^2 \equiv 365(\bmod 1\,847)$.

2. 试求素数 p,使得同余方程 $x^2 \equiv 3(\bmod p)$ 有解.

3. 设 p 为奇素数,试求使得 $\left(\frac{-19}{p}\right)=\pm 1$ 的一切 p.

4. 若 $3 \nmid n$,试证:n^2+3 的奇素因数 p 一定是形如 $6k+1$ 的.

5. 设 p, q 均为奇素数,且 $p=q+4a$,试证:$\left(\frac{a}{p}\right)=\left(\frac{a}{q}\right)$.

6. 试证:若奇素数 $p \equiv 5(\bmod 6)$,则不定方程 $x^3-1=py^2$ 仅有整数解 $(x,y)=(1,0)$.

4.11 雅可比符号

计算勒让德符号 $\left(\frac{a}{p}\right)$ 时,需要写出 a 的标准分解式,这很麻烦,有时甚至很难办到,而引进雅可比符号可以使计算得到改善.

定义 4.3 设正奇数 m 的标准分解式是 $m=p_1^{l_1}p_2^{l_2}\cdots p_r^{l_r}$. 若 $(a,m)=1$,则如下规定的 $\left(\frac{a}{m}\right)$ 称为**雅可比(Jacobi)符号**:

$$\left(\frac{a}{m}\right)=\left(\frac{a}{p_1}\right)^{l_1}\left(\frac{a}{p_2}\right)^{l_2}\cdots\left(\frac{a}{p_r}\right)^{l_r},$$

这里 $\left(\frac{a}{p_i}\right)$ 是勒让德符号. 约定:当 $(a,m)>1$ 时,$\left(\frac{a}{m}\right)=0$.

雅可比符号的许多性质可从勒让德符号的性质推出.

定理 4.22 设 m 是大于 1 的奇数,且 $a \equiv b(\bmod m)$,则 $\left(\frac{a}{m}\right)=\left(\frac{b}{m}\right)$.

证 由 $a\equiv b(\bmod m)$,得 $a\equiv b(\bmod p_i)(i=1,2,\cdots,r)$,故

$$\begin{aligned}\left(\frac{a}{m}\right)&=\left(\frac{a}{p_1}\right)^{l_1}\left(\frac{a}{p_2}\right)^{l_2}\cdots\left(\frac{a}{p_r}\right)^{l_r}\\&=\left(\frac{b}{p_1}\right)^{l_1}\left(\frac{b}{p_2}\right)^{l_2}\cdots\left(\frac{b}{p_r}\right)^{l_r}=\left(\frac{b}{m}\right).\end{aligned}$$

□

仿定理4.22的证明,可得:

定理4.23 设 m 是大于1的奇数,则 $\left(\frac{ab}{m}\right)=\left(\frac{a}{m}\right)\left(\frac{b}{m}\right)$.

推论 设 m 是大于1的奇数,则 $\left(\frac{a^2}{m}\right)=1$.特别地,$\left(\frac{1}{m}\right)=1$.

定理4.24 设 m,n 都是大于1的奇数,则

$$\left(\frac{a}{mn}\right)=\left(\frac{a}{m}\right)\left(\frac{a}{n}\right).$$

证 令 $m=p_1^{l_1}p_2^{l_2}\cdots p_r^{l_r},n=q_1^{k_1}q_2^{k_2}\cdots q_s^{k_s}$,则

$$\begin{aligned}\left(\frac{a}{mn}\right)&=\left(\frac{a}{p_1}\right)^{l_1}\left(\frac{a}{p_2}\right)^{l_2}\cdots\left(\frac{a}{p_r}\right)^{l_r}\cdot\left(\frac{a}{q_1}\right)^{k_1}\left(\frac{a}{q_2}\right)^{k_2}\cdots\left(\frac{a}{q_s}\right)^{k_s}\\&=\left(\frac{a}{m}\right)\left(\frac{a}{n}\right).\end{aligned}$$

□

定理4.25 设 m 是大于1的奇数,则

$$\left(\frac{-1}{m}\right)=(-1)^{\frac{m-1}{2}}.$$

证 令 $m=p_1p_2\cdots p_s(p_1,p_2,\cdots,p_s$ 均为奇素数,不必相异),则

$$\left(\frac{-1}{m}\right)=\left(\frac{-1}{p_1}\right)\left(\frac{-1}{p_2}\right)\cdots\left(\frac{-1}{p_s}\right).$$

由勒让德符号的性质,有

$$\left(\frac{-1}{p_i}\right)=(-1)^{\frac{p_i-1}{2}}\quad(i=1,2,\cdots,s),$$

于是

$$\left(\frac{-1}{m}\right)=(-1)^{\sum\limits_{i=1}^{s}\frac{p_i-1}{2}}.$$

因为

$$\begin{aligned}\frac{m-1}{2}&=\frac{p_1p_2\cdots p_s-1}{2}\\&=\frac{\left(1+2\cdot\frac{p_1-1}{2}\right)\left(1+2\cdot\frac{p_2-1}{2}\right)\cdots\left(1+2\cdot\frac{p_s-1}{2}\right)-1}{2}\\&=\sum_{i=1}^{s}\frac{p_i-1}{2}+2N,\end{aligned}$$

这里 N 是某正整数,所以

$$\left(\frac{-1}{m}\right)=(-1)^{\frac{m-1}{2}-2N}=(-1)^{\frac{m-1}{2}}.$$ □

仿定理4.25的证明,可得:

定理 4.26 设 m 是大于1的奇数,则

$$\left(\frac{2}{m}\right)=(-1)^{\frac{m^2-1}{8}}.$$

定理 4.27 设 m,n 都是大于1的奇数,则

$$\left(\frac{n}{m}\right)\left(\frac{m}{n}\right)=(-1)^{\frac{m-1}{2}\cdot\frac{n-1}{2}}.$$

证 令 m,n 的素因数分解分别为

$$m=p_1p_2\cdots p_r,\quad n=q_1q_2\cdots q_s.$$

则有

$$\left(\frac{n}{m}\right)=\left(\frac{n}{p_1}\right)\left(\frac{n}{p_2}\right)\cdots\left(\frac{n}{p_r}\right),\quad \left(\frac{m}{n}\right)=\left(\frac{p_1}{n}\right)\left(\frac{p_2}{n}\right)\cdots\left(\frac{p_r}{n}\right),$$

从而有

$$\begin{aligned}\left(\frac{n}{m}\right)\left(\frac{m}{n}\right)&=\left(\frac{n}{p_1}\right)\left(\frac{n}{p_2}\right)\cdots\left(\frac{n}{p_r}\right)\cdot\left(\frac{p_1}{n}\right)\left(\frac{p_2}{n}\right)\cdots\left(\frac{p_r}{n}\right)\\&=\left(\frac{n}{p_1}\right)\left(\frac{p_1}{n}\right)\left(\frac{n}{p_2}\right)\left(\frac{p_2}{n}\right)\cdots\left(\frac{n}{p_r}\right)\left(\frac{p_r}{n}\right).\end{aligned}$$

由于

$$\frac{m-1}{2}=\sum_{i=1}^{r}\frac{p_i-1}{2}+2N,$$

因此只需证明

$$\left(\frac{n}{p_i}\right)\left(\frac{p_i}{n}\right)=(-1)^{\frac{p_i-1}{2}\cdot\frac{n-1}{2}}\quad(i=1,2,\cdots,r).$$

又

$$\left(\frac{n}{p_i}\right)=\left(\frac{q_1}{p_i}\right)\left(\frac{q_2}{p_i}\right)\cdots\left(\frac{q_s}{p_i}\right),$$

$$\left(\frac{p_i}{n}\right)=\left(\frac{p_i}{q_1}\right)\left(\frac{p_i}{q_2}\right)\cdots\left(\frac{p_i}{q_s}\right)\quad(i=1,2,\cdots,r),$$

且

$$\left(\frac{q_j}{p_i}\right)\left(\frac{p_i}{q_j}\right)=(-1)^{\frac{p_i-1}{2}\cdot\frac{q_j-1}{2}}\quad(i=1,2,\cdots,r;j=1,2,\cdots,s),$$

$$\frac{n-1}{2}=\sum_{j=1}^{s}\frac{q_j-1}{2}+2N',$$

故

$$\left(\frac{n}{p_i}\right)\left(\frac{p_i}{n}\right) = (-1)^{\sum\limits_{j=1}^{s}\frac{p_i-1}{2}\cdot\frac{q_j-1}{2}} = (-1)^{\frac{p_i-1}{2}\cdot\frac{n-1}{2}},$$

于是$\left(\frac{n}{m}\right)\left(\frac{m}{n}\right)=(-1)^{\frac{m-1}{2}\cdot\frac{n-1}{2}}$. □

值得提出来引起读者注意的是,雅可比符号一方面是勒让德符号的推广:当$m>1$时,若$\left(\frac{a}{m}\right)=-1$,则$x^2\equiv a \pmod m$无解;另一方面,它与勒让德符号有一点很重要的区别,即当$\left(\frac{a}{m}\right)=1$时,$x^2\equiv a \pmod m$未必有解,因为可能有偶数个$\left(\frac{a}{p_i}\right)=-1$,而它们的乘积为1.

例1 判断同余方程$x^2\equiv 3\,766 \pmod{5\,987}$是否有解.

解 因为

$$\begin{aligned}\left(\frac{3\,766}{5\,987}\right) &= \left(\frac{2}{5\,987}\right)\left(\frac{1\,883}{5\,987}\right) = (-1)(-1)^{\frac{1\,883-1}{2}\cdot\frac{5\,987-1}{2}}\left(\frac{5\,987}{1\,883}\right)\\ &= \left(\frac{338}{1\,883}\right) = \left(\frac{2}{1\,883}\right)\left(\frac{13^2}{1\,883}\right)\\ &= \left(\frac{2}{1\,883}\right) = (-1)^{\frac{1\,883^2-1}{8}} = -1,\end{aligned}$$

所以原同余方程无解.

例2 试求使得$\left(\frac{21}{p}\right)=1$的一切$p$值.

解 由于$21\equiv 1 \pmod 4$,故由二次互反律,知

$$\left(\frac{21}{p}\right) = \left(\frac{p}{21}\right).$$

根据定义,$(p,21)=1$,因此p必须满足

$$p\equiv \pm 1,\ \pm 2,\ \pm 4,\ \pm 5,\ \pm 8,\ \pm 10 \pmod{21}.$$

以上12类数中的每一个均与21互素.经验算,使得$\left(\frac{p}{21}\right)=1$的有以下6类:

$$p\equiv \pm 1,\ \pm 4,\ \pm 5 \pmod{21}.$$

又因为p必须是奇数,故需满足

$$p\equiv 1 \pmod 2.$$

因此要使$\left(\frac{p}{21}\right)=1$,即$\left(\frac{21}{p}\right)=1$,只需解如下的同余方程组:

$$\begin{cases}p\equiv 1 \pmod{21}\\ p\equiv 1 \pmod 2\end{cases},\quad \begin{cases}p\equiv 4 \pmod{21}\\ p\equiv 1 \pmod 2\end{cases},\quad \begin{cases}p\equiv 5 \pmod{21}\\ p\equiv 1 \pmod 2\end{cases},$$

$$\begin{cases}p\equiv -1 \pmod{21}\\ p\equiv 1 \pmod 2\end{cases},\quad \begin{cases}p\equiv -4 \pmod{21}\\ p\equiv 1 \pmod 2\end{cases},\quad \begin{cases}p\equiv -5 \pmod{21}\\ p\equiv 1 \pmod 2\end{cases}.$$

分别解以上方程组,得

$$p \equiv 1,25,5,41,17,37 \pmod{42},$$

故使得$\left(\frac{21}{p}\right)=1$的一切 p 值为

$$p \equiv 1,5,17,25,37,41 \pmod{42}.$$

例 3 试求使得同余方程 $x^2 \equiv 6 \pmod{m}$ 有解的一切 m 值.

解 设 $m=2^n k\ (n \geqslant 1)$,这里 k 为奇数. 由于$(2^n,k)=1$,故同余方程 $x^2 \equiv 6 \pmod{m}$ 等价于如下同余方程组:

$$\begin{cases} x^2 \equiv 6 \pmod{2^n} \\ x^2 \equiv 6 \pmod{k} \end{cases}.$$

先研究第一式,当 $n=1$ 时有解,而 $n=2$ 时无解,更不用说高次幂方程了. 再研究第二式,要使它有解,必须有$\left(\frac{6}{k}\right)=1$,而

$$\left(\frac{6}{k}\right)=\left(\frac{2}{k}\right)\left(\frac{3}{k}\right)=(-1)^{\frac{k^2-1}{8}}\left(\frac{3}{k}\right)=(-1)^{\frac{k^2-1}{8}+\frac{k-1}{2}}\left(\frac{k}{3}\right).$$

另外,$k \equiv 1 \pmod{3}$时,$\left(\frac{k}{3}\right)=1$,$k \equiv 2 \pmod{3}$时,$\left(\frac{k}{3}\right)=-1$;$k \equiv 1,3,5,7 \pmod{8}$时,分别有

$$\frac{k^2-1}{8} \equiv 0,1,1,0 \pmod{2}, \quad \frac{k-1}{2} \equiv 0,1,0,1 \pmod{2}.$$

因此要使$\left(\frac{6}{k}\right)=1$,只需解如下的同余方程组:

$$\begin{cases} k \equiv 1 \pmod{3} \\ k \equiv 1,3 \pmod{8} \end{cases}, \quad \begin{cases} k \equiv 2 \pmod{3} \\ k \equiv 5,7 \pmod{8} \end{cases}.$$

分别解之,得

$$k \equiv 1,5,19,23 \pmod{24}.$$

故同余方程 $x^2 \equiv 6 \pmod{m}$ 有解的一切 m 值是

$$m \equiv 1,5,19,23,2,10,14,22 \pmod{24}.$$

习 题 4.11

1. 判断同余方程 $x^2 \equiv 3\,149 \pmod{5\,987}$ 是否有解.

2. 试求使得$\left(\frac{15}{p}\right)=1$的一切 p 值.

3. 设 $a>b>0$,$(a,b)=1$,$(a,b) \equiv (1,6),(2,5),(5,2),(6,1) \pmod{8}$,试证:指数不定方程$(a^2-b^2)^x+(2ab)^y=(a^2+b^2)^z$ 仅有正整数解$(x,y,z)=(2,2,2)$.

4.12 素数模二次同余方程的解

本节重点讨论在素数模 p 不同情形下，二次同余方程

$$x^2 \equiv a \pmod{p} \quad ((a,p)=1) \tag{12.1}$$

的解.

为便于说明，约定满足同余方程的 x 称为解.

4.12.1 模 $p \equiv 3 \pmod{4}$ 的情形

定理 4.28 设素数 $p=4k+3$（k 为非负整数），且 $\left(\frac{a}{p}\right)=1$，则同余方程(12.1)的解为

$$x \equiv \pm a^{k+1} \pmod{p}.$$

证 由于 $\left(\frac{a}{p}\right)=1$，故所给同余方程有解. 根据欧拉判别法，$a^{\frac{p-1}{2}} \equiv 1 \pmod{p}$，即 $a^{2k+1} \equiv 1 \pmod{p}$. 因此有

$$(a^{k+1})^2 \equiv a \pmod{p}.$$

于是 $x \equiv \pm a^{k+1} \pmod{p}$ 是同余方程(12.1)的解. □

例 1 解同余方程 $x^2 \equiv 2 \pmod{311}$.

解 由于 $\left(\frac{2}{311}\right)=(-1)^{\frac{311^2-1}{8}}=1$，故原同余方程有解. 又 $311 \equiv 3 \pmod{4}$，且 $k=\frac{311-3}{4}=77$，根据定理 4.28，得

$$x \equiv \pm 2^{78} \pmod{311}.$$

因

$$2^{10} \equiv 1\,024 \equiv 91 \pmod{311}, \quad 2^{20} \equiv 91 \cdot 91 \equiv 195 \pmod{311},$$

$$2^{40} \equiv 195 \cdot 195 \equiv 83 \pmod{311}, \quad 2^{80} \equiv 83 \cdot 83 \equiv 47 \equiv 358 \pmod{311},$$

$$2^{79} \equiv 179 \equiv 490 \pmod{311}, \quad 2^{78} \equiv 245 \pmod{311},$$

故原同余方程的解为 $x \equiv \pm 245 \pmod{311}$，即 $x \equiv 66, 245 \pmod{311}$.

4.12.2 模 $p \equiv 5 \pmod{8}$ 的情形

定理 4.29 设素数 $p=8k+5$（k 为非负整数），且 $\left(\frac{a}{p}\right)=1$，则

(1) 当 $a^{2k+1} \equiv 1 \pmod{p}$ 时，方程(12.1)的解为 $x \equiv \pm a^{k+1} \pmod{p}$；

(2) 当 $a^{2k+1} \equiv -1 \pmod p$ 时，方程(12.1)的解为 $x \equiv \pm 2^{2k+1} a^{k+1} \pmod p$.

证 由于 $\left(\frac{a}{p}\right)=1$，故所给同余方程有解．根据欧拉判别法，$a^{\frac{p-1}{2}} \equiv 1 \pmod p$，得 $a^{4k+2} \equiv 1 \pmod p$，即

$$(a^{2k+1}-1)(a^{2k+1}+1) \equiv 0 \pmod p.$$

因此 $a^{2k+1}-1 \equiv 0 \pmod p$ 或 $a^{2k+1}+1 \equiv 0 \pmod p$.

(1) 当 $a^{2k+1} \equiv 1 \pmod p$ 时，$(a^{k+1})^2 \equiv a \pmod p$.

此时 $x \equiv \pm a^{k+1} \pmod p$ 是方程(12.1)的解．

(2) 当 $a^{2k+1} \equiv -1 \pmod p$ 时，$a^{2k+2} \equiv -a \pmod p$.

考虑到 $p \equiv 5 \pmod 8$ 时，2 是平方非剩余，即

$$2^{4k+2} \equiv 2^{\frac{p-1}{2}} \equiv -1 \pmod p,$$

因此有 $(2^{2k+1}a^{k+1})^2 \equiv a \pmod p$.

此时 $x \equiv \pm 2^{2k+1} a^{k+1} \pmod p$ 是方程(12.1)的解． □

例 2 解同余方程 $x^2 \equiv 5 \pmod{29}$.

解 由于 $\left(\frac{5}{29}\right)=\left(\frac{29}{5}\right)=\left(\frac{4}{5}\right)=1$，故原同余方程有解．又 $29 \equiv 5 \pmod 8$，$k=\frac{29-5}{8}=3$，且 $5^{2k+1}=5^7 \equiv -1 \pmod{29}$，根据定理 4.29，得原同余方程的解为 $x \equiv \pm 2^7 \cdot 5^4 \equiv \pm 18 \pmod{29}$，即 $x \equiv 11, 18 \pmod{29}$.

4.12.3 模 $p \equiv 1 \pmod 8$ 的情形

此种情形下无公式可套，但在模不太大的时候，我们用“高斯逐步淘汰法”可以找出方程(12.1)的解．具体过程如下：

第一步 首先考虑模 p 的简化剩余系，取其中绝对值最小的，即

$$\pm 1, \pm 2, \cdots, \pm \frac{p-1}{2},$$

那么在 1 与 $\frac{p-1}{2}$ 之间，同余方程(12.1)必有解 x，从而 $0<x<\frac{p}{2}$.

第二步 考虑式(12.1)与不定方程 $x^2=a+py$ 等价，不妨设 $0<a<p$.

因为 $x^2<\frac{1}{4}p^2$，所以 $y<\frac{1}{4}p$．又 $x^2=a+py<p(1+y)$，从而 $1+y>0$，$y>-1$．但 y 是整数，故 $y \geqslant 0$．由于当 a 是平方数时，方程(12.1)很容易解，因此设 a 为非平方数，可得 $y>0$．于是我们只要考虑满足 $0<y<\frac{p}{4}$ 的 y，使 $a+py$ 成为平方数．

第三步 进一步考虑，如果 $a+py \equiv n \pmod q$，n 是 q 的平方非剩余，那么

$a+py$就不是平方数，这样的 y 都可舍去. 于是任取与 p 不同的奇素数 q，求出它的平方非剩余 $n_1,\cdots,n_k$，再解同余方程

$$a+py\equiv n_i(\bmod q)\quad(i=1,2,\cdots,k),$$

得 $y\equiv a_i(\bmod q)(i=1,2,\cdots,k)$，在小于$\frac{p}{4}$的正整数中，把所有满足 $y\equiv a_i(\bmod q)$的 y 都舍去. 可取不同的 q，逐步舍弃，直到剩下较少的数再代入检验，就可较为方便地解出式(12.1).

例 3 解同余方程 $x^2\equiv2(\bmod 41)$.

解 由于$\left(\frac{2}{41}\right)=(-1)^{\frac{41^2-1}{8}}=1$，故原同余方程有解.

考虑到

$$a=2,\quad p=41,\quad \left[\frac{41}{4}\right]=10.$$

先取 $q=3$，2 是 3 的平方非剩余，解同余方程

$$2+41y\equiv2(\bmod 3),$$

得 $y\equiv0(\bmod 3)$. 于是在 1 到 10 范围删去所有模 3 余 0 的数，剩下

$$1,2,4,5,7,8,10.$$

再取 $q=5$，因$\left(\frac{2}{5}\right)=\left(\frac{3}{5}\right)=-1$，故 2 和 3 都是 5 的平方非剩余，解同余方程

$$2+41y\equiv2,3(\bmod 5),$$

得 $y\equiv0(\bmod 5)$，$y\equiv3(\bmod 5)$. 于是继续删去模 5 余 0 与模 5 余 3 的数，此时还剩下

$$1,2,4,7.$$

代入检验，由 $2+41\times7=289=17^2$，得知所求的解是 $x\equiv\pm17(\bmod 41)$，即

$$x\equiv17,24(\bmod 41).$$

从例 3 可以看出，应用高斯逐步淘汰法解二次同余方程对于 $p\equiv1(\bmod 8)$的情形比较麻烦. 这里再介绍一种"加模析因子法"，它适用于上述各种情形，甚至还可以用于合数模的情形. 其基本解法是：

在同余方程右边加上模的倍数，使之成为平方数或平方因子而析出来，并继续这一过程直至求出同余方程的解.

我们用此法来解例 3 中的同余方程 $x^2\equiv2(\bmod 41)$.

解 由于$\left(\frac{2}{41}\right)=(-1)^{\frac{41^2-1}{8}}=1$，故原同余方程有解.

又 $x^2\equiv2\equiv43\equiv84\equiv2^2\cdot21(\bmod 41)$，即

$$\left(\frac{x}{2}\right)^2\equiv21\equiv62\equiv103\equiv144\equiv12^2(\bmod 41),$$

所以$\frac{x}{2} \equiv \pm 12 \pmod{41}$. 于是原同余方程的解为 $x \equiv \pm 24 \pmod{41}$，即

$$x \equiv 17, 24 \pmod{41}.$$

习 题 4.12

1. 利用定理 4.28 与 4.29，解下列同余方程：

(1) $x^2 \equiv 11 \pmod{43}$；

(2) $x^2 \equiv 7 \pmod{29}$；

(3) $x^2 \equiv 23 \pmod{101}$.

2. 利用高斯逐步淘汰法，解同余方程 $x^2 \equiv 13 \pmod{17}$.

3. 利用加模析因子法，解下列同余方程：

(1) $x^2 \equiv 11 \pmod{313}$；

(2) $x^2 \equiv 73 \pmod{127}$.

4.13 合数模二次同余方程的解

本节重点讨论合数模二次同余方程

$$x^2 \equiv a \pmod{m} \quad ((a, m) = 1)$$

有解的条件及解的个数.

定理 4.30 同余方程

$$x^2 \equiv a \pmod{p^k} \quad (k \geqslant 1, p \text{ 为奇素数}, (a, p) = 1) \tag{13.1}$$

有解的充要条件是$\left(\frac{a}{p}\right) = 1$，并且在有解的情况下，解数是 2.

证 若同余方程(13.1)有解，则同余方程 $x^2 \equiv a \pmod{p}$有解，因而

$$\left(\frac{a}{p}\right) = 1.$$

反之，若$\left(\frac{a}{p}\right) = 1$，则同余方程 $x^2 \equiv a \pmod{p}$恰有两个解. 设 $x \equiv x_1 \pmod{p}$是它的一个解，那么由$(a, p) = 1$，知$(x_1, p) = 1$.

又因为 $2 \nmid p$，故$(2x_1, p) = 1$. 若令 $f(x) = x^2 - a$，则$f'(x_1) = 2x_1$. 易知 $p \nmid f'(x_1)$，所以从 $x \equiv x_1 \pmod{p}$可导出方程(13.1)的一个唯一解. 因此由 $x^2 \equiv a \pmod{p}$的两个解恰好给出方程(13.1)的两个解. □

定理 4.31 设有同余方程

$$x^2 \equiv a \pmod{2^k} \quad (k \geqslant 1, (2,a)=1). \tag{13.2}$$

(1) 当 $k=1$ 时，方程(13.2)有唯一解 $x \equiv 1 \pmod 2$；

(2) 当 $k=2$ 时，方程(13.2)有解的充要条件是 $a \equiv 1 \pmod 4$，这时它有两个解：

$$x \equiv 1,3 \pmod 4;$$

(3) 当 $k \geqslant 3$ 时，方程(13.2)有解的充要条件是 $a \equiv 1 \pmod 8$，这时它有四个解：

若 $x \equiv x_k \pmod{2^k}$ 是它的一个解，则它的所有解是

$$x \equiv \pm x_k, \pm x_k + 2^{k-1} \pmod{2^k}.$$

证 (1) 当 $k=1$ 时，$a \equiv 1 \pmod 2$. 这时方程(13.2)显然只有唯一解：$x \equiv 1 \pmod 2$.

(2) 当 $k=2$ 时，$a \equiv 1$ 或 $3 \pmod 4$. 因任何奇数的平方模 4 必与 1 同余，故方程(13.2)有解的充要条件是 $a \equiv 1 \pmod 4$，这时方程(13.2)有两个解：$x \equiv 1,3 \pmod 4$.

(3) 当 $k \geqslant 3$ 时，若方程(13.2)有解，此解必为奇数，但任何奇数的平方模 8 必与 1 同余，所以 $x^2 \equiv 1 \pmod 8$. 因此 $a \equiv 1 \pmod 8$. 反之，若 $a \equiv 1 \pmod 8$，因为任何奇数的平方模 8 都与 1 同余，所以当 $k=3$ 时，方程(13.2)有解，且 $x \equiv 1,3,5,7 \pmod{2^3}$ 是它的解.

当 $a \equiv 1 \pmod 8$，$k>3$ 时，方程(13.2)有四个解. 我们用第一数学归纳法证明.

设 x_{k-1} 满足 $x^2 \equiv a \pmod{2^{k-1}}$，则 $x_{k-1}^2 - a = 2^{k-1}h$（h 为某整数）. 令 $x = x_{k-1} + 2^{k-2}t$，则有

$$\begin{aligned} x^2 - a &= (x_{k-1} + 2^{k-2}t)^2 - a = x_{k-1}^2 - a + 2^{k-1}t \cdot x_{k-1} + 2^{2(k-2)}t^2 \\ &= 2^{k-1}(h + t \cdot x_{k-1}) + 2^{2(k-2)}t^2 \equiv 2^{k-1}(h + t \cdot x_{k-1}) \pmod{2^k}. \end{aligned}$$

因 $(x_{k-1}, 2) = 1$，故存在唯一的 t_1，使得 $h + t_1 \cdot x_{k-1} \equiv 0 \pmod 2$，即 $x \equiv x_{k-1} + 2^{k-2}t_1 \pmod{2^k}$ 是方程(13.2)的解.

现设 x_k 是方程(13.2)的一个解. 又若 x_l 也是方程(13.2)的一个解，则

$$x_l^2 \equiv x_k^2 \pmod{2^k},$$

即 $(x_l + x_k)(x_l - x_k) \equiv 0 \pmod{2^k}$. 由于 x_k, x_l 都是奇数，故

$$\frac{x_l + x_k}{2} \cdot \frac{x_l - x_k}{2} \equiv 0 \pmod{2^{k-2}}.$$

令 $\left(\frac{x_l + x_k}{2}, \frac{x_l - x_k}{2}\right) = d$，则有 $d \mid x_l, d \mid x_k$，这说明 d 是奇数. 故

$$x_l \equiv x_k \pmod{2^{k-1}} \quad 或 \quad x_l \equiv -x_k \pmod{2^{k-1}}.$$

于是关于模 2^k，x_l 不外乎是下面形式的四个数：

$$x_k,\quad -x_k,\quad x_k+2^{k-1},\quad -x_k+2^{k-1}.$$

显然这四个数都是方程(13.2)的解，且两两关于模 2^k 不同余，所以它们就是方程(13.2)的所有解. □

由定理4.30和4.31，不难得到：

定理4.32 同余方程

$$x^2\equiv a(\mathrm{mod}\ m)\quad (m=2^kp_1^{k_1}p_2^{k_2}\cdots p_r^{k_r},(a,m)=1)\tag{13.3}$$

有解的充要条件是：当 $k=2$ 时，$a\equiv 1(\mathrm{mod}\ 4)$；当 $k\geqslant 3$ 时，$a=1(\mathrm{mod}\ 8)$，并且 $\left(\dfrac{a}{p_i}\right)=1\ (i=1,2,\cdots,r)$.

若上述条件成立，则当 $k=0,1$ 时，方程(13.3)的解数是 2^r；当 $k=2$ 时，解数是 2^{r+1}；当 $k\geqslant 3$ 时，解数是 2^{r+2}. □

例1 解同余方程 $x^2\equiv 39(\mathrm{mod}\ 125)$.

解 由于 $\left(\dfrac{39}{5}\right)=\left(\dfrac{4}{5}\right)=1$，故由定理4.30，知原同余方程有两个解.

又由

$$x^2\equiv 39\equiv 164\equiv 289\equiv 17^2(\mathrm{mod}\ 125),$$

知它的两个解为 $x\equiv\pm 17(\mathrm{mod}\ 125)$，即

$$x\equiv 17,108(\mathrm{mod}\ 125).$$

例2 解同余方程 $x^2\equiv 57(\mathrm{mod}\ 64)$.

解 由于 $k=6$，$57\equiv 1(\mathrm{mod}\ 8)$，故由定理4.31，知原同余方程有四个解.

又由

$$x^2\equiv 57\equiv 121\equiv 11^2(\mathrm{mod}\ 64),$$

知 $x^2\equiv 57(\mathrm{mod}\ 64)$ 有一个解：$x\equiv 11(\mathrm{mod}\ 64)$. 从而它的四个解为 $x\equiv 11,-11,43,21(\mathrm{mod}\ 64)$，即

$$x\equiv 11,53,43,21(\mathrm{mod}\ 64).$$

例3 解同余方程 $3x^2+x+6\equiv 0(\mathrm{mod}\ 45)$.

解 原同余方程等价于同余方程组

$$\begin{cases}3x^2+x+6\equiv 0(\mathrm{mod}\ 5) & (13.4)\\ 3x^2+x+6\equiv 0(\mathrm{mod}\ 9). & (13.5)\end{cases}$$

先解同余方程(13.4)：各项同乘2，并配方得 $(x+1)^2\equiv 4(\mathrm{mod}\ 5)$，所以 $x+1\equiv\pm 2(\mathrm{mod}\ 5)$，从而同余方程(13.4)的所有解为 $x\equiv 1,2(\mathrm{mod}\ 5)$.

再解同余方程(13.5)：由 $3x^2+x+6\equiv 0(\mathrm{mod}\ 3)$，可得 $x\equiv 0(\mathrm{mod}\ 3)$.

令 $x=3t_1$，代入式(13.5)，得 $27t_1^2+3t_1+6\equiv 0(\mathrm{mod}\ 9)$，解得 $t_1\equiv 1(\mathrm{mod}\ 3)$. 令 $t_1=1+3t_2$，则 $x=3+9t_2$. 因此同余方程(13.5)的所有解为 $x\equiv 3(\mathrm{mod}\ 9)$.

于是原同余方程等价于下列两个同余方程组

$$\begin{cases} x \equiv 1 \pmod 5 \\ x \equiv 3 \pmod 9 \end{cases} \quad 或 \quad \begin{cases} x \equiv 2 \pmod 5 \\ x \equiv 3 \pmod 9 \end{cases},$$

分别解之,得 $x \equiv 21 \pmod{45}$ 或 $x \equiv 12 \pmod{45}$,所以原同余方程的解为

$$x \equiv 12, 21 \pmod{45}.$$

习 题 4.13

1. 解下列同余方程:

(1) $x^2 \equiv 59 \pmod{125}$;　　(2) $x^2 \equiv 69 \pmod{508}$;

(3) $x^2 \equiv 41 \pmod{1\,600}$;　　(4) $3x^2 + 15x - 6 \equiv 0 \pmod{56}$.

2. 设 s 是 $x^2 \equiv a \pmod{2^k}$ $(k \geqslant 3, 2 \nmid a)$ 的解,试证:s 与 $s + 2^{k-1}$ 两个数中有且仅有一个是 $x^2 \equiv a \pmod{2^{k+1}}$ 的解.并用此法求同余方程 $x^2 \equiv 41 \pmod{64}$ 的解.

4.14　正整数表为平方数之和的问题

我们注意到 $1 = 0^2 + 1^2, 2 = 1^2 + 1^2, 4 = 0^2 + 2^2, 5 = 1^2 + 2^2$,但是 3,6,7 等就不能表为两个平方数之和.那么究竟哪些数能表为两个平方数之和呢?

下面主要讨论不含平方因数的情形.因为如果 $n = k^2 n_1$,n_1 不含平方因数,且 $n_1 = x^2 + y^2$,则 $n = (kx)^2 + (ky)^2$.

讨论时,我们需要如下定义:

定义 4.4　设正整数 n 能表为两个平方数之和,即

$$n = x^2 + y^2.$$

若 $(x, y) = 1$,则称 n 能本原地表为两个平方数之和.

4.14.1　不能表为两个平方数之和的情形

定理 4.33　形如 $4n - 1$ 的数不能表为两个平方数之和.

证　对于一切整数 x,有 $x^2 \equiv 0$ 或 $1 \pmod 4$,所以对任意 x, y,有

$$x^2 + y^2 \equiv 0, 1 \text{ 或 } 2 \pmod 4.$$

而 $4n - 1 \equiv 3 \pmod 4$,因此形如 $4n - 1$ 的数不能表为两个平方数之和.　□

4.14.2　素因数能表为两个平方数之和的情形

定理 4.34　设 p 是 m 的一个奇素因数,p 能表为两个平方数之和,m 能本原

地表为两个平方数之和，则$\dfrac{m}{p}$也能本原地表为两个平方数之和.

证 设 $m=x^2+y^2,(x,y)=1$，且 $p=a^2+b^2$，则有

$$\begin{aligned}(ax-by)(ax+by)&=a^2x^2-b^2y^2=a^2(x^2+y^2)-y^2(a^2+b^2)\\&\equiv 0(\mathrm{mod}\ p).\end{aligned}$$

因 p 是素数，故 $p\mid(ax-by)$或 $p\mid(ax+by)$. 若 $p\mid(ax-by)$，则由

$$mp=(x^2+y^2)(a^2+b^2)=(ax-by)^2+(ay+bx)^2,$$

知 $p\mid(ay+bx)$. 令$(ax-by,ay+bx)=pd$，则有

$$pd\mid a(ax-by)+b(ay+bx)=px,$$
$$pd\mid a(ay+bx)-b(ax-by)=py,$$

即 $d\mid x,d\mid y$. 从而 $d\mid(x,y)=1$，得 $d=1$. 于是$(ax-by,ay+bx)=p$，即

$$\left(\frac{ax-by}{p},\frac{ay+bx}{p}\right)=1.$$

又$\dfrac{m}{p}=\left(\dfrac{ax-by}{p}\right)^2+\left(\dfrac{ay+bx}{p}\right)^2$，故$\dfrac{m}{p}$能本原地表为两个平方数之和.

对 $p\mid(ax+by)$的情形，可类似地证明. □

定理 4.35 n^2+1 的每一素因数都能表为两个平方数之和.

证 用第二数学归纳法. 当 $n=1$ 时，$2=1^2+1^2$，命题成立.

假设对于所有不大于 $n-1\ (n\geqslant 2)$的正整数，命题成立，即

$$1^2+1,2^2+1,3^2+1,\cdots,(n-1)^2+1$$

中每一个数的每一个素因数都能表为两个平方数之和. 下面证明，对于 n，命题也成立.

令 p 为素数，若 $p\mid(n^2+1)$，且 $p<n$，则 $p\mid(n-p)^2+1$. 由归纳假设，p 能表为两个平方数之和.

若 $p\mid(n^2+1)$，且 $p>n$，设 $n^2+1=ps$，则 $s<n$.

令 $s=q_1q_2\cdots q_k$，这里 $q_i\ (i=1,2,\cdots,k)$是素数，则 $q_i<n$. 由归纳假设，$q_1q_2\cdots q_k$ 能表为两个平方数之和. 再由定理 4.34，知$\dfrac{n^2+1}{q_1}$能本原地表为两个平方数之和，继续消去 $q_2,\cdots,q_k$，最后得$\dfrac{n^2+1}{s}=p$ 可表为两个平方数之和. □

4.14.3 可表为两个平方数之和的充要条件

定理 4.36 形如 $4k+1$ 的素数可表为两个平方数之和，且表法唯一.

证 因素数 $p=4k+1$，所以$\dfrac{p-1}{2}=2k$ 是偶数. 根据威尔逊定理，

$$
\begin{aligned}
-1 &\equiv (p-1)! \equiv 1 \cdot 2 \cdots \frac{p-1}{2} \cdot \frac{p+1}{2} \cdots (p-1) \\
&\equiv 1 \cdot 2 \cdots \frac{p-1}{2} \cdot \left(p - \frac{p-1}{2}\right) \cdots (p-2)(p-1) \\
&\equiv \left(\left(\frac{p-1}{2}\right)!\right)^2 \pmod{p},
\end{aligned}
$$

即 $p \left| \left(\left(\frac{p-1}{2}\right)!\right)^2 + 1\right.$. 因此由定理 4.35,知 p 可表为两个平方数之和. 下证表法的唯一性.

设 $p = x^2 + y^2 = a^2 + b^2$($x, y, a, b$ 均为正整数). 由定理 4.34 的证明,知 $p \mid (ax - by)$ 或 $p \mid (ax + by)$,以及

$$p^2 = (x^2 + y^2)(a^2 + b^2) = (ax - by)^2 + (ay + bx)^2 > (ax - by)^2.$$

如果 $p \mid (ax - by)$,那么必有 $ax - by = 0$,即 $ax = by$. 因为 $(a, b) = 1$, $(x, y) = 1$,所以 $a = y$, $b = x$. 如果 $p \mid (ax + by)$,那么由 $p^2 = (ax + by)^2 + (ay - bx)^2$,知 $p^2 \mid (ay - bx)^2$,但 $p^2 > (ay - bx)^2$,故 $ay - bx = 0$,可得 $a = x$, $b = y$. 这说明表法是唯一的. □

上述定理指出,奇素数若能表为两个平方数之和,则表法唯一. 而偶素数 $2 = 1^2 + 1^2$ 表法也唯一,即素数若能表为两个平方数之和,则表法是唯一的,因此有:

推论 如果一个正整数 n 可用两种方法表为两个平方数之和,那么 n 一定是合数.

由定理 4.36 与 4.33,立得:

定理 4.37 奇素数 p 可表为两个平方数之和的充要条件是 $p \equiv 1 \pmod{4}$.

证 根据定理 4.36,充分性显然. 下证必要性.

因为奇素数的形式只有 $4n+1$ 或 $4n-1$,但根据定理 4.33,形如 $4n-1$ 的数不能表为两个平方数之和,故结论成立. □

下面我们给出:

定理 4.38 设 n 是正整数,且 $n = k^2 n_1$(n_1 不含平方因数),则 n 可表为两个平方数之和的充要条件是 n_1 没有形如 $4k-1$ 的素因数.

证 (充分性)设 x, y 都可表为两个平方数之和,即

$$x = a^2 + b^2, \quad y = c^2 + d^2,$$

则

$$xy = (a^2 + b^2)(c^2 + d^2) = (ac \pm bd)^2 + (ad \mp bc)^2.$$

这表明能表为两个平方数之和的数相乘,其积仍能表为两个平方数之和. 又因为 $2 = 1^2 + 1^2$,并且若 n_1 可表为两个平方数之和:$n_1 = a^2 + b^2$,则 $k^2 n_1 = (ka)^2 +$

$(kb)^2$. 因此一个正整数 n，如果它的平方因数以外的素因数都不是形如 $4k-1$ 的，那么它可以表为两个平方数之和.

（必要性）去证：若 n_1 含有形如 $4k-1$ 的素因数，则 n 不能表为两个平方数之和. 用反证法.

设 n_1 含有形如 $4k-1$ 的素因数 p，而 n 可表为两个平方数之和，即 $n=x^2+y^2$.

令 $(x,y)=d$，则 $x=dx_1, y=dy_1, (x_1,y_1)=1, n=d^2(x_1^2+y_1^2)$. 因为 $n=k^2n_1$（n_1 不含平方因数），$p\mid n_1$，所以 $p\mid(x_1^2+y_1^2)$，即

$$x_1^2+y_1^2\equiv 0 \pmod p.$$

又由上式，可知 $p\nmid x_1$，否则有 $p\mid x_1, p\mid y_1$，与 $(x_1,y_1)=1$ 矛盾. 故 $(p,x_1)=1$，于是存在整数 s,t，满足 $sp+tx_1=1$，即 $tx_1\equiv 1 \pmod p$. 因此由 $(tx_1)^2+(ty_1)^2=t^2(x_1^2+y_1^2)\equiv 0 \pmod p$，得

$$(ty_1)^2\equiv -1 \pmod p.$$

但当素数 p 形如 $4k-1$ 时，$\left(\frac{-1}{p}\right)=-1$. 这说明 $(ty_1)^2\not\equiv -1 \pmod p$，矛盾. □

4.14.4　华林问题

由前面的讨论，可知 1,2,4,5,8,9,10,…可表为两个整数的平方和，而 3,6,7,11,…不能表为两个整数的平方和. 事实上，7 甚至不能表为三个整数的平方和，更一般地，每个形如 $8n+7$ 的正整数均不能表为三个整数的平方和.

1770 年，拉格朗日（Lagrange）证明了：每个正整数都可表为四个整数的平方和. 同年，英国数学家华林（Waring）提出：

华林猜想　对于每个给定的正整数 k，均存在正整数 $s=s(k)$，使得每个正整数 N 均可表为 s 个非负整数的 k 次方之和，即

$$N=a_1^k+a_2^k+\cdots+a_s^k \quad (a_i\geqslant 0).$$

1909 年，伟大的德国数学家希尔伯特证明了这一论断. 可是对于每个 k，满足上述性质的最小 $s(k)$ 值是多少呢？我们以 $g(k)$ 表示这个最小值. 即：

每一正整数均可表为 $g(k)$ 个非负整数的 k 次方之和.

拉格朗日实际上证明了 $g(2)=4$. 因为他指出每个正整数均可表为四个非负整数的平方和，但 7 不能用三个数的平方和表示.

1928 年，狄克森（Dickson）证明了 $g(3)=9$，即他证明了每个正整数均可表为 9 个非负整数的立方和，但 23 和 239 不能用 8 个数的平方和表示.

当 $k\geqslant 6$ 时，所有的 $g(k)$ 值均已确定.

1964 年，我国数学家陈景润给出 $g(5)=37$. 现在唯一不能确定的是 $g(4)$. 陈景润在 1974 年证明了 $g(4)\leqslant 27$. 1979 年一位印度人利用陈景润的方法证明出

$g(4)\leqslant 21$,有人猜想 $g(4)=19$.但至今尚未解决.

例 1 试证:若 $n\equiv 3$ 或 $6\pmod 9$,则 n 不能表为两个平方数之和.

证 用反证法.由于一个平方数关于模 9 只能与 0,1,4,7 同余,因此 x^2+y^2 关于模 9 只能与 0,1,2,4,5,7,8 同余,而 $n\equiv 3$ 或 $6\pmod 9$,故 n 不能表为两个平方数之和.

例 2 设素数 $p=x^2+y^2$ 且 $m^2+n^2=pk$,试证:$mx\equiv \pm ny\pmod p$.再利用等式

$$\begin{aligned}(m^2+n^2)(x^2+y^2)&=(mx+ny)^2+(my-nx)^2\\&=(mx-ny)^2+(my+nx)^2,\end{aligned}$$

将 k 表为两个平方数之和的形式.

证 因为 $m^2\equiv -n^2\pmod p$ 与 $x^2\equiv -y^2\pmod p$,所以

$$m^2x^2\equiv n^2y^2\pmod p,\quad 即\quad mx\equiv \pm ny\pmod p.$$

若 $mx\equiv ny\pmod p$,则 $my\equiv -nx\pmod p$,从而

$$p\mid(mx-ny),\quad p\mid(my+nx).$$

因此

$$k=\left(\frac{mx-ny}{p}\right)^2+\left(\frac{my+nx}{p}\right)^2.$$

当 $mx\equiv -ny\pmod p$时,同理可证.

例 3 试证:

(1) 并非每一个正整数 n 都能表为$n=x^2-y^2$,这里 x,y 均为整数;

(2) 任意奇素数 p 一定能表为两个平方数之差;

(3) 每一个正整数 n 都能表为$n=x^2+y^2-z^2$,这里 x,y,z 均为整数.

证 (1) 这里要指出有正整数不能表为两个平方数之差即可.

由于任一正整数的平方关于模 4 只能与 1 或 0 同余,因此 x^2-y^2 只有三种可能:

$$x^2-y^2\equiv 0,1 或 3\pmod 4).$$

即形如 $4k+2$ 的正整数都不能表为两个平方数之差.

(2) 若 $p=x^2-y^2(x>y>0)$,则 $p=(x+y)(x-y)$,但 p 的正因数只有 1 与 p,所以必有 $p=x+y,1=x-y$,从而

$$x=\frac{p+1}{2},\quad y=\frac{p-1}{2}.$$

因为$\frac{p+1}{2}$与$\frac{p-1}{2}$都是正整数,且

$$p=\left(\frac{p+1}{2}\right)^2-\left(\frac{p-1}{2}\right)^2,$$

所以任何奇素数 p 都可表为两个平方数之差.

(3) 由于 n 是正整数,总可取到整数 x,使得 $n-x^2$ 是正奇数 m. 设 $m=2y-1$,则有

$$n = x^2 + m = x^2 + 2y - 1 = x^2 + y^2 - (y-1)^2.$$

令 $z=y-1$,即得

$$n = x^2 + y^2 - z^2.$$

例 4 试求最小的三个连续正整数,使其中每个数都能表成两个非零平方数之和.

解 作为两个平方数之和的正整数 N 必具有形式 na^2,这里 a^2 是 N 中的最大平方数,n 不含有 $4k-1$ 形式的素因数. 考虑到任意三个连续整数中必有一个能被 3 整除,而 3 又是 $4k-1$ 形式的素数,因此 3 必须以偶次幂形式出现在一个数中,从而应在 9 的倍数中去寻找.

(i) 设一数为 9 或 36,因其不能表成两个非零平方数之和,故不合题意.

(ii) 设一数为 27,54 或 63,因其 n 含有一个 $4k-1$ 形式的素数,也不能表成两个非零平方数之和,故不合题意.

(iii) 设一数为 18,虽有 $18=3^2+3^2$,但 16,19 不能表成两个非零平方数之和,故不合题意.

(iv) 设一数为 45,虽有 $45=3^2+6^2$,但 44,46 不能表成两个非零平方数之和,故不合题意.

(v) 设一数为 72,易知 $72=6^2+6^2$,$73=3^2+8^2$,$74=5^2+7^2$,但 71 不能表成两个非零平方数之和,故所求的最小的三个连续正整数为 72,73,74.

例 5 试证:任何整数都可以表为五个整数的立方和.

证 注意到 n^3-n 总是 6 的倍数,即 $\frac{n^3-n}{6}$ 是整数,故有

$$\begin{aligned} n &= n^3 - 6\cdot\frac{n^3-n}{6} = n^3 + 6\cdot\frac{n-n^3}{6} \\ &= n^3 + \left(\frac{n-n^3+6}{6}\right)^3 + \left(\frac{n-n^3-6}{6}\right)^3 + \left(\frac{n^3-n}{6}\right)^3 + \left(\frac{n^3-n}{6}\right)^3. \end{aligned}$$

例 6 设 p 为奇素数,试证:不定方程 $x^2+2y^2=p$ 有整数解的充要条件是 $p\equiv 1$ 或 $3 \pmod 8$.

证 (必要性)若 $x^2+2y^2=p$ 有整数解:$x=a$,$y=b$,则

$$a^2 \equiv -2b^2 \pmod p.$$

从而 $-2b^2$ 是模 p 的平方剩余. 由 $a^2+2b^2=p$,知 $p\nmid b$,否则 $p\mid a$,由此导致 $p^2\mid p$,矛盾. 因此

$$\left(\frac{-2}{p}\right) = \left(\frac{-2}{p}\right)\left(\frac{b^2}{p}\right) = \left(\frac{-2b^2}{p}\right) = 1.$$

又

$$\left(\frac{-2}{p}\right)=\left(\frac{-1}{p}\right)\left(\frac{2}{p}\right)=(-1)^{\frac{p-1}{2}}\cdot(-1)^{\frac{p^2-1}{8}}=(-1)^{\frac{(p-1)(p+5)}{8}},$$

即

$$(-1)^{\frac{(p-1)(p+5)}{8}}=1,$$

故 $p\equiv1$ 或 $3(\bmod 8)$.

（充分性）若 $p\equiv1$ 或 $3(\bmod 8)$，即

$$\left(\frac{-2}{p}\right)=(-1)^{\frac{(p-1)(p+5)}{8}}=1,$$

则 -2 是模 p 的平方剩余，于是存在整数 t，使得 $t^2\equiv-2(\bmod p)$.

设 l^2 是大于 p 的最小平方数，即 $(l-1)^2<p<l^2$. 考虑 x,y 的一次式 $x-ty$，分别取 $x=0,1,\cdots,l-1$；$y=0,1,\cdots,l-1$. 这样就得到 $x-ty$ 的 l^2 个值. 由于 $l^2>p$，故这 l^2 个值中至少有两个关于模 p 同余（抽屉原理），不妨设

$$x_1-ty_1\equiv x_2-ty_2(\bmod p)\quad(x_1\neq x_2,y_1\neq y_2),$$

则有

$$x_1-x_2\equiv t(y_1-y_2)(\bmod p),$$

即

$$(x_1-x_2)^2\equiv t^2(y_1-y_2)^2\equiv-2(y_1-y_2)^2(\bmod p),$$

从而 $(x_1-x_2)^2+2(y_1-y_2)^2$ 是 p 的倍数.

此外，由于 $0\leqslant x_1,x_2,y_1,y_2\leqslant l-1$，故

$$3p>3(l-1)^2\geqslant(x_1-x_2)^2+2(y_1-y_2)^2>0,$$

因此有

$$(x_1-x_2)^2+2(y_1-y_2)^2=p,\tag{14.1}$$

或

$$(x_1-x_2)^2+2(y_1-y_2)^2=2p.\tag{14.2}$$

对于式(14.1)，可得方程 $x^2+2y^2=p$ 的一个整数解为

$$x=x_1-x_2,\quad y=y_1-y_2.$$

对于式(14.2)，令 $x_1-x_2=2c$，代入可得

$$(y_1-y_2)^2+2c^2=p,$$

故方程 $x^2+2y^2=p$ 的一个整数解为

$$x=y_1-y_2,\quad y=c.$$

综上，当且仅当 $p\equiv1$ 或 $3(\bmod 8)$ 时，不定方程 $x^2+2y^2=p$ 有整数解.

习题 4.14

1. 试证：形如 $8k+7$ 的数不能表为三个平方数之和.

2. 试证:如果 $n=a^2+b^2=c^2+d^2$,那么

$$n=\frac{((a-c)^2+(b-d)^2)\cdot((a+c)^2+(b-d)^2)}{4(b-d)^2},$$

并由此说明 n 是合数.

3. 试证:正整数 n 可表为两个平方数之和的充要条件是 $2n$ 也具有同样的性质.

4. 设素数 $p\equiv1(\bmod 4)$,试证:对任意正整数 n,总存在正整数 a,b,使得 $p^n=a^2+b^2$.

5. 设 p 为奇素数,试证:不定方程 $x^2+3y^2=p$ 有整数解的充要条件是 $p\equiv1(\bmod 6)$.

4.15 余新河数学题

香港企业家余新河先生提出了多年前他研究哥德巴赫猜想时曾涉及的一个数学题,并先后分别在《福建日报》1993 年 3 月 3 日头版、《光明日报》1993 年 3 月 19 日第八版和《人民日报》1993 年 4 月 6 日第八版悬赏百万港元向世人征解,至今悬而未决.

余新河数学题是要求证明以下命题成立.

命题 Y 设数列

A_1:

$$N=\frac{31K+5}{3}+(10K+1)P\quad(K=1,4,7,10,\cdots;P=0,1,2,3,\cdots),$$

$$N=\frac{11K+3}{3}+(10K+1)P\quad(K=3,6,9,12,\cdots;P=0,1,2,3,\cdots),$$

$$N=\frac{17K+7}{3}+(10K+3)P\quad(K=1,4,7,10,\cdots;P=0,1,2,3,\cdots),$$

$$N=\frac{7K+4}{3}+(10K+3)P\quad(K=2,5,8,11,\cdots;P=0,1,2,3,\cdots),$$

$$N=\frac{29K+28}{3}+(10K+9)P\quad(K=1,4,7,10,\cdots;P=0,1,2,3,\cdots),$$

$$N=\frac{19K+19}{3}+(10K+9)P\quad(K=2,5,8,11,\cdots;P=0,1,2,3,\cdots);$$

A_2:

$$N=\frac{11K+4}{3}+(10K+1)P\quad(K=1,4,7,10,\cdots;P=0,1,2,3,\cdots),$$

$$N=\frac{31K+6}{3}+(10K+1)P\quad(K=3,6,9,12,\cdots;P=0,1,2,3,\cdots),$$

$$N=\frac{7K+5}{3}+(10K+3)P\quad(K=1,4,7,10,\cdots;P=0,1,2,3,\cdots),$$

$$N=\frac{17K+8}{3}+(10K+3)P\quad(K=2,5,8,11,\cdots;P=0,1,2,3,\cdots),$$

$$N=\frac{19K+20}{3}+(10K+9)P\quad(K=1,4,7,10,\cdots;P=0,1,2,3,\cdots),$$

$$N=\frac{29K+29}{3}+(10K+9)P\quad(K=2,5,8,11,\cdots;P=0,1,2,3,\cdots),$$

$N=1$；

B_1：

$$N=\frac{13K+2}{3}+(10K+1)P\quad(K=1,4,7,10,\cdots;P=0,1,2,3,\cdots),$$

$$N=\frac{23K+3}{3}+(10K+1)P\quad(K=3,6,9,12,\cdots;P=0,1,2,3,\cdots),$$

$$N=\frac{29K+21}{3}+(10K+7)P\quad(K=0,3,6,9,\cdots;P=0,1,2,3,\cdots),$$

$$N=\frac{19K+14}{3}+(10K+7)P\quad(K=1,4,7,10,\cdots;P=0,1,2,3,\cdots);$$

B_2：

$$N=\frac{23K+4}{3}+(10K+1)P\quad(K=1,4,7,10,\cdots;P=0,1,2,3,\cdots),$$

$$N=\frac{13K+3}{3}+(10K+1)P\quad(K=3,6,9,12,\cdots;P=0,1,2,3,\cdots),$$

$$N=\frac{19K+15}{3}+(10K+7)P\quad(K=0,3,6,9,\cdots;P=0,1,2,3,\cdots),$$

$$N=\frac{29K+22}{3}+(10K+7)P\quad(K=1,4,7,10,\cdots;P=0,1,2,3,\cdots);$$

C_1：

$$N=\frac{7K+2}{3}+(10K+1)P\quad(K=1,4,7,10,\cdots;P=0,1,2,3,\cdots),$$

$$N=\frac{17K+3}{3}+(10K+1)P\quad(K=3,6,9,12,\cdots;P=0,1,2,3,\cdots),$$

$$N=\frac{29K+10}{3}+(10K+3)P\quad(K=1,4,7,10,\cdots;P=0,1,2,3,\cdots),$$

$$N=\frac{19K+7}{3}+(10K+3)P\quad(K=2,5,8,11,\cdots;P=0,1,2,3,\cdots);$$

C_2：

$$N=\frac{17K+4}{3}+(10K+1)P\quad(K=1,4,7,10,\cdots;P=0,1,2,3,\cdots),$$

$$N=\frac{7K+3}{3}+(10K+1)P\quad(K=3,6,9,12,\cdots;P=0,1,2,3,\cdots),$$

$$N=\frac{19K+8}{3}+(10K+3)P\quad(K=1,4,7,10,\cdots;P=0,1,2,3,\cdots),$$

$$N=\frac{29K+11}{3}+(10K+3)P\quad(K=2,5,8,11,\cdots;P=0,1,2,3,\cdots);$$

D_1：

$$N=\frac{23K+7}{3}+(10K+3)P\quad(K=1,4,7,10,\cdots;P=0,1,2,3,\cdots),$$

$$N=\frac{13K+4}{3}+(10K+3)P\quad(K=2,5,8,11,\cdots;P=0,1,2,3,\cdots),$$

$$N=\frac{19K+2}{3}+(10K+1)P\quad(K=1,4,7,10,\cdots;P=0,1,2,3,\cdots),$$

$$N=\frac{29K+3}{3}+(10K+1)P\quad(K=3,6,9,12,\cdots;P=0,1,2,3,\cdots),$$

$$N=\frac{17K+12}{3}+(10K+7)P\quad(K=0,3,6,9,\cdots;P=0,1,2,3,\cdots),$$

$$N=\frac{7K+5}{3}+(10K+7)P\quad(K=1,4,7,10,\cdots;P=0,1,2,3,\cdots);$$

D_2：

$$N=\frac{13K+5}{3}+(10K+3)P\quad(K=1,4,7,10,\cdots;P=0,1,2,3,\cdots),$$

$$N=\frac{23K+8}{3}+(10K+3)P\quad(K=2,5,8,11,\cdots;P=0,1,2,3,\cdots),$$

$$N=\frac{29K+4}{3}+(10K+1)P\quad(K=1,4,7,10,\cdots;P=0,1,2,3,\cdots),$$

$$N=\frac{19K+3}{3}+(10K+1)P\quad(K=3,6,9,12,\cdots;P=0,1,2,3,\cdots),$$

$$N=\frac{7K+6}{3}+(10K+7)P\quad(K=0,3,6,9,\cdots;P=0,1,2,3,\cdots),$$

$$N=\frac{17K+13}{3}+(10K+7)P\quad(K=1,4,7,10,\cdots;P=0,1,2,3,\cdots).$$

同时，约定从正整数数列中扣除某一数列而余下的数列称为该数列的对偶数列. 令 $A_1',A_2',B_1',B_2',C_1',C_2',D_1',D_2'$ 分别表示 $A_1,A_2,B_1,B_2,C_1,C_2,D_1,D_2$ 的对偶数列，则下列 24 个等式成立：

$$A_i'+B_j'=\{a+b\mid a\in A_i',b\in B_j'\}=\mathbf{Z}^*\quad(i=1,2,j=1,2),$$
$$A_i'+C_j'=\{a+c\mid a\in A_i',c\in C_j'\}=\mathbf{Z}^*\quad(i=1,2,j=1,2),$$
$$A_i'+D_j'=\{a+d\mid a\in A_i',d\in D_j'\}=\mathbf{Z}^*\quad(i=1,2,j=1,2),$$
$$B_i'+C_j'=\{b+c\mid b\in B_i',c\in C_j'\}=\mathbf{Z}^*\quad(i=1,2,j=1,2),$$
$$B_i'+D_j'=\{b+d\mid b\in B_i',d\in D_j'\}=\mathbf{Z}^*\quad(i=1,2,j=1,2),$$

$$C'_i + D'_j = \{c + d \mid c \in C'_i, d \in D'_j\} = \mathbf{Z}^* \quad (i = 1,2, j = 1,2).$$

这里 $\mathbf{Z}^*$ 表示除 1 和 2 以外的全体正整数的集合.

余新河数学题不仅在国内数学界引起关注,国外的若干报刊也纷纷予以报道.与简明的哥德巴赫猜想相比,余新河数学题要复杂得多.二者究竟有何关系?经数论专家孙琦等人初步考虑得出:由余新河数学题可以推出哥德巴赫猜想,因而余新河数学题也是一个非常困难的问题.

首先,将余新河数学题中的子数列变形.例如在数列 A_1 的第一个子数列中,令 $K=3x+1, P=y$,则得 $N=30xy+31x+11y+12(x,y\geqslant 0)$. 对其他子数列均可作类似的变形.这时不难发现,有些子数列是重复的,因而可以去掉.经过变形与合并,得到上述八个数列 $A_1,A_2,B_1,B_2,C_1,C_2,D_1,D_2$ 的生成式:设 x,y 独立地取遍全体非负整数,则

$$A_1:\begin{cases} N = 30xy + 31x + 11y + 12 \\ N = 30xy + 17x + 13y + 8 \\ N = 30xy + 23x + 7y + 6 \\ N = 30xy + 29x + 19y + 19 \end{cases}, \quad A_2:\begin{cases} N = 30xy + 11x + 11y + 5 \\ N = 30xy + 31x + 31y + 33 \\ N = 30xy + 13x + 7y + 4 \\ N = 30xy + 23x + 17y + 14 \\ N = 30xy + 19x + 19y + 13 \\ N = 30xy + 29x + 29y + 29 \\ N = 1 \end{cases},$$

$$B_1:\begin{cases} N = 30xy + 13x + 11y + 5 \\ N = 30xy + 31x + 23y + 24 \\ N = 30xy + 29x + 7y + 7 \\ N = 30xy + 19x + 17y + 11 \end{cases}, \quad B_2:\begin{cases} N = 30xy + 23x + 11y + 9 \\ N = 30xy + 31x + 13y + 14 \\ N = 30xy + 19x + 7y + 5 \\ N = 30xy + 29x + 17y + 17 \end{cases},$$

$$C_1:\begin{cases} N = 30xy + 11x + 7y + 3 \\ N = 30xy + 31x + 17y + 18 \\ N = 30xy + 29x + 13y + 13 \\ N = 30xy + 23x + 19y + 15 \end{cases}, \quad C_2:\begin{cases} N = 30xy + 17x + 11y + 7 \\ N = 30xy + 31x + 7y + 8 \\ N = 30xy + 19x + 13y + 9 \\ N = 30xy + 29x + 23y + 23 \end{cases},$$

$$D_1:\begin{cases} N = 30xy + 23x + 13y + 10 \\ N = 30xy + 19x + 11y + 7 \\ N = 30xy + 31x + 29y + 30 \\ N = 30xy + 17x + 7y + 4 \end{cases}, \quad D_2:\begin{cases} N = 30xy + 13x + 13y + 6 \\ N = 30xy + 23x + 23y + 18 \\ N = 30xy + 29x + 11y + 11 \\ N = 30xy + 31x + 19y + 20 \\ N = 30xy + 7x + 7y + 2 \\ N = 30xy + 17x + 17y + 10 \end{cases}.$$

我们能够证明:

定理 4.39 (1) $N\in A'_1$ 的充要条件是 $30N-19$ 为素数;

(2) $N\in A_2'$的充要条件是 $30N-29$ 为素数;

(3) $N\in B_1'$的充要条件是 $30N-7$ 为素数;

(4) $N\in B_2'$的充要条件是 $30N-17$ 为素数;

(5) $N\in C_1'$的充要条件是 $30N-13$ 为素数;

(6) $N\in C_2'$的充要条件是 $30N-23$ 为素数;

(7) $N\in D_1'$的充要条件是 $30N-1$ 为素数;

(8) $N\in D_2'$的充要条件是 $30N-11$ 为素数.

证 以证明(2)为例,其余结论可类似推出.

易知 $1<N\in A_2$ 的充要条件是,$30N-29$ 可表示为下列 6 种分解式之一:

$$30N-29=(30x+11)(30y+11)\quad(x,y\geqslant 0),\tag{15.1}$$

$$30N-29=(30x+31)(30y+31)\quad(x,y\geqslant 0),\tag{15.2}$$

$$30N-29=(30x+7)(30y+13)\quad(x,y\geqslant 0),\tag{15.3}$$

$$30N-29=(30x+17)(30y+23)\quad(x,y\geqslant 0),\tag{15.4}$$

$$30N-29=(30x+19)(30y+19)\quad(x,y\geqslant 0),\tag{15.5}$$

$$30N-29=(30x+29)(30y+29)\quad(x,y\geqslant 0).\tag{15.6}$$

因此当 $30N-29$ 为素数时,有 $N\in A_2'$. 反之,如果 $30N-29$ 为 1 或合数,则 $N=1$ 或

$$30N-29=(30x+r_1)(30y+r_2),\tag{15.7}$$

这里 $x,y\geqslant 0,(r_1,30)=(r_2,30)=1,1<r_1,r_2\leqslant 31$. 于是

$$r_1r_2\equiv 1\pmod{30}.\tag{15.8}$$

若 $r_1\equiv r_2\pmod{30}$,则 $r_1^2\equiv 1\pmod{30}$,易知此同余方程仅有四个解:$r_1\equiv\pm 1,\pm 11\pmod{30}$,故 $r_1=31,29,11,19$,即式(15.2),(15.6),(15.1)或(15.5)成立.于是 $N\in A_2$.

若 $r_1\not\equiv r_2\pmod{30}$,易知此时仅有 $r_1=7,r_2=13$ 及 $r_1=17,r_2=23$ 这两种可能(不考虑 r_1,r_2 的顺序),即式(15.3)或(15.4)成立.于是仍有 $N\in A_2$. □

注意到 1,7,11,13,17,19,23,29 是模 30 的简化剩余系,因此式(15.1)~(15.8)的右边实际上包含了除 2,3,5 以外的一切素数.

由定理 4.39,可推出:

定理 4.40 如果命题 Y 成立,则哥德巴赫猜想成立.

证 任意一个不小于 60 的偶数 $2m$ 总可表示为 $30N+r$,这里 $N\geqslant 2$,r 为偶数满足 $0\leqslant r\leqslant 28$.不难验证,对任意偶数 $r(0\leqslant r\leqslant 28)$,均存在 r_1,r_2,满足:r_1,r_2 分别属于

$$\{-19,-29\},\{-7,-17\},\{-13,-23\},\{-1,-11\}$$

中不同的两组,且

$$r \equiv r_1 + r_2 \pmod{30}.$$

例如,当 $r=0$ 时,取 $r_1=-19, r_2=-11$ 即可. 假如命题 Y 成立,由 $A_1'+D_2'=\mathbf{Z}^*$,知存在素数 $30N_1-19, 30N_2-11$,使得 $N_1+N_2=N+1$,于是

$$30N = 30(N_1+N_2-1) = (30N_1-19)+(30N_2-11),$$

即哥德巴赫猜想对 $30N(N\geqslant 2)$ 成立.对偶数 $r(2\leqslant r\leqslant 28)$ 的情形,类似可证.而对 $4<2m<60$,可直接验证哥德巴赫猜想成立. □

命题 Y 以 30 为模,其数列 $A_i, B_i, C_i, D_i(i=1,2)$ 的生成式为

$$N = 30xy+ax+by+c,$$

这里 x,y 独立地取遍全体非负整数,$a,b\in\{7,11,13,17,19,23,29,31\}$,$c=\left[\dfrac{ab}{30}\right]+1$.

其实,模 30 的选取并不具有特殊的意义,只要选取适当的正偶数为模总可得到与命题 Y 类似的猜想.

便于举例,以下用 $\mathbf{N}^*$ 表示全体正整数的集合.

例 1 设 x,y 独立地取遍全体正整数,数列 A(模 2)的生成式是 $A: N=2xy+x+y$,令数列 $A'=\mathbf{N}^*-A$,试证:若对任意整数 $n>1$,总存在 $a_1,a_2\in A'$,使得 $n=a_1+a_2$(称为 G_1 命题),则哥德巴赫猜想成立.

证 若 $N\in A$,则 $2N+1=(2x+1)(2y+1)$为奇合数.反之,若 $2N+1$ 为奇合数,则存在 $s,t\in\mathbf{N}^*$,使得 $2N+1=(2s+1)(2t+1)$,即 $N=2st+s+t$,故 $N\in A$.于是 $N\in A'$的充要条件是 $2N+1$ 为素数.

另外,若命题 G_1 成立,即对任意整数 $n>1$,总存在 $a_1,a_2\in A'$,使 $n=a_1+a_2$,则

$$2n+2=(2a_1+1)+(2a_2+1)=p_1+p_2,$$

这里 $2n+2>4$,p_1,p_2 为奇素数. 因此哥德巴赫猜想成立.

例 2 设 x,y 独立地取遍全体非负整数,数列 A_1,A_2(模 6)的生成式分别是

$$A_1: N = 6xy+5x+y+1(x\neq 0),$$

$$A_2:\begin{cases} N = 6xy+x+y+1(xy\neq 0) \\ N = 6xy+5x+5y+5 \end{cases}.$$

令数列 $A_i'=\mathbf{N}^*-A_i\ (i=1,2)$.试证:若下列等式(称为 G_2 命题)成立:

$$A_1'+A_1'=\{a_1+a_2\mid a_1,a_2\in A_1'\}=\mathbf{N}^*,$$

$$A_1'+A_2'=\{a+b\mid a\in A_1',b\in A_2'\}=\mathbf{N}^*,$$

$$A_2'+A_2'=\{b_1+b_2\mid b_1,b_2\in A_2'\}=\mathbf{N}^*,$$

则哥德巴赫猜想成立.

证 易知 $N\in A_1$ 的充要条件是,$6N-1$ 可表示为下列分解式:

$$6N-1=(6x+1)(6y+5). \tag{15.9}$$

因此当 $6N-1$ 为素数时,有 $N\in A_1'$. 反之,如果 $6N-1$ 为合数,则有

$$6N-1=(6x+s_1)(6y+t_1).$$

考虑到 $(s_1,6)=(t_1,6)=1$, $s_1t_1\equiv 5 \pmod 6$,只有 $s_1=1$, $t_1=5$(不考虑 s_1, t_1 的顺序,下同),即式(15.9)成立,故 $N\in A_1$.

又 $N\in A_2$ 的充要条件是,$6N-5$ 可表示为下列分解式:

$$6N-5=(6x+1)(6y+1), \tag{15.10}$$

$$6N-5=(6x+5)(6y+5). \tag{15.11}$$

因此当 $6N-5$ 为素数时,有 $N\in A_2'$. 反之,如果 $6N-5$ 为合数,则有

$$6N-5=(6x+s_2)(6y+t_2).$$

考虑到 $(s_2,6)=(t_2,6)=1$, $s_2t_2\equiv 1 \pmod 6$,只有 $s_2=t_2=1$ 及 $s_2=t_2=5$,即式(15.10)或(15.11)成立,故 $N\in A_2$. 于是 $N\in A_1'$ 的充要条件是 $6N-1$ 为素数, $N\in A_2'$ 的充要条件是 $6N-5$ 为素数.

另外,任意一个不小于12的偶数 $2m$ 总可表示为 $6N+r$,这里 $N\geqslant 2$, $r\in E=\{0,2,4\}$. 不难验证,对任意 $r\in E$,总存在 $r_1,r_2\in\{-1,-5\}$,满足 $r\equiv r_1+r_2 \pmod 6$.

当 $r=0$ 时,取 $r_1=-1$, $r_2=-5$,则 $r\equiv r_1+r_2 \pmod 6$. 假如命题 G_2 成立,由 $A_1'+A_2'=\mathbf{N}^*$,知存在素数 $6N_1-1$, $6N_2-5$,使得 $N_1+N_2=N+1$,于是

$$6N=6(N_1+N_2-1)=(6N_1-1)+(6N_2-5),$$

即哥德巴赫猜想对 $6N$ $(N\geqslant 2)$ 成立.

当 $r=2$ 时,取 $r_1=r_2=-5$,则 $r\equiv r_1+r_2 \pmod 6$. 假如命题 G_2 成立,由 $A_2'+A_2'=\mathbf{N}^*$,知存在素数 $6N_1-5$, $6N_2-5$,使得 $N_1+N_2=N+2$,于是

$$6N+2=6(N_1+N_2-2)+2=(6N_1-5)+(6N_2-5),$$

即哥德巴赫猜想对 $6N+2$ $(N\geqslant 2)$ 成立.

当 $r=4$ 时,取 $r_1=r_2=-1$,则 $r\equiv r_1+r_2 \pmod 6$. 假如命题 G_2 成立,由 $A_1'+A_1'=\mathbf{N}^*$,知存在素数 $6N_1-1$, $6N_2-1$,使得 $N_1+N_2=N+1$,于是

$$6N+4=6(N_1+N_2-1)+4=(6N_1-1)+(6N_2-1),$$

即哥德巴赫猜想对 $6N+4$ $(N\geqslant 2)$ 成立.

又 $6=3+3$, $8=3+5$, $10=3+7$,故对任意偶数 $n>4$,哥德巴赫猜想成立.

习 题 4.15

1. 设 x,y 独立地取遍全体非负整数,数列 $A_1,A_2,A_3,A_4 \pmod 8$ 的生成式分别是

$$A_1:\begin{cases}N=8xy+7x+y+1 \ (x\neq 0)\\ N=8xy+5x+3y+2\end{cases},\quad A_2:\begin{cases}N=8xy+5x+y+1 \ (x\neq 0)\\ N=8xy+7x+3y+3\end{cases},$$

$$A_3:\begin{cases}N=8xy+3x+y+1(x\neq 0)\\N=8xy+7x+5y+5\end{cases},\quad A_4:\begin{cases}N=8xy+x+y+1(xy\neq 0)\\N=8xy+3x+3y+2\\N=8xy+5x+5y+4\\N=8xy+7x+7y+7\end{cases}.$$

令数列 $A'_i=\mathbf{N}^*-A_i(i=1,2,3,4)$. 试证:若下列等式(称为 G_3 命题)成立:

$$A'_i+A'_j=\{a_i+a_j\mid a_i\in A'_i,a_j\in A'_j\}=\mathbf{N}^*\quad(1\leqslant i<j\leqslant 4),$$

则哥德巴赫猜想成立.

2. 设 $2k>0$,集合 $M=\{a_1,a_2,\cdots,a_{\varphi(2k)}\}$表示模 $2k$ 的最小正简化剩余系,定义:

$$A+A=\{\langle a_i+a_j\rangle_{2k}\mid a_i\in A,a_j\in A,i,j=1,2,\cdots,\varphi(2k)\},$$

这里$\langle a\rangle_{2k}$表示整数a 关于模 $2k$ 的最小非负剩余. 记 $M_t=\{n\in\mathbf{N}^*\mid 2kn+a_t$ 为素数, $t=1,2,\cdots,\varphi(2k)\}$,试证:若存在正整数 n_0,使得对任意的 $i,j(1\leqslant i,j\leqslant\varphi(2k))$,均有

$$M_i+M_j=\{l+m\mid l\in M_i,m\in M_j\}\supseteq\{n\in\mathbf{N}^*\mid n\geqslant n_0\}$$

成立,则对适当大的偶数哥德巴赫猜想成立.

第 5 章　原根与指标

本章主要介绍阶数的概念与性质，同时引入原根的概念，并讨论原根存在的充要条件以及原根的个数与求法，再介绍指标与 k 次剩余，最后利用指标的性质解二项同余方程.

5.1　阶数与原根

5.1.1　阶数与原根的定义

根据欧拉定理，当 $m>1,(a,m)=1$ 时，$a^{\varphi(m)}\equiv 1(\bmod m)$，因此在 a 的正方幂 $a,a^2,a^3,\cdots$ 中，必有正整数 t 存在，使得 $a^t\equiv 1(\bmod m)$. 于是我们给出：

定义 5.1　设 $m>1,(a,m)=1$，t 是使

$$a^t\equiv 1(\bmod m)$$

成立的最小正整数，则称 t 为 a 关于模 m 的**阶数**（或**阶**）.

定义 5.2　若 a 关于模 m 的阶数是 $\varphi(m)$，则称 a 为 m 的一个**原根**.

5.1.2　阶数的性质

定理 5.1　设 a 关于模 m 的阶为 t，则

$$1=a^0,a^1,\cdots,a^{t-1}$$

关于模 m 两两不同余.

证　假设有两个整数 i,j，满足条件

$$a^i\equiv a^j(\bmod m)\quad (0\leqslant j<i\leqslant t-1).$$

因 $(a,m)=1$，故有

$$a^{i-j}\equiv 1(\bmod m)\quad (0<i-j\leqslant t-1).$$

这与 t 是 a 关于模 m 的阶矛盾.　□

推论　设 $(g,m)=1$，则 g 是模 m 的一个原根的充要条件是

$$1, g, g^2, \cdots, g^{\varphi(m)-1}$$

构成模 m 的一个简化剩余系.

证 设 g 是模 m 的原根,则 $(g, m) = 1$. 由定理 5.1,知 $1, g, g^2, \cdots, g^{\varphi(m)-1}$ 中任意两个数关于模 m 不同余,且 $(g^k, m) = 1$ $(k = 0, 1, \cdots, \varphi(m) - 1)$,因此它们构成模 m 的一个简化剩余系.

反之,设 $1, g, g^2, \cdots, g^{\varphi(m)-1}$ 构成模 m 的简化剩余系,则当 $0 < k < \varphi(m)$ 时,$g^k \not\equiv 1 \pmod m$. 又 $g^{\varphi(m)} \equiv 1 \pmod m$,即 g 关于模 m 的阶是 $\varphi(m)$,所以 g 是模 m 的原根. □

定理 5.2 设 a 关于模 m 的阶是 t,则 $a^r \equiv a^s \pmod m$ 的充要条件是 $r \equiv s \pmod t$.

证 根据带余除法,设

$$r = q_1 t + r_1\ (0 \leqslant r_1 < t), \quad s = q_2 t + s_1\ (0 \leqslant s_1 < t),$$

则

$$a^r = (a^t)^{q_1} \cdot a^{r_1} \equiv a^{r_1} \pmod m, \quad a^s = (a^t)^{q_2} \cdot a^{s_1} \equiv a^{s_1} \pmod m.$$

于是

$$a^r \equiv a^s \pmod m \Leftrightarrow a^{r_1} \equiv a^{s_1} \pmod m \Leftrightarrow r_1 = s_1 \Leftrightarrow r \equiv s \pmod t. \quad □$$

推论 1 设 a 关于模 m 的阶是 t,则 $a^r \equiv 1 \pmod m$ 成立的充要条件是 $t \mid r$.

证 令定理 5.2 中的 $s = 0$ 即得. □

推论 2 设 a 关于模 m 的阶是 t,则 $t \mid \varphi(m)$.

证 由推论 1 可得. □

定理 5.3 设 a 关于模 m 的阶是 t,k 是正整数,则 a^k 关于模 m 的阶 $l = \dfrac{t}{(t, k)}$.

证 由 $a^{kl} \equiv (a^k)^l \equiv 1 \pmod m$,知 $t \mid kl$.

设 $(t, k) = d$,则 $\left(\dfrac{t}{d}, \dfrac{k}{d}\right) = 1$,所以由 $\dfrac{t}{d} \,\Big|\, \dfrac{k}{d} l$,得 $\dfrac{t}{d} \,\Big|\, l$.

另外,由 $(a^k)^{\frac{t}{d}} = (a^t)^{\frac{k}{d}} \equiv 1 \pmod m$,又得 $l \,\Big|\, \dfrac{t}{d}$. 因此

$$l = \frac{t}{d} = \frac{t}{(t, k)}. \quad □$$

定理 5.4 设 a, b 关于模 m 的阶分别是 s, t,且 $(s, t) = 1$,则 ab 关于模 m 的阶是 st.

证 设 ab 关于模 m 的阶是 k.

由于 $(ab)^{st} = (a^s)^t \cdot (b^t)^s \equiv 1 \pmod m$,所以 $k \mid st$. 又因为 $(ab)^{ks} = (a^s)^k b^{ks} \equiv b^{ks} \equiv 1 \pmod m$,所以 $t \mid ks$,而 $(s, t) = 1$,因此 $t \mid k$. 同理可证 $s \mid k$,于是 $st \mid k$. 故

$k=st$. □

定理5.5　设 a,b 关于模 m 的阶分别是 s,t，且 $a\equiv b\pmod m$，则 $s=t$.

证　令 $a=b+km$. 由 $a^t=(b+km)^t\equiv b^t\equiv 1\pmod m$，知 $s\mid t$. 又由 $b^s=(a-km)^s\equiv a^s\equiv 1\pmod m$，知 $t\mid s$. 因此 $s=t$. □

例1　若 p 和 q 均为奇素数，且 $q\mid(a^p-1)$，试用阶的性质证明：$q\mid(a-1)$ 或 $q=2kp+1$，这里 k 为正整数.

证　因为 $q\mid(a^p-1)$，所以有 $a^p\equiv 1\pmod q$.

设 a 关于模 q 的阶数为 t，则 $t\mid p$. 于是 $t=1$ 或 p.

若 $t=1$，即 $a^1\equiv 1\pmod q$，则得 $q\mid(a-1)$；

若 $t=p$，则 $p\mid\varphi(q)$，即 $p\mid(q-1)$.

因此存在某正整数 r，使得 $q-1=rp$. 又由于 p 和 q 均为奇数，所以 r 一定是偶数，即 $q=2kp+1$，这里 k 为正整数.

由例1，可知 2^p-1 的任何素因数必取 $2kp+1$ 的形式.

例2　试证：$2^{13}-1=8\,191$ 是素数.

证　$2^{13}-1$ 的任一素因数都具有形式 $26k+1$（k 为正整数）.

如果 $2^{13}-1$ 是合数，则它的最小素因数必小于或等于 $\sqrt{8\,191}<91$，因此需检验的素数只有 53，79. 但 $53\nmid 8\,191$，$79\nmid 8\,191$，所以 $2^{13}-1=8\,191$ 是素数.

例3　设 $F_n=2^{2^n}+1\ (n\geqslant 2)$，素数 $p\mid F_n$，试证：$p\equiv 1\pmod{2^{n+2}}$.

证　一方面，设 2 关于模 F_n,p 的阶分别为 t_1,t_2，则由 $F_n\mid(2^{2^{n+1}}-1)$，知 $t_1\mid 2^{n+1}$. 因为 $l\leqslant n$ 时，$F_n\nmid(2^{2^l}-1)$，所以 $t_1=2^{n+1}$. 又 $t_2\mid t_1=2^{n+1}$，可令 $t_2=2^d\ (d\leqslant n+1)$，即 $p\mid(2^{2^d}-1)$，$p\nmid(2^{2^{d-1}}-1)$.

若 $d\leqslant n$，则 $p\mid(2^{2^{d-1}}-1)(2^{2^{d-1}}+1)$，故 $p\mid(2^{2^{d-1}}+1)$. 这与费马数两两互素矛盾，因此 $d=n+1$，从而 $t_2=2^{n+1}$.

由 $t_2\mid\varphi(p)$，即 $2^{n+1}\mid(p-1)$，可得 $p=2^{n+1}l+1$（l 为某正整数）.

另一方面，由于 $n\geqslant 2$，故 $p\equiv 1\pmod 8$，因此 2 是模 p 的平方剩余，即

$$2^{\frac{p-1}{2}}\equiv 1\pmod p.$$

而 $\dfrac{p-1}{2}=2^n l$，故有 $1\equiv 2^{\frac{p-1}{2}}=2^{2^n\cdot l}=(2^{2^n})^l\equiv(-1)^l\pmod p$.

又 p 是奇素数，故 l 必为偶数，令 $l=2k$，则得 $n\geqslant 2$ 时，F_n 的任一素因数必具有 $p=2^{n+2}k+1$ 的形式，即 $p\equiv 1\pmod{2^{n+2}}$.

例4　设 p,q 均为奇素数，且 $q\equiv 1\pmod 4$，$p=2q+1$，试证：2 是模 p 的原根.

证　由费马小定理，得 $2^{2q}\equiv 1\pmod p$，故只需证

$$2^2\not\equiv 1\pmod p\quad 及\quad 2^q\not\equiv 1\pmod p.$$

由于 $p>3$,故第一式成立.若 $2^q\equiv1(\mathrm{mod}\ p)$,则 $(2^{\frac{q+1}{2}})^2\equiv2(\mathrm{mod}\ p)$,即 $\left(\frac{2}{p}\right)=1$.此时 $p\equiv1$ 或 $7(\mathrm{mod}\ 8)$,但现在 $p\equiv3(\mathrm{mod}\ 8)$,矛盾.故第二式也成立.这说明 2 关于模 p 的阶为 $2q=\varphi(p)$,因此 2 是模 p 的原根.

例 5 设 p 是一个奇素数,试求同余方程

$$x^{p-1}\equiv1(\mathrm{mod}\ p^k)\quad(k\geqslant1)$$

的一切解.

解 设 g 是模 p^k 的一个原根,如果 $1\leqslant i<j\leqslant p-1$ 时

$$g^{ip^{k-1}}\equiv g^{jp^{k-1}}(\mathrm{mod}\ p^k),$$

则 $g^{ip^{k-1}}(g^{(j-i)p^{k-1}}-1)\equiv0(\mathrm{mod}\ p^k)$,故 $g^{(j-i)p^{k-1}}\equiv1(\mathrm{mod}\ p^k)$.由 g 是 p^k 的原根,可得 $\varphi(p^k)=p^{k-1}(p-1)\mid(j-i)p^{k-1}$.于是 $(p-1)\mid(j-i)$,这与 $1\leqslant i<j\leqslant p-1$ 矛盾.因此 $g^{np^{k-1}}(n=1,2,\cdots,p-1)$ 关于模 p^k 互不同余.又由

$$\left(g^{np^{k-1}}\right)^{p-1}=g^{n(p-1)p^{k-1}}=\left(g^{\varphi(p^k)}\right)^n\equiv1(\mathrm{mod}\ p^k),$$

知 $x\equiv g^{np^{k-1}}(\mathrm{mod}\ p^k)(n=1,2,\cdots,p-1)$ 为原同余方程的 $p-1$ 个解.因为原同余方程的解数不超过 $p-1$,所以上述 $p-1$ 个解是它的一切解.

例 6 试证:$F_n=2^{2^n}+1\ (n>0)$ 为素数的充要条件是

$$3^{\frac{F_n-1}{2}}\equiv-1(\mathrm{mod}\ F_n).$$

证 (必要性)若 $F_n=2^{2^n}+1\ (n>0)$ 为素数,则 $F_n\equiv1(\mathrm{mod}\ 4)$.此时

$$\left(\frac{3}{F_n}\right)=\left(\frac{3}{2^{2^n}+1}\right)=\left(\frac{2^{2^n}+1}{3}\right)=\left(\frac{2}{3}\right)=-1,$$

即 3 是 F_n 的平方非剩余.由欧拉判别条件,知

$$3^{\frac{F_n-1}{2}}\equiv-1(\mathrm{mod}\ F_n).$$

(充分性)若 $3^{\frac{F_n-1}{2}}\equiv-1(\mathrm{mod}\ F_n)$,则 $3^{F_n-1}\equiv1(\mathrm{mod}\ F_n)$.

设 3 关于模 F_n 的阶是 t,则有 $t\mid(F_n-1)=2^{2^n}$.

假设 $t<F_n-1$,可令 $t=2^s\ (s\leqslant2^n-1)$,则

$$3^{2^s}\equiv1(\mathrm{mod}\ F_n).$$

这与 $3^{\frac{F_n-1}{2}}=3^{2^{2^n-1}}\equiv-1(\mathrm{mod}\ F_n)$ 矛盾.故 $t=F_n-1$.

又由 $3\nmid F_n$,$3^{\varphi(F_n)}\equiv1(\mathrm{mod}\ F_n)$,得 $(F_n-1)\mid\varphi(F_n)$.于是有 $\varphi(F_n)=F_n-1$,即 F_n 为素数.

习 题 5.1

1. (1) 设正整数 m 和 n 互素,a 关于模 m 和模 n 的阶分别是 d_1 和 d_2,试证:a 关于模

mn 的阶为$[d_1,d_2]$；

(2) 试求 2 关于模 45 的阶；

(3) 设正整数 M 的标准分解式为$M=p_1^{l_1}p_2^{l_2}\cdots p_r^{l_r}$，若 a 关于模M 的阶为 t，关于模 $p_i^{l_i}$ 的阶为 t_i，试证：$t=[t_1,t_2,\cdots,t_r]$.

2. 试证：$2^{17}-1=131\,071$ 是素数.

3. 对怎样的整数 $a>1$，有无穷多个正整数 n，使得 $n\mid(a^n-1)$？

4. 设$(n,\varphi(m))=1$，试证：当 x 通过模 m 的简化剩余系时，x^n 也通过模 m 的简化剩余系.

5. 设 p,q 均为奇素数，且 $p=4q+1$，试证：2 是模 p 的原根.

6. 若 $1\leqslant k<p$，$n=kp^2+1$，p 为素数，且 $2^k\not\equiv1 \pmod n$，$2^{n-1}\equiv1\pmod n$，试证：n 为素数.

7. 设 p_i 为奇素数，h_i 为正整数，$p_{i+1}=1+2h_ip_i$，且 $2^{2h_i}<2h_ip_i$，$2^{2h_ip_i}\equiv1\pmod{p_{i+1}}$，试证：$p_{i+1}$为素数.

8. 试证：任何费马合数都是伪素数.

9. 若 $1\leqslant a<2^m\ (m\geqslant2)$，$n=2^ma+1$，$2\nmid a$，$p$ 为奇素数，且$\left(\dfrac{n}{p}\right)=-1$，试证：$n$ 为素数的充要条件是 $p^{\frac{n-1}{2}}\equiv-1\pmod n$.

10. 设 s 为正整数，素数 $p\mid F_n$（F_n 为费马数），试证：$p^s\mid F_n$ 的充要条件是

$$2^{\frac{p-1}{2}}\equiv1\pmod{p^s}.$$

5.2　原根存在的条件

5.2.1　不存在原根的情形

关于模 m 的原根并不总是存在的. 例如，$m=8$ 时，$\varphi(8)=4$，而与 8 互素的数是全体奇数，又任意奇数的平方关于模 8 都与 1 同余. 因此 8 的原根是不存在的. 一般地，我们有如下定理：

定理 5.6　设 $m=2^kp_1^{k_1}p_2^{k_2}\cdots p_r^{k_r}$，这里 $k\geqslant0$，$k_i\geqslant1$，$p_1,p_2,\cdots,p_r$ 是不同的奇素数，则：

(1) 当 $k=2$ 且 $m\neq4$ 时，模 m 没有原根；

(2) 当 $k>2$ 时，模 m 没有原根；

(3) 当 $r\geqslant2$ 时，模 m 没有原根.

证　(1) 当 $k=2$ 且 $m\neq4$ 时，可设 $m=4M$，这里 M 是大于 1 的奇数. 于是 $\varphi(M)$是偶数. 令 $\varphi(M)=2t$，则当$(a,m)=1$，即 a 是奇数时，$a^{2t}\equiv1\pmod 4$. 又

$(a,M)=1$,故 $a^{2t}=a^{\varphi(M)}\equiv 1(\bmod M)$.考虑到$(4,M)=1$,有 $a^{2t}\equiv 1(\bmod m)$,但

$$\varphi(m)=\varphi(4)\varphi(M)=4t>2t.$$

这就表明,当 $k=2$ 且 $m\neq 4$ 时,模 m 不存在原根.

(2) 我们先用第一数学归纳法证明:

当 $k\geqslant 3,(a,m)=1$ 时,

$$a^{2^{k-2}}\equiv 1(\bmod 2^k). \tag{2.1}$$

因为任何奇数的平方关于模 8 与 1 同余,即 $a^2\equiv 1(\bmod 8)$.所以 $k=3$ 时,式(2.1)成立.

现设对于 k,式(2.1)成立.易知

$$a^{2^{k-1}}=\left(a^{2^{k-2}}\right)^2\equiv(1+2^kt)^2\equiv 1(\bmod 2^{k+1}),$$

即对于 $k+1$,式(2.1)成立.因此当 $k\geqslant 3$ 时,式(2.1)成立.

令 $m=2^k\cdot M$,这里 M 为奇数,则当$(a,M)=1$ 时,由欧拉定理,知 $a^{\varphi(M)}\equiv 1(\bmod M)$,从而 $a^{2^{k-2}\varphi(M)}\equiv 1(\bmod M)$.又 $a^{2^{k-2}\varphi(M)}\equiv 1(\bmod 2^k)$,故 $a^{2^{k-2}\varphi(M)}\equiv 1(\bmod m)$.但 $\varphi(m)=\varphi(2^k)\varphi(M)=2^{k-1}\varphi(M)>2^{k-2}\varphi(M)$,所以此时模 m 也不存在原根.

(3) 如果 $r\geqslant 2$,则 $m=m_1m_2$,这里

$$m_1=2^kp_1^{k_1}p_2^{k_2}\cdots p_{r-1}^{k_{r-1}},\quad m_2=p_r^{k_r},\quad (m_1,m_2)=1.$$

由于 $\varphi(m_1)$与 $\varphi(m_2)$均为偶数,可令 $\varphi(m_1)=2t_1,\varphi(m_2)=2t_2$,则当$(a,m)=1$时,$a^{2t_1}\equiv 1(\bmod m_1)$,$a^{2t_2}\equiv 1(\bmod m_2)$.于是

$$a^{2t_1t_2}\equiv 1(\bmod m).$$

但 $\varphi(m)=\varphi(m_1)\varphi(m_2)=4t_1t_2>2t_1t_2$,所以此时模 m 的原根也不存在. □

那么在什么情形下,模 m 存在原根呢?根据定理 5.6,只有当模

$$m=2,4,p^k,2p^k\quad(p\text{ 为奇素数},k\text{ 为正整数})$$

时,才有可能存在原根.

5.2.2 存在原根的情形

定理 5.7 设 $m>2$,$\varphi(m)$的所有不同的素因数是 $q_1,q_2,\cdots,q_s$,$(g,m)=1$,则 g 是 m 的一个原根的充要条件是

$$g^{\frac{\varphi(m)}{q_i}}\not\equiv 1(\bmod m)\quad(i=1,2,\cdots,s). \tag{2.2}$$

证 若 g 是模 m 的原根,则 g 关于模 m 的阶是 $\varphi(m)$,但

$$0<\frac{\varphi(m)}{q_i}<\varphi(m)\quad(i=1,2,\cdots,s).$$

因此式(2.2)成立.

反之,若式(2.2)成立,设 g 关于模 m 的阶是 t,我们用反证法证明 $t=\varphi(m)$.

如果 $t<\varphi(m)$，则 $t\mid\varphi(m)$，即$\dfrac{\varphi(m)}{t}$是大于1的整数，于是存在某个素因数 $q_i\left|\dfrac{\varphi(m)}{t}\right.$. 令$\dfrac{\varphi(m)}{t}=q_ik$，可得$\dfrac{\varphi(m)}{q_i}=tk$，故

$$g^{\frac{\varphi(m)}{q_i}}=(g^t)^k\equiv 1(\bmod m).$$

这与式(2.2)矛盾，因此 $t=\varphi(m)$，从而 g 是模 m 的一个原根. □

显然1是模2的原根，3是模4的原根. 我们可以证明，当 $k\geqslant 1$ 时，模 p^k 与 $2p^k$ 的原根是存在的.

1. 模 p 的情形

定理5.8　对于每个奇素数 p，模 p 的原根一定存在.

证　因 $\varphi(p)=p-1$，故可令 $p-1=q_1^{k_1}q_2^{k_2}\cdots q_s^{k_s}$. 如果能找出关于模 p 的阶数为 $q_i^{k_i}$ 的数 b_i $(i=1,2,\cdots,s)$，那么 $q=b_1b_2\cdots b_s$ 的阶就是 $p-1$，即 q 为 p 的一个原根. 下面我们就找出这些 b_i.

由于同余方程

$$x^{\frac{p-1}{q_i}}\equiv 1(\bmod p)\tag{2.3}$$

的解数不大于$\dfrac{p-1}{q_i}<p-1$，因此在模 p 的简化剩余系中必有不满足式(2.3)的 a_i 存在，即

$$a_i^{\frac{p-1}{q_i}}\not\equiv 1(\bmod p).\tag{2.4}$$

令 $b_i=a_i^{\frac{p-1}{q_i^{k_i}}}$ 且 b_i 的阶是 β_i，则由 $b_i^{q_i^{k_i}}=a_i^{p-1}\equiv 1(\bmod p)$，知 $\beta_i\mid q_i^{k_i}$，即 $\beta_i=q_i^{l_i}$ $(l_i\leqslant k_i)$.

假设 $l_i<k_i$，则由 $b_i^{\beta_i}\equiv 1(\bmod p)$，有

$$\left(a_i^{\frac{p-1}{q_i^{k_i}}}\right)^{\beta_i}=a_i^{\frac{p-1}{q_i^{k_i}}\cdot q^{l_i}}=a_i^{\frac{p-1}{q_i^{k_i-l_i}}}\equiv 1(\bmod p).$$

于是 $a_i^{\frac{p-1}{q_i}}=\left(a_i^{\frac{p-1}{q_i^{k_i-l_i}}}\right)^{\frac{q_i^{k_i-l_i}}{q_i}}\equiv 1(\bmod p)$，与式(2.4)矛盾，故 b_i 的阶是 $\beta_i=q_i^{k_i}$ $(i=1,2,\cdots,s)$. 从而 $q=b_1b_2\cdots b_s$ 为 p 的一个原根. □

2. 模 p^k 的情形

定理5.9　设 p 为奇素数，则 $m=p^k$ $(k\geqslant 2)$必有原根. 如果 g 是模 p 的原根，那么：

当 $g^{p-1}\not\equiv 1(\bmod p^2)$时，$g$ 是模 p^k 的原根；

当 $g^{p-1}\equiv 1(\bmod p^2)$时，$g+p$ 是模 p^k 的原根.

证　因 g 是模 p 的原根，所以 $g^{p-1}\equiv 1(\bmod p)$，即

$$g^{p-1}=1+hp \quad (h \text{ 为某个正整数}).$$

当 $g^{p-1} \not\equiv 1 \pmod{p^2}$ 时，$1+hp \not\equiv 1 \pmod{p^2}$，可得 $h \not\equiv 0 \pmod{p}$.

设 g 关于模 p^k 的阶为 t，则 $t \mid \varphi(p^k)$，即 $t \mid p^{k-1}(p-1)$. 令

$$p^{k-1}(p-1)=ts. \tag{2.5}$$

因为 $g^t \equiv 1 \pmod{p^k}$，所以 $g^t \equiv 1 \pmod{p}$，得 $(p-1) \mid t$. 令 $t=(p-1)r$，代入式(2.5)，得 $p^{k-1}=rs$. 于是 $r=p^e\ (e \leqslant k-1)$，此时 $t=p^e(p-1)$.

若 $e<k-1$，即 $e+2 \leqslant k$，则 $g^t \equiv 1 \pmod{p^{e+2}}$，但

$$g^t=g^{p^e(p-1)}=(g^{p-1})^{p^e}=(1+hp)^{p^e} \equiv 1+hp^{e+1} \pmod{p^{e+2}},$$

所以 $h \equiv 0 \pmod{p}$. 这与 $h \not\equiv 0 \pmod{p}$ 矛盾，故 $e=k-1$，此时

$$t=p^{k-1}(p-1)=\varphi(p^k).$$

因此 g 是模 p^k 的原根.

当 $g^{p-1} \equiv 1 \pmod{p^2}$ 时，因为 $g+p$ 也是模 p 的原根，$(g,p)=1$，且

$$(g+p)^{p-1} \equiv g^{p-1}+p(p-1)g^{p-2} \equiv 1+p(p-1)g^{p-2} \not\equiv 1 \pmod{p^2},$$

故由上面证得的结果，可知 $g+p$ 是模 p^k 的原根. □

3. 模 $2p^k$ 的情形

定理 5.10 设 p 为奇素数，$m=2p^k$，则 m 的原根必存在. 如果 g 是模 p^k 的原根，那么：当 g 是奇数时，g 是模 $2p^k$ 的原根；当 g 是偶数时，$g+p^k$ 是模 $2p^k$ 的原根.

证 易知 g 是模 p^k 的原根，$\varphi(m)=\varphi(2)\varphi(p^k)=\varphi(p^k)$.

当 g 是奇数时，$(g,m)=1$，因此 $g^{\varphi(m)} \equiv 1 \pmod{m}$. 设 g 关于模 m 的阶 $t<\varphi(m)$，则从 $g^t \equiv 1 \pmod{m}$，可得 $g^t \equiv 1 \pmod{p^k}$. 这与 g 是模 p^k 的原根矛盾，因此 $t=\varphi(m)$，即 g 是模 m 的原根.

当 g 是偶数时，因为 $g+p^k$ 也是模 p^k 的原根，且 $g+p^k$ 是奇数，由上面的讨论，可知 $g+p^k$ 是模 m 的原根. □

5.2.3 原根存在的必要条件

定理 5.11 设 p 为奇素数，则模 p 的原根一定是模 p 的平方非剩余.

证 若 a 是模 p 的平方剩余，则由欧拉判别条件，知 $a^{\frac{p-1}{2}} \equiv 1 \pmod{p}$，即模 p 的平方剩余关于模 p 的最大阶数是 $\frac{p-1}{2}$，故不能是模 p 的原根. 因此模 p 的原根一定是模 p 的平方非剩余. □

例 1 设素数 $p>3$，试证：$p-1$ 不是模 p 的原根.

证 $p=2k+1\,(k>1)$，可知 $p-1=2k$.

下面考虑 $p-1=2k$ 的标准分解式.

（ⅰ）若 $p-1=2^m q_1^{m_1} q_2^{m_2}\cdots q_s^{m_s}$，这里 $m\geqslant 1,s\geqslant 1,q_i\ (i=1,2,\cdots,s)$为奇素数，且 $p-1$ 是模 p 的平方非剩余，则有

$$(p-1)^{\frac{p-1}{q_i}}\equiv(-1)^{\frac{p-1}{q_i}}\equiv(-1)^{2^m q_1^{m_1}\cdots q_i^{m_i-1}\cdots q_s^{m_s}}$$
$$\equiv 1 \pmod p\quad (i=1,2,\cdots,s).$$

根据定理5.7，$p-1$ 不是模 p 的原根.

若 $p-1$ 是模 p 的平方剩余，则由定理5.11，知 $p-1$ 不是模 p 的原根.

（ⅱ）若 $p-1=2^k\ (k\geqslant 2)$，则有

$$\left(\frac{p-1}{p}\right)=\left(\frac{-1}{p}\right)=(-1)^{\frac{p-1}{2}}=(-1)^{2^{k-1}}=1.$$

因此 $p-1$ 是模 p 的平方剩余，由定理5.11，知 $p-1$ 不是模 p 的原根.

例2　设 p 是一个奇素数，利用原根的性质证明：$(p-1)!\equiv -1 \pmod p$.

证　设 g 是 p 的一个原根，因为 $g^1,g^2,\cdots,g^{p-1}$ 是模 p 的一个简化剩余系，所以

$$(p-1)!\equiv g\cdot g^2\cdots g^{p-1}\equiv g^{\frac{p(p-1)}{2}}\equiv (g^p)^{\frac{p-1}{2}}\equiv g^{\frac{p-1}{2}} \pmod p.$$

由定理5.11及欧拉判别条件，可知 $(p-1)!\equiv g^{\frac{p-1}{2}}\equiv -1 \pmod p$.

例3　设 p 为形如 $4n+1$ 的素数，试证：若 g 是模 p 的原根，则 $p-g$ 也是模 p 的原根.

证　因为

$$\left(\frac{p-g}{p}\right)=\left(\frac{-g}{p}\right)=\left(\frac{-1}{p}\right)\left(\frac{g}{p}\right)=(-1)^{\frac{p-1}{2}}\left(\frac{g}{p}\right)=\left(\frac{g}{p}\right),$$

所以 g 与 $p-g$ 同为模 p 的平方剩余或平方非剩余.

由于 g 是模 p 的原根，根据定理5.11，g 是模 p 的平方非剩余，因此 $p-g$ 也是模 p 的平方非剩余.

设 $p-1$ 的标准分解式为

$$p-1=2^\alpha q_1^{\alpha_1} q_2^{\alpha_2}\cdots q_k^{\alpha_k}\quad(\alpha\geqslant 2).$$

因 g 是模 p 的原根，根据定理5.7，

$$g^{\frac{p-1}{2}}\not\equiv 1 \pmod p\quad 与\quad g^{\frac{p-1}{q_i}}\not\equiv 1 \pmod p\quad (i=1,2,\cdots,k)$$

一定成立，于是

$$(p-g)^{\frac{p-1}{q_i}}\equiv(-g)^{\frac{p-1}{q_i}}\not\equiv 1 \pmod p\quad (i=1,2,\cdots,k)$$

一定成立. 又由于 $p-g$ 是模 p 的平方非剩余，所以

$$(p-g)^{\frac{p-1}{2}}\not\equiv 1 \pmod p$$

也成立. 因此再根据定理5.7，知 $p-g$ 是模 p 的原根.

例4　设 p,q 均为奇素数，$p=4q+1$，试证：

(1) 同余方程 $x^2\equiv-1(\bmod p)$恰有两个解,它们都是模 p 的平方非剩余;

(2) 模 p 的所有平方非剩余中,除了(1)中同余方程的两个解之外,其他都是模 p 的原根;

(3) 用以上方法求 29 的所有原根.

证 (1) 由 $p\equiv1(\bmod 4)$,知$\left(\frac{-1}{p}\right)=1$,故同余方程 $x^2\equiv-1(\bmod p)$恰有两个解,不妨记为 $x\equiv\pm x_0(\bmod p)$.因为$\left(\frac{\pm x_0}{p}\right)=\left(\frac{x_0}{p}\right)$,而$\left(\frac{x_0}{p}\right)=1$的充要条件是 $1\equiv x_0^{\frac{p-1}{2}}\equiv x_0^{2q}(\bmod p)$.考虑到 q 为奇素数,则有 $x_0^2\equiv1(\bmod p)$,所以由 $x_0^2\equiv-1(\bmod p)$,必得$\left(\frac{x_0}{p}\right)=-1$,即$\pm x_0$ 都是模 p 的平方非剩余.

(2) 设 a 是平方非剩余,$a\not\equiv\pm x_0(\bmod p)$,则有

$$a^{\frac{p-1}{2}}\equiv a^{2q}\equiv-1(\bmod p).$$

用 t 表示a 关于模p 的阶,那么由 $t\mid\varphi(p)=4q$,可推出 $t=4q$,因此 a 是原根.

(3) 因为模 29 的平方剩余有

$$\pm1,\pm4,\pm5,\pm6,\pm7,\pm9,\pm13,$$

$x^2\equiv-1(\bmod 29)$的两个解是±12,因此$\pm2,\pm3,\pm8,\pm10,\pm11,\pm14$,即

$$2,3,8,10,11,14,15,18,19,21,26,27$$

是模 29 的全部原根.

习题 5.2

1. 若 g 和h 为奇素数模p 的原根,试证:gh 不是模p 的原根.

2. 设 p 为奇素数,g 是模p 的原根,试求$-g$ 关于模p 的阶.

3. (1) 设 $n>1,p=2^n+1$为素数,试证:模 p 的原根之集等于模p 的平方非剩余之集;

(2) 利用(1),证明:3 与 7 都是模 p 的原根;

(3) 试求模 257 的 10 个原根.

4. 设 $p=2^nq+1$,这里 p,q 均为奇素数,n 为正整数.若 a 是模p 的平方非剩余,且满足 $a^{2^n}\not\equiv1(\bmod p)$,试证:$a$ 是p 的原根.

5. 记 $S_m^{(n)}=1^m+2^m+\cdots+n^m$,试证:$p$ 为素数的充要条件是p 满足:

(i) 当$(p-1)\nmid m$ 时,$S_m^{(p-1)}\equiv0(\bmod p)$;

(ii) 当$(p-1)\mid m$ 时,$S_m^{(p-1)}\equiv-1(\bmod p)$.

6. 试证:$F_m=2^{2^m}+1$为素数的充要条件是$\sum_{k=1}^{F_m-1}k^{F_m-1}+1\equiv0(\bmod F_m)$.

5.3　计算原根的方法

模为2与4的原根不难求得，但要求出模为奇素数 p 以及 p^k，$2p^k$ 时的原根则比较麻烦.上一节的几个定理为我们计算原根提供了具体的方法.

5.3.1　模为奇素数 p 的原根的求法

方法1　设 p 为奇素数，$\varphi(p)$ 的所有不同的素因数是 $q_1,q_2,\cdots,q_s$.若

$$(g,p)=1,\quad 且\quad g^{\frac{p-1}{q_i}}\not\equiv 1(\mathrm{mod}\ p)(i=1,2,\cdots,s),$$

则 g 是模 p 的一个原根.

方法2　设 $\varphi(p)=q_1^{k_1}q_2^{k_2}\cdots q_s^{k_s}$，找出满足 $x^{\frac{p-1}{q_i}}\not\equiv 1(\mathrm{mod}\ p)$ 的 a_i，并求出 $b_i\equiv a_i^{\frac{p-1}{q_i^{k_i}}}(\mathrm{mod}\ p)(i=1,2,\cdots,s)$，则 $q=b_1b_2\cdots b_s$ 就是模 p 的一个原根.

例1　试求模 $p=41$ 的一个原根.

解　用方法2.由 $\varphi(41)=40=2^3\cdot 5$，知 $q_1=2$，而

$$3^{\frac{p-1}{q_1}}=3^{20}\equiv -1\not\equiv 1(\mathrm{mod}\ 41),$$

即3不是同余方程 $x^{\frac{p-1}{q_1}}\equiv 1(\mathrm{mod}\ 41)$ 的解，所以

$$b_1=3^{\frac{41-1}{2^3}}\equiv 3^5\equiv -3(\mathrm{mod}\ 41).$$

又 $q_2=5$，而

$$2^{\frac{p-1}{q_2}}=2^8\equiv 10\not\equiv 1(\mathrm{mod}\ 41),$$

即2不是同余方程 $x^{\frac{p-1}{q_2}}\equiv 1(\mathrm{mod}\ 41)$ 的解，所以

$$b_2=2^{\frac{41-1}{5}}\equiv 2^8\equiv 10(\mathrm{mod}\ 41),$$

于是

$$q=b_1b_2=-3\times 10\equiv 11(\mathrm{mod}\ 41).$$

即11是模41的一个原根.

5.3.2　模为 p^k，$2p^k$ 的原根的求法

方法3　设 p 为奇素数，$m=p^k$ 或 $2p^k$，$\varphi(m)$ 的所有不同的素因数是 q_1，$q_2,\cdots,q_s$.若 $(g,m)=1$，且

$$g^{\frac{\varphi(m)}{q_i}}\not\equiv 1(\mathrm{mod}\ m)\quad(i=1,2,\cdots,s),$$

则 g 是模 m 的一个原根.

方法 4 设 p 为奇素数,g 是模 p 的一个原根.若 $g^{p-1}\not\equiv 1 \pmod{p^2}$,则 g 是模 p^k 的一个原根;若 $g^{p-1}\equiv 1 \pmod{p^2}$,则 $g+p$ 是模 p^k 的原根.又如果 g 是模 p^k 的原根,那么当 g 是奇数时,g 是模 $2p^k$ 的原根;当 g 是偶数时,$g+p^k$ 是模 $2p^k$ 的原根.

例 2 试求模 $m=125=5^3$ 的一个原根.

解法 1 用方法 3.

因为 $\varphi(5^3)=100=2^2\times 5^2$,而 $(2,125)=1$,且

$$2^{\frac{100}{2}} \equiv 2^{50} \equiv (2^7)^7 \cdot 2 \equiv 3^7 \times 2 \equiv -1 \not\equiv 1 \pmod{125},$$

$$2^{\frac{100}{5}} \equiv 2^{20} \equiv (2^7)^2 \cdot 2^6 \equiv 3^2 \times 2^6 \equiv 76 \not\equiv 1 \pmod{125},$$

所以 2 是模 125 的一个原根.

解法 2 用方法 4.

因为 $\varphi(5)=4=2^2$ 且 $2^{\frac{5-1}{2}}\not\equiv 1 \pmod 5$,所以 2 是模 5 的一个原根.又 $2^4\not\equiv 1 \pmod{5^2}$,因此 2 也是模 $5^3=125$ 的一个原根.

例 3 试求模 $m=3\,362=2\times 41^2$ 的一个原根.

解法 1 用方法 3.

因为 $\varphi(41^2)=41\times 40=41\times 5\times 2^3$,故 g 是模 41^2 的原根的充要条件是

$$(g,41^2)=1,\quad g^{40}\not\equiv 1 \pmod{41^2},$$

$$g^{41\times 8}\not\equiv 1 \pmod{41^2},\quad g^{41\times 20}\not\equiv 1 \pmod{41^2}.$$

经验算,知 $g=6$ 是模 41^2 的一个原根.

因为 6 是偶数,故 $6+41^2=1\,687$ 是模 2×41^2 的一个原根.

解法 2 用方法 4.

由例 1,知 $g=11$ 是模 $p=41$ 的一个原根.下面求模 41^2 的原根.

关于模 $41^2=1\,681$,由计算可知

$$11^2\equiv 121,\quad 11^4\equiv -488,\quad 11^5\equiv -325,$$

$$11^{10}\equiv -278,\quad 11^{20}\equiv -42,\quad 11^{40}\equiv 83.$$

因为 $11^{40}\not\equiv 1 \pmod{41^2}$,所以 11 是模 41^2 的一个原根.又因为 11 是奇数,所以 11 也是模 $m=2\times 41^2$ 的一个原根.

5.3.3 模为 m 的全部原根的求法

我们知道,若已求得模 m 的一个原根,则根据前面所学的知识可以求出模 m 的全部原根.但当模较大时,计算量很大.下面介绍几个定理,它们可以帮助我们较为方便地求出模 m 的全部原根.

这里约定,所求的原根均在模 m 的最小正简化剩余系中.

定理 5.12 设 a 是模 m 的原根,则 a^k 是模 m 的原根的充要条件是

$$(k,\varphi(m))=1.$$

证 由于 a 是模 m 的原根,所以 a 的阶为 $\varphi(m)$,a^k 的阶为 $\dfrac{\varphi(m)}{(k,\varphi(m))}$. 若 a^k 是模 m 的原根,则 a^k 的阶为 $\varphi(m)$,于是由 $\varphi(m)=\dfrac{\varphi(m)}{(k,\varphi(m))}$,可得 $(k,\varphi(m))=1$. 反之,设 a^k 关于模 m 的阶为 l,则由 $(k,\varphi(m))=1$,知

$$l=\frac{\varphi(m)}{(k,\varphi(m))}=\varphi(m).$$

故 a^k 是模 m 的原根. □

由定理 5.12,立得:

定理 5.13 若模 m 有原根,则模 m 共有 $\varphi(\varphi(m))$ 个原根. 如果 g 是模 m 的原根,则 m 的全部原根为

$$\{g^t \mid 1\leqslant t\leqslant\varphi(m),(t,\varphi(m))=1\}.$$

定理 5.14 设 p 是奇素数,a 关于模 p 的阶是 t $(t<p-1)$,则

$$a^1,a^2,\cdots,a^t$$

都不是模 p 的原根.

证 因为 a^k 关于模 p 的阶为

$$\frac{t}{(t,k)}\leqslant t<p-1,$$

所以 a^k 不是模 p 的原根. □

例 4 试求模 $p=17$ 的全部原根.

解法 1 应用定理 5.13.

因为 $p-1=16=2^4$,且 $3^{\frac{16}{2}}\not\equiv1 \pmod{17}$,所以 3 是模 17 的一个原根. 由定理 5.13,知 17 的全部原根为

$$\{3^t \mid 1\leqslant t\leqslant\varphi(17),(t,\varphi(17))=1\}.$$

又 $\varphi(17)=16$,所以 t 可取 1,3,5,7,9,11,13,15.

关于模 17,由计算可知

$$3^1\equiv3,\quad 3^3\equiv10,\quad 3^5\equiv5,\quad 3^7\equiv11,$$
$$3^9\equiv14,\quad 3^{11}\equiv7,\quad 3^{13}\equiv12,\quad 3^{15}\equiv6.$$

于是模 17 的全部原根为

$$3,5,6,7,10,11,12,14.$$

解法 2 应用定理 5.13 与 5.14.

因为 2 关于模 17 的阶为 $8<\varphi(17)$,所以

$$2^k\quad(k=1,2,\cdots,8),$$

即 2,4,8,16,15,13,9,1 都不是模 17 的原根. 但模 17 的所有原根有 $\varphi(\varphi(17))=8$ 个. 因此在 17 的最小正简化剩余系中除去上述 8 个数外,剩下的数

$$3,5,6,7,10,11,12,14$$

都是模 17 的原根.

解法 3 应用原根存在的必要条件.

容易算得模 17 的所有平方剩余分别与下列各数同余:

$$1^2,2^2,3^2,4^2,5^2,6^2,7^2,8^2,$$

所以模 17 的所有平方剩余为

$$1,2,4,8,9,13,15,16.$$

从而模 17 的所有平方非剩余为

$$3,5,6,7,10,11,12,14.$$

由于模 17 的全部原根的个数为 $\varphi(\varphi(17))=8$,因此由原根存在的必要条件,知这 8 个平方非剩余就是模 17 的全部原根.

例 5 试求模 25 与模 50 的全部原根.

解 由于 $25=5^2$,所以模 25 有原根,原根的个数是

$$\varphi(\varphi(25)) = \varphi(20) = 8.$$

先求模 5 的一个原根. 因为 $\varphi(5)=4=2^2$,且 $2^{\frac{4}{2}}=2^2\not\equiv1(\bmod 5)$,故 2 是模 5 的一个原根.

又 $2^{5-1}\not\equiv1(\bmod 5^2)$,所以 2 是模 5^2 的原根. 由定理 5.13,知模 25 的全部原根是

$$\{2^t \mid 1\leqslant t\leqslant \varphi(5^2),(t,\varphi(5^2))=1\}.$$

因 $\varphi(5^2)=20$,所以取 $t=1,3,7,9,11,13,17,19$,得模 25 的全部原根为 2,8,3,12,23,17,22,13. 由于 $50=2\times5^2$,所以 25 的原根中的奇数都是 50 的原根,而偶数加上 5^2 也是模 50 的原根. 又 $\varphi(\varphi(2\times5^2))=8$,所以模 50 共有 8 个原根,分别为

$$2+25=27,8+25=33,3,12+25=37,23,17,22+25=47,13.$$

例 6 若素数 $p=4q+1$(q 为任意奇素数),且

$$2^q\equiv f(\bmod p)\quad(0<f<p),$$

试证:从模 p 的全部平方非剩余中去掉 f 及 $p-f$ 后,余下的是模 p 的原根,也是模 p 的原根的全部.

证 因为

$$\left(\frac{f}{p}\right)=\left(\frac{2^q}{p}\right)=\left(\frac{2}{p}\right)=(-1)^{\frac{p^2-1}{8}}=(-1)^{q(2q+1)}=-1,$$

所以 f 及 $p-f$ 均为模 p 的平方非剩余.

又 $p-1=2^2q$,故由费马小定理,得

$$f^{\frac{p-1}{q}}\equiv f^4\equiv(2^q)^4\equiv2^{p-1}\equiv1(\bmod p).$$

所以 f 不是模 p 的原根,从而 $p-f$ 也不是模 p 的原根.而模 p 的全部平方非剩余共有 $\frac{p-1}{2}=2q$ 个,模 p 的原根共有

$$\varphi(\varphi(p))=\varphi(4q)=\varphi(4)\varphi(q)=2(q-1)=2q-2$$

个,因此从模 p 的全部平方非剩余中去掉 f 与 $p-f$ 后,余下的是模 p 的原根,并且这些也是模 p 的原根的全部.

习 题 5.3

1. 试求模 27 与模 54 的全部原根.

2. 试根据定理 5.14,用逐步淘汰法求出 $p=41$ 的全部原根.

3. 若素数 $p=2q+1$ (q 为任意奇素数),试证:从模 p 的全部平方非剩余中去掉 $p-1$ 后就得到模 p 的全部原根.

4. 若素数 $p=2p_1^{\alpha}+1$ (p_1 为任意奇素数),g 是模 p 的一个原根,令 $(g^{p_1})^{2k-1}\equiv f_k \pmod p$ ($k=1,2,\cdots,p_1^{\alpha-1}$),试证:从模 p 的全部平方非剩余中去掉 f_k ($k=1,2,\cdots,p_1^{\alpha-1}$)后,余下的是模 p 的全部原根,并由此求出 $p=19$ 的全部原根.

5. 若素数 $p=4p_1^{\alpha}+1$ (p_1 为任意奇素数),g 是模 p 的一个原根,令 $(g^{p_1})^{2k-1}\equiv f_k \pmod p$ ($k=1,2,\cdots,p_1^{\alpha-1}$),试证:从模 p 的全部平方非剩余中去掉 f_k 及 $p-f_k$ ($k=1,2,\cdots,p_1^{\alpha-1}$)后,余下的是模 p 的全部原根,并由此求出 $p=37$ 的全部原根.

6. 若素数 $p=8p_1^{\alpha}+1$ (p_1 为任意奇素数),g 是模 p 的一个原根,令 $(g^{p_1})^{2k-1}\equiv f_k \pmod p$ ($k=1,2,\cdots,2p_1^{\alpha-1}$),试证:从模 p 的全部平方非剩余中去掉 f_k 及 $p-f_k$ ($k=1,2,\cdots,2p_1^{\alpha-1}$)后,余下的是模 p 的全部原根,并由此求出 $p=73$ 的全部原根.

5.4　指标与 k 次剩余

5.4.1　指标的概念及其性质

定义 5.3　设 a 为整数,$(a,m)=1$,对于模 m 的一个原根 g,必存在唯一的整数 k ($0\leqslant k<\varphi(m)$),满足 $a\equiv g^k \pmod m$.我们称 k 为以 g 为底 a 关于模 m 的**指标**,以 $k=\mathrm{ind}_g(a)$ 表示.

下面给出指标的性质.

定理 5.15　设 g 是模 m 的一个原根,则以 g 为底,由关于模 m 有同一指标 k 的一切整数构成的集合是模 m 的一个与模 m 互素的剩余类.

证　由于 $\mathrm{ind}_g(g^k)=k$,以及 $(g^k,m)=1$,又 $\mathrm{ind}_g(a)=k$ 当且仅当 $a\equiv$

$g^k \pmod m$，故以 g 为底，由关于模 m 有同一指标 k 的一切整数构成的集合就是 g^k 所在的与模 m 互素的剩余类. □

从下面的定理可以看出，指标具有类似于对数的性质.

定理 5.16 设 g 是模 m 的一个原根，且 $(a,m)=(b,m)=1$，则：

(1) $\operatorname{ind}_g(ab)\equiv\operatorname{ind}_g(a)+\operatorname{ind}_g(b)\pmod{\varphi(m)}$；

(2) $\operatorname{ind}_g(a^n)\equiv n\operatorname{ind}_g(a)\pmod{\varphi(m)}$（$n$ 为正整数）；

(3) $\operatorname{ind}_g(1)=0,\operatorname{ind}_g(g)=1$；

(4)（换底公式）设 h 是模 m 的另一个原根，有

$$\operatorname{ind}_g(a)\equiv\operatorname{ind}_g(h)\cdot\operatorname{ind}_h(a)\pmod{\varphi(m)}.$$

证 (1) 设 $g^k\equiv a\pmod m$，则 $\operatorname{ind}_g(a)=k$，所以 $a\equiv g^{\operatorname{ind}_g(a)}\pmod m$.

同理 $b\equiv g^{\operatorname{ind}_g(b)}\pmod m$，$ab\equiv g^{\operatorname{ind}_g(ab)}\pmod m$. 因此

$$g^{\operatorname{ind}_g(ab)}\equiv ab\equiv g^{\operatorname{ind}_g(a)+\operatorname{ind}_g(b)}\pmod m.$$

根据定理 5.2，有 $\operatorname{ind}_g(ab)\equiv\operatorname{ind}_g(a)+\operatorname{ind}_g(b)\pmod{\varphi(m)}$.

(2) 由(1)，知

$$\operatorname{ind}_g(a^n)\equiv\operatorname{ind}_g(\underbrace{aa\cdots a}_{n个})\equiv\underbrace{\operatorname{ind}_g(a)+\operatorname{ind}_g(a)+\cdots+\operatorname{ind}_g(a)}_{n个}$$
$$\equiv n\operatorname{ind}_g(a)\pmod{\varphi(m)}.$$

(3) 因为 $g^0\equiv1\pmod m$，$g^1\equiv g\pmod m$，所以由指标的定义，可得

$$\operatorname{ind}_g(1)=0,\quad \operatorname{ind}_g(g)=1.$$

(4) 令 $h\equiv g^l\pmod m$ $(1\leqslant l\leqslant\varphi(m))$，$(l,\varphi(m))=1$，即 $l=\operatorname{ind}_g(h)$，则 $g^{\operatorname{ind}_g(a)}\equiv a\equiv h^{\operatorname{ind}_h(a)}\equiv g^{l\operatorname{ind}_h(a)}\pmod m$. 于是

$$\operatorname{ind}_g(a)\equiv l\operatorname{ind}_h(a)=\operatorname{ind}_g(h)\cdot\operatorname{ind}_h(a)\pmod{\varphi(m)}.$$ □

例 1 设 m 是大于 2 的整数，g 是 m 的原根，试证：$\operatorname{ind}_g(-1)=\dfrac{\varphi(m)}{2}$.

证 因 $m>2$，所以 $2\mid\varphi(m)$.

当 $m=4$ 时，3 是一个原根，此时结论显然成立. 下证 $m=p^k$ 及 $2p^k$（p 为奇素数）时结论成立.

由 $g^{\varphi(m)}\equiv1\pmod{p^k}$，知 $\left(g^{\frac{\varphi(m)}{2}}-1\right)\left(g^{\frac{\varphi(m)}{2}}+1\right)\equiv0\pmod{p^k}$，故

$$g^{\frac{\varphi(m)}{2}}\equiv1\pmod{p^k}\quad 或\quad g^{\frac{\varphi(m)}{2}}\equiv-1\pmod{p^k}.$$

由于 g 是 p^k 的原根，所以后者成立，得 $m=p^k$ 时命题成立.

对于 $m=2p^k$ 的情形，同理可得 $g^{\frac{\varphi(m)}{2}}\equiv-1\pmod{p^k}$.

又 $(2,g)=1$，$g^{\frac{\varphi(m)}{2}}\equiv-1\pmod 2$，因此 $g^{\frac{\varphi(m)}{2}}\equiv-1\pmod{2p^k}$，得 $m=2p^k$ 时命题成立.

总之,当 $m>2$,g 是 m 的原根时,有 $\text{ind}_g(-1)=\frac{\varphi(m)}{2}$.

利用原根与指标的性质,可以造出模的指标表.例如,2 是模 11 的一个原根,我们可编制一张以 2 为底模 11 的指标表.

由计算可得,关于模 11:

$$2^1\equiv 2,\quad 2^2\equiv 4,\quad 2^3\equiv 8,\quad 2^4\equiv 5,\quad 2^5\equiv 10,$$
$$2^6\equiv 9,\quad 2^7\equiv 7,\quad 2^8\equiv 3,\quad 2^9\equiv 6,\quad 2^{10}\equiv 1.$$

因此得到关于模 11、底为 2 的指标表(见表 5.1).

表 5.1 $m=11$

a	1	2	3	4	5	6	7	8	9	10
$\text{ind}_2(a)$	10	1	8	2	4	9	7	3	6	5

由于 2 也是模 13 的原根,同样可造出下面的指标表(见表 5.2).

表 5.2 $m=13$

a	1	2	3	4	5	6	7	8	9	10	11	12
$\text{ind}_2(a)$	12	1	4	2	9	5	11	3	8	10	7	6

例 2 解同余方程 $5x^2+3x-10\equiv 0(\text{mod } 13)$.

解 因为 $5\times 8\equiv 1(\text{mod } 13)$,所以 $x^2+24x-80\equiv 0(\text{mod } 13)$,即 $x^2-2x-2\equiv 0(\text{mod } 13)$,配方得 $(x-1)^2\equiv 3(\text{mod } 13)$.两边取以 2 为底的指标,得 $\text{ind}_2(x-1)^2\equiv \text{ind}_2(3)(\text{mod } 12)$.

查表 5.2,得 $2\text{ind}_2(x-1)\equiv 4(\text{mod } 12)$.于是 $\text{ind}_2(x-1)\equiv 2,8(\text{mod } 12)$.又由表 5.2,得 $x-1\equiv 4,9(\text{mod } 13)$.因此所求的解为 $x\equiv 5,10(\text{mod } 13)$.

5.4.2 k 次剩余的概念及其性质

定义 5.4 设 $m\geqslant 1$,$k\geqslant 2$.如果同余方程

$$x^k\equiv a(\text{mod } m)\quad((a,m)=1) \tag{4.1}$$

有解,则称 a 为模 m 的 k **次剩余**,否则称 a 为模 m 的 k **次非剩余**.

由定义 5.4,可知判断二项同余方程(4.1)是否有解,可归结为判断 a 是否为模 m 的 k 次剩余.我们有:

定理 5.17 设 m 的原根存在,$k\geqslant 2$,$(a,m)=1$,g 是模 m 的一个原根.

(1) 同余方程 $x^k\equiv a(\text{mod } m)$ 有解的充要条件是 $d=(k,\varphi(m))\mid \text{ind}_g(a)$;

(2) 若(1)中的条件成立,则同余方程的解数是 d;

(3) 在模 m 的一个简化剩余系中,k 次剩余的个数是 $\frac{\varphi(m)}{d}$.

证 (1) 同余方程 $x^k \equiv a \pmod m$ $((a,m)=1)$等价于

$$g^{\operatorname{ind}_g(x^k)} \equiv g^{\operatorname{ind}_g(a)} \pmod m,$$

而此同余方程又等价于

$$k\operatorname{ind}_g(x) \equiv \operatorname{ind}_g(a) \pmod{\varphi(m)}.$$

显然上式中 $\operatorname{ind}_g(x)$有解的充要条件是 $d=(k,\varphi(m)) \mid \operatorname{ind}_g(a)$.

(2) 当(1)中条件满足时,同余方程 $k\operatorname{ind}_g(x) \equiv \operatorname{ind}_g(a) \pmod{\varphi(m)}$有 d 个解 $\operatorname{ind}_g(x)$,因此 $x^k \equiv a \pmod m$关于模 m 有 d 个解.

(3) 由(1),知 a 是模 m 的 k 次剩余的充要条件是 $d \mid \operatorname{ind}_g(a)$,即

$$\operatorname{ind}_g(a) = dl \quad \left(l = 0,1,2,\cdots,\frac{\varphi(m)}{d}-1\right).$$

因此 $a \equiv g^0, g^d, \cdots, g^{d\left(\frac{\varphi(m)}{d}-1\right)} \pmod m$,即在模 m 的一个简化剩余系中,k 次剩余的个数是$\dfrac{\varphi(m)}{d}$. □

推论 a 是模 m 的 k 次剩余的充要条件是

$$a^{\frac{\varphi(m)}{d}} \equiv 1 \pmod m, \quad d = (k,\varphi(m)).$$

证 由定理 5.17,知 a 是模 m 的 k 次剩余的充要条件是

$$\operatorname{ind}_g(a) \equiv 0 \pmod d \quad (d = (k,\varphi(m))).$$

因此$\dfrac{\varphi(m)}{d}\operatorname{ind}_g(a) \equiv 0 \pmod{\varphi(m)}$,即

$$\operatorname{ind}_g\left(a^{\frac{\varphi(m)}{d}}\right) \equiv 0 \pmod{\varphi(m)}.$$

于是得 $a^{\frac{\varphi(m)}{d}} \equiv 1 \pmod m$. □

定理 5.18 设$(a,m)=1$,$d=(k,\varphi(m))$,则 a 是模 m 的 k 次剩余的充要条件是a 为模 m 的 d 次剩余.

证 令 $k=dl$.当$(a,m)=1$时,如果 $x^k \equiv a \pmod m$有解 $x \equiv x_0 \pmod m$,即$(x_0^l)^d = x_0^{dl} = x_0^k \equiv a \pmod m$,则 $x^d \equiv a \pmod m$有解 $x \equiv x_0^l \pmod m$.

反之,如果 $x^d \equiv a \pmod m$有解 $x \equiv x_0 \pmod m$,令 $d = rk + s\varphi(m)$,则 $x_0^d = x_0^{rk} \cdot x_0^{s\varphi(m)} \equiv x_0^{rk} \pmod m$,即$(x_0^r)^k \equiv a \pmod m$,所以 $x^k \equiv a \pmod m$有解 $x \equiv x_0^r \pmod m$. □

根据定理 5.18,只要 $k \nmid \varphi(m)$,那么模 m 的 k 次剩余就可以化为模 m 的 d $(<k)$次剩余.因此对于模 m 的 k 次剩余,我们主要讨论 $k \mid \varphi(m)$的情形.

例 3 试证:当素数 $p \equiv 3 \pmod 4$时,模 p 的 4 次剩余就是模 p 的平方剩余.

证 令 $p=4k+3$,则 $\varphi(p)=4k+2$.因 $4 \nmid \varphi(p)$,且

$$d = (4,4k+2) = 2,$$

故模 p 的 4 次剩余就是模 p 的平方剩余.

例4　设 p 为奇素数,试证:同余方程 $x^4 \equiv -1 \pmod p$ 有解的充要条件是 $p \equiv 1 \pmod 8$.

证　因为 -1 关于模 p 的任一原根的指标均为 $\frac{p-1}{2}$,因此 $x^4 \equiv -1 \pmod p$ 有解的充要条件是 $(4,p-1) \left| \frac{p-1}{2} \right.$,即 $p \equiv 1 \pmod 8$.

例5　设 p 为奇素数,$p \nmid k$,试证:对所有的正整数 α,当 a 是模 p 的 k 次剩余时,同余方程

$$x^k \equiv a \pmod{p^\alpha} \quad ((a,p) = 1)$$

恰有 $(k,p-1)$ 个解;当 a 是模 p 的 k 次非剩余时,方程无解.

证　由定理5.17,知 a 是模 p 的 k 次剩余时,$(k,p-1) \mid \mathrm{ind}_g(a)$,且

$$x^k \equiv a \pmod p \quad ((a,p) = 1)$$

恰有 $(k,p-1)$ 个解.

由 $p \nmid k$,知 $(k,\varphi(p^\alpha)) = (k,p^{\alpha-1}(p-1)) = (k,p-1)$. 取 g 为 p 与 p^α 的公共原根,得 $(k,\varphi(p^\alpha)) \mid \mathrm{ind}_g(a)$. 故 $x^k \equiv a \pmod{p^\alpha}$ $((a,p)=1)$ 恰有 $(k,p-1)$ 个解.

当 a 是模 p 的 k 次非剩余时,$x^k \equiv a \pmod p$ 无解,从而 $x^k \equiv a \pmod{p^\alpha}$ 无解. □

例6　解同余方程 $x^5 \equiv 10 \pmod{11}$.

解　查前面的表5.1,得 $\mathrm{ind}_2(10) = 5$.

因 $(5,10) = 5 \mid 5$,所以原同余方程有五个解. 取以2为底的指标,得

$$5\mathrm{ind}_2(x) \equiv \mathrm{ind}_2(10) \pmod{10},$$

即 $5\mathrm{ind}_2(x) \equiv 5 \pmod{10}$,解得 $\mathrm{ind}_2(x) \equiv 1 \pmod 2$. 所以

$$\mathrm{ind}_2(x) \equiv 1,3,5,7,9 \pmod{10}.$$

再由表5.1,即得原同余方程的五个解为

$$x \equiv 2,8,10,7,6 \pmod{11}.$$

5.4.3　指数同余方程的解法

设 g 是模 m 的原根,则指数同余方程

$$a^x \equiv b \pmod m \quad ((b,m) = 1)$$

与同余方程

$$x\mathrm{ind}_g(a) \equiv \mathrm{ind}_g(b) \pmod{\varphi(m)}$$

等价. 因此指数同余方程有解的充要条件是

$$(\mathrm{ind}_g(a),\varphi(m)) \mid \mathrm{ind}_g(b),$$

且方程若有解,则恰有 $(\mathrm{ind}_g(a),\varphi(m))$ 个解.

例 7 解指数同余方程 $2^x\equiv 3 \pmod{13}$.

解 查前面的表 5.2,得 $\mathrm{ind}_2(2)=1,\mathrm{ind}_2(3)=4$.因 $(1,12)=1\mid 4$,所以原同余方程仅有一个解.

取以 2 为底的指标,得 $x\,\mathrm{ind}_2(2)\equiv\mathrm{ind}_2(3) \pmod{12}$,即 $x\equiv 4 \pmod{12}$.因此得原指数同余方程的解为

$$x\equiv 4 \pmod{12}\quad (x\geqslant 0).$$

例 8 设奇数 $n\geqslant 5$ 且 $(n,3)=1$,试证:存在相异的正奇数 a,b,c,使得

$$\frac{3}{n}=\frac{1}{a}+\frac{1}{b}+\frac{1}{c}.$$

证 当 $n\equiv 1 \pmod 6$ 时,令 $n=6k+1$ (k 为正整数),则

$$\begin{aligned}\frac{3}{n}&=\frac{3}{6k+1}\\&=\frac{1}{2k+1}+\frac{1}{6k^2+4k+1}+\frac{1}{(6k^2+4k+1)(12k^2+8k+1)}.\end{aligned}\tag{4.2}$$

当 $n\equiv -1 \pmod 6$ 时,令 $n=3^s(k+1)-1$ (s,k 均为正整数).考虑关于 x 的同余方程

$$3^s(k+1)\equiv 3^x(m+1) \pmod{3^{x+1}}\quad (m=0\text{ 或 }1).\tag{4.3}$$

若 $k=3k_1$,则方程(4.3)有解:$x=s,m=0$.

若 $k=3k_1+1$,则方程(4.3)有解:$x=s,m=1$.

当 $k=3k_1+2$ 时,方程(4.3)变为

$$3^{s+1}(k_1+1)\equiv 3^x(m+1) \pmod{3^{x+1}}\quad (m=0\text{ 或 }1).\tag{4.4}$$

若 $k_1=3k_2$,则方程(4.4)有解:$x=s+1,m=0$;

若 $k_1=3k_2+1$,则方程(4.4)有解:$x=s+1,m=1$.

按以上过程,依次迭代下去,由于 k 有限,故一定存在 i,当 $k_{i-1}=3k_i+2$ 时,$k_i=0$.此时方程(4.3)变为

$$3^t\equiv 3^x(m+1) \pmod{3^{x+1}}\quad (m=0\text{ 或 }1).\tag{4.5}$$

方程(4.5)显然有解:$x=t,m=0$.

于是,若 $m=0$,则

$$(3^s+1)n\equiv(3^s+1)(3^s-1)\equiv 3^{2s}-1\equiv -1 \pmod{3^{s+1}},$$

即存在正整数 l,使得 $(3^s+1)n=3^{s+1}l-1$.此时

$$\frac{3}{n}=\frac{3(3^s+1)}{3^{s+1}l-1}=\frac{1}{l}+\frac{1}{3^sl}+\frac{1}{3^snl}.\tag{4.6}$$

若 $m=1$,则 $n\equiv 2\cdot 3^s-1\equiv -3^s-1 \pmod{3^{s+1}}$,即存在正整数 l,使得 $n=3^{s+1}l-3^s-1$.此时

$$\frac{3}{n}=\frac{3}{3^{s+1}l-3^s-1}=\frac{1}{3^sl}+\frac{1}{nl}+\frac{1}{3^snl}.\tag{4.7}$$

在式(4.2)中，各分母均为奇数；在式(4.6)和(4.7)中，由于 3^s+1 为偶数，n 为奇数，故 l 为奇数，从而它们的各分母也均为奇数. 因此结论成立.

习 题 5.4

1. 已知 6 是模 41 的一个原根，试编制一张以 6 为底模 41 的指标表.

2. 设 p 为奇素数，$a+b=p$，g 是模 p 的原根，试证：

$$\operatorname{ind}_g(a)-\operatorname{ind}_g(b)\equiv\frac{p-1}{2}(\operatorname{mod}(p-1)).$$

3. 设 p 是奇素数，a 是整数且满足条件 $p\nmid a$，试证：a 是模 p 的平方剩余(平方非剩余)的充要条件是对于模 p 的任何原根 g，$\operatorname{ind}_g(a)$ 是偶数(奇数).

4. (1) 试证：若 m 具有原根，则小于或等于 m 且与 m 互素的正整数之积关于模 m 与 -1 同余.

(2) 若 m 没有原根，(1)中的结论是否成立？

5. 设 p 是一个奇素数，$k\mid(p-1)$，试证：a 是模 p 的一个 k 次剩余的充要条件是 $a^{\frac{p-1}{k}}\equiv 1(\operatorname{mod} p)$.

6. 解下列各同余方程：

(1) $8x^2+3x+3\equiv0(\operatorname{mod} 13)$；

(2) $x^3\equiv5(\operatorname{mod} 13)$；

(3) $6\cdot3^x\equiv5(\operatorname{mod} 13)$.

7. 试证：若 $(a,m)=1$，则 a 关于模 m 的阶数 $\delta=\dfrac{\varphi(m)}{(\operatorname{ind}(a),\varphi(m))}$，特别地，$a$ 是模 m 的一个原根的充要条件是 $(\operatorname{ind}(a),\varphi(m))=1$.

8. 设 p 为奇素数，试证：同余方程 $x^{10}+1\equiv0(\operatorname{mod} p)$ 有解的充要条件是 $p\equiv 1(\operatorname{mod} 20)$，并由此证明：形如 $p\equiv1(\operatorname{mod} 20)$ 的素数有无穷多个.

第 6 章　简单连分数

连分数是一个很有用的工具.本章我们将讨论的对象扩大到实数范围.先证明任一实数可用有限或无限简单连分数来表示,再介绍循环连分数与二次无理数的关系,最后给出连分数性质的应用.

6.1　简单连分数与实数的关系

首先我们给出:

定义 6.1　分数

$$a_1+\cfrac{1}{a_2+\cfrac{1}{a_3+\ddots+\cfrac{1}{a_n}}}$$

(a_1 是整数,$a_2,a_3,\cdots,a_n$ 是正整数)称为**有限简单连分数**,简称**有限连分数**,常记为$[a_1,a_2,a_3,\cdots,a_n]$.若 $n\to\infty$,则称之为**无限简单连分数**.

这里约定,今后如无特别说明,所讲的连分数均指简单连分数.

定义 6.2　我们把

$$\frac{p_k}{q_k}=[a_1,a_2,a_3,\cdots,a_k]\quad(k=1,2,\cdots)$$

称为(有限或无限的)简单连分数$[a_1,a_2,\cdots,a_n,\cdots]$的**第 k 个渐近分数**.

关于有限连分数与有理数的关系,我们有:

定理 6.1　任一有限连分数表示一个有理数;反之,任一有理数也都能表示为一个有限连分数,且 $a_n>1$ 时,表达式是唯一的.

证　因为任一有限连分数$[a_1,a_2,\cdots,a_n]$是由 $a_1,a_2,\cdots,a_n$ 经过有限次的有理运算(加、减、乘、除)所得的结果,所以$[a_1,a_2,\cdots,a_n]$表示一个有理数.

反之,设$\frac{p}{q}$为任一有理数,且$(p,q)=1\ (q>0)$,则由欧几里得算法,可得

$$\frac{p}{q}=a_1+\frac{r_1}{q}\ (0<r_1<q),\quad \frac{q}{r_1}=a_2+\frac{r_2}{r_1}\ (0<r_2<r_1),$$

$$\frac{r_1}{r_2}=a_3+\frac{r_3}{r_2}\ (0<r_3<r_2),\quad \cdots,$$

$$\frac{r_{n-3}}{r_{n-2}}=a_{n-1}+\frac{r_{n-1}}{r_{n-2}}\ (0<r_{n-1}<r_{n-2}),\quad \frac{r_{n-2}}{r_{n-1}}=a_n.$$

于是

$$\frac{p}{q}=a_1+\frac{1}{\frac{q}{r_1}}=a_1+\frac{1}{a_2+\frac{1}{\frac{r_1}{r_2}}}=\cdots=a_1+\frac{1}{a_2+\ddots+\frac{1}{a_n}}.$$

由$a_i\ (i=1,2,\cdots,n)$的计算方法就可推出表达式的唯一性.　□

例1　将$\frac{17}{12}$表示成有限连分数.

解　易知

$$\frac{17}{12}=1+\frac{5}{12}=1+\frac{1}{\frac{12}{5}}=1+\frac{1}{2+\frac{2}{5}}=1+\frac{1}{2+\frac{1}{\frac{5}{2}}}$$

$$=1+\frac{1}{2+\frac{1}{2+\frac{1}{2}}}=[1,2,2,2].$$

定理6.2(渐近分数的构成规律)　渐近分数间有下列关系式:

$$p_1=a_1,\quad p_2=a_2a_1+1,\quad p_k=a_kp_{k-1}+p_{k-2};$$
$$q_1=1,\quad q_2=a_2,\quad q_k=a_kq_{k-1}+q_{k-2}\quad (k\geqslant 3).$$

证　由$\frac{p_1}{q_1}=\frac{a_1}{1},\frac{p_2}{q_2}=a_1+\frac{1}{a_2}=\frac{a_2a_1+1}{a_2}$,知

$$p_1=a_1,p_2=a_2a_1+1;\quad q_1=1,q_2=a_2.$$

对于$k\geqslant 3$的情形,用第一数学归纳法证明.

(ⅰ)当$k=3$时

$$\frac{p_3}{q_3}=[a_1,a_2,a_3]=a_1+\frac{1}{a_2+\frac{1}{a_3}}=a_1+\frac{a_3}{a_3a_2+1}=\frac{a_3a_2a_1+a_1+a_3}{a_3a_2+1}$$

$$=\frac{a_3(a_2a_1+1)+a_1}{a_3a_2+1}=\frac{a_3p_2+p_1}{a_3q_2+q_1},$$

命题成立.

（ⅱ）假设命题对 $k=n$ 成立，即 $p_n=a_np_{n-1}+p_{n-2}$，$q_n=a_nq_{n-1}+q_{n-2}$，则当 $k=n+1$ 时

$$\frac{p_{n+1}}{q_{n+1}}=[a_1,a_2,\cdots,a_n,a_{n+1}]=\left[a_1,a_2,\cdots,a_n+\frac{1}{a_{n+1}}\right]$$

$$=\frac{\left(a_n+\dfrac{1}{a_{n+1}}\right)p_{n-1}+p_{n-2}}{\left(a_n+\dfrac{1}{a_{n+1}}\right)q_{n-1}+q_{n-2}}=\frac{a_{n+1}(a_np_{n-1}+p_{n-2})+p_{n-1}}{a_{n+1}(a_nq_{n-1}+q_{n-2})+q_{n-1}}$$

$$=\frac{a_{n+1}p_n+p_{n-1}}{a_{n+1}q_n+q_{n-1}},$$

即 $p_{n+1}=a_{n+1}p_n+p_{n-1}$，$q_{n+1}=a_{n+1}q_n+q_{n-1}$. 此式说明，命题当 $k=n+1$ 时也成立. □

推论1 两相邻渐近分数的差为 $\dfrac{p_k}{q_k}-\dfrac{p_{k-1}}{q_{k-1}}=\dfrac{(-1)^k}{q_kq_{k-1}}(k\geqslant2)$.

证 当 $k=2$ 时

$$\frac{p_2}{q_2}-\frac{p_1}{q_1}=\frac{p_2q_1-p_1q_2}{q_2q_1}=\frac{(a_2a_1+1)-a_1a_2}{q_2q_1}=\frac{1}{q_2q_1}=\frac{(-1)^2}{q_2q_1},$$

命题成立. 假设 $k=n$ 时，命题成立，即 $\dfrac{p_n}{q_n}-\dfrac{p_{n-1}}{q_{n-1}}=\dfrac{(-1)^n}{q_nq_{n-1}}$，也即

$$p_nq_{n-1}-p_{n-1}q_n=(-1)^n,$$

则当 $k=n+1$ 时

$$\frac{p_{n+1}}{q_{n+1}}-\frac{p_n}{q_n}=\frac{p_{n+1}q_n-p_nq_{n+1}}{q_{n+1}q_n}=\frac{(a_{n+1}p_n+p_{n-1})q_n-p_n(a_{n+1}q_n+q_{n-1})}{q_{n+1}q_n}$$

$$=\frac{-(p_nq_{n-1}-p_{n-1}q_n)}{q_{n+1}q_n}=\frac{-(-1)^n}{q_{n+1}q_n}=\frac{(-1)^{n+1}}{q_{n+1}q_n}.$$

此式说明，命题当 $k=n+1$ 时也成立. □

推论2 两相间渐近分数的差为 $\dfrac{p_k}{q_k}-\dfrac{p_{k-2}}{q_{k-2}}=\dfrac{(-1)^{k-1}a_k}{q_kq_{k-2}}(k\geqslant3)$.

证 由定理6.2及推论1，知

$$\begin{aligned}p_kq_{k-2}-p_{k-2}q_k&=(a_kp_{k-1}+p_{k-2})q_{k-2}-p_{k-2}(a_kq_{k-1}+q_{k-2})\\&=a_k(p_{k-1}q_{k-2}-p_{k-2}q_{k-1})\\&=a_k\cdot(-1)^{k-1},\end{aligned}$$

即 $\dfrac{p_k}{q_k}-\dfrac{p_{k-2}}{q_{k-2}}=\dfrac{(-1)^{k-1}a_k}{q_kq_{k-2}}$. □

实际计算 p_i，q_i 时可通过表6.1来进行（约定 $p_0=1$，$q_0=0$）. 表中连线的两个数相乘加上前面的一个数即得下一个数.

表6.1

i	0	1	2	…	$k-2$	$k-1$	k	…
a_i		a_1	a_2	…	a_{k-2}	a_{k-1}	a_k	…
p_i	1	$+a_1$	p_2	…	p_{k-2}	$+p_{k-1}$	p_k	…
q_i	0	$+1$	q_2	…	q_{k-2}	$+q_{k-1}$	q_k	…
$\frac{p_i}{q_i}$		$\frac{p_1}{q_1}$	$\frac{p_2}{q_2}$	…	$\frac{p_{k-2}}{q_{k-2}}$	$\frac{p_{k-1}}{q_{k-1}}$	$\frac{p_k}{q_k}$	…

例2　计算 $\pi=[3,7,15,1,292,1,1,\cdots]$ 的前六个渐近分数的值.

解　我们约定 $p_0=1,q_0=0$,则 π 的前六个渐近分数值可列表如下(见表6.2).

表6.2

i	0	1	2	3	4	5	6
a_i		3	7	15	1	292	1
p_i	1	3	22	333	355	103 993	104 348
q_i	0	1	7	106	113	33 102	33 215
$\frac{p_i}{q_i}$		3	$\frac{22}{7}$	$\frac{333}{106}$	$\frac{355}{113}$	$\frac{103\,993}{33\,102}$	$\frac{104\,348}{33\,215}$

由渐近分数的构成规律,可以证明:

定理6.3　设 $[a_1,a_2,\cdots,a_n,\cdots]$ 是(有限或无限的)简单连分数,$\frac{p_k}{q_k}(k=1,2,\cdots)$ 是它的第 k 个渐近分数,则:

(1) 当 $k\geqslant 3$ 时,$q_k\geqslant q_{k-1}+1$,因而对任何 k 来说,$q_k\geqslant k-1$;

(2) $\frac{p_{2(k-1)}}{q_{2(k-1)}}>\frac{p_{2k}}{q_{2k}},\frac{p_{2k-1}}{q_{2k-1}}>\frac{p_{2k-3}}{q_{2k-3}},\frac{p_{2k}}{q_{2k}}>\frac{p_{2k-1}}{q_{2k-1}}$;

(3) $\frac{p_k}{q_k}(k=1,2,\cdots)$ 都是既约分数.

证　(1) 由定理6.2,知 $q_k\geqslant 1$.若 $k\geqslant 2$,则 $a_k\geqslant 1$,从而当 $k\geqslant 3$ 时

$$q_k=a_kq_{k-1}+q_{k-2}\geqslant q_{k-1}+1.$$

又 $q_1=1>0,q_2=a_2\geqslant 2-1$.假设 $q_{k-1}\geqslant k-2$,则

$$q_k\geqslant q_{k-1}+1\geqslant k-1.$$

由归纳假设,知对任何 k 来说,$q_k\geqslant k+1$.

(2) 由定理6.2的推论2,得

$$\frac{p_{2k}}{q_{2k}}-\frac{p_{2(k-1)}}{q_{2(k-1)}}=\frac{(-1)^{2k-1}a_{2k}}{q_{2k}q_{2(k-1)}}=\frac{-a_{2k}}{q_{2k}q_{2(k-1)}}<0,$$

$$\frac{p_{2k-1}}{q_{2k-1}}-\frac{p_{2k-3}}{q_{2k-3}}=\frac{(-1)^{2k-2}a_{2k-1}}{q_{2k-1}q_{2k-3}}=\frac{a_{2k-1}}{q_{2k-1}q_{2k-3}}>0,$$

故$\frac{p_{2k}}{q_{2k}}<\frac{p_{2(k-1)}}{q_{2(k-1)}},\frac{p_{2k-1}}{q_{2k-1}}>\frac{p_{2k-3}}{q_{2k-3}}$.

由定理6.2的推论1,得

$$\frac{p_{2k}}{q_{2k}}-\frac{p_{2k-1}}{q_{2k-1}}=\frac{(-1)^{2k}}{q_{2k}q_{2k-1}}=\frac{1}{q_{2k}q_{2k-1}}>0,$$

故$\frac{p_{2k}}{q_{2k}}>\frac{p_{2k-1}}{q_{2k-1}}$.

(3) 由定理6.2的推论1,得

$$p_k q_{k-1}-p_{k-1}q_k=(-1)^k \quad (k\geqslant 2).$$

若 p_k 与 q_k 有公因数 $d>1$,则 $d\mid(-1)^k$.这是不可能的.因此 p_k 与 q_k 无大于1的公因数,即$\frac{p_k}{q_k}$为既约分数. □

根据定理6.3,很容易得到:

定理6.4 设$[a_1,a_2,\cdots,a_k,\cdots]$为无限简单连分数,则渐近分数序列

$$\frac{p_1}{q_1},\frac{p_2}{q_2},\cdots,\frac{p_k}{q_k},\cdots$$

的极限存在.我们把这个极限值称为无限连分数$[a_1,a_2,a_3,\cdots,a_k,\cdots]$的值.

关于无限连分数与无理数的关系,我们有:

定理6.5 任一无限连分数表示一个无理数;反之,任一无理数,必可表示为一个无限连分数,且表示法是唯一的.

证 无限连分数的极限值 α 一定是无理数.因为如果 α 是一个有理数,则 α 必可唯一地表示为有限连分数,这就得出了矛盾.

反之,任一无理数 α,必可表示为一个无限连分数$[a_1,a_2,\cdots,a_k,\cdots]$.

事实上,先取 α 的整数部分$[\alpha]$,把它记成 a_1.然后看 α 与 a_1 的差:$\alpha-a_1=\frac{1}{\alpha_1}$,这里 α_1 是无理数且一定大于1.再取 α_1 的整数部分$[\alpha_1]$,把它记成 a_2,然后看 α_1 与 a_2 的差:$\alpha_1-a_2=\frac{1}{\alpha_2}$,这里 α_2 是无理数且一定大于1.接着取 α_2 的整数部分$[\alpha_2]$,把它记成 a_3……也就是说,令

$$a_1=[\alpha]\quad\left(\alpha-a_1=\frac{1}{\alpha_1}\right),$$

$$a_2=[\alpha_1]\quad\left(\alpha_1-a_2=\frac{1}{\alpha_2}\right),$$

$$a_3=[\alpha_2]\quad\left(\alpha_2-a_3=\frac{1}{\alpha_3}\right),$$

$$\cdots.$$

因为 α 为无理数，所以得出的 $\alpha_1,\alpha_2,\alpha_3,\cdots$ 都是无理数，而不可能是有理数．若 α_i 为有理数，则由 $\alpha_{i-1}=a_i+\dfrac{1}{\alpha_i}$ 及 a_i 为整数，知 α_{i-1} 也为有理数，由此可推出 α 为有理数，这与 α 为无理数的假设矛盾，故 α_i 不可能是有理数．这说明 α_i 的个数无限，也就是说 a_i 的个数无限．于是有

$$\alpha = a_1+\frac{1}{\alpha_1} = a_1+\cfrac{1}{a_2+\cfrac{1}{\alpha_2}} = \cdots = [a_1,a_2,\cdots,a_k,\cdots],$$

即 α 是无限连分数．

唯一性是显然的．　□

例 3　将 $\sqrt{3}$ 表示成无限连分数．

解　易知

$$\sqrt{3} = 1+(\sqrt{3}-1) = 1+\cfrac{1}{\cfrac{\sqrt{3}+1}{2}} = 1+\cfrac{1}{1+\cfrac{\sqrt{3}-1}{2}}$$

$$= 1+\cfrac{1}{1+\cfrac{1}{\sqrt{3}+1}} = 1+\cfrac{1}{1+\cfrac{1}{2+(\sqrt{3}-1)}}.$$

我们看到

$$\sqrt{3}-1 = \cfrac{1}{1+\cfrac{1}{2+(\sqrt{3}-1)}},$$

将此式不断代入，即得 $\sqrt{3}=[1,1,2,1,2,\cdots]=[1,\overline{1,2}]$．

定义 6.3　如果无限连分数 $\alpha=[a_1,a_2,a_3,\cdots]$ 由一组元素 $a_{s+1},a_{s+2},\cdots,a_{s+t}$ 不断重复而组成，那么我们就把这个无限连分数称为**无限循环连分数**，记作

$$\alpha = [a_1,a_2,\cdots,a_s,\overline{a_{s+1},a_{s+2},\cdots,a_{s+t}}].$$

若 $s=0$，则称 α 为**无限纯循环连分数**．

关于无限循环连分数与二次无理数的关系，我们有：

定理 6.6　任何无限循环连分数都表示二次无理数；反之，任何二次无理数都可用无限循环连分数来表示．

证　设 $\alpha=[a_1,a_2,\cdots,a_s,\overline{a_{s+1},a_{s+2},\cdots,a_{s+t}}]$，$\alpha_n=[a_{n+1},a_{n+2},\cdots]$，$\dfrac{p_k}{q_k}$ 表示 α 的第 k 个渐近分数．

（ⅰ）若 $s=0$，则 $\alpha=[\overline{a_1,a_2,\cdots,a_t}]=[a_1,a_2,\cdots,a_t,\alpha]$．由定理 6.2，知

$$\alpha = \frac{\alpha p_t+p_{t-1}}{\alpha q_t+q_{t-1}}.$$

去分母后整理,得 $q_t\alpha^2+(q_{t-1}-p_t)\alpha-p_{t-1}=0$,故 α 是一个二次无理数.

(ii) 若 $s\neq 0$,则 $\alpha=[a_1,a_2,\cdots,a_s,\alpha_s]=[a_1,a_2,\cdots,a_s,a_{s+1},a_{s+2},\cdots,a_{s+t},\alpha_{s+t}]$. 由定理 6.2,知

$$\alpha=\frac{\alpha_s p_s+p_{s-1}}{\alpha_s q_s+q_{s-1}}=\frac{\alpha_{s+t}p_{s+t}+p_{s+t-1}}{\alpha_{s+t}q_{s+t}+q_{s+t-1}}.$$

结合 $\alpha_s=\alpha_{s+t}$,有

$$\alpha=\frac{\alpha_s p_s+p_{s-1}}{\alpha_s q_s+q_{s-1}}=\frac{\alpha_s p_{s+t}+p_{s+t-1}}{\alpha_s q_{s+t}+q_{s+t-1}},$$

即

$$\alpha_s=\frac{p_{s-1}-\alpha q_{s-1}}{q_s\alpha-p_s}=\frac{p_{s+t-1}-\alpha q_{s+t-1}}{q_{s+t}\alpha-p_{s+t}},$$

于是

$$(q_{s+t}\alpha-p_{s+t})(p_{s-1}-\alpha q_{s-1})=(q_s\alpha-p_s)(p_{s+t-1}-\alpha q_{s+t-1}).$$

去括号后整理,得 $A\alpha^2+B\alpha+C=0$ (这里 $A=q_sq_{s+t+1}-q_{s+t}q_{s-1}$, $B=q_{s+t}p_{s-1}+p_{s+t}q_{s-1}-p_sq_{s+t-1}-q_sp_{s+t-1}$, $C=p_sp_{s+t+1}-p_{s+t}p_{s-1}$),故 α 是一个二次无理数.

反之,若 α 是一个二次无理数,则 α 可以表示为一个无限连分数. 不妨设 $\alpha=[a_1,a_2,\cdots,a_n,\cdots]$,并记 $\alpha_n=[a_{n+1},a_{n+2},\cdots]$,则 $\alpha=[a_1,a_2,\cdots,a_n,\alpha_n]$. 易知 α 满足整系数二次方程

$$A\alpha^2+B\alpha+C=0.$$

将 $\alpha=\dfrac{\alpha_n p_n+p_{n-1}}{\alpha_n q_n+q_{n-1}}$代入上式,得 $A_n\alpha_n^2+B_n\alpha_n+C_n=0$,这里

$$\begin{aligned}A_n&=Ap_n^2+Bp_nq_n+Cq_n^2,\\B_n&=2Ap_np_{n-1}+B(p_nq_{n-1}+p_{n-1}q_n)+2Cq_nq_{n-1},\\C_n&=Ap_{n-1}^2+Bp_{n-1}q_{n-1}+Cq_{n-1}^2=A_{n-1}.\end{aligned}$$

由定理 6.2 的推论 1,知

$$\left|\alpha-\frac{p_n}{q_n}\right|<\left|\frac{p_{n+1}}{q_{n+1}}-\frac{p_n}{q_n}\right|=\frac{1}{q_{n+1}q_n}<\frac{1}{q_n^2}.$$

故存在 $|\delta_n|<1$,使得$\dfrac{p_n}{q_n}=\alpha+\dfrac{\delta_n}{q_n^2}$,即 $p_n=\alpha q_n+\dfrac{\delta_n}{q_n}(|\delta_n|<1)$. 此时

$$\begin{aligned}A_n&=A\left(\alpha q_n+\frac{\delta_n}{q_n}\right)^2+B\left(\alpha q_n+\frac{\delta_n}{q_n}\right)q_n+Cq_n^2\\&=(A\alpha^2+B\alpha+C)q_n^2+2A\alpha\delta_n+\frac{A\delta_n^2}{q_n^2}+B\delta_n\\&=2A\alpha\delta_n+A\cdot\frac{\delta_n^2}{q_n^2}+B\delta_n.\end{aligned}$$

于是$|A_n|<2|A\alpha|+|A|+|B|$,即 A_n 只能取有限个不同的值. 同理可得$|C_n|=|A_{n-1}|<2|A\alpha|+|A|+|B|$,即 C_n 只能取有限个不同的值. 可以验证:

$$B_n^2-4A_nC_n=(B^2-4AC)(p_nq_{n-1}-p_{n-1}q_n)^2=B^2-4AC.$$

由此推得 B_n 也只能取有限个不同的值.故对于任意正整数 $n\geqslant 2$,只能得到有限多个不同的方程 $A_n\alpha_n^2+B_n\alpha_n+C_n=0$,即 α_n 只能取有限多个不同的值.因此适当选取 k 和 t,可得

$$\alpha_{k+t}=\alpha_k.$$

□

定义 6.4　若整系数二次方程 $ax^2+bx+c=0(a>0)$的两个根

$$\alpha=\frac{P+\sqrt{D}}{Q},\quad \bar{\alpha}=\frac{P-\sqrt{D}}{Q}$$

满足 $D>0$ 且非完全平方数,$\alpha>1$,$-1<\bar{\alpha}<0$,则称 α 为**既约二次无理数**.

关于无限纯循环连分数与既约二次无理数的关系,我们有:

定理 6.7　任何无限纯循环连分数都表示既约二次无理数;反之,任何既约二次无理数都可用无限纯循环连分数来表示.

证　设无限纯循环连分数 $\alpha=[\overline{a_1,a_2,\cdots,a_n}]$,$\beta=[\overline{a_n,a_{n-1},\cdots,a_1}]$,且$\frac{p_k}{q_k}$,$\frac{p_k'}{q_k'}$分别表示$\alpha$,$\beta$ 的第k 个渐近分数,则由定理 6.2,知

$$\frac{p_n}{p_{n-1}}=[a_n,a_{n-1},\cdots,a_2,a_1]=\frac{p_n'}{q_n'},\quad \frac{q_n}{q_{n-1}}=[a_n,a_{n-1},\cdots,a_2]=\frac{p_{n-1}'}{q_{n-1}'},$$

即 $p_n'=p_n$,$q_n'=p_{n-1}$,$p_{n-1}'=q_n$,$q_{n-1}'=q_{n-1}$. 因为 $\alpha=[a_1,a_2,\cdots,a_n,\alpha]$,所以$\alpha=\frac{\alpha p_n+p_{n-1}}{\alpha q_n+q_{n-1}}$,整理得

$$q_n\alpha^2-(p_n-q_{n-1})\alpha-p_{n-1}=0. \tag{1.1}$$

又 $\beta=[a_n,a_{n-1},\cdots,a_1,\beta]$,所以 $\beta=\frac{\beta p_n'+p_{n-1}'}{\beta q_n'+q_{n-1}'}=\frac{\beta p_n+q_n}{\beta p_{n-1}+q_{n-1}}$,整理得

$$q_n\left(-\frac{1}{\beta}\right)^2-(p_n-q_{n-1})\left(-\frac{1}{\beta}\right)-p_{n-1}=0. \tag{1.2}$$

由式(1.1)和(1.2),可知 α 和$-\frac{1}{\beta}$是整系数二次方程 $q_nx^2-(p_n-q_{n-1})x-p_{n-1}=0$ 的两个根. 因为 $a_1\geqslant 1$,所以 $\alpha>1$. 又因为 $a_n\geqslant 1$,所以 $\beta>1$,从而$-1<-\frac{1}{\beta}<0$,且 $\bar{\alpha}=-\frac{1}{\beta}$. 于是 α 是既约的二次无理数.

反之,若 $\alpha=\frac{P+\sqrt{D}}{Q}$是一个既约二次无理数,则 α 可以表示为一个无限连分

数. 不妨设 $\alpha=[a_1,a_2,\cdots,a_n,\cdots]$,并记 $\alpha_n=[a_{n+1},a_{n+2},\cdots]$.

因为 $\alpha>1,-1<\bar{\alpha}<0$,所以 $\alpha+\bar{\alpha}=\dfrac{2P}{Q}>0$. 由 $Q=2a>0$,知 $P>0$;由 $-1<\bar{\alpha}=\dfrac{P-\sqrt{D}}{Q}<0$ 及 $Q>0$,知 $P<\sqrt{D},Q>\sqrt{D}-P$;又由 $\alpha=\dfrac{P+\sqrt{D}}{Q}>1$ 及 $Q>0$,知 $Q<\sqrt{D}+P$,所以

$$0<P<\sqrt{D},\quad \sqrt{D}-P<Q<\sqrt{D}+P. \tag{1.3}$$

当 D 保持不变时,只有有限个 P,Q 满足式(1.3),因而只有有限个形如$\dfrac{P+\sqrt{D}}{Q}$的既约的二次无理数. 于是序列

$$\alpha_0,\alpha_1,\alpha_2,\cdots,\alpha_n,\cdots$$

中必定会出现重复. 设 α_l 是第一个出现重复的数,且 $\alpha_l=\alpha_k\,(0\leqslant k<l)$,则 $\bar{\alpha}_l=\bar{\alpha}_k$. 若 $0<k<l$,则 $\alpha_{k-1}=a_k+\dfrac{1}{\alpha_k}$, $\alpha_{l-1}=a_l+\dfrac{1}{\alpha_l}$,且有 $\bar{\alpha}_{k-1}=a_k+\dfrac{1}{\bar{\alpha}_k}$, $\bar{\alpha}_{l-1}=a_l+\dfrac{1}{\bar{\alpha}_l}$,即

$$-\frac{1}{\bar{\alpha}_k}=a_k-\bar{\alpha}_{k-1},\quad -\frac{1}{\bar{\alpha}_l}=a_l-\bar{\alpha}_{l-1}.$$

因为 $-1<\bar{\alpha}_{k-1}<0,-1<\bar{\alpha}_{l-1}<0$,即 $0<-\bar{\alpha}_{k-1}<1,0<-\bar{\alpha}_{l-1}<1$,所以 a_k,a_l 是不超过 $-\dfrac{1}{\bar{\alpha}_k},-\dfrac{1}{\bar{\alpha}_l}$ 的最大整数,而 $-\dfrac{1}{\bar{\alpha}_k}=-\dfrac{1}{\bar{\alpha}_l}$,故 $a_k=a_l$. 于是得 $\alpha_{k-1}=\alpha_{l-1}$. 以此类推,可得 $\alpha_{k-2}=\alpha_{l-2},\alpha_{k-3}=\alpha_{l-3},\cdots,\alpha_{k-k}=\alpha_{l-k}$,即 $\alpha_{l-k}=\alpha_0$. 设 $l-k=s$,则 $\alpha_0=\alpha_s$. 由于 $\alpha_0=a_1+\dfrac{1}{\alpha_1}$, $\alpha_s=a_{s+1}+\dfrac{1}{\alpha_{s+1}}$,且 a_1,a_{s+1} 是不超过 α_0,α_s 的最大整数,所以 $a_1=a_{s+1},\alpha_1=\alpha_{s+1}$. 重复这一过程,可得 $a_2=a_{s+2},a_3=a_{s+3},\cdots$. 故

$$\alpha=[\overline{a_1,a_2,\cdots,a_s}].$$ □

由定理 6.7,可以证明:

定理 6.8 设 $N>0$ 是一个非完全平方数,则$\sqrt{N}$的连分数具有特殊的形式:

$$\sqrt{N}=[a_1,\overline{a_2,a_3,a_4,\cdots,a_4,a_3,a_2,2a_1}].$$

证 因为$\sqrt{N}>1$,故 $-\sqrt{N}$不能在 -1 和 0 之间,因而$\sqrt{N}$不是既约的二次无理数,从而它的连分数展式$\sqrt{N}=[a_1,a_2,\cdots,a_{n-1},a_n,\cdots]$不是纯循环的. 但 a_1 是比$\sqrt{N}$小的最大整数,所以$\sqrt{N}+a_1>1$,且 $-1<-\sqrt{N}+a_1<0$,故$\sqrt{N}+a_1$ 是既约的,因而其连分数是纯循环的,即

$$\sqrt{N}+a_1=[2a_1,a_2,a_3,\cdots,a_n,2a_1,a_2,\cdots]=[\overline{2a_1,a_2,a_3,\cdots,a_n}].$$

于是

$$\sqrt{N}=[a_1,a_2,a_3,\cdots,a_n,2a_1,a_2,\cdots]=[a_1,\overline{a_2,a_3,\cdots,a_n,2a_1}],$$

即$\sqrt{N}$的连分数从其第二项开始到 $2a_1$ 项为止是它的循环节.

因为 $\alpha=\sqrt{N}+a_1$ 是既约的二次无理数,所以由定理 6.7 的证明,知 $\bar{\alpha}=-\sqrt{N}+a_1$ 的负倒数 $-\frac{1}{\bar{\alpha}}$ 与 α 的连分数展式元素相同,只是循环相反. 即

$$-\frac{1}{\bar{\alpha}}=\frac{1}{\sqrt{N}-a_1}=[\overline{a_n,a_{n-1},\cdots,a_2,2a_1}]. \tag{1.4}$$

又$\sqrt{N}-a_1=[0,\overline{a_2,a_3,\cdots,a_n,2a_1}]$,故

$$\frac{1}{\sqrt{N}-a_1}=[\overline{a_2,a_3,\cdots,a_n,2a_1}]. \tag{1.5}$$

比较式(1.4)和(1.5),可得

$$a_n=a_2,a_{n-1}=a_3,\cdots,a_3=a_{n-1},a_2=a_n.$$ □

我们将 N 从 2 到 40 的非平方整数中所有$\sqrt{N}$的连分数展开式列成表供大家参考(见表 6.3).

表 6.3

N	$\sqrt{N}$的连分数	N	$\sqrt{N}$的连分数
2	$[1,\bar{2}]$	22	$[4,\overline{1,2,4,2,1,8}]$
3	$[1,\overline{1,2}]$	23	$[4,\overline{1,3,1,8}]$
5	$[2,\bar{4}]$	24	$[4,\overline{1,8}]$
6	$[2,\overline{2,4}]$	26	$[5,\overline{10}]$
7	$[2,\overline{1,1,1,4}]$	27	$[5,\overline{5,10}]$
8	$[2,\overline{1,4}]$	28	$[5,\overline{3,2,3,10}]$
10	$[3,\bar{6}]$	29	$[5,\overline{2,1,1,2,10}]$
11	$[3,\overline{3,6}]$	30	$[5,\overline{2,10}]$
12	$[3,\overline{2,6}]$	31	$[5,\overline{1,1,3,5,3,1,1,10}]$
13	$[3,\overline{1,1,1,1,6}]$	32	$[5,\overline{1,1,1,10}]$
14	$[3,\overline{1,2,1,6}]$	33	$[5,\overline{1,2,1,10}]$
15	$[3,\overline{1,6}]$	34	$[5,\overline{1,4,1,10}]$
17	$[4,\bar{8}]$	35	$[5,\overline{1,10}]$

续表

N	$\sqrt{N}$的连分数	N	$\sqrt{N}$的连分数
18	$[4,\overline{4,8}]$	37	$[6,\overline{12}]$
19	$[4,\overline{2,1,3,1,2,8}]$	38	$[6,\overline{6,12}]$
20	$[4,\overline{2,8}]$	39	$[6,\overline{4,12}]$
21	$[4,\overline{1,1,2,1,1,8}]$	40	$[6,\overline{3,12}]$

习题 6.1

1. 将下列有理数表示成有限连分数：

(1) $\dfrac{71}{61}$；　(2) $\dfrac{70}{29}$；　(3) $-\dfrac{100}{9}$；　(4) -0.367.

2. 计算 $\sqrt{2}=[1,2,2,2,\cdots]$ 的前 10 个渐近分数的值.

3. 将下列无理数表示成无限连分数：

(1) $\sqrt{88}$；　(2) $\dfrac{\sqrt{5}+1}{2}$.

4. 试证:若 α 为无理数,则必有无穷多个渐近分数$\dfrac{p}{q}$,满足$\left|\alpha-\dfrac{p}{q}\right|<\dfrac{1}{2q^2}$.

6.2　连分数性质的应用

6.2.1　求二元一次不定方程的特解

二元一次不定方程的一般形式是 $ax+by=c$,这里 a,b 均为正整数,且互素,c 为整数.用连分数求该不定方程特解的基本过程是,先将有理数$\dfrac{a}{b}$表示成有限连分数

$$\frac{a}{b}=[a_1,a_2,a_3,\cdots,a_n]=\frac{p_n}{q_n}.$$

由渐近分数的构成规律,知

$$p_nq_{n-1}-q_np_{n-1}=aq_{n-1}-bp_{n-1}=(-1)^n.$$

等式两边同乘以$(-1)^nc$,得

$$a[(-1)^ncq_{n-1}]+b[(-1)^{n+1}cp_{n-1}]=c.$$

即不定方程 $ax+by=c$ 有一组特解：$x_0=(-1)^n cq_{n-1}$，$y_0=(-1)^{n+1}cp_{n-1}$. 从而该不定方程的通解为

$$\begin{cases} x=(-1)^n cq_{n-1}+bt \\ y=(-1)^{n+1}cp_{n-1}-at \end{cases} \quad (t \text{ 为任意整数}).$$

利用同样的方法，我们可求得不定方程 $ax-by=c$ 的通解为

$$\begin{cases} x=(-1)^n cq_{n-1}-bt \\ y=(-1)^n cp_{n-1}-at \end{cases} \quad (t \text{ 为任意整数}).$$

例 1　试求不定方程 $41x+16y=5$ 的通解.

解　因为 $\frac{a}{b}=\frac{41}{16}=[2,1,1,3,2]=\frac{p_5}{q_5}$，而 $\frac{p_4}{q_4}=[2,1,1,3]=\frac{18}{7}$，即 $p_4=18$，$q_4=7$，所以不定方程 $41x+16y=5$ 的通解为

$$\begin{cases} x=(-1)^5\times 5\times 7+16t=-35+16t \\ y=(-1)^6\times 5\times 18-41t=90-41t \end{cases} \quad (t \text{ 为任意整数}).$$

6.2.2　求佩尔方程的最小正整数解

定义 6.5　形如 $x^2-Ny^2=\pm 1$ 的不定方程称为**佩尔(Pell)方程**，这里 $N>0$ 且不是完全平方数.

定理 6.9　设 $\sqrt{N}=[a_1,\overline{a_2,a_3,\cdots,a_n,2a_1}]$，$\frac{p_k}{q_k}$ 是 $\sqrt{N}$ 的第 k 个渐近分数，则当 n 为偶数时，佩尔方程 $x^2-Ny^2=1$ 的最小正整数解为 $x_1=p_n$，$y_1=q_n$；当 n 为奇数时，佩尔方程 $x^2-Ny^2=1$ 的最小正整数解为 $x_1=p_{2n}$，$y_1=q_{2n}$，而佩尔方程 $x^2-Ny^2=-1$ 的最小正整数解为 $x_1=p_n$，$y_1=q_n$.

证　由

$$\sqrt{N}=[a_1,a_2,\cdots,a_n,\alpha_{n+1}],\quad \alpha_{n+1}=[2a_1,a_2,\cdots]=\sqrt{N}+a_1,$$

以及 $\sqrt{N}=\frac{\alpha_{n+1}p_n+p_{n-1}}{\alpha_{n+1}q_n+q_{n-1}}$，得

$$\sqrt{N}=\frac{(\sqrt{N}+a_1)p_n+p_{n-1}}{(\sqrt{N}+a_1)q_n+q_{n-1}},$$

这里 p_n,q_n,p_{n-1},q_{n-1} 可由 $\sqrt{N}$ 的第 n 个和第 $n-1$ 个渐近分数来确定. 将上式展开得

$$Nq_n+(a_1q_n+q_{n-1})\sqrt{N}=(a_1p_n+p_{n-1})+p_n\sqrt{N}.$$

因为 $\sqrt{N}$ 是无理数，其他都是整数，所以

$$Nq_n=a_1p_n+p_{n-1},\quad a_1q_n+q_{n-1}=p_n,$$

即 $p_{n-1}=Nq_n-a_1p_n$，$q_{n-1}=p_n-a_1q_n$. 但我们知道

$$p_n q_{n-1} - p_{n-1} q_n = (-1)^n,$$

故

$$p_n(p_n - a_1 q_n) - (Nq_n - a_1 p_n) q_n = (-1)^n,$$

即

$$p_n^2 - Nq_n^2 = (-1)^n.$$

由此可得定理. □

这个定理告诉我们,佩尔方程 $x^2 - Ny^2 = 1$ 总存在最小正整数解,而 $x^2 - Ny^2 = -1$ 则不一定.此外,在一些问题的研究中,常常要确定佩尔方程 $x^2 - Ny^2 = 1$ 的一组解是否是最小正整数解,为此我们给出:

定理 6.10 设 $N > 0$ 且不是完全平方数,ξ, η 是正整数,满足方程

$$x^2 - Ny^2 = 1, \tag{2.1}$$

且有

$$\xi > \frac{1}{2}\eta^2 - 1, \tag{2.2}$$

则 $(x, y) = (\xi, \eta)$ 是方程(2.1)的最小正整数解.

证 如果 $\eta = 1$,此时 η 最小,可知定理显然成立.现设 (x_1, y_1) 是方程(2.1)的最小正整数解,则 $1 \leqslant y_1 < \eta$,从而有

$$N = \frac{x_1^2 - 1}{y_1^2} = \frac{\xi^2 - 1}{\eta^2},$$

以及

$$\begin{aligned} x_1^2\eta^2 - y_1^2\xi^2 &= \eta^2(1 + Ny_1^2) - y_1^2\xi^2 \\ &= \eta^2 - y_1^2(\xi^2 - N\eta^2) \\ &= \eta^2 - y_1^2 = n > 0, \end{aligned}$$

故

$$x_1\eta + y_1\xi = n_1, \quad x_1\eta - y_1\xi = n_2 \quad (n_1 n_2 = n, n_1, n_2 \text{ 均为正整数}).$$

于是

$$\xi = \frac{n_1 - n_2}{2y_1} \leqslant \frac{n - 1}{2y_1} = \frac{\eta^2 - y_1^2 - 1}{2y_1} \leqslant \frac{1}{2}\eta^2 - 1,$$

与式(2.2)矛盾,故 $(x_1, y_1) = (\xi, \eta)$. □

例 2 试求不定方程 $x^2 - 29y^2 = 1$ 的最小正整数解.

解 因为 $\sqrt{29} = [5, \overline{2, 1, 1, 2, 10}] = [a_1, \overline{a_2, a_3, a_4, a_5, 2a_1}]$,即 $n = 5$ 是奇数,所以它的最小正整数解为 $x = p_{10}, y = q_{10}$.

可以列表计算(见表 6.4).

表 6.4

i	0	1	2	3	4	5	6	7	8	9	10
a_i		5	2	1	1	2	10	2	1	1	2
p_i	1	5	11	16	27	70	727	1 524	2 251	3 775	9 801
q_i	0	1	2	3	5	13	135	283	418	701	1 820

由表 6.4,知不定方程 $x^2-29y^2=1$ 的最小正整数解为

$$x=9\,801,\quad y=1\,820.$$

例 3 试求不定方程 $x^2-73y^2=-1$ 的最小正整数解.

解 因为

$$\sqrt{73}=[8,\overline{1,1,5,5,1,1,16}]=[a_1,\overline{a_2,a_3,a_4,a_5,a_6,a_7,2a_1}],$$

即 $n=7$ 是奇数,所以它的最小正整数解为 $x=p_7,y=q_7$.

可以列表计算(见表 6.5).

表 6.5

i	0	1	2	3	4	5	6	7
a_i		8	1	1	5	5	1	1
p_i	1	8	9	17	94	487	581	1 068
q_i	0	1	1	2	11	57	68	125

由表 6.5,知不定方程 $x^2-73y^2=-1$ 的最小正整数解为

$$x=1\,068,\quad y=125.$$

例 4 设 m,n 为正整数,$N=(mn)^2\pm 2n$(当 $m=1,n\neq 1,2$ 时,取"$-$"),试证:$\xi=m^2n\pm 1,\eta=m$ 是佩尔方程 $x^2-Ny^2=1$ 的最小正整数解.

证 显然 $\xi=m^2n\pm 1,\eta=m$ 满足 $\xi^2-N\eta^2=1$ 且 $\xi>\frac{1}{2}\eta^2-1$,故 $\xi=m^2n\pm 1,\eta=m$ 是佩尔方程 $x^2-Ny^2=1$ 的最小正整数解.

例 5 设素数 $p\equiv 1\pmod 4$,试证:不定方程 $x^2-py^2=-1$ 总有正整数解.

证 设 x_1,y_1 是 $x^2-py^2=1$ 的最小正整数解.显然 x_1,y_1 一奇一偶.

若 $x_1\equiv 0\pmod 2$,$y_1\equiv 1\pmod 2$,则由 $x_1^2-py_1^2=1$ 得到矛盾:$-1\equiv 1\pmod 4$.因此只能是 $x_1\equiv 1\pmod 2$,$y_1\equiv 0\pmod 2$.再由$\frac{x_1+1}{2}$与$\frac{x_1-1}{2}$相差 1,知 $\left(\frac{x_1+1}{2},\frac{x_1-1}{2}\right)=1$.又由

$$\frac{x_1+1}{2}\cdot\frac{x_1-1}{2}=\frac{x_1^2-1}{4}=\frac{py_1^2}{4}=p\left(\frac{y_1}{2}\right)^2,$$

得

$$\frac{x_1-1}{2}=pu^2,\quad \frac{x_1+1}{2}=v^2,\quad y_1=2uv\quad(u>0,v>0),\tag{2.3}$$

或

$$\frac{x_1-1}{2}=u^2,\quad \frac{x_1+1}{2}=pv^2,\quad y_1=2uv\quad(u>0,v>0).\tag{2.4}$$

由式(2.3),给出 $v^2-pu^2=1$,而 $u=\frac{y_1}{2v}<y_1$,与 y_1 是最小的矛盾.由式(2.4),给出 $u^2-pv^2=-1$,故原不定方程的正整数解为 $x=u,y=v$.

为便于说明,我们把佩尔方程 $x^2-Ny^2=1$ ($N>0$ 且不是完全平方数)的一组正整数解 $x=x_1,y=y_1$ 记成 $x+y\sqrt{N}=x_1+y_1\sqrt{N}$.

关于佩尔方程 $x^2-Ny^2=\pm1$ 的通解,我们有:

定理 6.11 佩尔方程

$$x^2-Ny^2=1\tag{2.5}$$

必有无穷多组正整数解.设 $x_1+y_1\sqrt{N}$是佩尔方程(2.5)的所有正整数解中,使得 $x+y\sqrt{N}$最小的一组正整数解,则佩尔方程(2.5)的一切整数解可表示为

$$x+y\sqrt{N}=\pm(x_1+y_1\sqrt{N})^n,$$

这里 n 是任意整数.而其一切正整数解可表示为

$$x+y\sqrt{N}=(x_1+y_1\sqrt{N})^n,$$

这里 n 是任意正整数.

在证明这个定理之前,先证明几个引理.

引理 1 设 θ 是一个无理数,$q>1$ 是一个给定的整数,$L=x-y\theta$,则存在整数 x,y,使得

$$|L|<\frac{1}{q},\quad 0<y\leqslant q.\tag{2.6}$$

证 设 y 取 $0,1,\cdots,q$ 诸值,均存在整数 x,使得 $y\theta\leqslant x<y\theta+1$,即 $0\leqslant L<1$.把上面的 $q+1$ 对值 $(x_1,y_1),\cdots,(x_{q+1},y_{q+1})$ 代入 L,对应得出 $q+1$ 个 L 的值 $L_1,\cdots,L_{q+1}$,且 $0\leqslant L_j<1$ $(j=1,\cdots,q+1)$.于是对下列半开的区间组

$$\left[\frac{r}{q},\frac{r+1}{q}\right)\quad(r=0,1,\cdots,q-1),$$

依抽屉原理,知至少有一个区间组落入两个 L 的值.不失一般性,可设为 $L_1=x_1-y_1\theta,L_2=x_2-y_2\theta,y_1>y_2$,则有

$$|(x_1-x_2)-(y_1-y_2)\theta|<\frac{1}{q}.$$

令 $x=x_1-x_2,y=y_1-y_2$,显然 $0<y\leqslant q$,故式(2.6)成立. □

推论 有无穷多对整数 x,y 满足不等式

$$|x-y\theta|<\frac{1}{y}. \tag{2.7}$$

证 由式(2.6),知有整数 x_1,y_1 满足式(2.7).取整数 $q_1>1$,使得 $\frac{1}{q_1}<|x_1-y_1\theta|<\frac{1}{y_1}$.

根据引理1,存在整数 x_2,y_2 满足 $|x_2-y_2\theta|<\frac{1}{q_1}\leqslant\frac{1}{y_2}$.再取 $q_2>1$,使得 $\frac{1}{q_2}<|x_2-y_2\theta|$.

根据引理1,存在整数 x_3,y_3,满足 $|x_3-y_3\theta|<\frac{1}{q_2}\leqslant\frac{1}{y_3}$.以此类推,因为

$$|x_1-y_1\theta|>|x_2-y_2\theta|>|x_3-y_3\theta|>\cdots,$$

故 $x_i,y_i(i=1,2,3,\cdots)$ 是不同的整数对,即知有无穷多对整数 $x_i,y_i(i=1,2,3,\cdots)$ 满足式(2.7). □

引理2 存在无穷多对整数 x,y,使得 $|x^2-Ny^2|<1+2\sqrt{N}$.

证 在式(2.6)中取 $\theta=\sqrt{N}$.由引理1的推论,知存在无穷多对整数 $x,y>0$,满足

$$|x-y\theta|<\frac{1}{y}. \tag{2.8}$$

又有

$$|x+y\theta|=|x-y\theta+2y\theta|\leqslant|x-y\theta|+2y\theta<\frac{1}{y}+2y\sqrt{N}. \tag{2.9}$$

将式(2.8)和(2.9)两边相乘,可知存在无穷多对整数 $x,y>0$,满足

$$|x^2-y^2\theta^2|=|x^2-y^2N|<\frac{1}{y^2}+2\sqrt{N}\leqslant1+2\sqrt{N}.$$ □

引理3 存在整数 k,$0<|k|<1+2\sqrt{N}$,使得

$$x^2-Ny^2=k \tag{2.10}$$

有无穷多组整数解 (x,y).

证 因为绝对值小于 $1+2\sqrt{N}$ 的整数只有有限个,根据引理2,有无穷多对整数 x,y,满足 $|x^2-Ny^2|<1+2\sqrt{N}$,因此有整数 k,$|k|<1+2\sqrt{N}$,使得方程(2.10)有无穷多组整数解 (x,y). 又 N 不是平方数,故 $x^2-Ny^2\neq0$,即 $|k|>0$. □

而满足方程(2.10)的解在 $x=0$ 或 $y=0$ 时只有有限组,故得:

推论 存在整数 k,$0<|k|<1+2\sqrt{N}$,使得方程(2.10)有无穷多组整数解

$x>0, y>0$.

定理 6.11 的证明 （约定下文中所说的解均指整数解）首先证明佩尔方程(2.5)至少有一组解 $x, y\neq 0$. 由引理 3 的推论，知方程(2.10)的解 $x>0, y>0$ 有无穷多组，因而其中至少存在两组不同的解 $(x_1, y_1)\neq(x_2, y_2)$，$x_1>0, y_1>0$，$x_2>0, y_2>0$，且满足

$$x_1\equiv x_2(\bmod |k|),\quad y_1\equiv y_2(\bmod |k|).\tag{2.11}$$

于是有

$$\begin{aligned}(x_1^2-Ny_1^2)(x_2^2-Ny_2^2)&=(x_1x_2-Ny_1y_2)^2-N(x_1y_2-x_2y_1)^2\\&=k^2.\end{aligned}\tag{2.12}$$

令 $x_1x_2-Ny_1y_2=Xk$，$x_1y_2-x_2y_1=Yk$，由式(2.11)，得

$$x_1x_2-Ny_1y_2\equiv x_1^2-Ny_1^2=k\equiv 0(\bmod |k|),$$
$$x_1y_2-x_2y_1\equiv x_2y_2-x_2y_2\equiv 0(\bmod |k|),$$

故 X, Y 是整数，而且 $Y\neq 0$. 否则，由 $x_1y_2=x_2y_1$，可设 $\frac{x_1}{x_2}=\frac{y_1}{y_2}=t(t>0)$，将 $x_1=x_2t$，$y_1=y_2t$ 代入方程(2.10)，得 $k=t^2(x_2^2-Ny_2^2)=t^2k$，因此 $t=1$，与 $(x_1, y_1)\neq(x_2, y_2)$ 矛盾. 由方程(2.10)得 $X^2-NY^2=1$，故 X, Y 是佩尔方程(2.5)的一组解，且 $Y\neq 0$. 不失一般性，设 $X>0$，$Y>0$，且 (x_1, y_1) 是佩尔方程(2.5)的最小正整数解，并记 $\varepsilon=x_1+y_1\sqrt{N}$，则满足

$$x+y\sqrt{N}=\varepsilon^n\quad(n>0)\tag{2.13}$$

的 (x, y) 是佩尔方程(2.5)的解. 事实上，对于任给的整数 $n>0$，记 $\bar{\varepsilon}=x_1-y_1\sqrt{N}$，则有 $\bar{\varepsilon}^n=x-y\sqrt{N}$，$x^2-y^2\sqrt{N}=(\varepsilon\bar{\varepsilon})^n=1$，故给出佩尔方程(2.5)的一组解 $x>0, y>0$. 又 $\varepsilon>1$，所以不同的 n 给出的解也不同，即知式(2.13)给出无穷多组佩尔方程(2.5)的解 $x>0, y>0$. 反之，佩尔方程(2.5)的任一组解 $x>0, y>0$，可表示为式(2.13)的形式. 否则 $x+y\sqrt{N}>x_1+y_1\sqrt{N}$，必存在某个整数 $n>0$，使得

$$\varepsilon^n<x+y\sqrt{N}<\varepsilon^{n+1}.$$

上式两边同乘以 $\bar{\varepsilon}^n$，得

$$1<(x+y\sqrt{N})\bar{\varepsilon}^n<\varepsilon.$$

显然 $(x+y\sqrt{N})\bar{\varepsilon}^n$ 仍具有形式 $u+v\sqrt{N}$，且 (u, v) 是佩尔方程(2.5)的一组解. 由于 $u+v\sqrt{N}>1$，故 $0<u-v\sqrt{N}=\dfrac{1}{u+v\sqrt{N}}<1$. 以上两式相加得 $2u>1$，即 $u>\dfrac{1}{2}>0$. 又 $2v\sqrt{N}=u+v\sqrt{N}-(u-v\sqrt{N})>1-1=0$，故 $v>0$. 而 $u+v\sqrt{N}<\varepsilon$，与 ε 的选择矛盾. 这就证明了佩尔方程(2.5)的一切解 $x>0, y>0$，可表示为式

(2.13). 根据这一结果,知:

佩尔方程(2.5)的一切解 $x<0, y<0$,可表示为 $|x|+|y|\sqrt{N}=\varepsilon^n (n>0)$,即

$$x+y\sqrt{N}=-\varepsilon^n \quad (n>0). \tag{2.14}$$

佩尔方程(2.5)的一切解 $x<0, y>0$,可表示为 $|x|+y\sqrt{N}=\varepsilon^n (n>0)$,即

$$x+y\sqrt{N}=-\varepsilon^{-n} \quad (n>0). \tag{2.15}$$

佩尔方程(2.5)的一切解 $x>0, y<0$,可表示为 $x+|y|\sqrt{N}=\varepsilon^n (n>0)$,即

$$x+y\sqrt{N}=\varepsilon^{-n} \quad (n>0). \tag{2.16}$$

由式(2.13)～(2.16)以及式(2.5)的整数解 $(x, y)=(\pm 1, 0)$(又称平凡解,这里表示 ε^0),就证明了定理 6.11. □

同法可证:

定理 6.12　若佩尔方程

$$x^2-Ny^2=-1 \tag{2.17}$$

有整数解,则必有无穷多组整数解. 设 $x_1+y_1\sqrt{N}$ 是佩尔方程(2.17)的最小正整数解,则佩尔方程(2.17)的一切整数解可表示为

$$x+y\sqrt{N}=\pm(x_1+y_1\sqrt{N})^{2n-1},$$

这里 n 是任意整数. 而其一切正整数解可表示为

$$x+y\sqrt{N}=(x_1+y_1\sqrt{N})^{2n-1},$$

这里 n 是任意正整数.

与佩尔方程直接发生关系的还有一些方程,这些方程在利用佩尔方程解其他不定方程时,也显示了重要作用,其证明类似于定理 6.11 所用的方法.

定理 6.13　方程

$$x^2-Ny^2=4 \tag{2.18}$$

必有无穷多组整数解. 设 $x_1+y_1\sqrt{N}$ 是方程(2.18)的最小正整数解,则方程(2.18)的一切正整数解可表示为

$$\frac{x+y\sqrt{N}}{2}=\left(\frac{x_1+y_1\sqrt{N}}{2}\right)^n,$$

这里 n 是任意正整数.

定理 6.14　若方程

$$x^2-Ny^2=-4 \tag{2.19}$$

有整数解,则必有无穷多组整数解. 设 $x_1+y_1\sqrt{N}$ 是方程(2.19)的最小正整数解,则方程(2.19)的一切正整数解可表示为

$$\frac{x+y\sqrt{N}}{2}=\left(\frac{x_1+y_1\sqrt{N}}{2}\right)^{2n-1},$$

这里 n 是任意正整数.

对于不定方程

$$x^2 - Ny^2 = c \quad (c \neq 0), \tag{2.20}$$

设 $u + v\sqrt{N}$是方程(2.20)的一个整数解,则 $u - v\sqrt{N}$也是方程(2.20)的一个整数解.再设 $s + t\sqrt{N}$是方程

$$x^2 - Ny^2 = 1 \tag{2.21}$$

的任意一个整数解,显然

$$(u + v\sqrt{N})(s + t\sqrt{N}) = us + vtN + (vs + ut)\sqrt{N}$$

也是方程(2.20)的一个整数解. 这个解称为与解 $u + v\sqrt{N}$相结合.易知关系"相结合"是一个等价关系.于是,若方程(2.20)有整数解,那么方程(2.20)的一切整数解可以按结合这个关系分成若干个结合类,使彼此相结合的解在同一类中,而且方程(2.20)的每一个整数解一定在某一个类且仅包含在某一个类中.由定理 6.11,知任一个结合类均含有无穷多个方程(2.20)的整数解.

任给方程(2.20)的两个整数解 $u_1 + v_1\sqrt{N}$与$u_2 + v_2\sqrt{N}$,容易证明:

定理 6.15 $u_1 + v_1\sqrt{N}$与$u_2 + v_2\sqrt{N}$同属一类的充分必要条件是

$$u_1u_2 - v_1v_2N \equiv 0(\mathrm{mod}\,|c|), \quad u_1v_2 - u_2v_1 \equiv 0(\mathrm{mod}\,|c|). \tag{2.22}$$

证 设 $u_2 + v_2\sqrt{N}$与$u_1 + v_1\sqrt{N}$相结合,则有佩尔方程(2.21)的整数解 $x + y\sqrt{N}$存在,使得

$$\begin{aligned} u_2 + v_2\sqrt{N} &= (u_1 + v_1\sqrt{N})(x + y\sqrt{N}) \\ &= u_1x + v_1yN + (u_1y + v_1x)\sqrt{N}, \end{aligned} \tag{2.23}$$

即

$$u_1x + v_1Ny = u_2, \quad v_1x + u_1y = v_2 \tag{2.24}$$

有整数解(x,y),而

$$x = \frac{u_1u_2 - v_1v_2N}{u_1^2 - Nv_1^2} = \frac{u_1u_2 - v_1v_2N}{c}, \quad y = \frac{u_1v_2 - u_2v_1}{u_1^2 - Nv_1^2} = \frac{u_1v_2 - u_2v_1}{c},$$

故式(2.22)成立.

反之,若式(2.22)成立,则有整数解 x,y 满足式(2.24),故式(2.23)成立.由式(2.24),知$(u_1 - v_1\sqrt{N})(x - y\sqrt{N}) = u_2 - v_2\sqrt{N}$,与式(2.23)两边分别相乘,可得 $x^2 - Ny^2 = 1$,即 $u_2 + v_2\sqrt{N}$与$u_1 + v_1\sqrt{N}$相结合. 由此结论可推出$-(u + v\sqrt{N})$与 $u + v\sqrt{N}$相结合,$-(u - v\sqrt{N})$与 $u - v\sqrt{N}$相结合. □

设 k 是任一个结合类,它包含方程(2.20)的整数解 $u_i + v_i\sqrt{N}(i = 1,2,3,\cdots)$,显然 $u_i - v_i\sqrt{N}$也是方程(2.20)的整数解,而 $u_i - v_i\sqrt{N}(i = 1,2,3,\cdots)$也

组成一个类,记作 $\overline{k}$,k 与 $\overline{k}$ 称为互为共轭的类.

现在,设 $c=M>0$,我们来证明:

定理 6.16　设 $u_1+v_1\sqrt{N}$是方程

$$u^2-Nv^2=M \tag{2.25}$$

的某结合类 k 的最小正整数解,$x_1+y_1\sqrt{N}$是佩尔方程 $x^2-Ny^2=1$ 的最小正整数解,则有

$$0\leqslant|u_1|\leqslant\sqrt{\frac{1}{2}(x_1+1)M}, \tag{2.26}$$

$$0\leqslant v_1\leqslant\frac{y_1\sqrt{M}}{\sqrt{2(x_1+1)}}. \tag{2.27}$$

证　若式(2.26)和(2.27)对结合类 k 成立,则对 $\overline{k}$ 也成立.因此不失一般性,设 $u_1>0$. 显然有

$$u_1x_1-Nv_1y_1=u_1x_1-\sqrt{(u_1^2-M)(x_1^2-1)}>0. \tag{2.28}$$

考虑解

$$(u_1+v_1\sqrt{N})(x_1-y_1\sqrt{N})=u_1x_1-Nv_1y_1+(x_1v_1-y_1u_1)\sqrt{N}$$

也属于 k 类.由式(2.28),不难证得

$$u_1x_1-Nv_1y_1\geqslant u_1. \tag{2.29}$$

由此不等式,得 $u_1^2(x_1-1)^2\geqslant N^2v_1^2y_1^2=(u_1^2-M)(x_1^2-1)$,解得 $|u_1|\leqslant\sqrt{\frac{1}{2}(x_1+1)M}$.由式(2.29),又得 $v_1\leqslant\frac{u_1(x_1-1)}{Ny_1}=\frac{u_1y_1}{x_1+1}=\frac{y_1\sqrt{M}}{\sqrt{2(x_1+1)}}$.　□

设 $c=-M<0$,类似可证:

定理 6.17　设 $u_1+v_1\sqrt{N}$是方程

$$u^2-Nv^2=-M \tag{2.30}$$

的某结合类 k 的最小正整数解,$x_1+y_1\sqrt{N}$是佩尔方程 $x^2-Ny^2=1$ 的最小正整数解,则有

$$0\leqslant|u_1|\leqslant\sqrt{\frac{1}{2}(x_1-1)M}, \tag{2.31}$$

$$0\leqslant v_1\leqslant\frac{y_1\sqrt{M}}{\sqrt{2(x_1-1)}}. \tag{2.32}$$

由定理 6.16 和定理 6.17,立即推得:

定理 6.18　不定方程(2.25)或(2.30)的整数解仅有有限个结合类,所有类的最小正整数解可由式(2.26),(2.27)或式(2.31),(2.32)经有限步求出,设 $u_1+v_1\sqrt{N}$是类 k 的最小正整数解,则类 k 的一切整数解可表示为

$$u + v\sqrt{N} = \pm(u_1 + v_1\sqrt{N})(x_1 + y_1\sqrt{N})^n,$$

这里 $x_1 + y_1\sqrt{N}$是佩尔方程$x^2 - Ny^2 = 1$的最小正整数解,n是任意整数.

定理 6.19 若 $x_1 + y_1\sqrt{N}$是佩尔方程(2.5)的最小正整数解,则佩尔方程(2.5)的无穷多组正整数解 $x_n + y_n\sqrt{N}$满足下列递推关系:

$$\begin{cases} x_{n+2} = 2x_1x_{n+1} - x_n, & x_2 = 2x_1^2 - 1 \\ y_{n+2} = 2x_1y_{n+1} - y_n, & y_2 = 2x_1y_1 \end{cases}.$$

证 由定理6.11,知

$$\begin{aligned} x_{n+1} + y_{n+1}\sqrt{N} &= (x_1 + y_1\sqrt{N})(x_n + y_n\sqrt{N}) \\ &= (x_1x_n + Ny_1y_n) + (x_1y_n + y_1x_n)\sqrt{N}, \end{aligned}$$

故有 $x_{n+1} = x_1x_n + Ny_1y_n$,$y_{n+1} = x_1y_n + y_1x_n$.结合 $x_1^2 - Ny_1^2 = 1$,可得

$$\begin{aligned} x_{n+2} &= x_1x_{n+1} + Ny_1y_{n+1} = x_1x_{n+1} + Ny_1(y_1x_n + x_1y_n) \\ &= x_1x_{n+1} + x_nNy_1^2 + x_1Ny_1y_n \\ &= x_1x_{n+1} + x_n(x_1^2 - 1) + x_1(x_{n+1} - x_1x_n) \\ &= 2x_1x_{n+1} - x_n, \end{aligned}$$

且 $x_2 = x_1^2 + Ny_1^2 = 2x_1^2 - 1$.

类似可证第二式. □

定理 6.20 若 $x_1 + y_1\sqrt{N}$是佩尔方程(2.17)的最小正整数解,则佩尔方程(2.17)的无穷多组正整数解 $x_n + y_n\sqrt{N}$满足下列递推关系:

$$\begin{cases} x_{n+2} = (4x_1^2 + 2)x_{n+1} - x_n, & x_2 = x_1(4x_1^2 + 3) \\ y_{n+2} = (4x_1^2 + 2)y_{n+1} - y_n, & y_2 = y_1(4x_1^2 + 1) \end{cases}.$$

证 由定理6.12及 $x_1^2 - Ny_1^2 = -1$,仿定理6.19的证明可得. □

定理 6.21 若 $x_1 + y_1\sqrt{N}$是佩尔方程(2.5)的最小正整数解,$x_n + y_n\sqrt{N}$是它的任一正整数解,则

(1) $x_{m+n} = x_mx_n + Ny_my_n$; (2) $y_{m+n} = x_my_n + x_ny_m$;

(3) $x_{-n} = x_n$,$y_{-n} = -y_n$(n为整数); (4) $y_1 \mid y_n$;

(5) $(y_u, y_v) = y_{(u,v)}$.

证 令 $\varepsilon = x_1 + y_1\sqrt{N}$,$\bar{\varepsilon} = x_1 - y_1\sqrt{N}$,则

$$x_n = \frac{\varepsilon^n + \bar{\varepsilon}^n}{2}, \quad y_n = \frac{\varepsilon^n - \bar{\varepsilon}^n}{2\sqrt{N}}.$$

直接验证,可得结论(1)~(3).

(4) 因为

$$y_n = \sum_{i=0}^{[n/2]} C_n^{2i+1}N^ix_1^{n-2i-1}y_1^{2i+1},$$

这里$[n/2]$表示 $n/2$ 的整数部分,所以 $y_1 \mid y_n$.

(5) 因为 $\varepsilon\bar{\varepsilon}=1$,故对任给的整数 s,t,有

$$y_s = 2y_t x_{s-t} + y_{s-2t}, \quad y_{s-2t} = -y_{2t-s}.$$

由此知$(y_s,y_t)=(y_{|s-2t|},y_t)$,从而$(y_u,y_v)=(y_{|u-2v|},y_v)$,$(y_u,y_v)=(y_u,y_{|v-2u|})$.并且有$(u,v)=(|u-2v|,v)=(u,|v-2u|)$.

当 $u\neq v$ 且 $uv\neq 0$ 时,有$|u-2v|<u$,$|v-2u|<v$.以此类推,经有限步后,必有

$$(y_u,y_v) = (y_h,y_l),$$

这里$(u,v)=(h,l)$,$h=l$ 或 $hl=0$,故得$(y_u,y_v)=y_{(u,v)}$. □

推论 1 (1) $x_{2n}=x_n^2+Ny_n^2=2x_n^2-1=2Ny_n^2+1$,$y_{2n}=2x_ny_n$;

(2) $x_{3n}=x_n(4x_n^2-3)$,$y_{3n}=y_n(4x_n^2-1)$;

(3) $x_{5n}=x_n(16x_n^4-20x_n^2+5)$,$y_{5n}=y_n(16x_n^4-12x_n^2+1)$.

证 由定理 6.21(1)和(2)可得. □

推论 2 $x_{n+2kt}\equiv(-1)^t x_n \pmod{x_k}$;$y_{n+2kt}\equiv(-1)^t y_n \pmod{x_k}$.

证 用第一数学归纳法.根据定理 6.21(1)及推论 1,知:

当 $t=1$ 时

$$x_{n+2k}=x_nx_{2k}+Ny_ny_{2k}=x_n(2x_k^2-1)+2Ny_nx_ky_k\equiv -x_n \pmod{x_k},$$

结论成立.

假设 $t=l$ 时,结论成立,即 $x_{n+2kl}\equiv(-1)^l x_n \pmod{x_k}$,则当 $t=l+1$ 时

$$\begin{aligned} x_{n+2k(l+1)} &= x_{(n+2kl)+2k} = x_{n+2kl}x_{2k} + Ny_{n+2kl}y_{2k} \\ &= x_{n+2kl}(2x_k^2-1) + 2Ny_{n+2kl}x_ky_k \equiv - x_{n+2kl} \pmod{x_k}. \end{aligned}$$

由归纳假设,得

$$x_{n+2k(l+1)} \equiv (-1)^{l+1} x_n \pmod{x_k}.$$

即命题对 $t=l+1$ 也成立.

同法可证:$y_{n+2kt}\equiv(-1)^t y_n \pmod{x_k}$. □

例 6 试证:不定方程 $x^2+(x+1)^2=y^2$ 的一切正整数解可以写成公式

$$\begin{cases} x = \dfrac{1}{4}\left((1+\sqrt{2})^{2n+1} + (1-\sqrt{2})^{2n+1} - 2\right) \\ y = \dfrac{1}{2\sqrt{2}}\left((1+\sqrt{2})^{2n+1} - (1-\sqrt{2})^{2n+1}\right) \end{cases},$$

这里 n 是正整数.

证 原方程可化为

$$(2x+1)^2 - 2y^2 = -1.$$

因为 $X^2-2Y^2=-1$ 的最小正整数解是 $X_1=1$,$Y_1=1$,故由定理 6.11,可知 $X+Y\sqrt{2}=(1+\sqrt{2})^{2n-1}$($n$ 是正整数)是它的一切正整数解.

考虑到 $X=2x+1>1$，故 $(2x+1)^2-2y^2=-1$ 的一切正整数解由下式确定：

$$(2x+1)+y\sqrt{2}=(1+\sqrt{2})^{2n+1}\quad (n\text{ 是正整数}).\tag{2.33}$$

两边同时取共轭数，得

$$(2x+1)-y\sqrt{2}=(1-\sqrt{2})^{2n+1}.\tag{2.34}$$

把式(2.33)和(2.34)联立，即可解得方程 $x^2+(x+1)^2=y^2$ 的一切正整数解：

$$\begin{cases} x=\dfrac{1}{4}\left((1+\sqrt{2})^{2n+1}+(1-\sqrt{2})^{2n+1}-2\right) \\ y=\dfrac{1}{2\sqrt{2}}\left((1+\sqrt{2})^{2n+1}-(1-\sqrt{2})^{2n+1}\right) \end{cases}\quad (n\text{ 是正整数}).$$

例 7 试证：佩尔方程组

$$\begin{cases} x^2-2y^2=1 \\ y^2-3z^2=1 \end{cases}\tag{2.35}$$

仅有正整数解 $(x,y,z)=(3,2,1)$.

证 由方程组(2.35)的第二个方程，得

$$(2y^2-1)^2-3(2yz)^2=1.$$

令 $U=2y^2-1$，$V=2yz$，则由定理 6.11，知

$$U_n+V_n\sqrt{3}=(2+\sqrt{3})^n\quad (n\text{ 为非负整数}).$$

并且由方程组(2.35)的第一个方程，有

$$U_n=2y^2-1=x^2-2,\quad x^2=U_n+2.\tag{2.36}$$

根据定理 6.19，得

$$U_{n+2}=4U_{n+1}-U_n,\quad U_0=1,\quad U_1=2.\tag{2.37}$$

对递归序列(2.37)取模 8，得剩余序列的周期为 4：1，2，−1，2. 故当 $n\equiv 0\pmod 4$ 时，由式(2.36)，得 $x^2=U_n+2\equiv 1+2\equiv 3\pmod 8$，这不可能；当 $n\equiv \pm 1\pmod 4$ 时，由式(2.36)，得 $2y^2-1=U_n\equiv 2\pmod 8$，也不可能；当 $n\equiv 2\pmod 4$ 时，$n\equiv \pm 2\pmod 8$. 若 $n>2$，可设 $n=\pm 2+2kt$，这里 $k=2^s(s\geqslant 2)$，$2\nmid t$，则由定理 6.21 的推论 2，知

$$U_n=U_{\pm 2+2kt}\equiv(-1)^tU_{\pm 2}\equiv -U_{\pm 2}\equiv -U_2=-7\pmod{U_k}.$$

对递归序列(2.37)取模 5，得剩余序列的周期为 3：1，2，2. 注意到 $k=2^s(s\geqslant 2)$，有 $U_k\equiv 1\pmod 8$，$U_k\equiv 2\pmod 5$，故

$$1=\left(\frac{x^2}{U_k}\right)=\left(\frac{U_n+2}{U_k}\right)=\left(\frac{-7+2}{U_k}\right)=\left(\frac{-5}{U_k}\right)=\left(\frac{5}{U_k}\right)=\left(\frac{U_k}{5}\right)=\left(\frac{2}{5}\right)=-1,$$

矛盾. 因此 $n=2$，$x^2=U_2+2=7+2=9$. 这说明方程组(2.35)仅有正整数解 $(x,y,z)=(3,2,1)$.

例 8 试证：不定方程

$$X^2 - 2Y^4 = 7 \tag{2.38}$$

仅有正整数解$(X,Y)=(3,1)$及$(13,3)$.

证　首先考虑方程

$$a^2 - 2b^2 = 7. \tag{2.39}$$

根据定理6.16和定理6.18,方程(2.39)的一切整数解可由以下两个非结合类给出：

$$a + b\sqrt{2} = \pm(3+\sqrt{2})(u_n + v_n\sqrt{2}) = \pm(3+\sqrt{2})(3+2\sqrt{2})^n,$$

或

$$a + b\sqrt{2} = \pm(-3+\sqrt{2})(u_n + v_n\sqrt{2}) = \pm(-3+\sqrt{2})(3+2\sqrt{2})^n,$$

这里n为整数,$u_n + v_n\sqrt{2} = (3+2\sqrt{2})^n$.

若方程(2.38)有整数解,必有n,使得$Y^2 = \pm(u_n + 3v_n)$或$Y^2 = \pm(u_n - 3v_n) = \pm(u_{-n} + 3v_{-n})$.当$n \geqslant 0$时,$u_n + 3v_n > 0$;当$n < 0$时,$u_n + 3v_n < 0$.因此可归结为

$$Y^2 = u_n + 3v_n \quad (n \geqslant 0), \tag{2.40}$$

或

$$Y^2 = -u_n + 3v_n \quad (n > 0). \tag{2.41}$$

根据定理6.21及其推论,可得下列关系：

$$u_{n+2} = 6u_{n+1} - u_n, \quad u_0 = 1, \quad u_1 = 3; \tag{2.42}$$

$$v_{n+2} = 6v_{n+1} - v_n, \quad v_0 = 0, \quad v_1 = 2; \tag{2.43}$$

$$u_{2n} = u_n^2 + 2v_n^2 = 2u_n^2 - 1 = 4v_n^2 + 1, \quad v_{2n} = 2u_nv_n; \tag{2.44}$$

$$u_{n+2km} \equiv (-1)^k u_n \pmod{u_m}, \quad v_{n+2km} \equiv (-1)^k v_n \pmod{u_m}. \tag{2.45}$$

对式(2.41)～(2.43)取模8,得剩余序列的周期为4,且当$n \equiv 0,1,2,3 \pmod 4$时,$-u_n + 3v_n \equiv 7,3,3,7 \pmod 8$均为模8的平方非剩余,故式(2.41)不成立.

对式(2.40),(2.42)和(2.43)取模8,得剩余序列的周期为4,且当$n \equiv 2,3 \pmod 4$时,$u_n + 3v_n \equiv 5,5 \pmod 8$为模8的平方非剩余,故排除,剩$n \equiv 0,1 \pmod 4$,即$n \equiv 0,1,4,5,8,9 \pmod{12}$.

对式(2.40),(2.42)和(2.43)取模11,得剩余序列的周期为12,且当$n \equiv 4,8,9 \pmod{12}$时,$u_n + 3v_n \equiv 8,2,10 \pmod{11}$均为模11的平方非剩余,故排除,剩$n \equiv 0,1,5 \pmod{12}$.

对式(2.40),(2.42)和(2.43)取模5,得剩余序列的周期为6,且当$n \equiv 5 \pmod 6$时,$u_n + 3v_n \equiv 2 \pmod 5$为模5的平方非剩余,故排除$n \equiv 5 \pmod{12}$,剩

$$n \equiv 0,1 \pmod{12}. \tag{2.46}$$

对式(2.40),(2.42)和(2.43)取模41,得剩余序列的周期为10,且当$n \equiv 2,3,4,7,8,9 \pmod{10}$时,$u_n + 3v_n \equiv 12,22,38,12,22,38 \pmod{41}$均为模41的平方非

剩余,故排除,剩 $n\equiv0,1,5,6\pmod{10}$,即 $n\equiv0,1,5,6,10,11,15,16\pmod{20}$.但 $n\equiv0,1\pmod 4$,故排除 $n\equiv6,10,11,15\pmod{20}$,即 $n\equiv0,1,5,16\pmod{20}$,因此

$$n\equiv0,1\pmod 5. \tag{2.47}$$

由式(2.46)和(2.47),可得 $n\equiv0,1,25,36\pmod{60}$.

对式(2.40),(2.42)和(2.43)取模 19,得剩余序列的周期为 20,且当 $n\equiv16\pmod{20}$时,$u_n+3v_n\equiv18\pmod{19}$为模 19 的平方非剩余,故排除 $n\equiv36\pmod{60}$,剩 $n\equiv0,1,25\pmod{60}$.

对式(2.40),(2.42)和(2.43)取模 59,得剩余序列的周期为 20,且当 $n\equiv5\pmod{20}$时,$u_n+3v_n\equiv54\pmod{59}$为模 59 的平方非剩余,故排除 $n\equiv25\pmod{60}$,剩

$$n\equiv0,1\pmod{60}.$$

以下分三种情形讨论:

情形 1 $n\equiv0\pmod{60}$且 $n\neq0$.

设 $n=2^s(4h\pm1)(s\geqslant2)$,则由式(2.40),(2.44)和(2.45),可知

$$\begin{aligned}Y^2&\equiv\pm(u_{2^s}\pm3v_{2^s})\pmod{u_{2^{s+1}}}\\&\equiv\pm(u_{2^s}\pm3v_{2^s})\pmod{u_{2^s}^2+2v_{2^s}^2}.\end{aligned}\tag{2.48}$$

考虑到 $u_{2^s}^2+2v_{2^s}^2\equiv1\pmod 8$,$u_{2^s}\pm3v_{2^s}\equiv1\pmod 4$,由式(2.48),可得

$$\begin{aligned}1&=\left(\frac{\pm(u_{2^s}\pm3v_{2^s})}{u_{2^s}^2+2v_{2^s}^2}\right)=\left(\frac{u_{2^s}\pm3v_{2^s}}{u_{2^s}^2+2v_{2^s}^2}\right)=\left(\frac{u_{2^s}^2+2v_{2^s}^2}{u_{2^s}\pm3v_{2^s}}\right)\\&=\left(\frac{11v_{2^s}^2}{u_{2^s}\pm3v_{2^s}}\right)=\left(\frac{11}{u_{2^s}\pm3v_{2^s}}\right)=\left(\frac{u_{2^s}\pm3v_{2^s}}{11}\right),\end{aligned}$$

即

$$\left(\frac{u_{2^s}\pm3v_{2^s}}{11}\right)=1. \tag{2.49}$$

这里$\left(\frac{*}{*}\right)$是勒让德-雅可比符号.

由于 $u_n\pm3v_n$ 模 11 的剩余序列的周期为 12,2^s 模 12 的剩余序列的周期为 2,故 $s=2,3$.

当 $s=2$ 时,$u_{2^s}\pm3v_{2^s}\equiv8,2\pmod{11}$为模 11 的平方非剩余;当 $s=3$ 时,$u_{2^s}\pm3v_{2^s}\equiv2,8\pmod{11}$为模 11 的平方非剩余.这说明式(2.49)不可能成立.

情形 2 $n\equiv1\pmod{60}$且 $n\neq1$.

设 $n=1+3\cdot2^s(2k+1)(s\geqslant2)$,则由式(2.40),(2.44)和(2.45),可知

$$\begin{aligned}Y^2&\equiv\pm(u_{1+3\cdot2^s}\pm3v_{1+3\cdot2^s})\pmod{u_{3\cdot2^s}}\\&\equiv\pm(2v_1+3u_1)v_{3\cdot2^s}\pmod{u_{3\cdot2^s}}\end{aligned}$$

$$\equiv \pm 13 v_{3\cdot 2^s} \pmod{u_{3\cdot 2^s}}.$$

若设 $n=1+5\cdot 2^s(2k+1)(s\geqslant 2)$ 或 $n=1+2^s(2k+1)(s\geqslant 2)$，则类似可得

$$Y^2 \equiv \pm 13 v_{5\cdot 2^s} \pmod{u_{5\cdot 2^s}}, \quad Y^2 \equiv \pm 13 v_{2^s} \pmod{u_{2^s}}.$$

易知 $s\geqslant 2$ 时，$u_{5\cdot 2^s}\equiv u_{3\cdot 2^s}\equiv u_{2^s}\equiv 1 \pmod 8$. 令 $2^t \parallel v_{2k}$，可知

$$\left(\frac{\pm 13 v_{4k}}{u_{4k}}\right) = \left(\frac{13}{u_{4k}}\right)\left(\frac{2}{u_{4k}}\right)\left(\frac{u_{2k}}{u_{4k}}\right)\left(\frac{v_{2k}}{u_{4k}}\right) = \left(\frac{u_{4k}}{13}\right)\left(\frac{u_{4k}}{u_{2k}}\right)\left(\frac{u_{4k}}{v_{2k}/2^t}\right)$$

$$= \left(\frac{u_{4k}}{13}\right)\left(\frac{2u_{2k}^2-1}{u_{2k}}\right)\left(\frac{4v_{2k}^2+1}{v_{2k}/2^t}\right) = \left(\frac{u_{4k}}{13}\right).$$

因此

$$\left(\frac{u_{5\cdot 2^s}}{13}\right) = \left(\frac{u_{3\cdot 2^s}}{13}\right) = \left(\frac{u_{2^s}}{13}\right) = 1. \tag{2.50}$$

由于 u_n 模 13 的剩余序列的周期为 14，2^s 模 14 的剩余序列的周期为 3，故 $s=2,3,4$.

当 $s=2$ 时，$u_{2^s}\equiv 5 \pmod{13}$；当 $s=3$ 时，$u_{3\cdot 2^s}\equiv 5 \pmod{13}$；当 $s=4$ 时，$u_{5\cdot 2^s}\equiv 5 \pmod{13}$. 5 为模 13 的平方非剩余，这说明式(2.50)不可能成立.

情形3 当 $n=0,1$ 时，式(2.40)显然有正整数解 $Y=1,3$.

综上，方程(2.38)仅有正整数解 $(X,Y)=(3,1)$ 及 $(13,3)$.

习题 6.2

1. 利用连分数的性质，求下列不定方程的通解：

(1) $47x+18y=3$；　(2) $34x-9y=4$.

2. 设 m,n 为正整数，$N=(mn)^2\pm n$（当 $n\neq 1$ 时，取“$-$”），试证：$\xi=2m^2n\pm 1$，$\eta=2m$ 是佩尔方程 $x^2-Ny^2=1$ 的最小正整数解.

3. 试求下列不定方程的一切正整数解：

(1) $x^2-10y^2=-1$；　(2) $x^2-13y^2=1$.

4. 试证：不定方程组

$$\begin{cases} x^2-2y^2=1 \\ y^2-6z^2=4 \end{cases}$$

仅有整数解 $(x,y,z)=(\pm 3,\pm 2,0)$.

5. 1875 年，卢卡斯(Lucas)猜测：不定方程 $1^2+2^2+\cdots+x^2=y^2$ 仅有正整数解 $(x,y)=(1,1)$ 及 $(24,70)$，试证之.

6. 设 n 为正整数，s 为大于 1 的正奇数，试证：可使 $1+\dfrac{4n(n+1)s^2}{s^2-1}$ 为平方数的正整数 n 均可表示成

$$n=\frac{1}{2}\left(\frac{1}{2s}(a^{2k+1}+b^{2k+1})-1\right),$$

这里 $a=s+\sqrt{s^2-1}$,$b=s-\sqrt{s^2-1}$,k 为任意正整数.

7. 试证:方程$(a^2-1)(b^2-1)=x^2$ $(1<a<b)$的一切正整数解由

$$a=\frac{1}{2}(\varepsilon^s+\bar{\varepsilon}^s),\quad b=\frac{1}{2}(\varepsilon^t+\bar{\varepsilon}^t),\quad x=\frac{1}{4}(\varepsilon^s-\bar{\varepsilon}^s)(\varepsilon^t-\bar{\varepsilon}^t)$$

表示出,这里 $\varepsilon=k+\sqrt{k^2-1}$,$\bar{\varepsilon}=k-\sqrt{k^2-1}$,$s$ 和 t 是适合 $s<t$ 以及 $(s,t)=1$ 的正整数,k 是大于 1 的正整数.

8. 设 p 为奇素数,试证:不定方程 $x^4-2py^2=1$ 除 $p=3$,$x=7$,$y=20$ 外,无其他的正整数解.

9. 设 p 和 $q=p+2$ 均为素数,试证:不定方程 $q^m=p^n+2$ 仅有正整数解 $(m,n)=(1,1)$.

10. 试证:不定方程 $x^4+(x^2-1)^2=y^2$ 仅有正整数解 $(x,y)=(1,1)$ 及 $(2,5)$;而不定方程 $x^4+(x^2+1)^2=y^2$ 无正整数解.

11. 试求不定方程 $\dfrac{1^2+2^2+\cdots+n^2}{n}=m^2$ 的一切正整数解.

12. 试证:不定方程 $X^2-5Y^4=-4$ 仅有正整数解 $(X,Y)=(1,1)$.

第7章　数 论 函 数

前面我们曾提到函数 $d(n)$(正整数的正因数个数),$\sigma(n)$(正整数的正因数之和)以及高斯函数$[x]$和欧拉函数 $\varphi(m)$,它们都是数论函数.一般来说,定义在整数集(或正整数集)上的函数就称为数论函数,这些函数在研究许多数论问题中起着十分重要的作用.本章重点介绍默比乌斯函数,并给出积性函数的概念及其简单性质,还简要介绍一下整点问题.

7.1　默比乌斯函数

定义 7.1　设 n 为正整数,我们把

$$\mu(n)=\begin{cases}1, & n=1\\ (-1)^r, & n\text{ 为 }r\text{ 个不同素数的乘积}\\ 0, & n\text{ 含某素数的平方因数}\end{cases}$$

称为**默比乌斯(Möbius)函数**.

容易算得表 7.1.

表 7.1

n	1	2	3	4	5	6	7	8	9	10	…
$\mu(n)$	1	−1	−1	0	−1	1	−1	0	0	1	…

下面介绍它的基本性质.

定理 7.1　若$(a,b)=1$,则 $\mu(ab)=\mu(a)\mu(b)$.

证　设 a,b 中有一个为1,或者其中有一个含素数的平方因数,则定理显然成立.

现设 $a=p_1p_2\cdots p_r$,$b=q_1q_2\cdots q_s$,这里 $p_1,p_2,\cdots,p_r$ 为两两互不相同的素数,$q_1,q_2,\cdots,q_s$ 也是两两互不相同的素数,则

$$\mu(a)=(-1)^r,\quad \mu(b)=(-1)^s.$$

因$(a,b)=1$,故ab含$r+s$个素因数,且两两不等.因此

$$\mu(ab)=(-1)^{r+s}=(-1)^r\cdot(-1)^s=\mu(a)\cdot\mu(b),$$

即定理7.1仍成立. □

定理7.2 设n为正整数,则

$$\sum_{d\mid n}\mu(d)=\begin{cases}1, & n=1\\ 0, & n>1\end{cases},$$

这里$\sum\limits_{d\mid n}$表示对n的所有正因数d求和.

证 当$n=1$时,定理7.2显然成立.

设$n>1$且n的标准分解式为$n=p_1^{n_1}p_2^{n_2}\cdots p_k^{n_k}$.由于$d$中有素数平方因数时,$\mu(d)=0$,因此

$$\begin{aligned}\sum_{d\mid n}\mu(d)=&\ \mu(1)+(\mu(p_1)+\cdots+\mu(p_k))\\ &+(\mu(p_1p_2)+\cdots+\mu(p_{k-1}p_k))+\cdots+\mu(p_1\cdots p_k)\\ =&\ 1+C_k^1(-1)+C_k^2(-1)^2+\cdots+C_k^k(-1)^k\\ =&\ (1-1)^k=0.\end{aligned}$$

□

例1 设n为任给的正整数,试求$\mu(n)\mu(n+1)\mu(n+2)\mu(n+3)$的值.

解 因$n,n+1,n+2,n+3$中必有一个数能被4整除,故

$$\mu(n)\mu(n+1)\mu(n+2)\mu(n+3)=0.$$

例2 设$F(n)=n^\alpha\mu(n)$,这里n为正整数,α为任一实数,试证:若$(m,n)=1$,则$F(mn)=F(m)F(n)$.

证 由$(m,n)=1$,知$\mu(mn)=\mu(m)\mu(n)$,故

$$\begin{aligned}F(mn)&=(mn)^\alpha\mu(mn)=m^\alpha n^\alpha\mu(m)\mu(n)\\ &=(m^\alpha\mu(m))(n^\alpha\mu(n))=F(m)F(n).\end{aligned}$$

例3 试证:$\varphi(n)=\sum\limits_{d\mid n}\mu(d)\dfrac{n}{d}=\sum\limits_{d\mid n}\mu\left(\dfrac{n}{d}\right)d$.

证 设n的标准分解式为$n=p_1^{n_1}p_2^{n_2}\cdots p_k^{n_k}$,则

$$\begin{aligned}\sum_{d\mid n}\mu(d)\frac{n}{d}=&\ \mu(1)n+\sum_{p_i}\mu(p_i)\frac{n}{p_i}+\sum_{p_i,p_j}\mu(p_ip_j)\frac{n}{p_ip_j}+\cdots\\ &+\sum_{p_1,p_2,\cdots,p_k}\mu(p_1p_2\cdots p_k)\frac{n}{p_1p_2\cdots p_k}\\ =&\ n\left(1-\sum_{i=1}^k\frac{1}{p_i}+\sum_{1\leqslant i<j\leqslant k}\frac{1}{p_ip_j}-\cdots+(-1)^k\frac{1}{p_1p_2\cdots p_k}\right)\\ =&\ n\left(1-\frac{1}{p_1}\right)\left(1-\frac{1}{p_2}\right)\cdots\left(1-\frac{1}{p_k}\right)=\varphi(n).\end{aligned}$$

注意到,当 d_i 取遍 n 的所有正因数时,$\frac{n}{d_i}$ 也取遍 n 的所有正因数,因此

$$\varphi(n)=\sum_{d\mid n}\mu(d)\frac{n}{d}=\sum_{d\mid n}\mu\left(\frac{n}{d}\right)d.$$

习题 7.1

1. 试求 $\sum_{k=1}^{\infty}\mu(k!)$ 的值.

2. 试证:$\sum_{d^2\mid n}\mu(d)=\mu^2(n)$.

3. 设 $n=p_1^{n_1}p_2^{n_2}\cdots p_k^{n_k}$,试证:$\sum_{d\mid n}|\mu(d)|=2^k$.

4. 设 k 为正整数,试证:$\sum_{\varphi(d)=k}\mu(d)=0$.

5. 试证:对任一素数 p,有

$$\sum_{d\mid n}\mu(d)\mu((p,d))=\begin{cases}1, & n=1\\ 2, & n=p^a\ (a\geqslant 1).\\ 0, & \text{其他}\end{cases}$$

6. 计算:$S(n)=\sum_{d\mid n}\mu(d)\mu\left(\frac{n}{d}\right)$.

7. 试证:若 $F(n)$, $f(n)$ 是两个数论函数,则 $F(n)=\prod_{d\mid n}f(d)$ 的充要条件是 $f(n)=\prod_{d\mid n}F(d)^{\mu(n/d)}$.

7.2 积性函数

7.2.1 积性函数的概念

定义 7.2 设有一个不恒等于 0 的数论函数 $f(n)$,如果当 $(a,b)=1$ 时,总有

$$f(ab)=f(a)f(b),$$

那么称 $f(n)$ 为**积性函数**.如果对任意 a,b,都有

$$f(ab)=f(a)f(b),$$

那么称 $f(n)$ 为**完全积性函数**.

由定义 7.2,可知欧拉函数 $\varphi(n)$、默比乌斯函数 $\mu(n)$、表示正整数的正因数个数的函数 $d(n)$ 与表示 n 的所有正因数之和的函数 $\sigma(n)$ 都是积性函数.

7.2.2 积性函数的性质

关于积性函数,我们有:

定理 7.3 若 $f(n)$是一个积性函数,则 $f(1)=1$.

证 因为对任意正整数 n,都有$(n,1)=1$,所以

$$f(n)=f(n)\cdot f(1).$$

又因 $f(n)$不恒等于 0,故得 $f(1)=1$. □

定理 7.4 若 $f_1(x),f_2(x)$是任意两个积性函数,则函数

$$f(x)=f_1(x)f_2(x)$$

也是积性函数.

证 因为 $f(1)=f_1(1)f_2(1)=1$,所以 $f(x)$是一个不恒等于 0 的数论函数.

设 m,n 均为整数,且$(m,n)=1$,则

$$\begin{aligned}f(mn)&=f_1(mn)f_2(mn)=f_1(m)f_1(n)f_2(m)f_2(n)\\&=(f_1(m)f_2(m))(f_1(n)f_2(n))=f(m)f(n),\end{aligned}$$

所以函数 $f(x)$是积性函数. □

定理 7.5 若 n 的标准分解式为 $n=p_1^{n_1}p_2^{n_2}\cdots p_k^{n_k}$,$f(n)$是积性函数,则

$$\sum_{d\mid n}f(d)=\prod_{i=1}^{k}(1+f(p_i)+\cdots+f(p_i^{n_i})).$$

特别地,当 $f(n)$是完全积性函数时

$$\sum_{d\mid n}f(d)=\prod_{i=1}^{k}\frac{f^{n_i+1}(p_i)-1}{f(p_i)-1}.$$

证 因为 n 的所有正因数为

$$d=p_1^{t_1}p_2^{t_2}\cdots p_k^{t_k}\quad(t_i=0,1,2,\cdots,n_i;i=1,2,\cdots,k),$$

所以

$$\begin{aligned}\sum_{d\mid n}f(d)&=\sum_{t_1=0}^{n_1}\cdots\sum_{t_k=0}^{n_k}f(p_1^{t_1}\cdots p_k^{t_k})\\&=\sum_{t_1=0}^{n_1}\cdots\sum_{t_k=0}^{n_k}f(p_1^{t_1})\cdots f(p_k^{t_k})\\&=\sum_{t_1=0}^{n_1}f(p_1^{t_1})\cdots\sum_{t_k=0}^{n_k}f(p_k^{t_k})\\&=\prod_{i=1}^{k}(1+f(p_i)+\cdots+f(p_i^{n_i})).\end{aligned}$$

当 $f(n)$是完全积性函数时,由

$$1+f(p_i)+\cdots+f(p_i^{n_i})=1+f(p_i)+\cdots+f^{n_i}(p_i)$$

$$= \frac{f^{n_i+1}(p_i)-1}{f(p_i)-1} \quad (i=1,2,\cdots,k),$$

得

$$\sum_{d\mid n} f(d) = \prod_{i=1}^{k} \frac{f^{n_i+1}(p_i)-1}{f(p_i)-1}. \qquad \Box$$

定理 7.6 若 $f(n)$ 和 $g(n)$ 是两个积性函数,则函数

$$h(n) = f(n) * g(n) = \sum_{d\mid n} f(d) g\left(\frac{n}{d}\right)$$

也是积性函数.

证 设 $(m,n)=1$,且 $d=d_1d_2, d_1\mid m, d_2\mid n$.由于当 d_1 通过 m 的全部正因数,d_2 通过 n 的全部正因数时,d_1d_2 通过 mn 的全部正因数,所以

$$\begin{aligned}
h(mn) &= \sum_{d\mid mn} f(d) g\left(\frac{mn}{d}\right) \\
&= \sum_{d_1\mid m}\sum_{d_2\mid n} f(d_1d_2) g\left(\frac{m}{d_1}\cdot\frac{n}{d_2}\right) \\
&= \sum_{d_1\mid m}\sum_{d_2\mid n} f(d_1)f(d_2) g\left(\frac{m}{d_1}\right) g\left(\frac{n}{d_2}\right) \\
&= \sum_{d_1\mid m} f(d_1) g\left(\frac{m}{d_1}\right)\cdot \sum_{d_2\mid n} f(d_2) g\left(\frac{n}{d_2}\right) \\
&= h(m)h(n).
\end{aligned} \qquad \Box$$

例 1 设 n 为正整数,试证:

(1) 函数 $f_\alpha(n)=n^\alpha$ (α 为任一实数)是完全积性函数;

(2) 函数 $e(n)=1$ 是完全积性函数.

证 首先,函数 $f_\alpha(n)=n^\alpha$ 与 $e(n)=1$ 都是定义在正整数集上的函数.因此它们都是数论函数,并且显然它们都不恒等于 0.下面只要分别证明它们满足定义中所述的性质即可.由于

(1) $f_\alpha(mn)=(mn)^\alpha=m^\alpha n^\alpha=f_\alpha(m)f_\alpha(n)$;

(2) $e(mn)=1=1\times1=e(m)\cdot e(n)$,

故 $f_\alpha(n)=n^\alpha$ 与 $e(n)=1$ 都是完全积性函数.

例 2 设 $f_\alpha(n)=n^\alpha, e(n)=1$,这里 n 为正整数,α 为任一实数.定义 $\sigma_\alpha(n) = f_\alpha(n) * e(n) = \sum_{d\mid n} f_\alpha(d) e\left(\frac{n}{d}\right)$,试证:

$$\sigma_\alpha(n) = \begin{cases} \prod_{j=1}^{k} \dfrac{p_j^{(n_j+1)\alpha}-1}{p_j^\alpha-1}, & \alpha\neq 0 \\ \prod_{j=1}^{k} (n_j+1), & \alpha = 0 \end{cases}.$$

证　因为 $f_\alpha(n)$，$e(n)$都是积性函数，所以 $\sigma_\alpha(n)$也是积性函数. 由 $e(n)=1$，知

$$\sigma_\alpha(n)=\sum_{d\mid n}f_\alpha(d).$$

如果 $n=p_1^{n_1}p_2^{n_2}\cdots p_k^{n_k}$ 是 n 的标准分解式，那么

$$\sigma_\alpha(n)=\sigma_\alpha(p_1^{n_1})\sigma_\alpha(p_2^{n_2})\cdots\sigma_\alpha(p_k^{n_k}).$$

又由于

$$\sigma_\alpha(p_j^{n_j})=1+p_j^\alpha+p_j^{2\alpha}+\cdots+p_j^{n_j\alpha}=\begin{cases}\dfrac{p_j^{(n_j+1)\alpha}-1}{p_j^\alpha-1}, & \alpha\neq 0\\ n_j+1, & \alpha=0\end{cases},$$

所以

$$\sigma_\alpha(n)=\begin{cases}\displaystyle\prod_{j=1}^{k}\frac{p_j^{(n_j+1)\alpha}-1}{p_j^\alpha-1}, & \alpha\neq 0\\ \displaystyle\prod_{j=1}^{k}(n_j+1), & \alpha=0\end{cases}.$$

易知当 $\alpha=0$ 时，$\sigma_0(n)=\sum\limits_{d\mid n}1$，故 $\sigma_0(n)$ 表示 n 的所有正因数的个数，即 $\sigma_0(n)=d(n)$.

当 $\alpha=1$ 时，$\sigma_1(n)=\sum\limits_{d\mid n}d$，故 $\sigma_1(n)$ 表示 n 的所有正因数之和，即 $\sigma_1(n)=\sigma(n)$.

例 3　设 $f(n)$ 是积性函数，试证：$F(n)=\sum\limits_{d\mid n}f(d)$ 也是积性函数.

证　因为 $f(n)$是积性函数，所以 $f(1)=1$，即 $F(n)$不恒等于 0. 取积性函数 $e(n)=1$，根据定理 7.6，即得函数

$$F(n)=f(n)*e(n)=\sum_{d\mid n}f(d)\cdot e\left(\frac{n}{d}\right)=\sum_{d\mid n}f(d)$$

是积性函数.

例 4　令数论函数 $N(n)=n$，试证：$N(n)$是积性函数，并按定理 7.6 中的定义求 $\mu(n)*N(n)$.

证　$N(n)$为积性函数是显然的. 易知

$$\mu(n)*N(n)=\sum_{d\mid n}\mu(d)N\left(\frac{n}{d}\right)=\sum_{d\mid n}\mu(d)\cdot\frac{n}{d}=\varphi(n).$$

例 5　设 $f(n)$是积性函数，试证：

$$\sum_{d\mid n}\mu(d)f(d)=\prod_{p\mid n}(1-f(p)).$$

证　因为 $\mu(n)$，$f(n)$都是积性函数，所以 $\mu(n)f(n)$是积性函数. 设 $n=p_1^{n_1}p_2^{n_2}\cdots p_k^{n_k}$ 是 n 的标准分解式，则由定理 7.5，得

$$\sum_{d \mid n}\mu(d)f(d) = \prod_{i=1}^{k}(1 + \mu(p_i)f(p_i) + \mu(p_i^2)f(p_i^2) + \cdots + \mu(p_i^{n_i})f(p_i^{n_i})).$$

由于 $\mu(p_i^2)=\cdots=\mu(p_i^{n_i})=0, \mu(p_i)=-1\ (i=1,2,\cdots,k)$,故

$$\sum_{d \mid n}\mu(d)f(d) = \prod_{i=1}^{k}(1 - f(p_i)) = \prod_{p \mid n}(1 - f(p)).$$

习 题 7.2

1. 试证:$\sum_{d \mid n}\mu(d)\varphi(d) = 0$ 的充要条件是 n 为偶数.

2. 设 $n = p_1^{a_1}p_2^{a_2}\cdots p_r^{a_r}$,试证:$\sum_{k \mid n}\mu(k)d(k) = (-1)^r$.

3. 设 $f(n)$是积性函数,a,b 为正整数,且$(a,b)=d,[a,b]=m$,试证:$f(a)f(b)=f(d)f(m)$.

4. 设 $\omega(n)(n>1)$是 n 的不同素因数的个数,$\omega(1)=0$,试证:

$$f(n) = \omega(n) * \mu(n) = 0 \text{ 或 } 1.$$

5. 试证:$\sum_{t \mid n}d^3(t) = \left(\sum_{t \mid n}d(t)\right)^2$.

7.3 整点的定义及其性质

定义 7.3 平面上坐标为整数的点称为**整点**(或**格点**).

设 D 是平面上的一个区域,则平面上的整点有的在区域之中,有的在区域之外(见图 7.1).如何计算一些标准图形中整点的个数是数学家们很感兴趣的问题,从而形成了数论研究的中心问题之一.

关于整点的个数问题,我们有:

定理 7.7 若 $y=f(x)(x_1<x\leqslant x_2)$是非负连续整数(见图 7.2),那么:

(1) 区域:$x_1 < x \leqslant x_2, 0 < y \leqslant f(x)$ 上的整点个数 $M = \sum_{x_1<n\leqslant x_2}[f(n)]$,这里变数 n 取整数值;

(2) $0 \leqslant \sum_{x_1<n\leqslant x_2} f(n) - M < [x_2] - [x_1]$.

证 (1) 所说区域上的整点都在这样的直线段上:$x = n, 1 \leqslant y \leqslant f(n)$,这里 n 是满足$x_1 < n \leqslant x_2$ 的整数.而直线段 $x = n, 1 \leqslant y \leqslant f(n)$ 上的整点数就是满足$1 \leqslant y \leqslant f(n)$ 的整数 y 的个数,它等于$[f(n)]$,所以 $M = \sum_{x_1<n\leqslant x_2}[f(n)]$,这里

变数 n 取整数值.

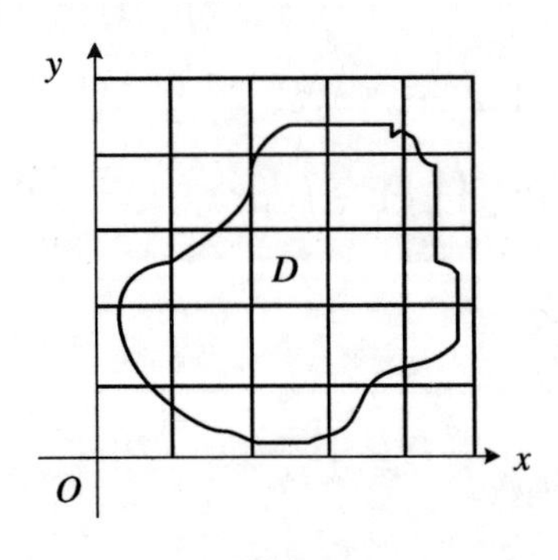

图 7.1

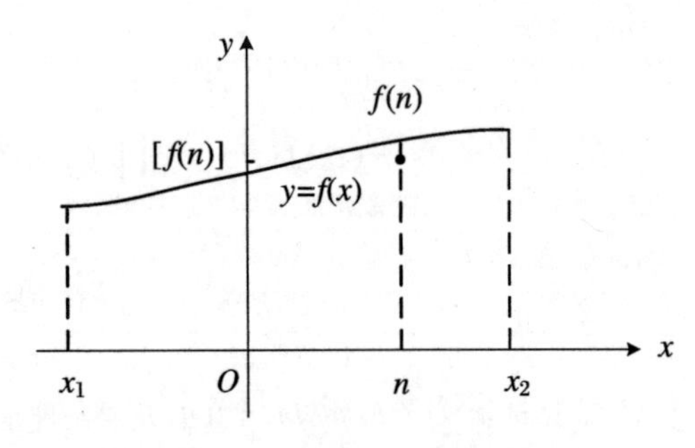

图 7.2

(2) 由 $\sum\limits_{x_1<n\leqslant x_2}[f(n)]=\sum\limits_{x_1<n\leqslant x_2}f(n)-\sum\limits_{x_1<n\leqslant x_2}\{f(n)\}$,得

$$\sum_{x_1<n\leqslant x_2}f(n)-M=\sum_{x_1<n\leqslant x_2}\{f(n)\}.$$

因

$$0\leqslant\sum_{x_1<n\leqslant x_2}\{f(n)\}<\sum_{x_1<n\leqslant x_2}1=\sum_{[x_1]+1\leqslant n\leqslant[x_2]}1=[x_2]-[x_1],$$

故 $0\leqslant\sum\limits_{x_1<n\leqslant x_2}f(n)-M<[x_2]-[x_1]$. □

例 1 设 p,q 是两个互素的正奇数,试证:

$$\sum_{0<x<\frac{q}{2}}\left[\frac{p}{q}x\right]+\sum_{0<y<\frac{p}{2}}\left[\frac{q}{p}y\right]=\frac{p-1}{2}\cdot\frac{q-1}{2},$$

这里 x,y 取整数值.

证 以$(0,0)$,$\left(0,\frac{p}{2}\right)$,$\left(\frac{q}{2},0\right)$,$\left(\frac{q}{2},\frac{p}{2}\right)$为顶点作长方形,如图 7.3 所示.

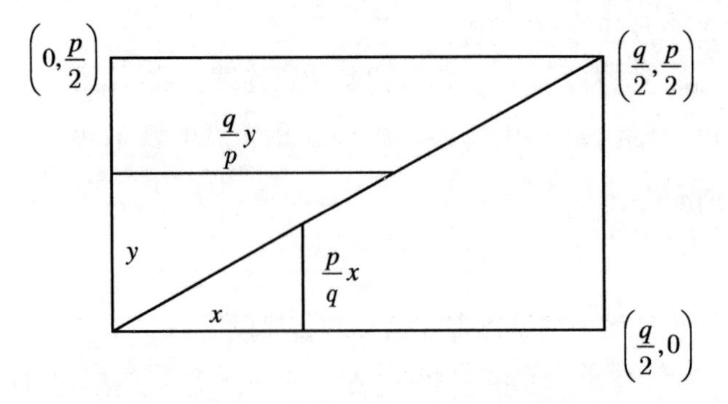

图 7.3

假如对角线上有整点(两坐标皆为整数),则由 $y=\frac{p}{q}x$,知 $q\mid x$,这时点在长方形之外,所以长方形的对角线上无整点.

因为 p,q 是奇数,且小于$\frac{p}{2},\frac{q}{2}$的最大整数分别是$\frac{p-1}{2},\frac{q-1}{2}$,所以长方形内的整点总数是$\frac{p-1}{2}\cdot\frac{q-1}{2}$.

由定理 7.7,知对角线下方三角形内的整点数是

$$\sum_{x=1}^{\frac{1}{2}(q-1)}\left[\frac{p}{q}x\right]=\sum_{0<x<\frac{q}{2}}\left[\frac{p}{q}x\right];$$

对角线上方三角形内的整点数是

$$\sum_{y=1}^{\frac{1}{2}(p-1)}\left[\frac{q}{p}y\right]=\sum_{0<y<\frac{p}{2}}\left[\frac{q}{p}y\right].$$

所以

$$\sum_{0<x<\frac{q}{2}}\left[\frac{p}{q}x\right]+\sum_{0<y<\frac{p}{2}}\left[\frac{q}{p}y\right]=\frac{p-1}{2}\cdot\frac{q-1}{2}.$$

例 2 设 $n>0$,T 是区域:$x>0,y>0,xy\leqslant n$ 内的整点数,试证:

(1) $T=\sum_{0<x\leqslant n}\left[\frac{n}{x}\right]$;

(2) $T=2\sum_{0<x\leqslant\sqrt{n}}\left[\frac{n}{x}\right]-\left[\sqrt{n}\right]^2$;

(3) 分别利用(1)和(2)给出计算 T 的近似公式.(这里 x 取整数值.)

证 (1) 区域:$x>0,y>0,xy\leqslant n$ 表示双曲线 $xy=n$ 在第一象限内的分支及其下方的第一象限内的部分,如图 7.4 所示.

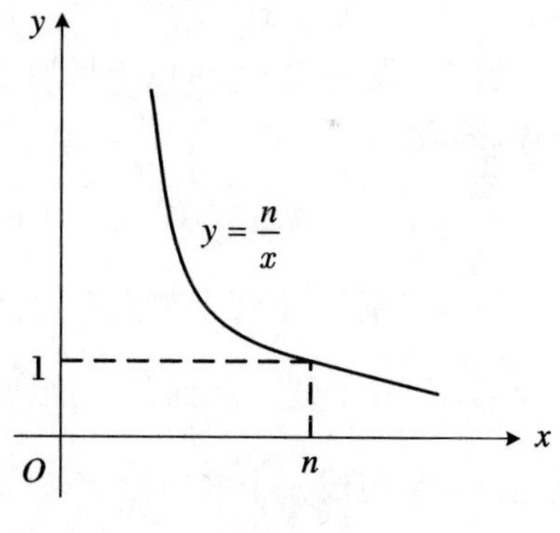

图 7.4

由 $xy=n$,推得 $y=\frac{n}{x}$.

当 $x>n$ 时,$y<1$,故无整点,因而依定理 7.7,得

$$T=\sum_{0<x\leqslant n}\left[\frac{n}{x}\right].$$

(2) 如图 7.5 所示,在双曲线上取一点 C,使$\angle COx=45^\circ$,并过 C 作 $CD\perp Ox$ 于 D,$CE\perp Oy$ 于 E,则区域 $CDOy$ 内(不包括坐标轴)的整点数为

$$\sum_{0<x\leqslant\sqrt{n}}\left[\frac{n}{x}\right].$$

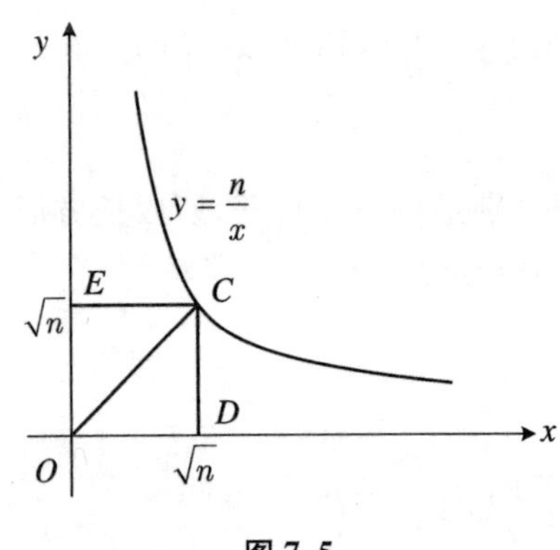

图 7.5

由对称性，知区域 $CEOx$ 内（不包括坐标轴）的整点数也为

$$\sum_{0<x\leqslant\sqrt{n}}\left[\frac{n}{x}\right].$$

又区域 $ODCE$ 上（不包括坐标轴）的整点数为 $[\sqrt{n}]^2$，故

$$T=2\sum_{0<x\leqslant\sqrt{n}}\left[\frac{n}{x}\right]-[\sqrt{n}]^2.$$

(3) 将 $\frac{n}{x}-1<\left[\frac{n}{x}\right]\leqslant\frac{n}{x}$ 代入(1)中的公式，得近似公式为

$$\sum_{0<x\leqslant n}\left(\frac{n}{x}-1\right)<T\leqslant\sum_{0<x\leqslant n}\frac{n}{x},\quad 即\quad n\sum_{x=1}^{[n]}\frac{1}{x}-[n]<T\leqslant n\sum_{x=1}^{[n]}\frac{1}{x}.$$

将 $\frac{n}{x}-1<\left[\frac{n}{x}\right]\leqslant\frac{n}{x}$ 及 $\sqrt{n}-1<[\sqrt{n}]\leqslant\sqrt{n}$ 代入(2)中的公式，得近似公式为

$$2\sum_{0<x\leqslant\sqrt{n}}\left(\frac{n}{x}-1\right)-n<T<2\sum_{0<x\leqslant\sqrt{n}}\frac{n}{x}-(\sqrt{n}-1)^2.$$

即

$$2n\sum_{x=1}^{[\sqrt{n}]}\frac{1}{x}-2[\sqrt{n}]-n<T<2n\sum_{x=1}^{[\sqrt{n}]}\frac{1}{x}-n+2\sqrt{n}-1.$$

例 3 设 $f(R)$ 表示以坐标原点为圆心、R 为半径的圆 C 内部和边界上整点的个数，试证：

$$\lim_{R\to\infty}\frac{f(R)}{R^2}=\pi.$$

证 以圆 C 上每个整点 P_i 为中心，作平行于坐标轴且面积为 1 的正方形 G_i. 易知 G_i 边界上任一点到 P_i 的距离不大于 $\frac{1}{\sqrt{2}}$. 在圆 C 内部或边界上的整点所作的这些正方形组成一个多边形 F，其面积为 $f(R)$.

设 C_1,C_2 是以原点为圆心，半径分别为 $R-\frac{1}{\sqrt{2}},R+\frac{1}{\sqrt{2}}$ 的两个圆，则多边形 F 包含圆 C_1. 因为若不然，F 的边界上有一点 A 在 C_1 内部，则 A 点和圆 C 的圆周上点的距离就大于 $\frac{1}{\sqrt{2}}$，从而知包含 A 点的正方形 G_i 的中心为圆 C_1 内的整点. 另外，A 为 F 边界上的点，故所有这些点所在正方形 G_i 的中心和圆 C 的距离不大于 $\frac{1}{\sqrt{2}}$，这就产生了矛盾.

同理可证,F 包含在 C_2 的内部.于是有

$$\pi\left(R-\frac{1}{\sqrt{2}}\right)^2 \leqslant f(R) \leqslant \pi\left(R+\frac{1}{\sqrt{2}}\right)^2,$$

即

$$\pi\left(1-\frac{1}{R\sqrt{2}}\right)^2 \leqslant \frac{f(R)}{R^2} \leqslant \pi\left(1+\frac{1}{R\sqrt{2}}\right)^2.$$

令 $R\to\infty$,取极限得

$$\lim_{R\to\infty}\frac{f(R)}{R^2}=\pi.$$

习 题 7.3

1. 设 $R>0$,T 是区域:$x^2+y^2\leqslant R^2$ 内的整点数,试证:

(1) $T=1+4[R]+4\sum\limits_{0<x<R}[\sqrt{R^2-x^2}]$;

(2) $T=1+4[R]+8\sum\limits_{0<x\leqslant\frac{R}{\sqrt{2}}}[\sqrt{R^2-x^2}]-4\left[\frac{R}{\sqrt{2}}\right]^2$.(这里 x 取整数值.)

2. 设 $n>0$,T 是区域:$x>0,y>0,xy\leqslant n$ 内的整点数,试证:$T=\sum\limits_{0<s\leqslant n}d(s)$,式中 $d(s)$ 表示 s 的正因数的个数.

3. 设 p 是素数,计算和式:$\sum\limits_{k=1}^{p}\left(\left[\frac{k^3}{p^2}\right]+[\sqrt[3]{kp^2}]\right)$.

4. 设 $T(m)=\sum\limits_{n=1}^{m}d(n)$,试证:$\lim\limits_{m\to\infty}\frac{T(m)}{m\ln m}=1$.

7.4 默比乌斯反演公式

我们已经知道,当 $n\geqslant1$ 时,有如下公式:

$$n=\sum_{d\mid n}\varphi(d)=\sum_{d\mid n}\varphi\left(\frac{n}{d}\right), \tag{4.1}$$

$$\varphi(n)=\sum_{d\mid n}\mu(d)\frac{n}{d}=\sum_{d\mid n}\mu\left(\frac{n}{d}\right)d. \tag{4.2}$$

可见数论函数 $N(n)=n,\varphi(n),\mu(n)$之间有密切的关系,一般我们有:

定理 7.8(默比乌斯反演公式) 设 $f(n)$和 $g(n)$是定义在正整数集上的两个数论函数,则

$$f(n)=\sum_{d\mid n}g(d) \tag{4.3}$$

与

$$g(n)=\sum_{d\mid n}\mu(d)f\left(\frac{n}{d}\right) \tag{4.4}$$

是等价的.

证 设公式(4.3)成立,则有

$$f\left(\frac{n}{d}\right)=\sum_{d_1\mid \frac{n}{d}}g(d_1).$$

因为 $d_1\left|\frac{n}{d}\right.$,所以存在 m,使得 $dd_1m=n$,从而 $d\left|\frac{n}{d_1}\right.$,将上式代入公式(4.4)的右边,得

$$\begin{aligned}\sum_{d\mid n}\mu(d)f\left(\frac{n}{d}\right)&=\sum_{d\mid n}\mu(d)\sum_{d_1\mid \frac{n}{d}}g(d_1)=\sum_{d\mid n}\sum_{d_1\mid \frac{n}{d}}\mu(d)g(d_1)\\&=\sum_{d_1\mid n}\sum_{d\mid \frac{n}{d_1}}\mu(d)g(d_1)=\sum_{d_1\mid n}g(d_1)\sum_{d\mid \frac{n}{d_1}}\mu(d)=g(n),\end{aligned}$$

即公式(4.4)成立.

反之,设公式(4.4)成立,则有

$$g\left(\frac{n}{d}\right)=\sum_{d_1\mid \frac{n}{d}}\mu(d_1)f\left(\frac{n}{dd_1}\right)=\sum_{d_1\mid \frac{n}{d}}\mu\left(\frac{n}{dd_1}\right)f(d_1),$$

因此

$$\begin{aligned}\sum_{d\mid n}g(d)&=\sum_{d\mid n}g\left(\frac{n}{d}\right)=\sum_{d\mid n}\sum_{d_1\mid \frac{n}{d}}\mu\left(\frac{n}{dd_1}\right)f(d_1)=\sum_{d_1\mid n}\sum_{d\mid \frac{n}{d_1}}\mu\left(\frac{n}{dd_1}\right)f(d_1)\\&=\sum_{d_1\mid n}f(d_1)\sum_{d\mid \frac{n}{d_1}}\mu\left(\frac{n}{dd_1}\right)=f(n),\end{aligned}$$

即公式(4.3)成立. □

由此可给出:

定义 7.4 上述定理中的数论函数 $f(n)$ 称为数论函数 $g(n)$ 的**默比乌斯变换**,而 $g(n)$ 称为 $f(n)$ 的**默比乌斯逆变换**.

根据定义 7.4,本节中公式(4.1)说明 $N(n)=n$ 是 $\varphi(n)$ 的默比乌斯变换,公式(4.2)说明 $\varphi(n)$ 是 $N(n)$ 的默比乌斯逆变换.

例 1 试证:数论函数

$$I(n)=\left[\frac{1}{n}\right]=\begin{cases}1, & n=1\\0, & n>1\end{cases}$$

是 $\mu(n)$的默比乌斯变换.

证 根据定义 7.4,$\mu(n)$ 的默比乌斯变换应是$\sum_{d\mid n}\mu(d)$.由于

$$\sum_{d\mid n}\mu(d)=\begin{cases}1, & n=1\\0, & n>1\end{cases},\quad 且\ I(n)=\begin{cases}1, & n=1\\0, & n>1\end{cases},$$

所以

$$\sum_{d\mid n}\mu(d)=I(n),$$

即 $I(n)$是 $\mu(n)$的默比乌斯变换.

例 2 数论函数 $\Lambda(n)$(称作曼戈特(Mangoldt)函数)的定义是

$$\Lambda(n)=\begin{cases}\ln p, & n=p^m(m\geqslant 1),p\ 为素数\\0, & 其他\end{cases},$$

试证:$\Lambda(n)$的默比乌斯变换是 $\ln n$.

证 按定义 7.4,只需证明$\sum_{d\mid n}\Lambda(d)=\ln n$.

设 n 的标准分解式为$n=p_1^{n_1}p_2^{n_2}\cdots p_k^{n_k}$,则有

$$\begin{aligned}\sum_{d\mid n}\Lambda(d)&=\sum_{t_1=0}^{n_1}\sum_{t_2=0}^{n_2}\cdots\sum_{t_k=0}^{n_k}\Lambda(p_1^{t_1}p_2^{t_2}\cdots p_k^{t_k})\\&=\sum_{t_1=1}^{n_1}\Lambda(p_1^{t_1})+\sum_{t_2=1}^{n_2}\Lambda(p_2^{t_2})+\cdots+\sum_{t_k=1}^{n_k}\Lambda(p_k^{t_k})\\&=\sum_{t_1=1}^{n_1}\ln p_1+\sum_{t_2=1}^{n_2}\ln p_2+\cdots+\sum_{t_k=1}^{n_k}\ln p_k\\&=n_1\ln p_1+n_2\ln p_2+\cdots+n_k\ln p_k\\&=\ln n.\end{aligned}$$

因此 $\ln n$ 是$\Lambda(n)$的默比乌斯变换.

例 3 设 $f(x)$是定义在闭区间[0,1]上的函数,如果对每个正整数 n,都有

$$F(n)=\sum_{k=1}^{n}f\left(\frac{k}{n}\right),\quad F^*(n)=\sum_{k=1,(k,n)=1}^{n}f\left(\frac{k}{n}\right),$$

试证:$F^*(n)=\sum_{d\mid n}\mu(d)F\left(\frac{n}{d}\right)$.

证 根据默比乌斯反演公式,只需证明

$$F(n)=\sum_{d\mid n}F^*(d)=\sum_{d\mid n}\sum_{k=1,(k,d)=1}^{d}f\left(\frac{k}{d}\right).$$

对于任一给定的正整数 n,考虑两组分数:

(i) $\frac{1}{n},\frac{2}{n},\cdots,\frac{n}{n}$;

（ⅱ）$\frac{k}{d}$，这里$(k,d)=1, d\mid n, 1\leqslant k\leqslant d$.

因为（ⅰ）中的数都可以化为既约分数，即（ⅱ）中形式的数且两两不等，而（ⅱ）中的每一个数都可化为（ⅰ）中的一个数，所以（ⅰ）与（ⅱ）是一致的. 于是

$$F(n)=\sum_{k=1}^{n}f\left(\frac{k}{n}\right)=\sum_{d\mid n}\sum_{k=1,(k,d)=1}^{d}f\left(\frac{k}{d}\right)=\sum_{d\mid n}F^{*}(d).$$

作为默比乌斯反演公式的应用，我们给出：

定理 7.9（项链问题） 设有 r 种颜色的珠子，用其中 n 个珠子穿成一条项链，每个珠子都可在 r 种颜色中任意挑选，不允许翻转，则共可穿成不同花色的项链种数为

$$T(n)=\frac{1}{n}\sum_{d\mid n}r^{d}\varphi\left(\frac{n}{d}\right).$$

证 首先指出该问题与可重复选的线排列（即有头有尾的排列）是不同的. 设以某粒珠子开始的 n 个珠子的颜色依次为：

情形 1：$a_1,a_2,\cdots,a_n$（其中允许有相同的）；

情形 2：$a_n,a_1,a_2,\cdots,a_{n-1}$；

情形 3：$a_{n-1},a_n,a_1,a_2,\cdots,a_{n-2}$；

……

它们本质上都是一样的. 因为将项链适当旋转一个角度即可由情形 1 得到情形 2 或情形 3 等.

我们不妨称由情形 1 转到情形 2 为运动 1 次，这样由情形 1 运动 2 次即为情形 3，我们把这些能运动成相同情形的项链都称为同一种花色.

设某一种花色可通过运动对应着 d 种不同的确定穿法，那么由其中某一确定穿法开始运动 $1,2,\cdots,d-1$ 次就能得出其余相应的 $d-1$ 种不同的穿法. 而运动 d 次又回到原来的情形. 由于每种确定的穿法运动 n 次必然回到原来的情形，因此 n 应是 d 的倍数，即 $d\mid n$.

设 $F(n)=r^n$ 对应着 d 种确定穿法的花色有 $M(d)$ 种，则有 $\sum_{d\mid n}dM(d)=r^n=F(n)$. 根据默比乌斯反演公式，得

$$nM(n)=\sum_{d\mid n}\mu(d)F\left(\frac{n}{d}\right)=\sum_{d\mid n}\mu(d)r^{\frac{n}{d}},$$

即 $M(n)=\frac{1}{n}\sum_{d\mid n}\mu(d)r^{\frac{n}{d}}$. 故 n 个珠子穿成的项链所有的花色总数为

$$\begin{aligned}T(n)&=\sum_{d\mid n}M(d)=\sum_{d\mid n}\frac{1}{d}\sum_{k\mid d}\mu(k)r^{\frac{d}{k}}\\&=\sum_{k\mid n}\mu(k)\sum_{k\mid d\mid n}\frac{1}{d}r^{\frac{d}{k}}\end{aligned}$$

$$= \sum_{k \mid n} \mu(k) \sum_{d' \mid \frac{n}{k}} \frac{r^{d'}}{kd'} \quad \left(令 \frac{d}{k} = d'\right)$$

$$= \sum_{d' \mid n} \frac{r^{d'}}{d'} \sum_{k \mid \frac{n}{d'}} \frac{1}{k} \mu(k)$$

$$= \sum_{d' \mid n} \frac{r^{d'}}{d'} \cdot \frac{\varphi\left(\frac{n}{d'}\right)}{\frac{n}{d'}} \quad \left(利用公式\ \varphi(n) = \sum_{d \mid n} \mu(d) \cdot \frac{n}{d}\right)$$

$$= \frac{1}{n} \sum_{d \mid n} r^d \varphi\left(\frac{n}{d}\right). \qquad \square$$

这里 $\sum_{k|d|n}$ 表示对所有能被 k 整除的 n 的因数 d 求和.

例 4 有三种不同颜色的珠子,取出 8 个珠子穿成一条项链,问共可组成多少种不同花色的项链(不允许翻转)?

解 易知

$$\begin{aligned} T(8) &= \frac{1}{8} \sum_{d \mid 8} 3^d \varphi\left(\frac{8}{d}\right) \\ &= \frac{1}{8}(3 \cdot \varphi(8) + 3^2 \cdot \varphi(4) + 3^4 \cdot \varphi(2) + 3^8 \cdot \varphi(1)) \\ &= \frac{1}{8}(3 \times 4 + 3^2 \times 2 + 3^4 + 3^8) \\ &= 834. \end{aligned}$$

习 题 7.4

1. 试证:数论函数 $\Lambda(n)$是 $-\mu(n)\ln n$ 的默比乌斯变换.

2. 试证:$g(n)$的默比乌斯变换的默比乌斯变换为 $\sum_{d_1 \mid n} g(d_1) d\left(\frac{n}{d_1}\right)$,这里 $d(n) = \sum_{d \mid n} 1$.

3. 设 α 为实数,定义 $\varphi_\alpha(n) = \sum_{\substack{1 \leqslant m \leqslant n \\ (m,n)=1}} m^\alpha$,试证:$\sum_{d \mid n} \frac{\varphi_\alpha(d)}{d^\alpha} = \frac{1}{n^\alpha} \sum_{k=1}^{n} k^\alpha$.

4. 有三种不同颜色的珠子,取出 6 个珠子穿成一条项链,问共可组成多少种不同花色的项链(不允许翻转)?

7.5 数论函数的均值

定义 7.5 设 $f(n)$定义在正整数集合上，我们称

$$\frac{1}{x}\sum_{n\leqslant x}f(n)$$

为数论函数 $f(n)$的均值.

尽管许多重要数论函数的取值很不规则，例如 $d(n)$，$\varphi(n)$，$\mu(n)$ 等等，但这些函数的均值往往具有良好的特性. 又如，我们以 $r(n)$ 表示 n 写成两整数平方和的方法数，数论函数 $r(n)$ 也是不规则的. 在几何上，$r(n)$ 恰好是圆周 $x^2+y^2=n$ 上的整点个数，所以对每个正实数 M，$\sum\limits_{n\leqslant M}r(n)$ 就是圆 $x^2+y^2=M$ 内部的整点数.

下面的定理 7.10 表明，这是一个具有良好性质的函数. 先介绍符号 O：

设 $f(x)$是任一函数，$g(x)$是一正值函数，若能找到一个正数 A（它是与 x 无关的常数），使得对充分大的 x，恒有 $|f(x)|\leqslant Ag(x)$，则我们说，当 $x\to\infty$ 时

$$f(x)=O(g(x)).$$

定理 7.10 $\sum\limits_{n\leqslant x}r(n)=\pi x+O(\sqrt{x})(x\to+\infty)$.

证 平面上的整点把平面分成一些边长为 1 的单位正方形，我们把每个整点对应于它右上方的那个单位正方形. 由于 $\sum\limits_{n\leqslant x}r(n)$ 是圆盘

$$X^2+Y^2\leqslant x$$

中的整点个数，如果这些整点对应的那些单位正方形构成区域 S 的面积为 $\sum\limits_{n\leqslant x}r(n)$，不难看出 S 包含在圆盘 $X^2+Y^2\leqslant(\sqrt{x}+\sqrt{2})^2$ 之中，而圆盘 $X^2+Y^2\leqslant(\sqrt{x}-\sqrt{2})^2$ 又在 S 之中，于是

$$\pi(\sqrt{x}-\sqrt{2})^2\leqslant\sum_{n\leqslant x}r(n)\leqslant\pi(\sqrt{x}+\sqrt{2})^2.$$

由此即知

$$\sum_{n\leqslant x}r(n)=\pi x+O(\sqrt{x})\quad(x\to+\infty).$$ □

为了研究其他数论函数的均值，我们需要一些引理.

引理 1 设 a 为整数，实值函数 $f(t)$ 在$[a,+\infty)$ 上可积，并且是取正值的增函数，则对每个实数 A，有 $\left|\sum\limits_{a\leqslant n\leqslant A}f(n)-\int_a^A f(t)\mathrm{d}t\right|\leqslant f(A)$.

证 由图 7.6，可知

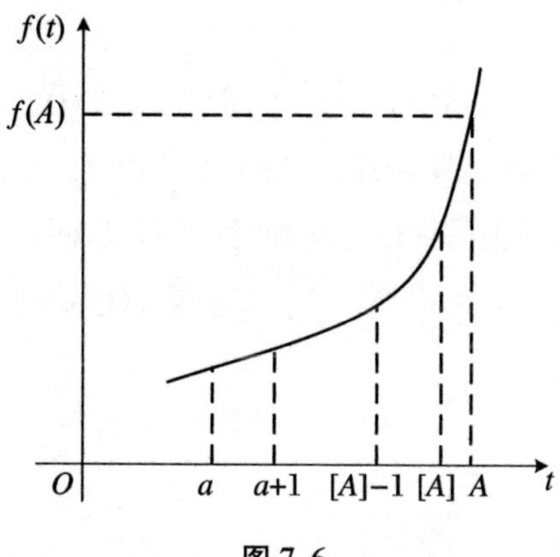

图 7.6

$$\int_a^A f(t)\mathrm{d}t \leqslant f(a+1)+f(a+2)+\cdots+f([A])+f(A)(A-[A])$$
$$\leqslant f(a)+f(a+1)+\cdots+f([A])+f(A),$$
$$\int_a^A f(t)\mathrm{d}t \geqslant f(a)+f(a+1)+\cdots+f([A]-1)+f([A])(A-[A])$$
$$\geqslant f(a)+f(a+1)+\cdots+f([A]-1)+f([A])-f(A).$$

因此引理1成立. □

例1 设 $\alpha>0, x\geqslant 1$,试证:

$$\sum_{1\leqslant n\leqslant x} n^\alpha = \frac{1}{\alpha+1}x^{\alpha+1}+O(x^\alpha) \quad (x\to+\infty).$$

证 令 $f(n)=n^\alpha$,则

$$\sum_{1\leqslant n\leqslant x} n^\alpha \leqslant \int_1^x t^\alpha \mathrm{d}t + f(x) = \left.\frac{t^{\alpha+1}}{\alpha+1}\right|_1^x + x^\alpha = \frac{1}{\alpha+1}x^{\alpha+1} - \frac{1}{\alpha+1} + x^\alpha$$
$$< \frac{1}{\alpha+1}x^{\alpha+1} + x^\alpha.$$

于是

$$\sum_{1\leqslant n\leqslant x} n^\alpha = \frac{1}{\alpha+1}x^{\alpha+1}+O(x^\alpha) \quad (x\to+\infty).$$

引理2 设 a 为整数,实值函数 $g(t)$ 在 $[a,+\infty)$ 上可积,并且是取正值的减函数,则存在常数 c,使得对每个实数 $A\geqslant a$,有

$$\left|\sum_{a\leqslant n\leqslant A} g(n) - \left(c+\int_a^A g(t)\mathrm{d}t\right)\right| \leqslant g(A).$$

证 对于整数 $n\geqslant a$,令 $a_n = g(n) - \int_n^{n+1} g(t)\mathrm{d}t$. 由于 $g(n+1)\leqslant \int_n^{n+1} g(t)\mathrm{d}t \leqslant g(n)$,从而 $0\leqslant a_n\leqslant g(n)-g(n+1)$. 令 $S_N = \sum_{n=a}^N a_n$ ($N=a$,

$a+1, a+2, \cdots$),则

$$S_N \leqslant \sum_{n=a}^{N}(g(n)-g(n+1)) = g(a)-g(N+1) < g(a).$$

又由于 S_N 是递增数列且有上界,因而极限 $C=\lim\limits_{N\to+\infty} S_N$ 存在.

事实上,C 就是图 7.7 中阴影部分的面积之和.从而

$$0 < C - \sum_{a\leqslant n\leqslant A} a_n = \lim_{N\to+\infty}\sum_{n=[A]+1} a_n \leqslant g([A]+1) \leqslant g(A),$$

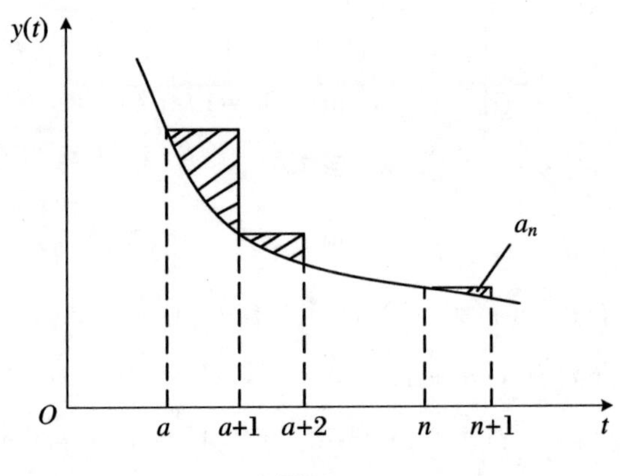

图 7.7

即 $C-g(A) \leqslant \sum\limits_{a\leqslant n\leqslant A} a_n < C$.但是

$$\sum_{a\leqslant n\leqslant A} a_n = \sum_{a\leqslant n\leqslant A} g(n) - \sum_{a\leqslant n\leqslant A}\int_n^{n+1} g(t)\mathrm{d}t = \sum_{a\leqslant n\leqslant A} g(n) - \int_a^{[A]+1} g(t)\mathrm{d}t,$$

因此

$$\begin{aligned}C+\int_a^A g(t)\mathrm{d}t - g(A) &\leqslant C+\int_a^{[A]+1} g(t)\mathrm{d}t - g(A)\\ &\leqslant \sum_{a\leqslant n\leqslant A} g(n) \leqslant \int_a^{[A]+1} g(t)\mathrm{d}t + C\\ &\leqslant C+\int_a^A g(t)\mathrm{d}t + g(A).\end{aligned}$$

综上,有

$$\left|\sum_{a\leqslant n\leqslant A} g(n) - \left(C+\int_a^A g(t)\mathrm{d}t\right)\right| \leqslant g(A).$$ □

例 2 试证:$\sum\limits_{1\leqslant n\leqslant x}\dfrac{1}{n} = \ln x + r + O\left(\dfrac{1}{x}\right)(x\to+\infty)$,这里

$$r = \lim_{n\to+\infty}\left(\sum_{k=1}^{n}\frac{1}{k} - \ln n\right) = 0.577\,215\,664\,9\cdots$$

称为欧拉常数.

证 取 $g(t)=\dfrac{1}{t}$，易知 $g(t)$ 在 $[1,+\infty)$ 上可积且是取正值的减函数. 根据引理2，得

$$\sum_{1\leqslant n\leqslant x}\frac{1}{n}\leqslant C+\int_1^x\frac{1}{x}\mathrm{d}x+g(x)=C+\ln x+\frac{1}{x},$$

即 $\sum\limits_{1\leqslant n\leqslant x}\dfrac{1}{n}=\ln x+C+O\left(\dfrac{1}{x}\right)(x\to+\infty)$. 又

$$\begin{aligned}C&=\lim_{N\to+\infty}S_N=\lim_{N\to+\infty}\sum_{n=1}^{N}\left(g(n)-\int_n^{n+1}g(t)\mathrm{d}t\right)=\lim_{N\to+\infty}\sum_{n=1}^{N}\left(\frac{1}{n}-\ln t\,\Big|_n^{n+1}\right)\\&=\lim_{N\to+\infty}\sum_{n=1}^{N}\left(\frac{1}{n}-\ln(n+1)+\ln n\right)=\lim_{N\to+\infty}\left(\sum_{n=1}^{N}\frac{1}{n}-\ln(N+1)\right)\\&=\lim_{n\to+\infty}\left(\sum_{k=1}^{n}\frac{1}{k}-\ln n\right)=r,\end{aligned}$$

故 $\sum\limits_{1\leqslant n\leqslant x}\dfrac{1}{n}=\ln x+r+O\left(\dfrac{1}{x}\right)(x\to+\infty)$.

现在我们计算均值 $\sum\limits_{n\leqslant A}d(n)$.

定理7.11 设 x 为正实数，以 $D(A)$ 表示曲线 $xy=A$ 在第一象限与两个坐标轴围成的图形 S 内坐标为正整数的整点个数，则

$$D(A)=\sum_{n\leqslant A}d(n)=A\ln A+(2r-1)A+O(\sqrt{A})\quad(n\to+\infty).$$

证 显然有

$$\sum_{n\leqslant A}d(n)=\sum_{n\leqslant A}\sum_{d\mid n}1=\sum_{d\leqslant A}\sum_{\substack{n\leqslant A\\ d\mid A}}1=\sum_{d\leqslant A}\left[\frac{A}{d}\right]=D(A).$$

为了计算整点数 $D(A)$，我们用直线 $x=y$ 将图7.8中的 S 分成两半. 由对称性可知，$D(A)$ 等于阴影内整点数的2倍再加上线段 OP 上的整点数，所以

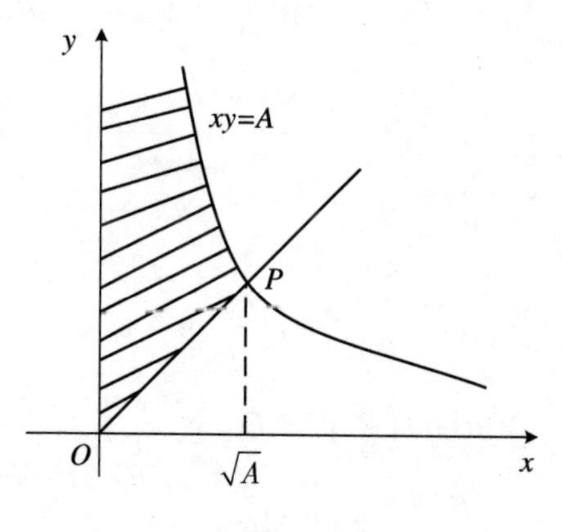

图7.8

$$
\begin{aligned}
D(A) &= 2\sum_{1\leqslant x\leqslant\sqrt{A}}\left(\left[\frac{A}{x}\right]-x\right)+[\sqrt{A}]=2\sum_{1\leqslant x\leqslant\sqrt{A}}\left(\frac{A}{x}-x\right)+O(\sqrt{A})\\
&= 2A\sum_{1\leqslant x\leqslant\sqrt{A}}\frac{1}{x}-2\sum_{1\leqslant x\leqslant\sqrt{A}}x+O(\sqrt{x})\\
&= 2A\left(\ln\sqrt{A}+r+O\left(\frac{1}{\sqrt{A}}\right)\right)-2\cdot\frac{\sqrt{A}(\sqrt{A}+1)}{2}+O(\sqrt{A})\\
&= A\ln A+(2r-1)+O(\sqrt{A}).
\end{aligned}
$$

□

最后我们来计算均值$\sum_{n\leqslant x}\varphi(n)$.

定理 7.12 $\sum_{n\leqslant x}\varphi(n)=\frac{3}{\pi^2}x^2+O(x\ln x)(x\to+\infty)$.

证 我们需要计算$\sum_{n\geqslant1}\frac{\mu(n)}{n^2}$的值.

由于极限 $\lim_{x\to+\infty}\sum_{1\leqslant n\leqslant x}\frac{1}{n^2}=\sum_{n\geqslant1}\frac{1}{n^2}=\zeta(2)$ 存在,而$|\mu(n)|\leqslant1$,可知极限 $\lim_{x\to+\infty}\sum_{1\leqslant n\leqslant x}\frac{\mu(n)}{n^2}=\sum_{n\geqslant1}\frac{\mu(n)}{n^2}$也存在,进而

$$
\begin{aligned}
\zeta(2)\cdot\sum_{n\geqslant1}\frac{\mu(n)}{n^2} &= \sum_{m\geqslant1}\frac{1}{m^2}\sum_{n\geqslant1}\frac{\mu(n)}{n^2}=\sum_{m,n\geqslant1}\frac{\mu(n)}{(mn)^2}\\
&= \sum_{t\geqslant1}\frac{1}{t^2}\sum_{n\mid t}\mu(n)=1\quad(\text{令 } t=nm),
\end{aligned}
$$

这里用到了 $t\geqslant2$ 时,$\sum_{n\mid t}\mu(n)=0$.于是

$$
\sum_{n\geqslant1}\frac{\mu(n)}{n^2}=\frac{1}{\zeta(2)}=\frac{6}{\pi^2}.
$$

由此可得

$$
\begin{aligned}
\sum_{n\leqslant x}\varphi(n) &= \sum_{n\leqslant x}n\sum_{d\mid n}\frac{\mu(d)}{d}\quad\left(\text{因为}\frac{\varphi(n)}{n}=\sum_{d\mid n}\frac{\mu(d)}{d}\right)\\
&= \sum_{d\leqslant x}\frac{\mu(d)}{d}\sum_{n\leqslant x}n=\sum_{d\leqslant x}\frac{\mu(d)}{d}\sum_{k\leqslant\frac{x}{d}}dk\quad(\text{令 } n=dk)\\
&= \sum_{d\leqslant x}\mu(d)\sum_{k\leqslant\frac{x}{d}}k\\
&= \sum_{d\leqslant x}\mu(d)\cdot\frac{1}{2}\left[\frac{x}{d}\right]\left(\left[\frac{x}{d}\right]+1\right)\\
&= \frac{1}{2}\sum_{d\leqslant x}\mu(d)\left(\frac{x}{d}\right)^2+O\left(\sum_{d\leqslant x}\frac{x}{d}\right)\\
&= \frac{x^2}{2}\sum_{d\leqslant x}\frac{\mu(d)}{d^2}+O(x\ln x)\quad\left(\text{因为}\sum_{d\leqslant x}\frac{1}{d}=O(\ln x)\right)
\end{aligned}
$$

$$= \frac{x^2}{2}\sum_{d\geqslant 1}\frac{\mu(d)}{d^2} + O\left(\frac{x^2}{2}\sum_{d\geqslant x}\frac{1}{d^2} + x\ln x\right)$$

$$= \frac{x^2}{2}\cdot\frac{6}{\pi^2} + O(x\ln x) \quad \left(因为 \lim_{x\to+\infty}\sum_{d\geqslant x}\frac{1}{d^2}\Big/\frac{1}{x} = 1\right)$$

$$= \frac{3}{\pi^2}x^2 + O(x\ln x). \qquad \square$$

习题 7.5

1. 以 N 表示圆内 $X^2 + Y^2 \leqslant x$ 的两坐标互素的整点数，试证：

$$N = \frac{6}{\pi}x + O(\sqrt{x}\ln x) \quad (x \to +\infty).$$

2. 以 M 表示球内 $X^2 + Y^2 + Z^2 \leqslant x$ 的整点数，试证：

$$M = \frac{4}{3}\pi x^{\frac{3}{2}} + O(x) \quad (x \to +\infty).$$

3. 设 $f(x)$ 为不超过 x 的无平方因数的正整数的个数，试证：

$$f(x) = \frac{6}{\pi^2}x + O(\sqrt{x}) \quad (x \to +\infty).$$

附录 1　素数与最小正原根表 $(2 \leqslant p \leqslant 5\,000)$

p	g	p	g	p	g	p	g	p	g	p	g	p	g
2	1	73	5	179	2	283	3	419	2	547	2	661	2
3	2	79	3	181	2	293	2	421	2	557	2	673	5
5	2	83	2	191	19	307	5	431	7	563	2	677	2
7	3	89	3	193	5	311	17	433	5	569	3	683	5
11	2	97	5	197	2	313	10	439	15	571	3	691	3
13	2	101	2	199	3	317	2	443	2	577	5	701	2
17	3	103	5	211	2	331	3	449	3	587	2	709	2
19	2	107	2	223	3	337	10	457	13	593	3	719	11
23	5	109	6	227	2	347	2	461	2	599	7	727	5
29	2	113	3	229	6	349	2	463	3	601	7	733	6
31	3	127	3	233	3	353	3	467	2	607	3	739	3
37	2	131	2	239	7	359	7	479	13	613	2	743	5
41	6	137	3	241	7	367	6	487	3	617	3	751	3
43	3	139	2	251	6	373	2	491	2	619	2	757	2
47	5	149	2	257	3	379	2	499	7	631	3	761	6
53	2	151	6	263	5	383	5	503	5	641	3	769	11
59	2	157	5	269	2	389	2	509	2	643	11	773	2
61	2	163	2	271	6	397	5	521	3	647	5	787	2
67	2	167	5	277	5	401	3	523	2	653	2	797	2
71	7	173	2	281	3	409	21	541	2	659	2	809	3

续表

p	g	p	g	p	g	p	g	p	g	p	g	p	g
811	3	1 019	2	1 229	2	1 453	2	1 663	3	1 901	2	2 131	2
821	2	1 021	10	1 231	3	1 459	3	1 667	2	1 907	2	2 137	10
823	3	1 031	14	1 237	2	1 471	6	1 669	2	1 913	3	2 141	2
827	2	1 033	5	1 249	7	1 481	3	1 693	2	1 931	2	2 143	3
829	2	1 039	3	1 259	2	1 483	2	1 697	3	1 933	5	2 153	3
839	11	1 049	3	1 277	2	1 487	5	1 699	3	1 949	2	2 161	23
853	2	1 051	7	1 279	3	1 489	14	1 709	3	1 951	3	2 179	7
857	3	1 061	2	1 283	2	1 493	2	1 721	3	1 973	2	2 203	5
859	2	1 063	3	1 289	6	1 499	2	1 723	3	1 979	2	2 207	5
863	5	1 069	6	1 291	2	1 511	11	1 733	2	1 987	2	2 213	2
877	2	1 087	3	1 297	10	1 523	2	1 741	2	1 993	5	2 221	2
881	3	1 091	2	1 301	2	1 531	2	1 747	2	1 997	2	2 237	2
883	2	1 093	5	1 303	6	1 543	5	1 753	7	1 999	3	2 239	3
887	5	1 097	3	1 307	2	1 549	2	1 759	6	2 003	5	2 243	2
907	2	1 103	5	1 309	13	1 553	3	1 777	5	2 011	3	2 251	7
911	17	1 109	2	1 321	13	1 559	19	1 783	10	2 017	5	2 267	2
919	7	1 117	2	1 327	3	1 567	3	1 787	2	2 027	2	2 269	2
929	3	1 123	2	1 361	3	1 571	2	1 789	6	2 029	2	2 273	3
937	5	1 129	11	1 367	5	1 579	3	1 801	11	2 039	7	2 281	7
941	2	1 151	17	1 373	2	1 583	5	1 811	6	2 053	2	2 287	19
947	2	1 153	5	1 381	2	1 597	11	1 823	5	2 063	5	2 293	2
953	3	1 163	5	1 399	13	1 601	3	1 831	3	2 069	2	2 297	5
967	5	1 171	2	1 409	3	1 607	5	1 847	5	2 081	3	2 309	2
971	6	1 181	7	1 423	3	1 609	7	1 861	2	2 083	2	2 311	3
977	3	1 187	2	1 427	2	1 613	3	1 867	2	2 087	5	2 333	2
983	5	1 193	3	1 429	6	1 619	2	1 871	14	2 089	7	2 339	2
991	6	1 201	11	1 433	3	1 621	2	1 873	10	2 099	2	2 341	7
997	7	1 213	2	1 439	7	1 627	3	1 877	2	2 111	7	2 347	3
1 009	11	1 217	3	1 447	3	1 637	2	1 879	6	2 113	5	2 351	13
1 013	3	1 223	5	1 451	2	1 657	11	1 889	3	2 129	3	2 357	2

续表

p	g	p	g	p	g	p	g	p	g	p	g	p	g
2 371	2	2 621	2	2 833	5	3 083	2	3 343	5	3 581	2	3 823	3
2 377	5	2 633	3	2 837	2	3 089	3	3 347	2	3 583	3	3 833	3
2 381	3	2 647	3	2 843	2	3 109	6	3 359	11	3 593	3	3 847	5
2 383	5	2 657	3	2 851	2	3 119	7	3 361	22	3 607	5	3 851	2
2 389	2	2 659	2	2 857	11	3 121	7	3 371	2	3 613	2	3 853	2
2 393	3	2 663	5	2 861	2	3 137	3	3 373	5	3 617	3	3 863	5
2 399	11	2 671	7	2 879	7	3 163	3	3 389	3	3 623	5	3 877	2
2 411	6	2 677	2	2 887	5	3 167	5	3 391	3	3 631	15	3 881	13
2 417	3	2 683	2	2 897	3	3 169	7	3 407	5	3 637	2	3 889	11
2 423	5	2 687	5	2 903	5	3 181	7	3 413	2	3 643	2	3 907	2
2 437	2	2 689	19	2 909	2	3 187	2	3 433	5	3 659	2	3 911	13
2 441	6	2 693	2	2 917	5	3 191	11	3 449	3	3 671	13	3 917	2
2 447	5	2 699	2	2 927	5	3 203	2	3 457	7	3 673	5	3 919	3
2 459	2	2 707	2	2 939	2	3 209	3	3 461	2	3 677	2	3 923	2
2 467	2	2 711	7	2 953	13	3 217	5	3 463	3	3 691	2	3 929	3
2 473	5	2 713	5	2 957	2	3 221	10	3 467	2	3 697	5	3 931	2
2 477	2	2 719	3	2 963	2	3 229	6	3 469	2	3 701	2	3 943	3
2 503	3	2 729	3	2 969	3	3 251	6	3 491	2	3 709	2	3 947	2
2 521	17	2 731	3	2 971	10	3 253	2	3 499	2	3 719	7	3 967	6
2 531	2	2 741	2	2 999	17	3 257	3	3 511	7	3 727	3	3 989	2
2 539	2	2 749	6	3 001	14	3 259	3	3 517	2	3 733	2	4 001	3
2 543	5	2 753	3	3 011	2	3 271	3	3 527	5	3 739	7	4 003	2
2 549	2	2 767	3	3 019	2	3 299	2	3 529	17	3 761	3	4 007	5
2 551	6	2 777	3	3 023	5	3 301	6	3 533	2	3 767	5	4 013	2
2 557	2	2 789	2	3 037	2	3 307	2	3 539	2	3 769	7	4 019	2
2 579	2	2 791	6	3 041	3	3 313	10	3 541	7	3 779	2	4 021	2
2 591	7	2 797	2	3 049	11	3 319	6	3 547	2	3 793	5	4 027	3
2 593	7	2 801	3	3 061	6	3 323	2	3 557	2	3 797	2	4 049	3
2 609	3	2 803	2	3 067	2	3 329	3	3 559	3	3 803	2	4 051	10
2 617	5	2 819	2	3 079	6	3 331	3	3 571	2	3 821	3	4 057	5

续表

p	g	p	g	p	g	p	g	p	g	p	g
4073	3	4241	3	4421	3	4591	11	4759	3	4943	7
4079	11	4243	2	4423	3	4597	5	4783	6	4951	6
4091	2	4253	2	4441	21	4603	2	4787	2	4957	2
4093	2	4259	2	4447	3	4621	2	4789	2	4967	5
4099	2	4261	2	4451	2	4637	2	4793	3	4969	11
4111	12	4271	7	4457	3	4639	3	4799	7	4973	2
4127	5	4273	5	4463	5	4643	5	4801	7	4987	2
4129	13	4283	2	4481	3	4649	3	4813	2	4993	5
4133	2	4289	3	4483	2	4651	3	4817	3	4999	3
4139	2	4297	5	4493	2	4657	15	4831	3		
4153	5	4327	3	4507	2	4663	3	4861	11		
4157	2	4337	3	4513	7	4673	3	4871	11		
4159	3	4339	10	4517	2	4679	11	4877	2		
4177	5	4349	2	4519	3	4691	2	4889	3		
4201	11	4357	2	4523	5	4703	5	4903	3		
4211	6	4363	2	4547	2	4721	6	4909	6		
4217	3	4373	2	4549	6	4723	2	4919	13		
4219	2	4391	14	4561	11	4729	17	4931	6		
4229	2	4397	2	4567	3	4733	5	4933	2		
4231	3	4409	3	4583	5	4751	19	4937	3		

附录2 佩尔方程的最小正解表 $(2\leqslant N\leqslant 100)$

$(x^2-Ny^2=1)$

N	(x_1,y_1)	N	(x_1,y_1)	N	(x_1,y_1)
2	(3,2)	37	(73,12)	69	(7 775,936)
3	(2,1)	38	(37,6)	70	(251,30)
5	(9,4)	39	(25,4)	71	(3 480,413)
6	(5,2)	40	(19,3)	72	(17,2)
7	(8,3)	41	(2 049,320)	73	(2 281 249,267 000)
8	(3,1)	42	(13,2)	74	(3 699,430)
10	(19,6)	43	(3 482,531)	75	(26,3)
11	(10,3)	44	(199,30)	76	(57 799,6 630)
12	(7,2)	45	(161,24)	77	(351,40)
13	(649,180)	46	(24 335,3 588)	78	(53,6)
14	(15,4)	47	(48,7)	79	(80,9)
15	(4,1)	48	(7,1)	80	(9,1)
17	(33,8)	50	(99,14)	82	(163,18)
18	(17,4)	51	(50,7)	83	(82,9)
19	(170,39)	52	(649,90)	84	(55,6)
20	(9,2)	53	(66 249,9 100)	85	(285 769,30 996)
21	(55,12)	54	(485,66)	86	(10 405,1 122)
22	(197,42)	55	(89,12)	87	(28,3)
23	(24,5)	56	(15,2)	88	(197,21)
24	(5,1)	57	(151,20)	89	(500 001,53 000)
26	(51,10)	58	(19 603,2 574)	90	(19,2)
27	(26,5)	59	(530,69)	91	(1574,165)
28	(127,24)	60	(31,4)	92	(1 151,120)
29	(9 801,1 820)	61	(1 766 319 049,226 153 980)	93	(12 151,1 260)
30	(11,2)	62	(63,8)	94	(2 143 295,221 064)
31	(1 520,273)	63	(8,1)	95	(39,4)
32	(17,3)	65	(129,16)	96	(49,5)
33	(23,4)	66	(65,8)	97	(62 809 633,6 377 352)
34	(35,6)	67	(48 842,5 967)	98	(99,10)
35	(6,1)	68	(33,4)	99	(10,1)

($x^2-Ny^2=-1$)

N	(x_1,y_1)	N	(x_1,y_1)	N	(x_1,y_1)
2	(1,1)	37	(6,1)	73	(1 068,125)
5	(2,1)	41	(32,5)	74	(43,5)
10	(3,1)	50	(7,1)	82	(9,1)
13	(18,5)	53	(182,25)	85	(378,41)
17	(4,1)	58	(99,13)	89	(500,53)
26	(5,1)	61	(29 718,3 805)	97	(5 604,569)
29	(70,13)	65	(8,1)		

习题答案与提示

习题 1.1

1. 运用第一数学归纳法. 当 $n=3$ 时,只要取 $x=y=1$,就有 $2^3=7\times1^2+1^2$,命题成立. 假设 $n=k\geqslant3$ 时命题成立,即存在奇数 x,y 使 $2^k=7x^2+y^2$. 我们取 $x_1=\frac{1}{2}(x-y)$, $y_1=\frac{1}{2}(7x+y)$,以及 $x_2=\frac{1}{2}(x+y)$, $y_2=\frac{1}{2}(-7x+y)$. 因为 x 和 y 都是奇数,所以 x_1,y_1,x_2,y_2 均为整数. 注意到 $x_1+y_1=4x$, $x_2+y_2=-3x+y$ 均为偶数,则 x_1 与 y_1、x_2 与 y_2 同奇同偶,而 $x_1+x_2=x$ 为奇数,知 x_1 与 x_2 必为一奇一偶. 不妨设 x_1 为奇数,则 x_1,y_1 同为奇数. 又 $7x_1^2+y_1^2=2(7x^2+y^2)=2\times2^k=2^{k+1}$,所以当 $n=k+1$ 时,命题也成立.

2. 经验算,知 $n=1,2$ 时,命题成立. 假设 $n=k-1$ 及 $n=k$ 时命题成立,那么当 $n=k+1$ 时,可推得命题也成立. 因此根据第二数学归纳法,对于任意正整数 n,命题成立.

3. 运用跷跷板归纳法. 这里命题 A_n 是"$S_{2n-1}=\frac{1}{2}n(4n^2-3n+1)$",命题 B_n 是"$S_{2n}=\frac{1}{2}n(4n^2+3n+1)$".

4. 设 $S_l=1+2+\cdots+l=\frac{1}{2}l(l+1)$,并约定 $S_0=0$,则 $m+\frac{1}{2}(m+n-2)(m+n-1)=m+S_{m+n-2}$. 先证存在性,即证对任意正整数 k,存在两个正整数 m 和 n,使下式成立: $k=m+S_{m+n-2}$.

当 $k=1$ 时,取 $m=n=1$,结论显然成立. 假设 $k=r$ 时结论成立,即存在正整数 u,v,使得 $r=u+S_{u+v-2}$ 成立. 于是 $r+1=u+1+S_{u+v-2}=u+1+S_{(u+1)+(v-1)-2}$. 如果 $v>1$,则 $u+1$ 和 $v-1$ 均为正整数,结论对 $k=r+1$ 成立;如果 $v=1$,则有 $r+1=u+1+S_{u-1}=1+S_u=1+S_{1+(u+1)-2}$,显然 1 和 $u+1$ 均为正整数,故此种情形的结论对 $k=r+1$ 也成立.

再证唯一性,即证对任意正整数 m_1,m_2,n_1,n_2,如果 $m_1+S_{m_1+n_1-2}=m_2+S_{m_2+n_2-2}$,那么一定有 $m_1=m_2$, $n_1=n_2$. 假设 $m_1>m_2$ 或 $m_2>m_1$,则 $m_1-m_2=S_{m_2+n_2-2}-S_{m_1+n_1-2}=(m_1+n_1-1)+(m_1+n_1)+\cdots+(m_2+n_2-2)\geqslant m_1+n_1-1\geqslant m_1$,或 $m_2-m_1=S_{m_1+n_1-2}-S_{m_2+n_2-2}=(m_2+n_2-1)+(m_2+n_2)+\cdots+(m_1+n_1-2)\geqslant m_2+n_2-1\geqslant m_2$. 但以上两个不等式都与 m_1,m_2 是正整数这一条件相矛盾,所以 $m_1=m_2$. 此时 $S_{m_1+n_1-2}=S_{m_2+n_2-2}$,

即$\frac{1}{2}(m_1+n_1-2)(m_1+n_1-1)=\frac{1}{2}(m_1+n_2-2)(m_1+n_2-1)$,整理得$(n_1-n_2)(n_1+n_2+2m_1-3)=0$. 故$n_1=n_2$.

习题 1.2

1. $mq+np=(mn+pq)-(n-q)(m-p)$.

2. $n^k-1=((n-1)+1)^k-1=(n-1)^2((n-1)^{k-2}+\cdots+C_k^{k-2})+k(n-1)$.

3. $f(n)=\frac{1}{6}n(n+1)(2n+1)=\frac{1}{6}(n-1)n(n+1)+\frac{1}{6}n(n+1)(n+2)$.

4. 设$n=2m+1$,则$n^4+4n^2+11=8m(m+1)(2m^2+2m+3)+16$.

5. 当$n=k+1$时,$3^{k+2}+3^k+6^{2k}=3(3^{k+1}+3^{k-1}+6^{2(k-1)})+33\times 6^{2(k-1)}$.

6. 所求的三个数为2,3,7.

7. 只需证$100\mid(2^{2n}(2^{2n+1}-1)-28)$.

8. 运用第一数学归纳法.

9. 设$a=3q_1+1$或$a=3q_1+2$,$b=3q_2+1$或$b=3q_2+2$,考虑$a+b$和$a-b$.

10. 设k是满足条件$3^k\leqslant 2n+1$的最大整数,Q是所有不大于$2n+1$的非3的倍数的正整数的乘积,则

$$3^{k-1}QS=3^{k-1}Q\left(\frac{1}{3}+\frac{1}{5}+\cdots+\frac{1}{2n+1}\right)$$

的展开式中,除$3^{k-1}Q\cdot\frac{1}{3^k}=\frac{1}{3}Q$为分数外,其余各项均为整数.所以$3^{k-1}QS$不是整数,因而$S$不是整数.

11. 易知存在$k>0$,使得$\frac{k(k-1)}{2}\leqslant n<\frac{(k+1)k}{2}$.设$l=n-\frac{k(k-1)}{2}$,则有$n=\frac{k(k-1)}{2}+l(0\leqslant l<k)$.若还有$k_1,l_1$,使得$n=\frac{k_1(k_1-1)}{2}+l_1(0\leqslant l_1<k_1)$,且$k\neq k_1$.可假设$k\geqslant k_1+1$,则由$\frac{k(k-1)}{2}-\frac{k_1(k_1-1)}{2}=l_1-l$,知该式右边$l_1-l\leqslant l_1<k_1$,而左边$\geqslant\frac{k_1(k_1+1)}{2}-\frac{k_1(k_1-1)}{2}=k_1$,矛盾.故$k=k_1$,从而$l=l_1$.

12. 运用定理1.3.

习题 1.3

1. $p=3$.

2. $p=3$或7.

3. 因为p为大于5的素数,所以$p\neq 3k$.又$p\neq 3k+1$(k为正整数),否则$2p+1=6k+3=3(2k+1)$就不是素数,由此可得$p=3k+2$(k为正整数).此时$4p+1=12k+3=3(4k+1)$是合数.

4. 用类似例5的方法证明.

5. 必要性易证.下证充分性.若奇数 $n\geqslant3$ 是合数,设 $n=n_1n_2$, $n_2\geqslant n_1\geqslant3$,可取 $m_0=n_2-\frac{n_1-1}{2}$, $k_0=n_1-1$,得 $n_1=k_0+1$, $n_2=\frac{2m_0+k_0}{2}$.故

$$n=n_1n_2=\frac{(k_0+1)(2m_0+k_0)}{2}=m_0+(m_0+1)+\cdots+(m_0+k_0).$$

而 $n_1\geqslant3$,即 $k_0=n_1-1\geqslant2$.故 n 可表示为三个或三个以上相邻正整数之和.

6. 当 $m=ab$, $1<a\leqslant b<m$ 且 $m\geqslant6$ 时,若 $a\neq b$,那么 $(m-1)!$ 中有数 a 及 b,所以 $m=ab\mid(m-1)!$.若 $a=b$,那么 $m=a^2\geqslant6$.此时 $a>2$, $2a<a^2$.于是 $2a\leqslant a^2-1=m-1$,即在 $(m-1)!$ 中有数 a 及 $2a$,所以 $m=a^2\mid(m-1)!$.反之,当 $m=p$ 为素数时, $p\nmid(p-1)!$;当 m 为 $\leqslant5$ 的合数即 4 时,显然有 $4\nmid(4-1)!$.

7. 当 $n=2k$ 时, $n^4+4^n=16k^4+16^k=16(k^4+16^{k-1})$;当 $n=2k+1$ 时, $n^4+4^n=n^4+4^{2k+1}=(n^2+2^{2k+1}+2^{k+1}n)(n^2+2^{2k+1}-2^{k+1}n)$.

8. (1) 取 $n=20$,则 $6n-1=119=7\times17$, $6n+1=121=11\times11$ 均为合数.

(2) 由(1),取 $n=77k+20$(k 为非负整数)便符合要求.

9. 如果 $n!+j(j=2,\cdots,n)$ 有一个素因数 $p\geqslant n$,那么在 $2\leqslant i\leqslant n(i\neq j)$ 时,因 $n!+i=(n!+j)+(i-j)$,而 $0<|i-j|<n$,所以 $p\nmid(n!+i)$.如果 $n!+j(j=2,\cdots,n)$ 的素因数都小于 n,那么 $\frac{n!}{j}+1$ 的素因数 $p<n$,对于 $2\leqslant i\leqslant n(i\neq j)$,因为 $p\nmid\frac{n!}{j}$,所以 $p\nmid i$,而 $p\mid n!$,故 $p\nmid(n!+i)$.

10. 所有大于 9 的奇合数 n,满足 $n^2\mid(n-1)!$.

11. 运用第二数学归纳法.

12. 6 个小于 160 而成等差数列的素数为 7,37,67,97,127,157.

13. 易知

$$\prod_{i=1}^{s}\left(1-\frac{1}{p_i}\right)^{-1}=1+\frac{1}{2}+\frac{1}{3}+\frac{1}{4}+\cdots+\frac{1}{N}+\frac{1}{N_1}+\frac{1}{N_2}+\cdots.$$

因为 $p_1,p_2,\cdots,p_s$ 是不超过 N 的全部素数,所以上式右边的前 N 项是 1 到 N 的全部正整数的倒数,但 N 以后的正整数 $N+1,N+2,\cdots$,都不一定在 $N_1,N_2,\cdots$ 中出现,故 $\prod_{i=1}^{s}\left(1-\frac{1}{p_i}\right)^{-1}>\sum_{n=1}^{N}\frac{1}{n}$.考虑到 N 无限增大时, $\sum_{n=1}^{N}\frac{1}{n}$ 无限增大,由此推出 s 也无限增大,这样就证明了素数有无穷多个.

习题 1.4

1. 设 $m=2^n\cdot k$(n 为非负整数, k 为正奇数).若 $k>1$,则 $2^m+1=(2^{2^n})^k+1=(2^{2^n}+1)((2^{2^n})^{k-1}-(2^{2^n})^{k-2}+\cdots-2^{2^n}+1)$ 为合数,故必有 $k=1$.

2. (1) 由已知得 $A_{n+1}-1=A_n(A_n-1)$,即 $A_n\mid(A_{n+1}-1)$ 且 $(A_n-1)\mid(A_{n+1}-1)$.不妨设 $m>n$,则 $A_n\mid(A_{n+1}-1)$, $(A_{n+1}-1)\mid(A_m-1)$,即 $A_n\mid(A_m-1)$.故存在整数 q,使得 $A_m-1=qA_n$.若 $d\mid A_m$,则由 $d\mid A_n$,得 $d\mid1$,与 $d>1$ 矛盾.因此若 $m\neq n$, $d>1$ 且 $d\mid A_n$,则 $d\nmid A_m$.这说明当 $m\neq n$ 时, A_m 中的素因数与 A_n 中的素因数完全不同,

而 $A_1,A_2,\cdots,A_n,\cdots$ 有无穷多个，故不同的素因数也有无穷多个. 由此推出素数有无穷多个.

(2) 用第一数学归纳法.

习题 1.5

1. (1) $(4\,935,13\,912)=47$;(2) $(51\,425,13\,310)=605$.

2. 设$(2^m-1,2^n+1)=d$,则有 $2^m=ds+1(s>0)$,$2^n=dt-1(t>0)$. 由此可得

$$2^{nm}=(ds+1)^n=kd+1(k>0),\quad 2^{nm}=(dt-1)^m=hd-1(h>0),$$

故$(h-k)d=2$,从而 $d\mid 2$,即 $d=1$ 或 2. 但 2^m-1 与 2^n+1 都是奇数,因此 $d=1$.

3. 设 $d=ax_0+by_0$,易知 $d\mid(ax+by)$. 令 $x=1,y=0$,得 $d\mid a$;令 $x=0,y=1$,得$d\mid b$. 故 $d\mid(a,b)$,即$(ax_0+by_0)\mid(a,b)$. 又$(a,b)\mid(ax_0+by_0)$,故$(a,b)=ax_0+by_0$.

4. 运用欧几里得算法和定理 1.10.

5. 选择一个素数 $p>n$ 和一个整数$N\geqslant p+(n-1)n!$,则数列

$$N!+p,N!+p+n!,N!+p+2n!,\cdots,N!+p+(n-1)n!$$

是符合要求的等差数列.

习题 1.6

1. (1) 原式 $=1$. (2) 当 $n=3k$ 或$n=3k+2$ 时,原式 $=1$;当 $n=3k+1$ 时,原式 $=3$.

2. 设 p_1,p_2,p_3,p_4 是互不相等的素数,取 $p_1p_2p_3,p_1p_2p_4,p_1p_3p_4,p_2p_3p_4$.

3. $(353\,430,530\,145,165\,186)=189$.

4. 根据定理 1.14 的推论 2,展开等式两边可得.

习题 1.7

1. 用类似例 2 的方法证明.

2. 因为 $a>1,b>1,(a,b)=1$,故存在整数 k,l',使得 $ka+l'b=1$. 不妨设 $k>0$,则 $l'<0$. 记 $l=-l'>0$,则有 $ka-lb=1$. 令 $k=bq+\xi(0<\xi<b$,这里 $\xi\neq 0$,否则与 $b>1$ 矛盾),代入得 $1=a\xi+abq-lb=a\xi-b(l-aq)$. 记 $\eta=l-aq$,则有 $a\xi-b\eta=1$. 现在只需证 $0<\eta<a$. 因为 $a>1,\xi\geqslant 1$,故 $b\eta=a\xi-1>0$. 又 $b>0$,所以 $\eta>0$. 另外 $\xi<b$,故 $a\xi<ab$. 由此得 $b\eta=a\xi-1<a\xi<ab$. 由 $b>1$,又证得 $\eta<a$.

3. 仅有唯一的数组$(1,2,3)$.

4. 由题意,知 $a+b=\dfrac{ab}{c}$. 因为 a,b 是正整数,故有 $c=st$,使得 $s\mid a,t\mid b$. 由$(a,b)=1$,知$(s,t)=1$. 记 $a=ms,b=rt$,代入得 $ms+rt=mr$,证 $m=r$,则 $s+t=r$. 从而得 $a+b=r(s+t)=r^2,a-c=s(r-t)=s^2,b-c=t(r-s)=t^2$.

5. 用类似 1.2 节例 6 的方法证明.

6. $s=4,t=-9$.

习题 1.8

1. 甲轮转 17 周，乙轮转 23 周.

2. $\{a,b\}=\{10,100\},\{100,10\},\{20,50\},\{50,20\}$.

3. $[n,n+1,n+2]=n(n+1)(n+2)$（n 为奇数）或$\frac{n(n+1)(n+2)}{2}$（n 为偶数）.

习题 1.9

1. $81\,057\,226\,635\,000=2^3\times3^3\times5^4\times7^3\times11^2\times17\times23\times37$.

2. $(198,240,360)=2\times3=6$；$[198,240,360]=2^4\times3^2\times5\times11=7\,920$.

3. $a=144,b=24$，或 $a=48,b=72$，或 $a=72,b=48$，或 $a=24,b=144$.

4. 设 $d=p_1p_2\cdots p_{\omega(d)}$，$d_1=p_1^{e_1}p_2^{e_2}\cdots p_{\omega(d)}^{e_{\omega(d)}}$，$d_2=p_1^{f_1}p_2^{f_2}\cdots p_{\omega(d)}^{f_{\omega(d)}}$. 因为$[d_1,d_2]=d$，所以 $\max\{e_i,f_i\}=1(i=1,2,\cdots,\omega(d))$，即 $e_i=0,f_i=1$，或 $e_i=1,f_i=0$，或 $e_i=1,f_i=1$. 因为每一素因数 p_i 的幂次都有这三种取法，故满足$[d_1,d_2]=d$ 的正整数对 d_1,d_2 共有 $3^{\omega(d)}$ 组.

习题 1.10

1. 由例 3 知道，p 只可表示成 $30k+1,30k+7,30k+11,30k+13,30k+17,30k+19,30k+23,30k+29$. 一一验证，可知结论成立.

2. 假设 n 是合数，则 n 必有素因数 $p\leqslant\sqrt{n}$. 而 $p_1,p_2,\cdots,p_k$ 是$\leqslant\sqrt{n}$的全体奇素数，故 $p_1,p_2,\cdots,p_k$ 中必有 n 的一个素因数，不妨设这个素因数为 p_i，则 $n=p_im$. 由 $a-b=p_im$，$a+b=p_1p_2\cdots p_i\cdots p_k$ 得 $2a=p_iM$，$2b=p_iN$，这里 M,N 是正偶数，所以 $p_i\mid(a,b)$. 但这与$(a,b)=1$ 矛盾.

3. 若有素数 p 满足$p\mid a_i$，$p\mid a_j\ (i\neq j)$，则 $p\mid(a_i-a_j)$，即 $p\mid(i-j)P_n$. 另一方面，因为 $p\mid a_i$，故 $p\nmid P_n$. 又由 $p\mid a_i$，知 $p\geqslant p_n>n$，但 $0<|i-j|<n$，故 $p\nmid(i-j)$，于是 $p\nmid(i-j)P_n$. 此矛盾说明：当 $i\neq j$ 时，$(a_i,a_j)=1$.

习题 1.11

1. 当 $n>2$ 时，有不等式：$\frac{n+1}{4}<\frac{n(n+1)}{4n-2}<\frac{n+2}{4}$. 令 $n+1=4q+r(0\leqslant r\leqslant3)$，代入不等式可证结论成立.

2. 运用定理 1.35，可得和式等于 n.

3. $x=[x]+\{x\}=1+\frac{\sqrt{5}-1}{2}=\frac{\sqrt{5}+1}{2}$.

4. 运用第二数学归纳法和定理 1.32.

5. 对于给定的正整数 n，令 $n=3s+r(0\leqslant r\leqslant2)$. 因为对任意正整数 k，当 $3\mid k$ 时，有$\left[\frac{k^2}{3}\right]=\frac{k^2}{3}$；当 $3\nmid k$ 时，有$\left[\frac{k^2}{3}\right]=\frac{k^2-1}{3}$. 所以

$$f(n)=\sum_{k=1}^{n}\frac{k^2}{3}-\frac{n-s}{3}=\frac{1}{18}n(n+1)(2n+1)-\frac{1}{3}(2s+r).$$

以下分类讨论：当 $r=0$ 时仅有素数 $f(6)=29$；当 $r=1$ 时没有素数；当 $r=2$ 时仅有素数 $f(5)=17$.

6．运用厄米特恒等式.

7．充分性易证.必要性运用反证法：

(1) 当 $m<n$ 时，取 $\alpha=\beta=\dfrac{1}{m+n+1}$.

(2) 当 $m>n$ 时，设 $m=kn+r$，则 k 为正整数，且 $0\leqslant r<n$.① 若 $r=0$ 且 $2\mid k$，取 $\alpha=\beta=\dfrac{1}{2n}$；② 若 $r=0$ 且 $2\nmid k(k\geqslant 3)$，取 $\alpha=\beta=\dfrac{k-1}{kn}$；③若 $0<r<n$，取 $\alpha=\beta=\dfrac{k}{m}=\dfrac{k}{kn+r}$.

8．A 的小数点后一位数字是 9，而前一位数字是 7.

9．易知 α 满足 $\alpha^2+\alpha-1=0$.定义数列 $F(n)=[(n+1)\alpha]$，则 $F(0)=[\alpha]=0$.问题转化为证明 $F(n)=G(n)$ 对 $n=1,2,3,\cdots$ 均成立.现在构造另一个数列：

$$S(n)=F(n)+F(F(n-1))\quad(n=1,2,3,\cdots).$$

记 $K=[n\alpha]$.由于 α 是无理数，所以 $n\alpha=K+\theta(0<\theta<1)$.此时

$$\begin{aligned}F(n)&=[(n+1)\alpha]=[n\alpha+\alpha]=[K+\theta+\alpha]=K+[\alpha+\theta],\\F(F(n-1))&=F([n\alpha])=F(K)=[(K+1)\alpha]=[K\alpha+\alpha]\\&=[(n\alpha-\theta)\alpha+\alpha]=[n\alpha^2-\theta\alpha+\alpha]\\&=[(1-\alpha)n-\theta\alpha+\alpha]=[n-n\alpha-\theta\alpha+\alpha]\\&=[n-K-\theta-\theta\alpha+\alpha]=n-K+[\alpha-(\alpha+1)\theta].\end{aligned}$$

从而有

$$S(n)=F(n)+F(F(n-1))=n+[\alpha+\theta]+[\alpha-(\alpha+1)\theta].$$

余下只需证 $[\alpha+\theta]+[\alpha-(\alpha+1)\theta]=0$.这时 $S(n)=n$.于是 $F(n)=n-F(F(n-1))$.又已知 $F(0)=0$，即 F 与 G 是按同一递归方式来定义的，故 $G(n)=F(n)=[(n+1)\alpha]$.

习题 1.12

1．48.

2．$30!=2^{26}\cdot3^{14}\cdot5^{7}\cdot7^{4}\cdot11^{2}\cdot13^{2}\cdot17\cdot19\cdot23\cdot29$.

3．1 497.

4．由 $n+\sum\limits_{k=1}^{\infty}\left[\dfrac{n}{2^k}\right]>2\sum\limits_{k=1}^{\infty}\left[\dfrac{n}{2^k}\right]$，知 $\dfrac{(2n)!}{(n!)^2}$ 的标准分解式中 2 的指数至少为 1.

5．证 $C_{2^n}^{2^k-1}$ 中 2 的指数为 $(2^n-1)-(2^k-k-1)-(2^n-2^k-n+k)=n$.

6．设 $p_1,p_2,\cdots,p_k$ 是不超过 $2n$ 的全部素数，对于每一个 $i(i=1,2,\cdots,k)$，α_i 表示适合 $p_i^s\leqslant 2n$ 的整数 s 中的最大者，则在 C_{2n}^{n} 的标准分解式中，p_i 的指数为

$$\sum_{t=1}^{\alpha_i}\left(\left[\frac{2n}{p_i^t}\right]-2\left[\frac{n}{p_i^t}\right]\right)\quad(i=1,2,\cdots,k).$$

另一方面,1,2,3,…,2n 的最小公倍数是 $p_1^{\alpha_1}p_2^{\alpha_2}\cdots p_k^{\alpha_k}$. 现在我们的问题转化为证明 $\sum_{t=1}^{\alpha_i}\left(\left[\frac{2n}{p_i^t}\right]-2\left[\frac{n}{p_i^t}\right]\right)\leqslant\alpha_i(i=1,2,\cdots,k)$. 由 $0\leqslant[2x]-2[x]\leqslant 1$,可推出需证的结论.

7. 如果 $n=2^{k-1}$,那么 $n!$ 的标准分解式中 2 的指数是 $n-1$,,它能被 2^{n-1}整除. 反之,若 n 是不等于 2 的某个非负整数次幂,则 $n!$ 的标准分解式中 2 的指数小于或等于 $n-2$,从而 $2^{n-1}\nmid n!$.

8. 当 $n=p^k$(p 为素数)时,$C_n^1,C_n^2,\cdots,C_n^{n-1}$ 的最大公因数为 p;当 $n\neq p^k$(p 为素数)时,$C_n^1,C_n^2,\cdots,C_n^{n-1}$ 的最大公因数为 1.

习题 1.13

1. $d(1\,125)=12$.

2. 当 $d(n)=8$ 时,$n_{\min}=2^3\times 3=24$;当 $d(n)=10$ 时,$n_{\min}=2^4\times 3=48$.

3. 在 10 000 以内只有 $n=5\,040,7\,920,8\,400,9\,360$ 满足要求.

4. 当 $x=1$ 时,由于 $f(1)=1$,而且当 $y>1$ 时,必有 $f(y)\geqslant y>1$,故 $y=x=1$.因此结论在 $x=1$ 时成立.当 $x>1$ 时,设 x 的标准分解式为 $x=p_1^{r_1}p_2^{r_2}\cdots p_k^{r_k}$,则 $d(x)=(r_1+1)(r_2+1)\cdots(r_k+1)$. 当 d 取遍 x 的全体正因数时,$\frac{x}{d}$ 也取遍 x 的全体正因数,故由

$$f^2(x)=\Big(\prod_{d\mid x}d\Big)^2=\prod_{d\mid x}d\cdot\prod_{d\mid x}d=\prod_{d\mid x}d\cdot\prod_{d\mid x}\frac{x}{d}=\prod_{d\mid x}\Big(d\cdot\frac{x}{d}\Big)=\prod_{d\mid x}x=x^{d(x)},$$

得 $f(x)=x^{\frac{d(x)}{2}}$.同理 $f(y)=y^{\frac{d(y)}{2}}$.于是 $x^{d(x)}=y^{d(y)}$.下用用反证法证明 $x=y$.

5. 令 $n=2^{p-1}p$,则有 $m=2^{p-2}$.

习题 1.14

1. $\sigma(232\,848)=848\,160$.

2. 满足条件的所有正整数 $n=2^e p_1^{2e_1}\cdots p_k^{2e_k}$,这里 e 与 $e_i(i=1,\cdots,k)$均为非负整数.

3. n 为不同的梅森素数的积.

4. 用类似定理 1.39 的方法证明.

5. 当 $k>1$ 时,k 至少有两个不同的正因数 1 和 k,故 $\sigma(k)\geqslant k+1$.若 $k=p_1^{r_1}p_2^{r_2}\cdots p_t^{r_t}$ 是 k 的标准分解式,则有

$$\sigma(k)=\prod_{i=1}^{t}\frac{p_i^{r_i+1}-1}{p_i-1}=k\prod_{i=1}^{t}\Big(1+\frac{1}{p_i}+\cdots+\frac{1}{p_i^{r_i}}\Big).$$

当 $2\mid k$ 时,k 有素因数 2,故 $\sigma(k)\geqslant\frac{3}{2}k$;当 $3\mid k$ 时,k 有素因数 3,故 $\sigma(k)\geqslant\frac{4}{3}k$;当 $6\mid k$ 时,k 有素因数 2 和 3,故 $\sigma(k)\geqslant 2k$.对于正整数 t,设 $g(t,j)=\sum_{i=0}^{t}\sigma(6i+j)(j=0,1,\cdots,5)$,由

$$\sigma(6i)\geqslant 12i\ (i\geqslant 1),\quad \sigma(6i+1)\geqslant 6i+2\ (i\geqslant 1),$$
$$\sigma(6i+2)\geqslant 9i+3\ (i\geqslant 0),\quad \sigma(6i+3)\geqslant 8i+4\ (i\geqslant 0),$$

$$\sigma(6i+4)\geqslant 9i+6\ (i\geqslant 0),\quad \sigma(6i+5)\geqslant 6i+6\ (i\geqslant 0),$$

可得

$$g(t,0)=\sum_{i=0}^{t}\sigma(6i)\geqslant\sum_{i=1}^{t}12i=6t^2+6t,$$

$$g(t,1)=\sum_{i=0}^{t}\sigma(6i+1)\geqslant\sigma(1)+\sum_{i=1}^{t}(6i+2)=3t^2+5t+1,$$

$$g(t,2)=\sum_{i=0}^{t}\sigma(6i+2)\geqslant\sum_{i=0}^{t}(9i+3)=\frac{9}{2}t^2+\frac{15}{2}t+3,$$

$$g(t,3)=\sum_{i=0}^{t}\sigma(6i+3)\geqslant\sum_{i=0}^{t}(8i+4)=4t^2+8t+4,$$

$$g(t,4)=\sum_{i=0}^{t}\sigma(6i+4)\geqslant\sum_{i=0}^{t}(9i+6)=\frac{9}{2}t^2+\frac{21}{2}t+6,$$

$$g(t,5)=\sum_{i=0}^{t}\sigma(6i+5)\geqslant\sum_{i=0}^{t}(6i+6)=3t^2+9t+6.$$

又 $f(n)=\sum_{j=0}^{5}g\left(\left[\frac{n-j}{6}\right],j\right)$，其中 $\left[\frac{n-j}{6}\right]$ 是 $\frac{n-j}{6}$ 的整数部分，而任意给定的正整数 $n(n\geqslant 6)$ 都可唯一表示成 $n=6s+r$，这里 s 是正整数，r 是适合 $0\leqslant r\leqslant 5$ 的整数，故当 $n=6s+5$ 且 $s\geqslant 5$ 时，由 $\left[\frac{n-j}{6}\right]=s\ (j=0,1,\cdots,5)$，可得

$$f(n)=f(6s+5)=\sum_{j=0}^{5}g(s,j)\geqslant 25s^2+46s+20$$

$$>\frac{25}{36}(36s^2+66s+30)=\frac{25}{36}(6s+5)(6s+6)=\frac{25}{36}n(n+1).$$

因此结论在 $n=6s+5$ 且 $s\geqslant 5$ 时成立. 通过计算可得 $f(5)=21$，$f(11)=29$，$f(17)=238$，$f(23)=431$，$f(29)=690$，故在 $n=6s+5$ 且 $0\leqslant s\leqslant 4$ 时，结论也成立. 类似可证：$n=6s+r$ $(r=0,1,2,3,4)$ 且 s 是正整数时结论成立.

习题 1.15

1. 设 $N=p_1^{2a_1}p_2^{2a_2}\cdots p_s^{2a_s}$ $(a_i\geqslant 0, p_i$ 是素数，$i=1,2,\cdots,s, p_1<p_2<\cdots<p_s)$，则 $\sigma(N)=(p_1^{2a_1}+\cdots+1)\cdots(p_s^{2a_s}+\cdots+1)$，这里每一个因数 $p_i^{2a_i}+\cdots+1$ 都是奇数个奇数之和，故 $\sigma(N)$ 是奇数，所以 N 不可能是完全数.

2. 分 $p=3, p=6k+1, p=6k+5$ 三种情形讨论.

3. 注意 $9\,363\,584=2^7\times 191\times 383$，$9\,437\,056=2^7\times 73\,727$.

4. 设 p^e 与 n 是一对亲和数，则由 $\sigma(p^e)=\sigma(n)=p^e+n$ 可得结论.

5. 设 $n=p_1^{\alpha_1}p_2^{\alpha_2}\cdots p_k^{\alpha_k}$，$Q_i=\sigma(p_i^{\alpha_i})(i=1,2,\cdots,k)$. 若 $\sigma(n)=2n$，则 $2p_1^{\alpha_1}p_2^{\alpha_2}\cdots p_k^{\alpha_k}=Q_1Q_2\cdots Q_k$. 因此 $Q_1,Q_2,\cdots,Q_k$ 中有一个数，比方说 Q_1，是一个奇数的 2 倍，而其余各数均为奇数. 又若 $p_i^{\alpha_i}=p_i^{2\beta_i+1}(i=2,3,\cdots,k)$，则 $Q_i=\sigma(p_i^{\alpha_i})=\sigma(p_i^{2\beta_i+1})=1+p_i+p_i^2+\cdots+p_i^{2\beta_i+1}$ 是偶数，故 $p_i^{\alpha_i}=p_i^{2\beta_i}(i=2,3,\cdots,k)$，即 $p_2^{\alpha_2}\cdots p_k^{\alpha_k}=p_2^{2\beta_2}\cdots p_k^{2\beta_k}=Q^2$，这里 $Q=p_2^{\beta_2}\cdots$

$p_k^{\beta_k}$.若 $p_1^{\alpha_1}=p^{4a}$,则 Q_1 是奇数;若 $p_1^{\alpha_1}=p^{4a+2}$,则 Q_1 是奇数;若 $p_1^{\alpha_1}=p^{4a+3}$,则 $Q_1=\sigma(p^{4a+3})=1+p+p^2+\cdots+p^{4a+3}$.考虑 $p=2l+1$(l 是正整数)时,$Q_1=4L$(L 为某正整数),即4的倍数.故只有 $p_1^{\alpha_1}=p^{4a+1}(a\geqslant 0)$.

6. 运用完全数、亏缺数和过剩数的定义.

7. 先证:若 n 是完全数或过剩数,则它的倍数 $mn(m=2,3,4,\cdots)$是过剩数. 再分 $n=6k$ $(k\geqslant 4)$,$n=6k+2$ $(k\geqslant 5)$,$n=6k+4$ $(k\geqslant 8)$三种情形讨论.最后考虑小于46的过剩数12,18,20,24,30,36,40和42. 很容易验证,这些数中没有两数加起来为46,因此46是不能表示成两个过剩数和的最大偶数.

习题 1.16

1. 312个.

2. 78 105.

3. 至少能被2,3,5中的两个数同时整除的数有267+134+67+66=534个. 能且仅能被2,3,5中的一个数整除的数有1 466−534=932个.

4. 35个.

5. 先证明:$\ln C_{2n}^n>(\pi(2n)-\pi(n))\ln n$,这里 $\pi(n)$ 表示不超过 n 的素数的个数.事实上,因为 $C_{2n}^n=\dfrac{(2n)!}{(n!)^2}$,所以素数 p 在 C_{2n}^n 中的指数是 $\sum\limits_{r=1}^{\infty}\left(\left[\dfrac{2n}{p^r}\right]-2\left[\dfrac{n}{p^r}\right]\right)$.因而有素因数分解式 $C_{2n}^n=\prod\limits_{2\leqslant p<2n}p^{\sum_{r=1}^{\infty}\left(\left[\frac{2n}{p^r}\right]-2\left[\frac{n}{p^r}\right]\right)}$.这里 p 取遍 $2,3,\cdots,2n-1$ 中的所有素数.上式两边同取自然对数,得 $\ln C_{2n}^n=\sum\limits_{2\leqslant p<2n}\ln p\sum\limits_{r=1}^{\infty}\left(\left[\dfrac{2n}{p^r}\right]-2\left[\dfrac{n}{p^r}\right]\right)$. 当 $n<p<2n$ 时,有 $2n<2p$,从而 $1<\dfrac{2n}{p}<2$.由此得到 $\left[\dfrac{2n}{p}\right]=1$.又由 $0<\dfrac{n}{p}<1$ 得出 $\left[\dfrac{n}{p}\right]=0$.若 $r\geqslant 2$,则 $2n<2p\leqslant p\cdot p=p^2\leqslant p^r$,所以 $\left[\dfrac{n}{p^r}\right]=\left[\dfrac{2n}{p^r}\right]=0$,从而当 $n<p<2n$ 时,$\sum\limits_{r=1}^{\infty}\left(\left[\dfrac{2n}{p^r}\right]-2\left[\dfrac{n}{p^r}\right]\right)=\left[\dfrac{2n}{p}\right]-2\left[\dfrac{n}{p}\right]=1-0=1$.于是 $\ln C_{2n}^n\geqslant\sum\limits_{n<p<2n}\ln p\sum\limits_{r=1}^{\infty}\left(\left[\dfrac{2n}{p^r}\right]-2\left[\dfrac{n}{p^r}\right]\right)=\sum\limits_{n<p<2n}\ln p>\sum\limits_{n<p<2n}\ln n=\ln n\sum\limits_{n<p<2n}1$.这里 $\sum\limits_{n<p<2n}1$ 表示大于 n 且小于 $2n$ 的整数中素数的个数,这个值等于 $\pi(2n)-\pi(n)$.然后分步骤进行:(ⅰ)当 $n\geqslant 5$ 时,证 $\dfrac{2^{2n}}{2n}<C_{2n}^n<2^{2(n-1)}$.(ⅱ)当 $n\geqslant 5$ 时,证 $\prod\limits_{n<p\leqslant 2n}p\leqslant C_{2n}^n<2^{2(n-1)}$.(ⅲ)当 $n>10$ 时,证 $\prod\limits_{10<p\leqslant n}p<2^{2n}$.(ⅳ)把 C_{2n}^n 的素因数 p 按大小分成四个部分:① 若 $p\leqslant\sqrt{2n}$,设 $p^r\leqslant 2n<p^{r+1}$,则 p 在 C_{2n}^n 中的指数小于或等于 r;② 若 $\sqrt{2n}<p\leqslant\dfrac{2}{3}n$,则 p 在 C_{2n}^n 中的指数至多为1;③ 若 $\dfrac{2}{3}n<p\leqslant n$,则 p 在 C_{2n}^n 中的指数为0;④ 若 $n<p\leqslant 2n$,则 p 在 C_{2n}^n 中的指数为1. 综合(ⅰ)~(ⅳ),可知当 $2n\geqslant 100$ 时,

$$C_{2n}^{n} \leqslant \prod_{p \leqslant \sqrt{2n}} p^{r} \prod_{\sqrt{2n} < p \leqslant \frac{2}{3}n} p \prod_{n < p \leqslant 2n} p < (2n)^{\sqrt{2n}} \cdot 2^{\frac{4}{3}n} \prod_{n < p \leqslant 2n} p.$$

如果在$(n,2n)$中无素数,则由上式给出$\dfrac{2^{2n}}{2n} < (2n)^{\sqrt{2n}} \cdot 2^{\frac{4}{3}n}$,即$2^{\frac{2}{3}n} < (2n)^{\sqrt{2n}+1}$. 由此可知必有$n < 4\,000$. 这就是说,当$n \geqslant 4\,000$时,结论成立. 对于$n < 4\,000$,我们可作如下验证. 取一串素数:2,3,5,7,13,23,43,83,163,317,631,1 259,2 503,4 001,其中每一个都小于前一个数的两倍. 一个小于4 000的正整数n必落在上列数中某相邻的两个之间,设为$p \leqslant n < p'$,则有$p \leqslant n < p' < 2p \leqslant 2n$. 即有素数$p'$在$n$和$2n$之间. 设$x \geqslant 1$,取$n = [x]$,由上述可知在$(n,2n)$中有一个素数$p$. 由于$p \geqslant n+1$,故必有$p > x$. 又$p < 2n = 2[x] \leqslant [2x] \leqslant 2x$,故在$[x,2x]$上至少有一个素数.

6. (1) 先证无穷乘积$\prod\limits_{p}\left(1 - \dfrac{1}{p}\right) = 0$,这里$p$通过所有的素数. 再证$\lim\limits_{N \to \infty} \dfrac{\pi(N)}{N} = 0$.

(2) 只需证对每一个正整数$k \geqslant 3$,都有正整数n使$k\pi(n) = n$即可. 设$f(n) = k\pi(n) - n$,选择n_0,使$f(n_0) > 0$(例如$n_0 = 2$). 由$\lim\limits_{n \to \infty} \dfrac{\pi(n)}{n} = 0$,可知当$n$充分大时$f(n)$都小于零,这样我们可以取正整数$n_1$是使$f(n) \geqslant 0$成立的最大的$n$. 对于这个$n_1$,必然有$f(n_1) = 0$. 若$f(n_1) > 0$,即$k\pi(n_1) - n_1 \geqslant 1$,则$k\pi(n_1+1) - (n_1+1) \geqslant k\pi(n_1) - k\pi(n_1) - (n_1+1) \geqslant (n_1+1) - (n_1+1) = 0$. 这与$n_1$的选择相矛盾.

习题 1.17

1. 把整数按被3除所得的余数0,1,2分成三类,每类看作一只抽屉,共三只抽屉. 4个整数放入三只抽屉里,根据原理1,至少有一只抽屉里含有两个整数. 不管在哪只抽屉里,这两个整数被3除的余数都相同,因而它们的差一定能被3整除.

2. 把这5个整数按被3除所得的余数分类,只有0,1,2三类. 任意5个整数分成这三类只有下面两种可能:某一类含有的数不少于3个或任何一类所含的数不多于2个.

在第一种情况下,可取出同一类的3个数:$3k_1 + r, 3k_2 + r, 3k_3 + r$. 则其和$(3k_1 + r) + (3k_2 + r) + (3k_3 + r) = 3(k_1 + k_2 + k_3 + r)$能被3整除;在第二种情况下,由原理1,知三类中都至少有一个数. 若每类中各取一个数,它们可以写成$3l_1, 3l_2 + 1, 3l_3 + 2$,则其和$3l_1 + (3l_2 + 1) + (3l_3 + 2) = 3(l_1 + l_2 + l_3 + 1)$也能被3整除.

3. 因为任意一个整数一定可以写成$2^k \cdot m$(k为非负整数,m为奇数)的形式,所以对于$1,2,\cdots,2n$,这$2n$个数对应的m必定是$1,3,\cdots,2n-1$这n个数中的一个. 现在从$1,2,\cdots,2n$中任取$n+1$个数,根据原理1,其中必定有两个数对应于相同的m,设这两个数分别为$2^k \cdot m$及$2^l \cdot m$,这里$k \neq l$. 不妨设$k < l$,于是$2^k \cdot m$能整除$2^l \cdot m$.

4. 由原理4,知这样的r就是满足条件$n(r-1) + 1 \leqslant m$的最大者,即满足条件$r \leqslant \dfrac{m-1}{n} + 1$中$r$的最大者,因此$r_{\max} = \left[\dfrac{m-1}{n}\right] + 1$.

5. 设这两组数分别是$a_1, a_2, \cdots, a_k$和$b_1, b_2, \cdots, b_l$. 因为这两组数都是不同的正整数,所以可设$1 \leqslant a_1 < a_2 < \cdots < a_k < n$,$1 \leqslant b_1 < b_2 < \cdots < b_l < n$. 现令$c_i = n - a_i\ (1 \leqslant i \leqslant k)$,

则由于 a_i 是不同的,以及 $a_i<n$,所以 $n>c_1>c_2>\cdots>c_k\geqslant 1$.

考察正整数 $b_1,b_2,\cdots,b_l,c_1,c_2,\cdots,c_k$. 由于总个数大于或等于 n,即 $l+k\geqslant n$ 以及每个 b_j $(1\leqslant j\leqslant l)$与 c_i $(1\leqslant i\leqslant k)$都不小于1而又不大于 $n-1$,现在我们把 $b_1,b_2,\cdots,b_l,c_1,c_2,\cdots,c_k$ 看作 $l+k$ 个物体,而把 $1,2,\cdots,n-1$ 看作 $n-1$ 只抽屉. 因为 $l+k\geqslant n$,故至少应有两个物体在同一只抽屉里,即有两个数相等. 但由于 b_j 和 c_i 都各自不相等,故落在这只抽屉里的数应分别来自 b_j $(1\leqslant j\leqslant l)$和 c_i $(1\leqslant j\leqslant k)$,所以必定有某个 b_j 和某个 c_i 相等,即 $b_j=c_i=n-a_i$,于是有 $a_i+b_j=n$.

习题 2.1

1. 由二项式定理结合 $C_p^r=\dfrac{p(p-1)\cdots(p-r+1)}{r!}(1\leqslant r\leqslant p-1)$是 p 的倍数可得.

2. 当 n 为正奇数时,$5^{2n}+3^{2n}$为17的倍数.

3. 星期五.

4. 设相邻两个整数为 $n,n+1$,则$(n+1)^3-n^3=3n^2+3n+1$. 将 $n\equiv 0,1,2,3,4\pmod 5$分别代入,可知$(n+1)^3-n^3\not\equiv 0\pmod 5$.

5. 不难验证,$2^4\equiv 1\pmod 5$,$3^4\equiv 1\pmod 5$,$4^4\equiv 1\pmod 5$. 令 $n=4k+r(r=0,1,2,3)$,则有 $1^n+2^n+3^n+4^n\equiv 1^r+2^r+3^r+4^r\equiv 1+2^r+(-2)^r+(-1)^r\pmod 5$. 将 $r=0,1,2,3$ 分别代入,可知结论成立.

6. (ⅰ) 当$3m-1$为正奇数时,设奇完全数 $n=p^{\alpha}\prod\limits_{i=1}^{s}q_i^{2\beta_i}$($p,q_i$ 为互异的奇素数,β_i 为正整数,$\alpha\equiv 1\pmod 4$,$i=1,2,\cdots,s$). 由于 n 是形如 $3m-1$ 的数,故 n 的所有素因数 $q_i\equiv 1\pmod 3$ 或 $q_i\equiv -1\pmod 3$. 因此$\prod\limits_{i=1}^{s}q_i^{2\beta_i}\equiv 1\pmod 3$,而 $n\equiv -1\pmod 3$,所以 $p^{\alpha}\equiv -1\pmod 3$. 又 α 为奇数,故 $p\equiv -1\pmod 3$. 于是 $\sigma(p^{\alpha})=\sum\limits_{k=0}^{\alpha}p^k\equiv 0\pmod 3$,即 $3\mid\sigma(p^{\alpha})$. 由 $2n=\sigma(n)=\sigma(p^{\alpha}\prod\limits_{i=1}^{s}q_i^{2\beta_i})=\sigma(p^{\alpha})\sigma(\prod\limits_{i=1}^{s}q_i^{2\beta_i})$,知$3\mid 2n$,即$3\mid n$,矛盾. 故形如$3m-1$的正奇数不是完全数.

(ⅱ) 当$3m-1$为正偶数时,设偶完全数 $n=2^{p-1}(2^p-1)$(2^p-1是梅森素数). 当素数 $p=2$ 时,$n=6\equiv 0\pmod 3$;当素数 $p>2$ 时,令 $p=2k+1$(k 为正整数),则 $n=4^k(2\cdot 4^k-1)\equiv 1\pmod 3$. 故形如$3m-1$的正偶数不是完全数.

7. 因为 a 为正奇数,且当 $a=1$ 时,结论显然成立,故可设 $a=4k\pm 1$ (k 为正整数),于是 $a^{2^n}=(4k\pm 1)^{2^n}=(4k)^{2^n}\pm 2^n(4k)^{2^n-1}+\cdots\pm 2^n(4k)+1\equiv 1\pmod{2^{n+2}}$.

8. 用反证法.

习题 2.2

1. 由于 $330=5\times 6\times 11$,而 5,6,11 两两互素,故只需证原式能被5,6及11整除即可.

2. 只需证 $p^2\equiv 1\pmod 3$与 $p^2\equiv 1\pmod 8$.

3. 假设存在那样的正整数 N. 记 $m_j - 1 = l_j p_j\ (j = 1,\cdots,n)$. 由于 $N \mid (\sum_{j=1}^{n} m_j - 1)$, 又记 $\sum_{j=1}^{n} m_j - 1 = lN$, 所以 $l = \sum_{j=1}^{n} \frac{1}{p_j} - \frac{1}{N}$. 可证 $l + \sum_{j=1}^{n} l_j \equiv 0 \pmod N$. 但

$$\begin{aligned}0 < l + \sum_{j=1}^{n} l_j &= \sum_{j=1}^{n} \frac{1}{p_j} - \frac{1}{N} + \sum_{j=1}^{n} \frac{m_j - 1}{p_j}\\&= \sum_{j=1}^{n} \frac{m_j}{p_j} - \frac{1}{N} \leqslant \sum_{j=1}^{n} \frac{m_j}{p_j} = N\sum_{j=1}^{n} \frac{1}{p_j^2}\\&\leqslant N\sum_{k=3}^{p} \frac{1}{k^2} \leqslant \frac{1}{2}N < N,\end{aligned}$$

矛盾.

习题 2.3

1. 根据定理 2.12 和定理 2.14 可证.

2. 被 101 整除的判别法:将整数 N 从个位向左每两位划分为一节,则 N 能被 101 整除的充要条件是它的各奇数节的两位数之和与各偶数节的两位数之和的差能被 101 整除.

3. (1) 设四位数的回文数为 $\overline{abba}$. 因为 $11 \mid (a+b)-(b+a)=0$, 所以 $11 \mid \overline{abba}$.

(2) 同理可证每一个六位数的回文数可被 11 整除. 一般地,每一个偶位数的回文数均可被 11 整除.

4. 这个八位数为 14 142 843.

5. 3 333 377 733.

习题 2.4

1. 用类似例 1 的方法证明.

2. 用反证法. 考虑模 5 的绝对最小完全剩余系.

3. 令 $b_n = \sum_{k=0}^{n} 2^{3k} C_{2n+1}^{2k}$, 则 $8a_n^2 = b_n^2 + 7^{2n+1}$. 故 $8a_n^2 \equiv b_n^2 + 7(50-1)^n \equiv b_n^2 + 2\cdot(-1)^n \equiv b_n^2 \pm 2 \pmod 5$. 又平方数 b_n^2 被 5 除余 0, 1 或 4, 即 $8a_n^2 \equiv 1,2,3,4 \pmod 5$, 故 $8a_n^2$ 不能被 5 整除, 从而 a_n 也不能被 5 整除.

4. (1) 我们把剩余类 $r(\bmod m_1)$ 中的数按模 m 来分类. 对于 $r \bmod m_1$ 中的任意两个数 $r + k_1 m_1, r + k_2 m_1$, 若 $r + k_1 m_1 \equiv r + k_2 m_1 \pmod m$, 则 $k_1 \equiv k_2 \pmod d$. 由此推出, 和式 $\bigcup_{1\leqslant j\leqslant d} (r + l_j m_1) \bmod m$ 中的 d 个模 m 的剩余类是两两不同的, 且 $r \bmod m_1$ 中的任一个数 $r + km_1$ 必属于其中的一个剩余类. 另一方面, 对任意 j, 必有 $(r + l_j m_1) \bmod m \subseteq (r + l_j m_1) \bmod m_1 = r \bmod m_1$. 故得结论.

(2) $1 \bmod 5 = \bigcup_{0\leqslant j\leqslant 2} (1+5j) \bmod 15$.

5. (1) 因为 $(a,m)=1$, 故存在整数 x, y, 使得 $ax + my = 1$. 对任意 r, 我们用 $s - r$ 乘上式各项, 得 $x(s-r)a + y(s-r)m = s - r$. 记 $h_r = x(s-r), k_r = y(s-r)$, 则 $h_r a + k_r m =$

$s-r$,即 $k_rm+r=-h_ra+s\equiv s \pmod a$.由 r 的任意性,可知一定存在模 m 的完全剩余系,使它的元素均属于剩余类 $s \bmod a$.

(2) $\{7,1,-5,10,4,-2,13\}$.

6. 关于模 10 的绝对最小剩余为 $-3,-1,1,3,5$.

习题 2.5

1. $$\sum_{x=1}^{m-1}\left[\frac{ax}{m}\right]=\sum_{x=0}^{m-1}\left[\frac{ax}{m}\right]=\sum_{x=0}^{m-1}\left(\frac{ax}{m}-\left\{\frac{ax}{m}\right\}\right)=\sum_{x=0}^{m-1}\frac{ax}{m}-\sum_{x=0}^{m-1}\left\{\frac{ax}{m}\right\}$$
$$=\frac{1}{2}(m-1)(a-1).$$

2. 由假设知道,u,v 分别通过 p^{s-t},p^t 个整数,因此 x 通过 $p^{s-t}\cdot p^t=p^s$ 个整数.根据定理 2.15,只需证明这 p^s 个整数关于模 p^s 两两不同余即可.

3. 由假设知道,$x_1,x_2,\cdots,x_k$ 分别通过 $m_1,m_2,\cdots,m_k$ 个整数,因此 $M_1x_1+M_2x_2+\cdots+M_kx_k$ 通过 $m_1m_2\cdots m_k=m$ 个整数.根据定理 2.15,只需证明这 m 个整数关于模 m 两两不同余即可.

4. (1) 运用定理 2.18 的推论.

(2) 由(1),可知应用 $n+1$ 个特制的砝码,其质量(单位:克)分别为 $3^n,3^{n-1},\cdots,3,1$,便可以在天平上称出 1 到 H 中的任何质量.(在称物体时,系数为负的 3^i 与物体放在同一托盘内,系数为正的 3^i 放在另一托盘内).

习题 2.6

1. $\varphi(1\,963)=1\,800,\varphi(25\,296)=7\,680,\varepsilon(1\,001)=360\,360$.

2. 由 $\varphi(m)$的计算公式可证.

3. 设 $n=p_1^{e_1}\cdots p_k^{e_k}$ 是n 的标准分解式,则 n 的每个正因数均有形式$d=p_1^{a_1}\cdots p_k^{a_k}$($0\leqslant a_i\leqslant e_i,i=1,2,\cdots,k$). 于是$\sum\limits_{d\mid n}\varphi(d)=\sum\limits_{0\leqslant a_i\leqslant e_i}\varphi(p_1^{a_1}\cdots p_k^{a_k})=\sum\limits_{0\leqslant a_i\leqslant e_i}\varphi(p_1^{a_1})\cdots\varphi(p_k^{a_k})=\sum\limits_{0\leqslant a_1\leqslant e_1}\varphi(p_1^{a_1})\cdots\sum\limits_{0\leqslant a_k\leqslant e_k}\varphi(p_k^{a_k})$.但是$\sum\limits_{0\leqslant a_i\leqslant e_i}\varphi(p_i^{a_i})=p_i^{e_i}$,因此$\sum\limits_{d\mid n}\varphi(d)=p_1^{a_1}\cdots p_k^{a_k}=n$.

4. $(m,n)=(2,2)$ 或$(3,4)$ 或$(4,3)$.

5. 设 $p_1,p_2,\cdots,p_r$ 为所有的有限多个素数,则任一正整数必为 $n=p_1^{k_1}p_2^{k_2}\cdots p_r^{k_r}$($k_i\geqslant 0,i=1,2,\cdots,r$).令 $m=p_1p_2\cdots p_r$ 且$(m,n)=1$,即$(p_1^{k_1}p_2^{k_2}\cdots p_r^{k_r},p_1p_2\cdots p_r)=1$.显然只有 $k_i=0$($i=1,2,\cdots,r$)时,上式才能成立.因而 $n=1$.这就是说,与 m 互素的数只有1.可是 $\varphi(m)=\varphi(p_1p_2\cdots p_r)=\prod\limits_{i=1}^{r}(p_i-1)>1$.此矛盾说明素数只有有限多个的假设是错误的,故素数有无穷多个.

6. (1) $n=35,39,45,52,56,70,72,78,84,90$;

(2) $n=85,128,136,160,170,192,204,240$.

7. $n=1$ 或 $2^k\cdot 3^l$ $(k\geqslant 1,l\geqslant 0)$.

8. 必要性易证. 充分性用反证法. 设 $\sigma(n)+\varphi(n)=n\cdot d(n)$，且 n 不是素数，则 $n\geqslant 2$. 当 $n\geqslant 2$ 时，$\varphi(n)$ 不包括数 n 自身，故有 $\varphi(n)<n$. 因为 n 是合数，它必然至少有三个因数，令 $d(n)=k$，则 n 的正因数表示成 $d_1=1<d_2<\cdots<d_k=n$. 由于 $k=d(n)\geqslant 3$，所以因数 d_2 不是最大因数，因而 $d_2<n$，即 $n-d_2\geqslant 1$. 推出 $\sigma(n)+\varphi(n)<nd(n)$，与已知矛盾.

9. 考虑 $\varphi(n)$ 和 $\varphi(n+3)$ 不可能都是 4 的倍数，故可分两种情形讨论：$\varphi(n)\equiv 2 \pmod 4$ 和 $\varphi(n+3)\equiv 2 \pmod 4$.

10. 由 $a\mid b$，知 $b=ac$，这里 $1\leqslant c\leqslant b$. 如果 $c=b$，则 $a=1$，因而结论成立. 如果 $c<b$，则得

$$\varphi(b)=\varphi(ac)=\varphi(a)\varphi(c)\left(\frac{d}{\varphi(d)}\right)=d\varphi(a)\cdot\frac{\varphi(c)}{\varphi(d)},$$

这里 $d=(a,c)$. 下面对 b 用第二数学归纳法. $b=1$ 时，结论显然成立. 假设对所有小于 b 的整数结论成立，那么它对于 c 当然成立. 由 $d\mid c$，知 $\varphi(d)\mid\varphi(c)$. 因此前式右边的数是 $\varphi(a)$ 的倍数，即 $\varphi(a)\mid\varphi(b)$.

习题 2.7

1. 由 $(r,m)=1$，有 $(m-r,m)=1$，从而知 r 与 $m-r$ 同时在模 m 的最小正简化剩余系中且和为 m.

2. 由于 $\xi_1,\xi_2,\cdots,\xi_k$ 分别通过了 $\varphi(m_1),\varphi(m_2),\cdots,\varphi(m_k)$ 个数，而 $m_1,m_2,\cdots,m_k$ 两两互素，故 $M_1\xi_1+M_2\xi_2+\cdots+M_k\xi_k$ 恰好通过 $\varphi(m_1)\varphi(m_2)\cdots\varphi(m_k)=\varphi(m_1m_2\cdots m_k)=\varphi(m)$ 个数. 只需证明这些数与模 m 互素且关于模 m 两两不同余即可.

3. 易知

$$C_s(m)C_t(m)=\sum_{\eta}e^{2\pi i\frac{\eta m}{s}}\cdot\sum_{\xi}e^{2\pi i\frac{\xi m}{t}}=\sum_{\eta}\sum_{\xi}e^{2\pi im\left(\frac{\eta}{s}+\frac{\xi}{t}\right)}=\sum_{\eta}\sum_{\xi}e^{2\pi im\frac{\eta t+\xi s}{st}}.$$

根据定理 2.24，当 η,ξ 分别通过模 s,t 的简化剩余系时，$N=\eta t+\xi s$ 通过模 st 的简化剩余系，所以结论成立.

习题 2.8

1. 星期四.

2. 余数为 3.

3. 最后两位数字为 43.

4. 由费马小定理，知 $n^7\equiv n \pmod 7$，所以 $n^7+6!\,n\equiv n+6!\,n\equiv 721n\equiv 0 \pmod 7$.

5. (1) 当 $1\leqslant i\leqslant p-1$ 时，C_p^i 都是 p 的倍数；

(2) 在(1)中分别取 $k=1,2,\cdots,a-1$，再将上述诸同余式相加，得 $a^p-1\equiv a-1 \pmod p$，即 $a^p\equiv a \pmod p$.

6. 首先 $161\,038=2\times 73\times 1\,103$ 是合数，其次 $2^{161\,038}\equiv 2 \pmod{161\,038}$.

7. 令 $p=1\,093$，则 $3^7=2\,187=2p+1$，故 $3^{14}\equiv 4p+1 \pmod{p^2}$. 又 $2^{14}=16\,384=15p-11$，故 $3^2\cdot 2^{28}\equiv -2\,970p+1\,089\equiv -2\,969p-4\equiv 310p-4 \pmod{p^2}$，$3^2\cdot 2^{28}\cdot 7\equiv 2\,170p-$

$28 \equiv -16p-28 \pmod{p^2}$. 于是 $3^2 \cdot 2^{26} \cdot 7 \equiv -4p-7 \pmod{p^2}$.

根据二项式定理，$3^{14} \cdot 2^{182} \cdot 7^7 \equiv (-4p-7)^7 \equiv -7 \cdot 4p \cdot 7^6 - 7^7 \pmod{p^2}$，即 $3^{14} \cdot 2^{182} \equiv -4p-1 \pmod{p^2}$. 因此 $3^{14} \cdot 2^{182} \equiv -3^{14} \pmod{p^2}$，故 $2^{182} \equiv -1 \pmod{p^2}$.

8. 因为 $(p-1,q)=1$，故由费马小定理，知 $(p-1)^{q-1} \equiv 1 \pmod q$. 又 $q-1$ 是偶数，所以 $(p-1)^{q-1} \equiv 1 \pmod p$. 而 $(p,q)=1$，故得 $(p-1)^{q-1} \equiv 1 \pmod{pq}$. 同理可得 $(q-1)^{p-1} \equiv 1 \pmod{pq}$. 于是 $(p-1)^{q-1} \equiv (q-1)^{p-1} \pmod{pq}$.

9. 因为 $(m,n)=1$，所以由欧拉定理，知 $m^{\varphi(n)} \equiv 1 \pmod n$. 显然 $n^{\varphi(m)} \equiv 0 \pmod n$，故 $m^{\varphi(n)}+n^{\varphi(m)} \equiv 1 \pmod n$. 同理可证 $m^{\varphi(n)}+n^{\varphi(m)} \equiv 1 \pmod m$.

10. 若 $p_i \mid a$（不妨设 $i=1,\cdots,r$），则 $p_i^{k_i} \mid a^{k_i}$. 因 $k=\max\{k_1,\cdots k_s\}$，故 $p_i^{k_i} \mid a^k$，可得 $a^{k+\varphi(m)} \equiv 0 \equiv a^k \pmod{p_i^{k_i}}$. 若 $p_j \nmid a$（不妨设 $j=r+1,\cdots,s$），则由欧拉定理，知 $p_j^{k_j} \mid (a^{\varphi(p_{p_j}^{k_j})}-1)$，从而 $p_j^{k_j} \mid (a^{\varphi(m)}-1)$，即 $a^{k+\varphi(m)} \equiv a^k \pmod{p_j^{k_j}}$. 因为 $p_1,p_2,\cdots,p_s$ 两两互素，所以 $a^{k+\varphi(m)} \equiv a^k \pmod{p_1^{k_1}\cdots p_r^{k_r}p_{r+1}^{k_{r+1}}\cdots p_s^{k_s}}$，即 $a^{k+\varphi(m)} \equiv a^k \pmod m$.

11. 先证：若 p 为素数，则从任意 $2p-1$ 个整数中必可选出 p 个整数，其和被 p 整除. 再证：若对于任意的 $2k_i-1$ 个整数，必能从中选出 k_i 个（$i=1,2$），其和为 k_i 的倍数. 故对于任意的 $2k_1k_2-1$ 个整数，必能从中选出 k_1k_2 个，其和为 k_1k_2 的倍数.

12. 易知 $\frac{A}{r_1},\cdots,\frac{A}{r_{\varphi(m)}}$ 也是模 m 的简化剩余系，因此 $\frac{A}{r_1}\cdots\frac{A}{r_{\varphi(m)}} \equiv r_1r_2\cdots r_{\varphi(m)} \pmod m$，即 $A^{\varphi(m)} \equiv A^2 \pmod m$. 又 $(A,m)=1$，由欧拉定理，知 $A^{\varphi(m)} \equiv 1 \pmod m$，故结论成立.

习题 2.9

1. (1) 7；(2) 6；(3) 5.

2. 若 n 的每一个素因数都是 b 的一个因数，则存在一正整数 t，使得 $\frac{b^t}{n}$ 为一个整数. 设 $\frac{b^t}{n}=M$，则 $\frac{1}{n}=\frac{M}{b^t}$. 易知 $M<b^t$，所以在 b 进制中，$\frac{1}{n}$ 的小数展开式是有限的.

习题 2.10

1. (1) 循环节长为 6；(2) 循环节长为 18；(3) 循环节长为 3.

2. (1) 可化为纯循环小数，循环节长为 2；

(2) 可化为混循环小数，不循环部分有 1 位，循环部分有 6 位；

(3) 可化为有限小数，其位数是 4.

3. (1) $\frac{5}{17}=0.\dot{2}94\ 117\ 647\ 058\ 823\ \dot{5}$；(2) $\frac{1}{23}=0.\dot{0}43\ 478\ 260\ 869\ 565\ 217\ 391\ \dot{3}$.

习题 2.11

1. 利用威尔逊定理.

2. (1) 当 $p \mid a$ 时，等式显然成立. 当 $p \nmid a$ 即 $(a,p)=1$ 时，$a,2a,\cdots,(p-1)a$ 构成模 p

的一个简化剩余系，此时 $a\cdot 2a\cdots(p-1)a\equiv(p-1)!\pmod p$，即 $a^{p-1}(p-1)!\equiv(p-1)!\pmod p$，于是 $a^p(p-1)!\equiv a(p-1)!\pmod p$. 又$(p-2)!\equiv 1\pmod p$，故

$$a^p(p-1)!\equiv a(p-1)(p-2)!\equiv a(p-1)\pmod p.$$

(2) 在(1)中令 $a=1$ 即得 $(p-1)!\equiv p-1\equiv -1\pmod p$. 又由于$(p-1)!\equiv -1\pmod p$，故 $-a^p\equiv a^p(p-1)!\equiv a(p-1)\equiv -a\pmod p$，即 $a^p\equiv a\pmod p$. 若$(a,p)=1$，则 $a^{p-1}\equiv 1\pmod p$.

3. 利用威尔逊定理.

4. 利用威尔逊定理.

习题 3.1

1. (1) $x=-4-13t$，$y=-4-11t$，t 为任意整数；

(2) $x=2+17t$，$y=-1-6t$，t 为任意整数；

(3) $x=7+109t$，$y=-2-34t$，t 为任意整数；

(4) $x=14-127t$，$y=3-31t$，t 为任意整数；

(5) $x=-1+37t$，$y=2-54t$，t 为任意整数；

(6) $x=-5-20t$，$y=-6-17t$，t 为任意整数.

2. 共有 7 组正整数解.

3. 需卡车 4 辆、货车 12 辆或卡车 9 辆、货车 4 辆.

4. 利用$[\alpha]-[\beta]=[\alpha-\beta]$或$[\alpha-\beta]+1$.

5. 用类似例 6 的方法证明.

习题 3.2

1. (1) 没有整数解；(2) 有整数解.

2. (1) $x=3+13u-7v$，$y=-6-25u+14v$，$z=1-v$，u,v 为任意整数；

(2) $x=2-3t_1-t_2$，$y=t_2$，$z=13t_1+7t_2$，t_1,t_2 为任意整数.

3. 用类似 3.1 节例 6 的方法证明.

4. $\dfrac{181}{180}=\dfrac{1}{2^2}+\dfrac{5}{3^2}+\dfrac{1}{5}=\dfrac{1}{4}+\dfrac{1}{5}+\dfrac{5}{9}$.

5. 共有 7 种付法.

6. 原来这堆椰子最少有 3 121 个，五人总共拿到的椰子数依次为 828，703，603，523，459，猴子吃了 5 个.

7. 设第 i 行填入的数自左向右依次为 x_i,y_i,z_i $(i=1,2,3)$，可得 8 个方程. 以 y_1,z_1 作为参数，解上述方程组得 $x_1=15-y_1-z_1$，$y_1=y_1$，$z_1=z_1$，$x_2=-10+y_1+2z_1$，$y_2=5$，$z_2=20-y_1-2z_1$，$x_3=10-z_1$，$y_3=10-y_1$，$z_3=-5+y_1+z_1$. 经验证，$y_1=1$，$z_1=6$ 是满足要求的一组正整数解. 此时

$$x_1=8,y_1=1,z_1=6,x_2=3,y_2=5,z_2=7,x_3=4,y_3=9,z_3=2.$$

习题 3.3

1. (1) 45,108,117. 无基本勾股数;

(2) 264,1 073,1 105;576,943,1 105;744,817,1 105;47,1 104,1 105;700,855,1 105;105,1 100,1 105;468,1 001,1 105;169,1 092,1 105;272,1 071,1 105;561,952,1 105;520,975,1 105;425,1 020,1 105;663,884,1 105. 其中基本勾股数为 264,1 073,1 105;576,943,1 105;744,817,1 105;47,1 104,1 105.

2. (x,y,z)分别为$(4,3,5)$,$(8,15,17)$,$(12,5,13)$,$(20,21,29)$,$(24,7,25)$,$(3,4,5)$,$(15,8,17)$,$(5,12,13)$,$(21,20,29)$,$(7,24,25)$.

3. 原方程可化为 $x^2=(z+y)(z-y)$,再用引理可得.

4. 因为$(x,y)=1$,所以 x,y,z 两两互素,且 x 必为奇数. 此时 z 也为奇数. 易证$(z+x,z-x)=2$. 于是原方程可化为 $y^2=\frac{z+x}{2}\cdot(z-x)$或 $y^2=\frac{z-x}{2}\cdot(z+x)$,再用引理可得.

5. 由于 $2\mid(x^2+y^2)$,$(x,y)=1$,因此 x,y 均为奇数. 又 $x>y$,可设 $x+y=2a$,$x-y=2b$ (a,b 是正整数),则 $x=a+b$,$y=a-b$. 由$(x,y)=1$,知$(a,b)=1$. 把 $x=a+b$,$y=a-b$ 代入原方程,可得 $a^2+b^2=z^2$.

6. 原方程可化为$(x^2)^2+y^2=z^2$.

7. 先证(ⅰ)和(ⅱ)所给出的 x,y,z 都是方程$x^2+my^2=z^2$ 满足$(x,y)=1$ 的整数解. 再证方程 $x^2+my^2=z^2$ 的任一正整数解都可表示为(ⅰ)或(ⅱ)的形式.

8. 用类似第 7 题的方法证明.

9. 满足 $2p_1p_2\cdots p_s(x+y+z)=xy$ 和$x=2dab$,$y=d(a^2-b^2)$,$z=d(a^2+b^2)$的勾股数有 $2^s+2^s+(3^s-2^s)+(3^s-2^s)=2\cdot 3^s$ 组.

10. 原方程可化为 $x^2+y^2=\left(\frac{xy}{z}\right)^2$.

11. (1) 若 n 是整同余数,即有三个正有理数 r,s,t,它们满足条件 $r^2+s^2=t^2$和 $\frac{1}{2}rs=n$,则$(r\pm s)^2=t^2\pm 4n$,也就是$\left(\frac{r\pm s}{2}\right)^2=\left(\frac{t}{2}\right)^2\pm n$. 令 $x=\left(\frac{t}{2}\right)^2$,那么 $x,x\pm n$ 都是有理数的平方. 反之,若 $x,x\pm n$ 都是有理数的平方,令 $r=\sqrt{x+n}-\sqrt{x-n}$,$s=\sqrt{x+n}+\sqrt{x-n}$,$t=2\sqrt{x}$,则 r,s,t 都是正有理数,且 $r<s<t$, $r^2+s^2=t^2$,而$\frac{1}{2}rs=n$,因此 n 是整同余数.

(2) 若 n 是整同余数,即有三个正有理数 x,y,z,它们满足条件 $x^2+y^2=z^2$和$\frac{1}{2}xy=n$,即$\left(\frac{x}{2}\right)^2+\left(\frac{y}{2}\right)^2=\left(\frac{z}{2}\right)^2$,$2\left(\frac{x}{2}\right)\left(\frac{y}{2}\right)=n$. 于是$\left(\frac{x}{2}\pm\frac{y}{2}\right)^2=\left(\frac{z}{2}\right)^2\pm n$,就是说方程组$\begin{cases}r^2+n=s^2\\r^2-n=t^2\end{cases}$有正整数解:$r=\frac{z}{2}$,$s=\frac{x+y}{2}$,$t=\frac{|x-y|}{2}$. 反之,若方程组$\begin{cases}a^2+nb^2=c^2\\a^2-nb^2=d^2\end{cases}$有正整数解$(a,b,c,d)$,则 $c>d$,将此方程组中两式相加得 $2a^2=c^2+d^2$. 显然,c 与 d 同奇同

偶,故 $c+d$ 与 $c-d$ 均为偶数.令 $c+d=2u$,$c-d=2v$,这里 $u>v>0$,即 $c=u+v$,$d=u-v$. 容易验证,$nb^2=2uv$,$a^2=u^2+v^2$,且 $\left(\frac{2u}{b}\right)^2+\left(\frac{2v}{b}\right)^2=\left(\frac{2a}{b}\right)^2$,$\frac{1}{2}\left(\frac{2u}{b}\right)\left(\frac{2v}{b}\right)=\frac{2uv}{b^2}=n$.因此 n 是整同余数.

(3) 由例 4 可证.

习题 3.4

1. (1) 假设不定方程有正整数解(a,b,c),则有 $a^2+b^2+c^2=2abc$,故 a,b,c 应全为偶数,此时$\frac{a}{2},\frac{b}{2},\frac{c}{2}$都是整数,且$\left(\frac{a}{2}\right)^2+\left(\frac{b}{2}\right)^2+\left(\frac{c}{2}\right)^2=4\left(\frac{a}{2}\right)\left(\frac{b}{2}\right)\left(\frac{c}{2}\right)$.上述论证方法也可用来证明$\frac{a}{2},\frac{b}{2},\frac{c}{2}$全为偶数.以此类推,知对一切正整数 n,$\frac{a}{2^n},\frac{b}{2^n},\frac{c}{2^n}$都是整数.而这是不可能的. 故不定方程 $x^2+y^2+z^2=2xyz$ 没有正整数解.

(2) 假设(x,y,z)是原方程的一组正整数解,且满足$(x,y)=1$,z 是原方程的所有这样的正整数解中最小的一个.显然 $2\nmid x$,否则 $2\nmid y$,对原方程取模 4 可得 $z^2\equiv 3 \pmod 4$这一矛盾.于是 y,z 为一奇一偶.将原方程改写成$(z+x^2)(z-x^2)=27y^4$.以下分两种情形讨论.

2. $x=y=z=0$.

3. $x=1,y=1$.

4. 运用无穷递降法证方程 $x^4+4y^4=z^2$ 无正整数解. 另外,如果方程 $x^4+y^2=z^4$ 有正整数解(x_0,y_0,z_0),则由 $x_0^4+y_0^2=z_0^4$,得$(x_0^4-z_0^4)^2=(y_0^2)^2$,即 $y_0^4+4(x_0z_0)^4=(x_0^4+z_0^4)^2$,所以 $y_0,x_0z_0,x_0^4+z_0^4$ 是方程 $x^4+4y^4=z^2$ 的一组正整数解,但这与方程 $x^4+4y^4=z^2$ 无正整数解矛盾.故方程 $x^4+y^2=z^4$ 无正整数解.

5. 设两直角边分别为 X,Y,斜边为 Z.运用例 5 的方法可得

$$X=4\,565\,486\,027\,761,\quad Y=1\,061\,652\,293\,520,\quad Z=4\,687\,298\,610\,289.$$

6. 设 $z=u$ 是使$x^4-y^4=2z^2$ 成立的最小正整数,易证$(x,y)=1$,且 x,y 同为奇数.此时 u 一定是偶数,否则,由 $x^4-y^4=2u^2$ 给出 $0\equiv 2\pmod 4$.由 $x^4-y^4=(x^2+y^2)(x^2-y^2)=2u^2$ 及$(x^2+y^2,x^2-y^2)=(2x^2,2y^2)=2(x^2,y^2)=2$,有

$$\begin{cases}x^2+y^2=4a^2,\\x^2-y^2=2b^2,\end{cases}\quad \text{或}\quad \begin{cases}x^2+y^2=2b^2,\\x^2-y^2=4a^2,\end{cases}$$

这里$(a,b)=1$,$u=2ab$,$a>0$,$b>0$.但是由 $x^2+y^2=4a^2$ 给出 $2\equiv 0\pmod 4$,而由 $x^2-y^2=4a^2$ 给出 $x=s^2+t^2$,$y=s^2-t^2$,$a=st$,$(s,t)=1$,$s>t>0$.再由 $x^2+y^2=2b^2$ 就有 $s^4+t^4=b^2$,这是不可能的.

7. 方程 $x^2+y^2+z^2=3xyz$ 满足条件$x\leqslant y\leqslant z$ 的一切正整数解可由下述递推式给出:

$$x_1=y_1=z_1=1,\quad x_{n+1}=x_n,y_{n+1}=y_n,z_{n+1}=3x_ny_n-x_n;\text{或}$$
$$x_{n+1}=x_n,\quad y_{n+1}=u_n,\quad z_{n+1}=3x_nu_n-x_n,\text{或}$$
$$x_{n+1}=v_n,\quad y_{n+1}=u_n,\quad z_{n+1}=3v_nu_n-v_n,$$

式中 $v_n=\min\{y_n,3x_ny_n-x_n\}$,$u_n=\max\{y_n,3x_ny_n-x_n\}$.

习题 3.5

1. $x=a^{n(n-2)}(a^{n^2(n-2)}+b^{n^2(n-2)})^{n(n-2)}$, $y=b^{n(n-2)}(a^{n^2(n-2)}+b^{n^2(n-2)})^{n(n-2)}$, $z=(a^{n^2(n-2)}+b^{n^2(n-2)})^{n^2-n-1}$,这里 a,b 都是正整数,n 是大于 1 的正整数.

2. 当 $n=2k$ (k 是正整数)时,不定方程恒有正整数解 $x=2^{k-1},y=2^{k-1}$;当 $n=2k-1$ (k 是正整数)时,设不定方程 $x^2+3y^2=2^{2k-1}$(k 是正整数)有正整数解(x_0,y_0),则 $x_0^2+3y_0^2=2^{2k-1}$(k 是正整数).于是得 $x_0^2\equiv 2^{2k-1}\pmod 3$.由于 $x_0^2\equiv 0,1\pmod 3$,而 $2^{2k-1}\equiv -1\pmod 3$,矛盾.

3. 若奇素数 $p\mid x$,则 $p\nmid(x-2)(x-1)(x+1)(x+2)$.因此在 x 的素因数分解式中,p 的指数是偶数,从而 $x=a^2$ 或 $x=2a^2$,但$(x-2)(x-1)(x+1)(x+2)=(x^2-1)(x^2-4)=x^4-5x^2+4$ 不是完全平方数(它大于$(x^2-3)^2$ 而小于$(x^2-2)^2$),所以只能是 $x=2a^2$.因而 $2(x-2)(x-1)(x+1)(x+2)$是完全平方数.经讨论,知这不可能.

4. $x=-1,y=\pm1$;或 $x=0,y=\pm1$;或 $x=3,y=\pm11$.

5. $x=2,y=2,z=5$.

6. 取 $x=2^{15k+10},y=2^{6k+4},z=2^{10k+7}$($k$ 是非负整数),则 $x^2+y^5=z^3$,所以方程有无穷多组正整数解.

7. 显然 $n=2$ 时,$x^4+y^4=z^2$ 无正整数解.因此只需证 $n\geqslant 3$ 时,不定方程 $x^{2n}+y^{2n}=z^2$ 无正整数解即可.以下讨论最终归结为费马大定理.

8. 令素数 $p=2k+1$ (k 为不小于 3 的正奇数),则原方程变为

$$(2k+1)^x+(2k(k+1))^y=(2k(k+1)+1)^z.$$

证明分以下几步:

第一步证 x 为偶数,令 $x=2x_1$;第二步证 $y\geqslant 2$ 且 x_1 与 y 的奇偶性相反;第三步证 z 为偶数,令 $z=2z_1$;第四步证 y 为偶数,令 $y=2y_1$;第五步证解的唯一性.因

$$\begin{aligned}(2k+1)^x&=(2k(k+1)+1)^{2z_1}-(2k(k+1))^{2y_1}\\&=((2k(k+1)+1)^{z_1}-(2k(k+1))^{y_1})\cdot((2k(k+1)+1)^{z_1}+(2k(k+1))^{y_1}),\end{aligned}$$

且 $2k+1$ 为素数,故必存在整数 i,j,满足 $j>i\geqslant 0,i+j=x=2x_1$,使得 $(2k(k+1)+1)^{z_1}-(2k(k+1))^{y_1}=(2k+1)^i$,$(2k(k+1)+1)^{z_1}+(2k(k+1))^{y_1}=(2k+1)^j$.两式相减,得 $2(2k(k+1))^{y_1}=(2k+1)^i((2k+1)^{j-i}-1)$.而$(2k(k+1),2k+1)=1$,故 $i=0,j=2x_1$,此时 $2(2k(k+1))^{y_1}=(2k+1)^{2x_1}-1=(4k(k+1)+1)^{x_1}-1=4k(k+1)M$,于是 $(2k(k+1))^{y_1-1}=M$.简单讨论可得 $y_1=1$.故 $x=y=2$,从而 $z=2$.

习题 3.6

1. $(x,y,z)=(a,a,a)$或$(b,c,-b-c)$或$(b,-b-c,c)$或$(-b-c,b,c)$.这里 a,b,c 为任意整数.

2. $(m,n)=(1,1)$或$(2,2)$.

3. $(x,y)=(2,4),(4,2),(-2,-4),(-4,-2),(t,t)$($t$ 为非零整数).

4. 利用分解因子法.

5. 利用分解因子法.

6. $dx_i=2c_ic_n(i=1,2,\cdots,n-1)$,$dx_n=c_n^2-c_1^2-\cdots-c_{n-1}^2$,$dy=c_n^2+c_1^2+\cdots+c_{n-1}^2$,这里 $c_i(i=1,2,\cdots,n)$为任意整数且满足$(c_1,c_2,\cdots,c_n)=1$,$d>0$ 使得$(x_1,x_2,\cdots,x_n)=1$.

7. $(x,y,z)=(1,1,1),(0,2,1),(1,0,2),(2,1,0),(-1,3,1),(1,-1,3),(3,1,-1)$.

8. $(x,y,z,m)=(2,3,7,42),(2,3,8,24),(2,3,9,18),(2,3,12,12),(2,4,5,20),(2,4,6,12),(2,4,8,8)$.

9. 利用构造法,得 $x=2n^2-1$,$y=n(n^2-1)$,$z=n^2$.这里 n 为大于 1 的正整数.

10. 利用比较素数幂法.

11. 利用构造法,得 $x=a^7+a^5b^2-2a^3b^4+3a^2b^5+ab^6$,$y=a^6b-3a^5b^2-2a^4b^3+a^2b^5+b^7$,$z=a^7+a^5b^2-2a^3b^4-3a^2b^5+ab^6$,$w=a^6b+3a^5b^2-2a^4b^3+a^2b^5+b^7$.

12. 利用构造法,得 $x=n$,$y=n+1$,$z=n(n+1)+1$,$w=n(n+1)(n(n+1)+1)+1$.这里 n 为正整数.

13. 利用构造法,得 $x=a(a^3-b^3)$,$y=b(a^3-b^3)$,$z=b(2a^3+b^3)$,$t=a(a^3+2b^3)$.这里 a,b 是正整数,且 $a>b$.

14. 利用二项式定理展开$(a+b\mathrm{i})^n$,有$(a+b\mathrm{i})^n=A+B\mathrm{i}$,这里 a,b 是正整数,A,B 是整数.上式两边同取复数模,可得$|a+b\mathrm{i}|^n=|A+B\mathrm{i}|$,即 $(a^2+b^2)^n=A^2+B^2$.于是方程 $x^2+y^2=z^n$ 的一组正整数解为$x=|A|$,$y=|B|$,$z=a^2+b^2$.例如,由$(2+\mathrm{i})^3=2+11\mathrm{i}$,可得 $2^2+11^2=5^3$. 再如,由$(3+2\mathrm{i})^4=-119-120\mathrm{i}$,可得$119^2+120^2=13^4$.

15. 运用构造法,得 $x=(a^n-1)^{tm}$,$y=(a^n-1)^s$,$z=(a^n-1)^{tl}a$.这里 $sm-tnl=1$.

16. 原方程仅有两组正整数解:$(x,y)=(1,1),(2,3)$.

17. 利用构造法,得 $x=n^{kn^k(n^k-1)}(n^k+1)^{n^k}$,$y=n^{k(n^k+1)(n^k-2)}(n^k+1)^{n^k+1}$,$z=n^{k(n^{2k}-n^k-1)}(n^k+1)^{n^k+1}$.这里 n 为$\geqslant 2$ 的正整数,k 为任意正整数.

18. 利用分类讨论法.

19. 利用分解因子法.

20. 利用构造法和分类讨论法.

21. 先证:(1) 设 p 为奇素数,则不定方程 $x^3+y^3+z^3-3xyz=p$ 有非负整数解的充要条件是 $p\neq 3$;(2) 若(x_i,y_i,z_i)为不定方程 $x^3+y^3+z^3-3xyz=n_i$ $(i=1,2,\cdots,k)$ 的一组非负整数解,则(X,Y,Z)为不定方程 $x^3+y^3+z^3-3xyz=\prod\limits_{i=1}^{k}n_i$ 的一组非负整数解,这里(X,Y,Z)由行列式 $\begin{vmatrix} X & Y & Z \\ Z & X & Y \\ Y & Z & X \end{vmatrix}=\prod\limits_{i=1}^{k}\begin{vmatrix} x_i & y_i & z_i \\ z_i & x_i & y_i \\ y_i & z_i & x_i \end{vmatrix}$ 确定;(3) 设 r 为正整数,则不定方程 $x^3+y^3+z^3-3xyz=2^r$ 一定有非负整数解;(4) 设正整数 $r\geqslant 2$,则不定方程 $x^3+y^3+z^3-3xyz=3^r$ 有一非负整数解$x=3^{r-2}-1$,$y=3^{r-2}$,$z=3^{r-2}+1$;(5) 设 n_1 为正整数,且$3\nmid n_1$,则不定方程 $x^3+y^3+z^3-3xyz=3n_1$ 没有非负整数解. 再证:原命题的结论

成立. 不定方程 $x^3+y^3+z^3-3xyz=123\,480$ 的一组非负整数解为 $(X,Y,Z)=(13\,719,13\,720,13\,721)$.

习题 3.7

1. $C_{3+13-1}^{13}=C_{15}^{2}=105$.

2. 由定理 3.10,知第一个方程非负整数解的个数为 $C_{7+13-1}^{13}=C_{19}^{6}$,第二个方程非负整数解的个数为 $C_{14+6-1}^{6}=C_{19}^{6}$. 因此两者相等.

3. $C_{n+r-a_1-a_2-\cdots-a_n-n-1}^{r-a_1-a_2-\cdots-a_n-n}=C_{r-a_1-a_2-\cdots-a_n-1}^{n-1}$.

4. 35.

5. 当 r 为奇数时,解数为 $\dfrac{r+1}{2}$;当 r 为偶数时,解数为 $\dfrac{r+2}{2}$.

6. $5n^2+4n+1$.

习题 4.1

1. (1) $x\equiv 81 \pmod{337}$;(2) $x\equiv 194 \pmod{257}$;(3) $x\equiv 7 \pmod{18}$.

2. 只需证 $(a-1)!\equiv(-1)^{a-1}(p-1)(p-2)\cdots(p-a+1) \pmod p$. 因为模 11 是素数,所以同余方程 $7x\equiv 8 \pmod{11}$ 可用上述方法求解. 其解是

$$x\equiv 8\times(-1)^{7-1}\times\frac{10\times 9\times 8\times 7\times 6\times 5}{7!}\equiv 8\times 30\equiv 9 \pmod{11}.$$

习题 4.2

1. (1) $x\equiv 99,206,313 \pmod{321}$;

(2) $x\equiv 4,35,66,97,128,159,190,221,252,283,314 \pmod{341}$.

2. $x\equiv -1-t+6s \pmod{12}$, $y\equiv 1+2t \pmod{12}$. 这里 $s=0,1$; $t=0,1,2,3,4,5$.

习题 4.3

1. (1) 所求的数为 $57+504k$ (k 为非负整数);

(2) 所求的数为 $1\,730+10\,296k$ (k 为非负整数);

(3) 所求的数为 $37+105k$ (k 为非负整数).

2. 兵数为 $2\,111+2\,310k$ (k 为非负整数).

3. 易知 $n\geqslant 2$ 时, $F_n\equiv 1 \pmod 4$, $F_n\equiv 2 \pmod 5$.

4. 余数为 39.

5. 设 $p_1,p_2,\cdots,p_n$ 是互不相同的素数,考虑同余方程组 $x\equiv -k \pmod{p_k^2}$ ($k=1,2,\cdots,n$). 由孙子剩余定理,知它必有解. 设 x_0 为一个正整数解,则 x_0+k ($k=1,2,\cdots,n$) 为所求的 n 个整数.

6. 如果不超过 k 的全体素数都是 m 的因数,则模 m 的任一简化剩余系都符合条件. 现考虑另外的情形,令 t 是不超过 k 且和 m 互素的全体素数之积,则 $t>1$. 再取 r,使 $(r,m)=$

1,则同余方程组$\begin{cases}x\equiv r \pmod m\\ x\equiv 1 \pmod t\end{cases}$的解的素因数大于 k.当 r 通过模 m 的简化剩余系时,我们得到相应的解,就组成了模 m 的简化剩余系,其每个数的素因数都大于 k.

7. 设 $p_1,p_2,\cdots,p_k$ 是两两不同的素数.考虑同余方程组 $x\equiv -i+1 \pmod{p_i^3}$ $(i=1,2,\cdots,k)$.由孙子剩余定理,知该同余方程组一定有解,记为 x_0,则 $x_0,x_0+1,\cdots,x_0+k-1$ 即为满足要求的 k 个连续整数.

8. 若同余方程组 $x\equiv c_i \pmod{n_i}$ $(i=1,2,\cdots,k)$有解,则一定有唯一解.不妨设它的解为 $x\equiv c \pmod{[n_1,n_2,\cdots,n_k]}$,则有 $c\equiv c_i \pmod{n_i}$ $(i=1,2,\cdots,k)$.由于 $m_i\mid n_i$,因此有 $c\equiv c_i \pmod{m_i}$ $(i=1,2,\cdots,k)$,即 c 也是满足同余方程组 $x\equiv c_i \pmod{m_i}$ $(i=1,2,\cdots,k)$ 的一个整数,故同余方程组 $x\equiv c_i \pmod{m_i}$ 的唯一解是 $x\equiv c \pmod{[m_1,m_2,\cdots,m_k]}$.又由于$[m_1,m_2,\cdots,m_k]=[n_1,n_2,\cdots,n_k]$,所以同余方程组 $x\equiv c_i \pmod{n_i}$ 和 $x\equiv c_i \pmod{m_i}$的解完全相同.

9. 所求的正整数为 $k=2\,172\,616+5\,592\,405t$,这里 t 是任意非负整数.

习题 4.4

1. 因为 $k\mid(p-1)$,$1^{\frac{p-1}{k}}\equiv 1 \pmod p$,故由例 2,知 $x^k\equiv 1 \pmod p$有解,且解数为 k.下面只需证 $x^n\equiv 1 \pmod p$与 $x^k\equiv 1 \pmod p$的解数相同.

2. $a^{\frac{p-1}{2}}-1\equiv 0 \pmod p$.

3. $x\equiv 3,5,6 \pmod 7$.

4. 由定理 4.6 的推论 1 可证.

习题 4.5

1. (1) $x\equiv 20,5,26,11,2,17 \pmod{30}$;

(2) $x\equiv 1,7 \pmod{25}$;

(3) $x\equiv 76,22,176,122 \pmod{225}$.

2. 先证 $5x^2+11y^2\equiv 1 \pmod{2^k}$有解,这里 k 为正整数;再证 $5x^2+11y^2\equiv 1 \pmod{p^k}$有解,这里 p 为奇素数,k 为正整数;最后根据孙子剩余定理证一般情形.

习题 4.6

1. $y^2\equiv 0 \pmod{13}$.

2. (ⅰ) 由$(2a,m)=1$,知$(2,m)=1$,从而$(4a,m)=1$.于是 $ax^2+bx+c\equiv 0 \pmod m$有解的充要条件是 $4a^2x^2+4abx+4ac\equiv 0 \pmod m$,即$(2ax+b)^2\equiv b^2-4ac \pmod m$有解.令 $y=2ax+b$,$q=b^2-4ac$,则 $ax^2+bx+c\equiv 0 \pmod m$有解的充要条件是 $y^2\equiv q \pmod m$ $(q=b^2-4ac)$有解.

(ⅱ) 设 $x\equiv x_0 \pmod m$是 $ax^2+bx+c\equiv 0 \pmod m$的任一解,则$(2ax_0+b)^2\equiv b^2-4ac \pmod m$.于是 $y_0\equiv 2ax_0+b \pmod m$是同余方程 $y^2\equiv q \pmod m$ $(q=b^2-4ac)$的一个

解. 此时 $2ax_0 \equiv y_0 - b \pmod{m}$. 由 $(2a, m) = 1$，知 $x \equiv x_0 \pmod{m}$ 是同余方程 $2ax \equiv y_0 - b \pmod{m}$ 的唯一解. 所以 $x \equiv x_0 \pmod{m}$ 可由 $y^2 \equiv q \pmod{m}$（$q = b^2 - 4ac$）的解 $y \equiv y_0 \pmod{m}$ 导出.

3. 平方剩余为 1,2,3,4,6,8,9,12,13,16,18；平方非剩余为 5,7,10,11,14,15,17,19,20,21,22.

4. 设所有平方剩余之和为 S，则 $S \equiv 1^2 + 2^2 + 3^2 + \left(\frac{p-1}{2}\right)^2 = p \cdot \frac{p^2-1}{24} \pmod{p}$. 由于 p 是大于 3 的素数，故 $p \equiv \pm 1 \pmod{3}$，不管哪种情况，都有 $p^2 \equiv 1 \pmod{3}$. 又由于 p 为奇数，从而 $p^2 \equiv 1 \pmod{8}$. 因此 $p^2 \equiv 1 \pmod{24}$，即 $\frac{p^2-1}{24}$ 是整数，于是 $S \equiv 0 \pmod{p}$.

习题 4.7

1. 用类似例 1 的方法证明.
2. (1) 平方剩余；(2) 平方非剩余；(3) 平方非剩余；(4) 平方非剩余.
3. 利用威尔逊定理.

习题 4.8

1. 因为原同余方程可化为 $(x^2-2)(x^2-3)(x^2-6) \equiv 0 \pmod{p}$，故由例 1，知结论成立.
2. 用类似例 3 的方法证明.
3. 设 $n = 2^a p_1^{a_1} p_2^{a_2} \cdots p_k^{a_k}$，这里 $a \geqslant 0$，p_i（$i = 1,2,\cdots,k$）是互不相同的奇素数.

由于 $\sigma(n) = \sigma(2^a)\sigma(p_1^{a_1})\cdots\sigma(p_k^{a_k}) = 2n+1$ 为奇数，以及 $\sigma(p_i^{a_i}) = 1 + p_i + \cdots + p_i^{a_i}$，故 a_i 必须是偶数才能使 $\sigma(p_i^{a_i})$ 为奇数，这样 $2 \mid a_i$（$i = 1,2,\cdots,k$）. 可令 $n = 2^a m^2$ $(2 \nmid m)$，则由 $\sigma(n) = 2^{a+1}m^2 + 1$ 及 $\sigma(n) = \sigma(2^a)\sigma(m^2) = (2^{a+1}-1)\sigma(m^2)$，得 $(2^{a+1}-1)\sigma(m^2) = (2^{a+1}-1)m^2 + m^2 + 1$，即 $\sigma(m^2) = m^2 + \frac{m^2+1}{2^{a+1}-1}$. 因此 $(2^{a+1}-1) \mid (m^2+1)$，即 $m^2 \equiv -1 \pmod{2^{a+1}-1}$. 若 $a \geqslant 1$，则 $2^{a+1} - 1 \equiv 3 \pmod{4}$，这说明 $2^{a+1}-1$ 有素因数 $p \equiv 3 \pmod{4}$. 此时 $m^2 \equiv -1 \pmod{p}$，即 -1 是模 p 的平方剩余. 但 $\left(\frac{-1}{p}\right) = -1$，矛盾. 故 $\alpha = 0$. 于是 $n = m^2$ $(2 \nmid m)$.

4. 易知 $y^2 \equiv 0, 1 \pmod{4}$，故只有 $x \equiv 3 \pmod{4}$. 又方程可变形为 $y^2 - 2 = x^3 - 8 = (x-2)((x+1)^2+3)$ 且 $(x+1)^2 + 3 \equiv 3 \pmod{8}$，即它有一个素因数 $p \equiv 3 \pmod{8}$，故对 $y^2 = x^3 - 6$ 模 p，得到 $y^2 - 2 \equiv 0 \pmod{p}$. 这不可能.

习题 4.9

1. $\mu = 4$.
2. 有解.
3. 用类似例 2 的方法证明.

4. 用类似例 3 的方法证明.

5. 设 p 是 n^4+1 的奇素因数,则 $(n^2)^2 \equiv n^4 \equiv -1 \pmod p$,于是有 $\left(\frac{-1}{p}\right)=1$. 由此推出 $p \equiv 1 \pmod 4$,即 $p \equiv 1$ 或 $5 \pmod 8$. 另一方面,$n^4+1=(n^2+1)^2-2n^2$,所以有 $(n^2+1)^2 \equiv 2n^2 \pmod p$. 由于 $(p,2n)=1$,故可得 $1=\left(\frac{2n^2}{p}\right)=\left(\frac{2}{p}\right)\left(\frac{n^2}{p}\right)=\left(\frac{2}{p}\right)$. 由此又推出 $p \equiv 1$ 或 $7 \pmod 8$. 因而必有 $p \equiv 1 \pmod 8$.

6. 除 $x=y=z=0$ 外,可设方程的整数解满足 $(x,y,z)=1$. 由 a 含有素因数 $p \equiv \pm 3 \pmod 8$,知 $x^2 \equiv 2y^2 \pmod p$. 因为由 $p \mid y$ 可推出 $p \mid x$, $p^2 \mid az^2$,而 a 无平方因数,故 $p \mid z$,与 $(x,y,z)=1$ 矛盾,因此 $p \nmid xy$ 且 $1=\left(\frac{x^2}{p}\right)=\left(\frac{2y^2}{p}\right)=\left(\frac{2}{p}\right)=-1$,这不可能.

习题 4.10

1. (1) 无解;(2) 有解;(3) 有解.

2. $p=2,3$ 或 $p \equiv \pm 1 \pmod{12}$.

3. 使得 $\left(\frac{-19}{p}\right)=1$ 的 p 值为 $1,5,7,9,11,17,23,25,35 \pmod{38}$;使得 $\left(\frac{-19}{p}\right)=-1$ 的 p 值为 $3,13,15,21,27,29,31,33,37 \pmod{38}$.

4. $n^2+3 \equiv 0 \pmod p$ 即 $\left(\frac{-3}{p}\right)=1$. 根据二次互反律及勒让德符号的性质,可知当 $p \equiv 1 \pmod 4$ 时,$\left(\frac{-1}{p}\right)=1$, $\left(\frac{3}{p}\right)=\left(\frac{p}{3}\right)$;当 $p \equiv 3 \pmod 4$ 时,$\left(\frac{-1}{p}\right)=-1$, $\left(\frac{3}{p}\right)=-\left(\frac{p}{3}\right)$. 故 $1=\left(\frac{-3}{p}\right)=\left(\frac{-1}{p}\right)\left(\frac{3}{p}\right)=\left(\frac{p}{3}\right)$. 又由欧拉判别法,知 $p^{\frac{3-1}{2}} \equiv 1 \pmod 3$,因此 $p \equiv 1 \pmod 3$,即 $p=1+3t$. 因为 p 为奇数,所以 t 为偶数. 令 $t=2k$,则得 $p=6k+1$.

5. 因为 $\left(\frac{p}{q}\right)=\left(\frac{q+4a}{q}\right)=\left(\frac{4a}{q}\right)=\left(\frac{a}{q}\right)$, $\left(\frac{q}{p}\right)=\left(\frac{p-4a}{p}\right)=\left(\frac{-4a}{p}\right)=\left(\frac{-1}{p}\right)\left(\frac{a}{p}\right)$,所以 $\left(\frac{p}{q}\right)\left(\frac{q}{p}\right)=\left(\frac{-1}{p}\right)\left(\frac{a}{p}\right)\left(\frac{a}{q}\right)$. 由二次互反律,知 $\left(\frac{p}{q}\right)\left(\frac{q}{p}\right)=(-1)^{\frac{p-1}{2}\cdot\frac{q-1}{2}}$. 因此

$$\left(\frac{-1}{p}\right)\left(\frac{a}{p}\right)\left(\frac{a}{q}\right)=(-1)^{\frac{p-1}{2}\cdot\frac{q-1}{2}}.$$

又由题设,知 $p \equiv q \pmod 4$,且只有两种可能:$p \equiv q \equiv 1 \pmod 4$ 和 $p \equiv q \equiv 3 \pmod 4$.

当 $p \equiv q \equiv 1 \pmod 4$ 时,$\left(\frac{-1}{p}\right)=1$. 此时有 $\left(\frac{a}{p}\right)\left(\frac{a}{q}\right)=1$,故得 $\left(\frac{a}{p}\right)=\left(\frac{a}{q}\right)$.

当 $p \equiv q \equiv 3 \pmod 4$ 时,$\left(\frac{-1}{p}\right)=-1$. 此时也有 $\left(\frac{a}{p}\right)\left(\frac{a}{q}\right)=1$,故也得 $\left(\frac{a}{p}\right)=\left(\frac{a}{q}\right)$.

6. 利用分解因子法结合勒让德符号的性质.

习题 4.11

1. 有解.

2. $p\equiv 1,7,11,17,43,49,53,59 \pmod{60}$.

3. 先利用雅可比符号的性质证 x,y,z 均为偶数,然后证在题设条件下,结论成立.

习题 4.12

1. (1) $x\equiv 21,22 \pmod{43}$;(2) $x\equiv 6,23 \pmod{29}$;(3) $x\equiv 15,86 \pmod{101}$.

2. $x\equiv 8,9 \pmod{17}$.

3. (1) $x\equiv 18,295 \pmod{313}$;(2) $x\equiv 33,94 \pmod{127}$.

习题 4.13

1. (1) $x\equiv 53,72 \pmod{125}$;

(2) $x\equiv 113,141,367,395 \pmod{508}$;

(3) $x\equiv 179,371,429,621,979,1171,1\,229,1\,421 \pmod{1\,600}$;

(4) 无解.

2. 设 $s^2-a=2^k\cdot t$,则 $(s+2^{k-1})^2-a=(s^2-a)+2^ks+2^{2(k-1)}=2^k(t+s+2^{k-2})$.由于 s 是奇数,所以 t 与 $t+s+2^{k-2}$ 为一奇一偶.若 t 是奇数,则 $t+s+2^{k-2}$ 是偶数,此时 $(s+2^{k-1})^2\equiv a \pmod{2^{k+1}}$.但 $s^2\not\equiv a \pmod{2^{k+1}}$,从而 $s+2^{k-1}$ 是 $x^2\equiv a \pmod{2^{k+1}}$ 的解.若 t 是偶数,则 $t+s+2^{k-2}$ 是奇数,此时 $s^2\equiv a \pmod{2^{k+1}}$.但 $(s+2^{k-1})^2\not\equiv a \pmod{2^{k+1}}$,从而 s 是 $x^2\equiv a \pmod{2^{k+1}}$ 的解.由 $x^2\equiv 41 \pmod{32}$,知 $x^2\equiv 9 \pmod{32}$,解得 $x\equiv \pm 3 \pmod{32}$.又 $(\pm 3)^2-41=2^5\times(-1)$,$-1$ 为奇数,故 $\pm 3+2^4$ 为 $x^2\equiv 41 \pmod{64}$ 的解.从而其全部解为 $x\equiv \pm(\pm 3+2^4)\equiv \pm 19,\pm 13 \pmod{64}$,即 $x\equiv 13,19,45,51 \pmod{64}$.

习题 4.14

1. 用反证法.假设 $n=8k+7=x^2+y^2+z^2$,则 $x^2+y^2+z^2\equiv 7 \pmod 8$.易知 x,y,z 中必有一个奇数,不妨设 x 为奇数.由 $x^2\equiv 1 \pmod 8$,得 $y^2+z^2\equiv 6 \pmod 8$.但奇数的平方模 8 余 1,偶数的平方模 8 余 0 或 4,即 $y^2+z^2\equiv 0,1,2,4,5 \pmod 8$,与前式矛盾.

2. 不妨设 $a>0,b>0,c>0,d>0,a\neq c,a\neq d,b\neq c,b\neq d$,则有

$$\begin{aligned}n&=\frac{1}{4}(2a^2+2b^2+2c^2+2d^2)=\frac{1}{4}((b+d)^2+(b-d)^2+2(a^2+c^2))\\&=\frac{(b^2-d^2)^2+(b-d)^4+2(b-d)^2(a^2+c^2)}{4(b-d)^2}\\&=\frac{(a^2-c^2)^2+(b-d)^4+(b-d)^2((a+c)^2+(a-c)^2)}{4(b-d)^2}\\&=\frac{((a-c)^2+(b-d)^2)((a+c)^2+(b-d)^2)}{4(b-d)^2}.\end{aligned}$$

由上式可以看出,n 必为合数.

3. (必要性)设 $n=a^2+b^2$,则 $2n=2a^2+2b^2=(a+b)^2+(a-b)^2$.

(充分性)若对正整数 n,有 $2n=a^2+b^2$,则 a,b 必同奇同偶,此时 $\frac{a+b}{2},\frac{a-b}{2}$ 均为整

数,且有 $n=\left(\frac{a+b}{2}\right)^2+\left(\frac{a-b}{2}\right)^2$.

4. 因为 $p\equiv1\pmod 4$,所以存在正整数 s,t,使得 $p=s^2+t^2$,从而 $p^2=(s^2+t^2)^2=(s^2-t^2)^2+(2st)^2$. 由公式 $(A^2+B^2)(C^2+D^2)=(AC+BD)^2+(AD-BC)^2$,可导出

$$p^3=(s^2+t^2)^3=((s^2-t^2)^2+(2st)^2)(s^2+t^2)=(s^3+st^2)^2+(-s^2t-t^3)^2.$$

以此类推,知存在正整数 a,b,使得 $p^n=a^2+b^2$.

5. 用类似例 6 的方法证明.

习题 4.15

1. 用类似例 2 的方法证明.

2. 先证 $A+A=\{2f-2\mid f=1,2,\cdots,k\}$. 再证在假设条件下,对适当大的偶数哥德巴赫猜想成立. 不妨设 $2n\geqslant2k$. 将 $2n$ 表示成 $2n=2kq+r$ ($q\geqslant1,0\leqslant r\leqslant2k-2$). 由前式,知存在 $a_i,a_j\in A$,使得 $\langle a_i+a_j\rangle_{2k}=r$,即 $a_i+a_j=2ks+r$ (s 为整数). 于是 $2n=2kq+r=2k(q-s)+a_i+a_j$. 当 $2n$ 适当大时,可使 $q-s\geqslant n_0$. 由假设条件,知存在素数 $2kn_i+a_i$ 和素数 $2kn_j+a_j$,使得 $n_i+n_j=q-u$ $(n_i\in M_i,n_j\in M_j)$. 因此 $2n=(2kn_i+a_i)+(2kn_j+a_j)$. 即哥德巴赫猜想对 $2n$ 成立.

习题 5.1

1. (1) 设 a 关于模 mn 的阶为 d,由 $a^{d_1}\equiv1\pmod m$,$a^{d_2}\equiv1\pmod n$,知 $a^{[d_1,d_2]}\equiv1\pmod m$,$a^{[d_1,d_2]}\equiv1\pmod n$,所以 $a^{[d_1,d_2]}\equiv1\pmod{mn}$. 从而有 $d\mid[d_1,d_2]$. 又由 $a^d\equiv1\pmod{mn}$,得 $a^d\equiv1\pmod m$,所以 $d_1\mid d$. 同理 $d_2\mid d$. 因此 $[d_1,d_2]\mid d$,从而 $d=[d_1,d_2]$.

(2) 因为 $45=5\times9$,而 2 关于模 5 的阶为 4,2 关于模 9 的阶为 6,利用(1)的结果,得 45 的阶为 $[4,6]=12$.

(3) 由于 $a^t\equiv1\pmod M$,所以 $a^t\equiv1\pmod{p_i^{l_i}}$ $(i=1,2,\cdots,r)$. 因此 $t_i\mid t$ $(i=1,2,\cdots,r)$,即 t 是 $t_1,t_2,\cdots,t_r$ 的公倍数. 下证 $t=[t_1,t_2,\cdots,t_r]$. 易知 $t=k[t_1,t_2,\cdots,t_r]$ (k 为正整数),于是有

$$a^{\frac{t}{k}}=a^{[t_1,t_2,\cdots,t_r]}=(a^{t_i})^{\frac{[t_1,t_2,\cdots,t_r]}{t_i}}\equiv1\pmod{p_i^{l_i}}\quad(i=1,2,\cdots,r).$$

从而 $a^{\frac{t}{k}}\equiv1\pmod M$. 但 a 关于模 M 的阶数为 t,故 $k=1$. 因此 $t=[t_1,t_2,\cdots,t_r]$.

2. 需检验的素数只有 103,137,239,307.

3. 存在无穷多个正整数 $n-p^k$ (p 为素数,$k\geqslant1$),使得 $n\mid(a^n-1)$.

4. 显然当 x 通过 $\varphi(m)$ 个数时,x^n 也通过 $\varphi(m)$ 个数. 若 $(x_1,m)=(x_2,m)=1$,$x_1^n\equiv x_2^n\pmod m$,则存在 x_3,使得 $x_2x_3\equiv1\pmod m$,于是 $x_1^nx_3^n\equiv x_2^nx_3^n\equiv(x_2x_3)^n\equiv1\pmod m$,即 $(x_1x_3)^n\equiv1\pmod m$. 设 x_1x_3 关于模 m 的阶为 t,则 $t\mid n$. 又 $t\mid\varphi(m)$,所以 $t\mid(n,\varphi(m))=1$,即 $t=1$. 从而 $x_1x_3\equiv1\pmod m$,即 $x_1\equiv x_2\pmod m$. 这说明 $x_1\not\equiv x_2\pmod m$ 时,$x_1^n\not\equiv x_2^n\pmod m$. 因此 x^n 也通过模 m 的简化剩余系.

5. 由费马小定理,得 $2^{4q}\equiv 1\pmod p$. 若 2 不是模 p 的原根,则 $2^4\equiv 1\pmod p$ 与 $2^{2q}\equiv 1\pmod p$ 必有一式成立. 第一式显然不可能. 若第二式成立,则 $2^q\equiv 1\pmod p$,或 $2^q\equiv -1\pmod p$. 整理得 $(2^{\frac{q+1}{2}})^2\equiv 2\pmod p$,或 $(2^{\frac{q+1}{2}})^2\equiv -2\pmod p$. 故 $\left(\frac{\pm 2}{p}\right)=1$,此时 $p\equiv 1,3$ 或 $7\pmod 8$,但现在 $p\equiv 5\pmod 8$,矛盾. 因此 2 是模 p 的原根.

6. 先用阶的性质证 n 有一个素因数 $q\equiv 1\pmod p$;再用反证法证 $n=kp^2+1$ 为素数.

7. 先证两个命题:

命题 1　设 k 为正整数,p 为奇素数,如果 $k<2p+2$,那么 $2kp+1$ 为素数当且仅当 $p\mid\varphi(2kp+1)$.

命题 2　设 $r=2kt+1$,这里 t 为奇素数,而 k 为正整数,满足 $2^{2k}<2kt$,则 r 为素数当且仅当 $2^{r-1}\equiv 1\pmod r$. 再从命题 2 立即推出原命题成立.

8. 若 $F_n=2^{2^n}+1$ 为任一个费马合数,则 $n\geqslant 5$,于是 $n+1<2^n$,$2^{n+1}\mid 2^{2^n}$,即 $2^{n+1}\mid(F_n-1)$. 设 2 关于模 F_n 的阶为 t,由 $F_n\mid(2^{2^{n+1}}-1)$,知 $t\mid 2^{n+1}$. 又 $l\leqslant n$ 时,$F_n\nmid(2^{2^l}-1)$,所以 $t=2^{n+1}$. 由阶的定义,有 $2^{2^{n+1}}\equiv 1\pmod{F_n}$,结合 $2^{n+1}\mid(F_n-1)$,知 $2^{F_n-1}\equiv 1\pmod{F_n}$,故 F_n 必为伪素数.

9. (必要性)如果 n 是素数,则可推得 $\left(\frac{p}{n}\right)=-1$,所以 $p^{\frac{n-1}{2}}\equiv -1\pmod n$.

(充分性)设 q 是 n 的一个素因数,d 是 p 关于模 q 的阶. 由 $p^{\frac{n-1}{2}}\equiv -1\pmod n$,知 $p^{n-1}\equiv 1\pmod n$,故 $d\mid(n-1)$,即 $d\mid 2^m a$. 这样,2^m 必须被 d 整除,否则由 $p^d\equiv 1\pmod q$ 可推出 $p^{2^{m-1}a_1}\equiv 1\pmod q$,$a_1\mid a$,与假设矛盾. 又 $d\mid\varphi(q)=q-1$,故 $2^m\mid(q-1)$,即 $q=2^m k+1\ (k\geqslant 1)$. 假设 n 是合数,设 $n=qA$,即 $2^m a+1=(2^m k+1)A$,则 $A\equiv 1\pmod{2^m}$. 令 $A=2^m l+1\ (l\geqslant 1)$,则有 $2^m a+1=(2^m k+1)(2^m l+1)$. 展开后整理,得 $a=2^m kl+k+l>2^m$. 但这与 $a<2^m$ 矛盾. 故 n 一定是素数.

10. (必要性)因为 F_n 的任何素因数 $p\equiv 1\pmod{2^{n+2}}$,由 $p\mid F_n$,知 $2^{n+1}\mid\frac{p-1}{2}$. 又由 $p^s\mid F_n$ 推出 $2^{2^n}\equiv -1\pmod{p^s}$,进而 $2^{2^{n+1}}\equiv 1\pmod{p^s}$,故 $2^{\frac{p-1}{2}}\not\equiv 1\pmod{p^s}$.

(充分性)已知 $2^{\frac{p-1}{2}}\equiv 1\pmod{p^s}$,推出 $2^{p-1}\equiv 1\pmod{p^s}$. 可以证明:2 关于模 p^s 的阶 $t_s=2$ 关于模 p 的阶 $t=2^{n+1}$. 由阶的定义,有 $2^{2^{n+1}}\equiv 1\pmod{p^s}$ 且 $2^{2^n}\equiv 1\pmod{p^s}$,故 $2^{2^n}\not\equiv -1\pmod{p^s}$,即 $p^s\mid F_n$.

习题 5.2

1. 利用定理 5.11.

2. 当 $p\equiv 1\pmod 4$ 时,$-g$ 的阶是 $p-1$;当 $p\equiv 3\pmod 4$ 时,$-g$ 的阶是 $\frac{p-1}{2}$.

3. (1) $p-1$ 只有素因数 2,设 a 是模 p 的平方非剩余. 由于 $a^{\frac{p-1}{2}}=a^{2^{n-1}}\equiv -1\not\equiv 1\pmod p$,且 $a^{p-1}\equiv 1\pmod p$,即 a 关于模 p 的阶是 $p-1$,故 a 都是模 p 的原根. 反之,由原根存在的必要条件,知模 p 的原根一定都是模 p 的平方非剩余.

(2) 因为 $p=2^n+1$ $(n>1)$是素数,所以 $n=2^k$ $(k\geqslant 1)$,且 $p\equiv 1(\mathrm{mod}\,4)$. 根据二次互反律,$\left(\frac{3}{p}\right)=\left(\frac{p}{3}\right)=\left(\frac{2}{3}\right)=-1$,故由(1),知 3 是模 p 的原根. 同理可证 7 也是模 p 的原根.

(3) 模 257 的 10 个原根为 3,6,12,27,48,75,108,147,192,243.

4. 假设 a 关于模 p 的阶为 t,则 $t\mid\phi(p)=2^nq$. 由于 a 是平方非剩余的充要条件是 $a^{\frac{p-1}{2}}\equiv -1(\mathrm{mod}\,p)$,即 $a^{2^{n-1}q}\equiv -1(\mathrm{mod}\,p)$. 又 $a^{2^n}\not\equiv 1(\mathrm{mod}\,p)$,故 $t=2^nq$. 因此 a 是 p 的原根.

5. (必要性)(ⅰ) 设 a 为 p 的原根,则 $S_m^{(p-1)}=1^m+2^m+\cdots+(p-1)^m\equiv a^m+(2a)^m+\cdots+((p-1)a)^m\equiv a^mS_m^{(p-1)}\ (\mathrm{mod}\,p)$,即 $(a^m-1)S_m^{(p-1)}\equiv 0\ (\mathrm{mod}\,p)$. 由 $a^m-1\not\equiv 0(\mathrm{mod}\,p)$,知 $S_m^{(p-1)}\equiv 0(\mathrm{mod}\,p)$.

(ⅱ) 根据费马小定理,若$(a,p)=1$,则 $a^{p-1}\equiv 1(\mathrm{mod}\,p)$. 因为$(p-1)\mid m$,故 $a^m\equiv 1(\mathrm{mod}\,p)$,于是 $S_m^{(p-1)}=\sum\limits_{a=1}^{p-1}a^m\equiv p-1\equiv -1(\mathrm{mod}\,p)$.

(充分性)设 p 满足条件(ⅰ)与(ⅱ),并设 p_0 为 p 的最小素因数,p_0 的最高指数为 k,则 $p=p_0^kt$ 且 $p_0\nmid t$. 下用反证法证 $t=1$ 且 $k=1$.

6. 必要性由费马小定理可得,下证充分性. 用反证法. 若 F_m 不是素数,则由第 5 题,知 $\sum\limits_{k=1}^{F_m-1}k^{F_m-1}+1\equiv 1(\mathrm{mod}\,p)$,与已知矛盾. 因此 F_m 的奇素因数p 必满足$(p-1)\mid(F_m-1)$.

易证 F_m 的奇素因数互不相同. 令 $F_m=\sum\limits_{j=1}^{n}p_j$,这里 $p_1,p_2,\cdots,p_n$ $(n\geqslant 2)$为不同的奇素数,且$(p_j-1)\mid 2^{2^m}$ $(j=1,2,\cdots,n)$. 不妨设 $p_1<p_2<\cdots<p_n$. 因为 $p_j=2^{m+2}x_j+1$ $(j=1,2,\cdots,n)$,即 $p_j-1=2^{m+2}x_j$,故得 $p_j=2^{\alpha_j}+1$ $(j=1,2,\cdots,n)$,$0<\alpha_1<\alpha_2<\cdots<\alpha_n<2^m$,于是 $F_m=\prod\limits_{j=1}^{n}(2^{\alpha_j}+1)$. 又 $2^{2^m}+1\equiv 1(\mathrm{mod}\,2^{\alpha_2})$,所以 $\prod\limits_{j=1}^{n}(2^{\alpha_j}+1)\equiv 2^{\alpha_1}+1(\mathrm{mod}\,2^{\alpha_2})$. 此时有 $1\equiv 2^{\alpha_1}+1(\mathrm{mod}\,2^{\alpha_2})$,即 $2^{\alpha_1}\equiv 0(\mathrm{mod}\,2^{\alpha_2})$,但这与 $\alpha_1<\alpha_2$ 矛盾,故 F_m 必为素数.

习题 5.3

1. 模 27 的全部原根为 2,5,11,14,20,23;模 54 的全部原根为 5,11,23,29,41,47.

2. 模 41 的全部原根为 6,7,11,12,13,15,17,19,22,24,26,28,29,30,34,35.

3. $\left(\frac{p-1}{p}\right)=\left(\frac{-1}{p}\right)=(-1)^{\frac{p-1}{2}}=(-1)^q=-1$,说明 $p-1$ 是模 p 的平方非剩余. 显然 $p>3$. 由 5.2 节例 1,知 $p-1$ 不是模 p 的原根. 又模 p 的原根个数为 $\varphi(\varphi(p))=\varphi(p-1)=\varphi(2q)=\varphi(2)\varphi(q)=\varphi(q)=q-1$. 模 p 的平方非剩余的个数为$\frac{p-1}{2}=q$,而其中 $p-1$ 是模 p 的平方非剩余,但不是模 p 的原根. 因此在模 p 的q 个平方非剩余中去掉 $p-1$ 后所剩下的 $q-1$ 个平方非剩余就是模 p 的全部原根.

4. 用类似第3题的方法证明. 19的全部原根为2,3,10,13,14,15.

5. 用类似第3题的方法证明. 37的全部原根为2,5,13,15,17,18,19,20,22,24,32,35.

6. 用类似第3题的方法证明. 73的全部原根为5,11,13,14,15,20,26,28,29,31,33,34,39,40,42,44,45,47,53,58,59,60,62,68.

习题5.4

1. 关于模41、底为6的指标表如下：

a	1	2	3	4	5	6	7	8	9	10
$\mathrm{ind}_6 a$	40	26	15	12	22	1	39	38	30	8
a	11	12	13	14	15	16	17	18	19	20
$\mathrm{ind}_6 a$	3	27	31	25	37	24	33	16	9	34
a	21	22	23	24	25	26	27	28	29	30
$\mathrm{ind}_6 a$	14	29	36	13	4	17	5	11	7	23
a	31	32	33	34	35	36	37	38	39	40
$\mathrm{ind}_6 a$	28	10	18	19	21	2	32	35	6	20

2. 因为$a\equiv -b\ (\mathrm{mod}\ p)$,所以$\mathrm{ind}_g(a)\equiv\mathrm{ind}_g(-1)+\mathrm{ind}_g(b)\ (\mathrm{mod}\ p-1)$,即$\mathrm{ind}_g(a)-\mathrm{ind}_g(b)\equiv\mathrm{ind}_g(-1)\ (\mathrm{mod}\ p-1)$. 因$g$是模$p$的原根,故$g^{\frac{p-1}{2}}\equiv 1\ (\mathrm{mod}\ p)$,即$\mathrm{ind}_g(-1)=\dfrac{p-1}{2}$. 因此结论成立.

3. 设a是模p的平方剩余,则存在整数x满足$x^2\equiv a\ (\mathrm{mod}\ p)$. 因为$p\nmid a$,所以$p\nmid x$. 由上式可得$g^{2\mathrm{ind}_g(x)}\equiv g^{\mathrm{ind}_g(a)}\ (\mathrm{mod}\ p)$. 因此$2\mathrm{ind}_g(x)\equiv\mathrm{ind}_g(a)\ (\mathrm{mod}\ p-1)$. 由于$p-1$是偶数,故$2\mid\mathrm{ind}_g(a)$,即$\mathrm{ind}_g(a)$必为偶数. 反之,当$\mathrm{ind}_g(a)$是偶数时,有$\mathrm{ind}_g(a)=2k$($k$为整数). 因此$a\equiv g^{2k}\equiv(g^k)^2\ (\mathrm{mod}\ p)$. 这说明$a$是模$p$的平方剩余.

4. (1) 当$m=2$时,命题显然成立. 当$m>2$时,由于g是m的原根,且$2\mid\varphi(m)$,故得$g^{\frac{\varphi(m)}{2}}\equiv -1\ (\mathrm{mod}\ m)$.

(2) 若m没有原根,则上述结论未必成立. 例如,取$m=8$. 因为小于或等于8且与8互素的正整数有1,3,5,7,故$1\times3\times5\times7\equiv1\not\equiv-1\ (\mathrm{mod}\ 8)$.

5. 因为a是模m的k次剩余的充要条件是$a^{\frac{\varphi(m)}{d}}\equiv1\ (\mathrm{mod}\ m)$,$d=(k,\varphi(m))$,又当$m=p$,$k\mid(p-1)$时,$\varphi(m)=\varphi(p)=p-1$,$d=(k,p-1)=k$,故得结论.

6. (1) $x\equiv7,4\ (\mathrm{mod}\ 13)$;(2) $x\equiv8,11,7\ (\mathrm{mod}\ 13)$;(3) $x\equiv1\ (\mathrm{mod}\ 3)\ (x\geqslant0)$.

7. 因为$a^\delta\equiv1\ (\mathrm{mod}\ m)$,所以$\delta\mathrm{ind}(a)\equiv0\ (\mathrm{mod}\ \varphi(m))$. 又因为$\delta\mid\varphi(m)$,故$\mathrm{ind}(a)\equiv0\left(\mathrm{mod}\ \dfrac{\varphi(m)}{\delta}\right)$,即$\dfrac{\varphi(m)}{\delta}\mid\mathrm{ind}(a)$. 而$\dfrac{\varphi(m)}{\delta}\mid\varphi(m)$,所以$\dfrac{\varphi(m)}{\delta}$是$\mathrm{ind}(a)$与$\varphi(m)$的一个公因数,从而得$\dfrac{\varphi(m)}{\delta}\leqslant(\mathrm{ind}(a),\varphi(m))$,即$\dfrac{\varphi(m)}{(\mathrm{ind}(a),\varphi(m))}\leqslant\delta$. 令

$d=(\mathrm{ind}(a),\varphi(m))$，则 $\mathrm{ind}(a)\equiv 0(\mathrm{mod}\ d)$. 又得 $\frac{\varphi(m)}{d}\mathrm{ind}(a)\equiv 0(\mathrm{mod}\ \varphi(m))$. 因此 $a^{\frac{\varphi(m)}{d}}\equiv 1(\mathrm{mod}\ m)$. 但 a 关于模 m 的阶为 δ，故 $\delta\leqslant\frac{\varphi(m)}{d}=\frac{\varphi(m)}{(\mathrm{ind}(a),\varphi(m))}$. 于是结论成立.

8. (必要性)设 $x\equiv a(\mathrm{mod}\ p)$ 是同余方程 $x^{10}+1\equiv 0(\mathrm{mod}\ p)$ 的解，则 a 关于模 p 的阶为 20. 根据费马小定理，$a^{p-1}\equiv 1(\mathrm{mod}\ p)$，故 $20\mid(p-1)$，即 $p\equiv 1(\mathrm{mod}\ 20)$.

(充分性)若 $p\equiv 1(\mathrm{mod}\ 20)$ 且 p 的一个原根为 g，则 $(10,p-1)\mid \mathrm{ind}_g(-1)=\frac{p-1}{2}$. 因此同余方程 $x^{10}+1\equiv 0(\mathrm{mod}\ p)$ 有解. 下证：形如 $p\equiv 1(\mathrm{mod}\ 20)$ 的素数有无穷多个.

设 N 是任意正整数，$p_1,p_2,\cdots,p_s$ 是不超过 N 的一切形如 $p\equiv 1(\mathrm{mod}\ 20)$ 的素数，并记 $q=(2p_1p_2\cdots p_s)^{10}+1$，则 q 的任一素因数 a 显然异于 2，故 $x=2p_1p_2\cdots p_s$ 是同余方程 $x^{10}+1\equiv 0(\mathrm{mod}\ a)$ 的解，这里 a 是奇素数. 由以上结论，知 $a\equiv 1(\mathrm{mod}\ 20)$. 由于 $a\neq p_i\ (i=1,2,\cdots,s)$（否则 $a\mid 1$，矛盾），所以必有 $a>N$. 这表明存在形如 $p\equiv 1(\mathrm{mod}\ 20)$ 的素数 a，它大于任取的正整数 N，故形如 $p\equiv 1(\mathrm{mod}\ 20)$ 的素数有无穷多个.

习题 6.1

1. (1) $\frac{71}{61}=[1,6,10]$；　(2) $\frac{70}{29}=[2,2,2,2,2]$；　(3) $-\frac{100}{9}=[-12,1,8]$；

(4) $-0.367=[-1,1,1,1,2,1,1,1,2,1,2,3]$.

2. $\sqrt{2}$ 的前 10 个渐近分数的值可列表如下：

i	0	1	2	3	4	5	6	7	8	9	10
a_i		1	2	2	2	2	2	2	2	2	2
p_i	1	1	3	7	17	41	99	239	577	1 393	3 363
q_i	0	1	2	5	12	29	70	169	408	985	2 378
$\frac{p_i}{q_i}$		$\frac{1}{1}$	$\frac{3}{2}$	$\frac{7}{5}$	$\frac{17}{12}$	$\frac{41}{29}$	$\frac{99}{70}$	$\frac{239}{169}$	$\frac{577}{408}$	$\frac{1\,393}{985}$	$\frac{3\,363}{2\,378}$

3. (1) $\sqrt{88}=[9,\overline{2,1,1,1,2,18}]$；　(2) $\frac{\sqrt{5}+1}{2}=[\overline{1}]$.

4. 在 α 的两个相邻渐近分数中，至少有一个满足 $\left|\alpha-\frac{p}{q}\right|<\frac{1}{2q^2}$. 事实上，两个相邻渐近分数 $\frac{p_{n-1}}{q_{n-1}}$ 与 $\frac{p_n}{q_n}$ 中，一个比 α 大，一个比 α 小，故 $\left|\frac{p_n}{q_n}-\frac{p_{n-1}}{q_{n-1}}\right|=\left|\frac{p_n}{q_n}-\alpha\right|+\left|\frac{p_{n-1}}{q_{n-1}}-\alpha\right|$.

若上述结论不成立，则有 $\left|\frac{p_nq_{n-1}-p_{n-1}q_n}{q_nq_{n-1}}\right|\geqslant\frac{1}{2q_n^2}+\frac{1}{2q_{n-1}^2}$，即 $\frac{1}{q_nq_{n-1}}\geqslant\frac{1}{2q_n^2}+\frac{1}{2q_{n-1}^2}$. 去分母后整理，得 $(q_n-q_{n-1})^2\leqslant 0$，这不可能.

习题 6.2

1. (1) $x=15+18t, y=-39-47t$, t 为任意整数;

(2) $x=16-9t, y=60-34t$, t 为任意整数.

2. 显然 $\xi=2m^2n\pm1, \eta=2m$ 满足 $\xi^2-N\eta^2=1$ 和 $\xi>\frac{1}{2}\eta^2-1$,故 $\xi=2m^2n\pm1, \eta=2m$ 是佩尔方程 $x^2-Ny^2=1$ 的最小正整数解.

3. (1) $x_n+y_n\sqrt{10}=(3+\sqrt{10})^{2n-1}$ (n 为正整数);

(2) $x_n+y_n\sqrt{13}=(649+180\sqrt{13})^n$ (n 为正整数).

4. 利用分类讨论法、分解因子法并结合定理 6.11 和定理 6.19.

5. 利用定理 6.11 和定理 6.12.

6. 先设 $1+\frac{4n(n+1)s^2}{s^2-1}=m^2$,则 $((2n+1)s)^2-(s^2-1)m^2=1$,再利用定理 6.11.

7. 利用定理 6.11 和定理 6.21(4)和(5).

8. 利用定理 6.12 和定理 6.19.

9. 显然 $(m,n)=(1,1)$ 满足原方程. 除 $(m,n)=(1,1)$ 外,可设 $m>1, n>1$.

若 $2|n$,则在 $p=3$ 时 $q=5$,故对原方程取模 5,知无正整数解;而在 $p\neq3$ 时,由 $2|n$,知 $3|(p^n+2)$,由原方程给出 $q=3$. 此时 $p=1$,这不可能.

若 $2\nmid n, 2|m$,令 $m=2m_1$ (m_1 为正整数),则对原方程取模 8,得 $1\equiv p\cdot p^{n-1}+2\equiv p+2 \pmod 8$,故 $p+1\equiv0 \pmod 8$. 设 $p+1=2^sp_1$ ($s\geqslant3, 2\nmid p_1$),则由于 $(p+2)^m=(2^sp_1+1)^{2m_1}\equiv1 \pmod{2^{s+1}}$, $p^{n-1}=(2^sp_1-1)^{2\cdot\frac{n-1}{2}}\equiv1 \pmod{2^{s+1}}$,故由原方程给出 $1\equiv p\cdot p^{n-1}+2\equiv p+2 \pmod{2^{s+1}}$,即 $p+1\equiv0 \pmod{2^{s+1}}$,这与 $p+1=2^sp_1, 2\nmid p_1$ 矛盾,因此原方程无正整数解. 现设 $2\nmid mn$. 若原方程有正整数解,则有 $\left(\frac{(p+2)^m+p^m}{2}\right)^2-p(p+2)\left((p+2)^{\frac{m-1}{2}}p^{\frac{n-1}{2}}\right)^2=1$. 根据定理 6.11,可证此方程无正整数解.

10. 利用定理 6.12.

11. 原方程的一切正整数解可表示为

$$n=\frac{1}{4}\left(\sum_{i=0}^{2k-1}\mathrm{C}_{4k-2}^{2i}(4^{2k-i-1}\cdot3^i)-3\right),\quad m=\frac{1}{4}\left(\sum_{i=0}^{2k-2}\mathrm{C}_{4k-2}^{2i+1}(2^{4k-2i-3}\cdot3^i)\right).$$

如取 $k=1,2,3$,可得原方程的前三组正整数解分别为 $(n,m)=(1,1)$, $(337,195)$ 和 $(65\,521, 37\,829)$.

12. 根据定理 6.14,用类似例 8 的方法证明.

习题 7.1

1. 原式 $=\mu(1!)+\mu(2!)+\mu(3!)=\mu(1)+\mu(2)+\mu(6)=1-1+1=1$.

2. 由 $\mu(n)$ 的定义,可得 $\mu^2(n)=\begin{cases}1, & n \text{ 不含平方因数}\\ 0, & n \text{ 含有平方因数}\end{cases}$. 另一方面,当 n 不含平方因

数时，$\sum\limits_{d^2 \mid n}\mu(d) = \mu(1) = 1$；当 n 含有平方因数时，设 $n = a^2 b$，这里 $a > 1$，b 不含平方因数，则 $\sum\limits_{d^2 \mid n}\mu(d) = \sum\limits_{d \mid a}\mu(d) = 0$.

3. 用类似定理 7.2 的方法证明.

4. 若 d 被大于 1 的平方数整除，则结论显然成立. 否则，由于 $\varphi(d) = k$，且 $2 \nmid d$ 时，$\varphi(2d) = \varphi(d) = k$，故可成对地讨论这样的数，使得在每一对中出现奇数 d_1 和偶数 $2d_1$，此时 $\mu(d_1) + \mu(2d_1) = 0$，结论同样成立

5. 设 $\sum\limits_{d \mid n}\mu(d)\mu((p,d)) = I$. 当 $n = 1$ 时，有 $I = \mu(1)\mu((p,1)) = \mu^2(1) = 1$.

当 $n = p^a (a \geqslant 1)$ 时，有 $I = \sum\limits_{d \mid p}\mu(d)\mu((p,d)) = \mu(1)\mu((p,1)) + \mu(p)\mu((p,p)) = \mu^2(1) + \mu^2(p) = 2$. 当 $n = p_1^{a_1} p_2^{a_2} \cdots p_k^{a_k}$ （$k \geqslant 2$，p_i（$i = 1,2,\cdots,k$）为不同的素数）时，有 $I = \sum\limits_{d \mid p_1 \cdots p_k}\mu(d)\mu((p,d))$. 若 $(p,d) = 1$，则 $I = \sum\limits_{d \mid p_1 \cdots p_k}\mu(d)\mu(1) = \sum\limits_{d \mid p_1 \cdots p_k}\mu(d) = 0$；若 $(p,d) = p$，则 $I = \sum\limits_{d \mid p_1 \cdots p_k}\mu(d)\mu(p) = -\sum\limits_{d \mid p_1 \cdots p_k}\mu(d) = 0$.

6. $S(n) = \begin{cases} 1, & n = 1 \text{ 或 } n = p_1^2 p_2^2 \cdots p_k^2 \\ (-2)^{k-r}, & n = p_1^2 p_2^2 \cdots p_r^2 p_{r+1} \cdots p_k \ (1 \leqslant r < k) \\ (-2)^k, & n = p_1 p_2 \cdots p_k \\ 0, & \text{其他} \end{cases}$.

7. (充分性) 由 $F(n) = \prod\limits_{d \mid n} f(d)$，知 $\lg F(n) = \sum\limits_{d \mid n}\lg f(d)$. 于是

$$\lg\prod_{d \mid n}F(d)^{\mu(\frac{n}{d})} = \sum_{d \mid n}\lg F(d)\mu\left(\frac{n}{d}\right) = \sum_{d \mid n}\lg F\left(\frac{n}{d}\right)\mu(d) = \sum_{d \mid n}\mu(d)\sum_{c \mid \frac{n}{d}}\lg f(c)$$

$$= \sum_{cd \mid n}\mu(d)\lg f(c) = \sum_{c \mid n}\lg f(c)\sum_{d \mid \frac{n}{c}}\mu(d).$$

而 $\sum\limits_{d \mid \frac{n}{c}}\mu(d) = \begin{cases} 1, & c = n \\ 0, & \text{其他} \end{cases}$，所以

$$\lg\prod_{d \mid n}F(d)^{\mu(\frac{n}{d})} = \lg f(n), \quad \text{即} \quad f(n) = \prod_{d \mid n}F(d)^{\mu(\frac{n}{d})}.$$

(必要性)类似可证.

习题 7.2

1. 设 $F(n) = \sum\limits_{d \mid n}\mu(d)\varphi(d)$. 先证 $F(n)$ 是积性函数. 令 $(a,b) = 1$，$a = p_1^{a_1} p_2^{a_2} \cdots p_r^{a_r}$，$b = q_1^{b_1} q_2^{b_2} \cdots q_s^{b_s}$. 由于 $\mu(n)$ 与 $\varphi(n)$ 都是积性函数，所以

$$F(ab) = \sum_{d \mid ab}\mu(d)\varphi(d) = \sum_{p_i^{t_i} q_j^{k_j}}\mu(p_i^{t_i} q_j^{k_j})\varphi(p_i^{t_i} q_j^{k_j})$$

$$= \sum_{p_i^{t_i}} \mu(p_i^{t_i})\varphi(p_i^{t_i}) \cdot \sum_{q_j^{k_j}} \mu(q_j^{k_j})\varphi(q_j^{k_j}) = F(a)F(b).$$

又 $F(p^t) = \sum_{d \mid p^t} \mu(d)\varphi(d) = \mu(1)\varphi(1) + \mu(p)\varphi(p) = 1 - (p-1) = 2 - p$，所以 $F(n) = \prod_{p \mid n}(2-p)$. 因此 $F(n) = 0$ 的充要条件是 n 中含因数 2，即 n 是偶数.

2. 由于 $\mu(n)$ 与 $d(n)$ 都是积性函数，所以 $\mu(n)d(n)$ 是积性函数. 由定理 7.5，得

$$\sum_{k \mid n} \mu(k)d(k) = \prod_{i=1}^{r} (1 + \mu(p_i)d(p_i) + \mu(p_i^2)d(p_i^2) + \cdots + \mu(p_i^{a_i})d(p_i^{a_i})).$$

由于 $\mu(p_i^2) = \cdots = \mu(p_i^{a_i}) = 0, \mu(p_i) = -1\ (i = 1, 2, \cdots, r)$，故

$$\sum_{k \mid n} \mu(k)d(k) = \prod_{i=1}^{r}(1 - d(p_i)) = \prod_{i=1}^{r}(1-2) = \prod_{i=1}^{r}(-1) = (-1)^r.$$

3. 设 $p_1, p_2, \cdots, p_s$ 是 a, b 的标准分解式中所有不同的素因数，$a = p_1^{a_1} p_2^{a_2} \cdots p_s^{a_s}$，$b = p_1^{b_1} p_2^{b_2} \cdots p_s^{b_s}$，这里 $a_i \geqslant 0, b_i \geqslant 0\ (i = 1, 2, \cdots, s)$，则有

$$f(a)f(b) = \left(\prod_{i=1}^{s} f(p_i^{a_i})\right)\left(\prod_{i=1}^{s} f(p_i^{b_i})\right) = \prod_{i=1}^{s} f(p_i^{a_i})f(p_i^{b_i}).$$

令 $\alpha_i = \min\{a_i, b_i\}, \beta_i = \max\{a_i, b_i\}(i = 1, 2, \cdots, s)$. 因为 $d = p_1^{\alpha_1} p_2^{\alpha_2} \cdots p_s^{\alpha_s}$，$m = p_1^{\beta_1} p_2^{\beta_2} \cdots p_s^{\beta_s}$，所以

$$f(d)f(m) = \left(\prod_{i=1}^{s} f(p_i^{\alpha_i})\right) \cdot \left(\prod_{i=1}^{s} f(p_i^{\beta_i})\right) = \prod_{i=1}^{s} f(p_i^{\alpha_i})f(p_i^{\beta_i})$$

$$= \prod_{i=1}^{s} f(p_i^{a_i})f(p_i^{b_i}) = f(a)f(b).$$

4. 由 $\omega(n)$ 的定义，知 $\omega(n) = \sum_{p \mid n} 1\ (n > 1)$，故

$$f(n) = \omega(n) * \mu(n) = \sum_{d \mid n} \mu(d)\omega\left(\frac{n}{d}\right) = \sum_{d \mid n} \mu(d) \sum_{p \mid \frac{n}{d}} 1 = \sum_{p \mid n} \sum_{d \mid \frac{n}{p}} \mu(d).$$

当 n 不是素数时，由 $\sum_{d \mid \frac{n}{p}} \mu(d) = 0$，知 $f(n) = 0$；当 n 是一个素数 p 时，由 $\sum_{d \mid p} \mu(d)\omega\left(\frac{p}{d}\right) = \mu(1)\omega(p) + \mu(p)\omega(1) = 1 \times 1 + 0 = 1$，知 $f(n) = 1$.

5. 因为 $d(t)$ 是积性函数，所以 $d^3(t)$ 也是积性函数. 当 $n = 1$ 时，结论显然成立. 下设 $n > 1$ 且 $n = p_1^{n_1} p_2^{n_2} \cdots p_k^{n_k}$，这里 $p_i\ (i = 1, 2, \cdots, k)$ 是不同的素数. 由于 n 的所有正因数为 $t = p_1^{t_1} p_2^{t_2} \cdots p_k^{t_k}$，这里 $t_i = 0, 1, \cdots, n_i\ (i = 1, 2, \cdots, k)$，故

$$\sum_{t \mid n} d^3(t) = \sum_{t_1=0}^{n_1} \cdots \sum_{t_k=0}^{n_k} d^3(p_1^{t_1} \cdots p_k^{t_k}) = \sum_{t_1=0}^{n_1} \cdots \sum_{t_k=0}^{n_k} d^3(p_1^{t_1}) \cdots d^3(p_k^{t_k})$$

$$= \sum_{t_1=0}^{n_1} d^3(p_1^{t_1}) \cdots \sum_{t_k=0}^{n_k} d^3(p_k^{t_k}) = \prod_{i=1}^{k} (d^3(1) + d^3(p_i) + \cdots + d^3(p_i^{n_i}))$$

$$= \prod_{i=1}^{k} (1^3 + 2^3 + \cdots + (n_i+1)^3) = \prod_{i=1}^{k} \left(\frac{(n_i+1)(n_i+2)}{2}\right)^2$$

$$= \left(\prod_{i=1}^{k} \frac{(n_i+1)(n_i+2)}{2}\right)^2.$$

又

$$\sum_{t\mid n}d(t)=\sum_{t_1=0}^{n_1}\cdots\sum_{t_k=0}^{n_k}d(p_1^{t_1}\cdots p_k^{t_k})=\sum_{t_1=0}^{n_1}\cdots\sum_{t_k=0}^{n_k}d(p_1^{t_1})\cdots d(p_k^{t_k})=\sum_{t_1=0}^{n_1}d(p_1^{t_1})\cdots\sum_{t_k=0}^{n_k}d(p_k^{t_k})$$

$$=\prod_{i=1}^{k}(d(1)+d(p_i)+\cdots+d(p_i^{n_i}))=\prod_{i=1}^{k}(1+2+\cdots+(n_i+1))$$

$$=\prod_{i=1}^{k}\frac{(n_i+1)(n_i+2)}{2},$$

所以结论成立.

习题 7.3

1. 用类似例 2 的方法证明.

2. $T=\sum_{\substack{0<xy\leqslant n\\ x>0,y>0}}1=\sum_{0<s\leqslant n}\sum_{\substack{xy=s\\ x,y\geqslant 1}}1=\sum_{0<s\leqslant n}\sum_{x\mid s}1=\sum_{0<s\leqslant n}d(s)$.

3. p^2+1.

4. 易知 $T(m)=\sum_{1\leqslant n\leqslant m}\sum_{x\mid n}1=\sum_{1\leqslant n\leqslant m}\sum_{\substack{xy=n\\ x,y\geqslant 1}}1=\sum_{\substack{0<xy\leqslant m\\ x>0,y>0}}1$ 表示区域“$x>0,y>0,xy\leqslant m$”内的整点数. 由 $xy=m$,推得 $y=\frac{m}{x}$. 当 $x>m$ 时,区域 $y<1$ 内已无整点,故由定理 7.7,得 $T(m)=\sum_{1\leqslant x\leqslant m}\left[\frac{m}{x}\right]=\sum_{n=1}^{m}\left[\frac{m}{n}\right]$. 又 $\left[\frac{m}{n}\right]\leqslant\frac{m}{n}<\left[\frac{m}{n}\right]+1$, 因此有

$$\frac{T(m)}{m\ln m}=\frac{\sum_{n=1}^{m}\left[\frac{m}{n}\right]}{m\ln m}\leqslant\frac{\sum_{n=1}^{m}\frac{m}{n}}{m\ln m}=\frac{\sum_{n=1}^{m}\frac{1}{n}}{\ln m}<\frac{\sum_{n=1}^{m}\left(\left[\frac{m}{n}\right]+1\right)}{m\ln m}$$

$$=\frac{\sum_{n=1}^{m}\left[\frac{m}{n}\right]}{m\ln m}+\frac{1}{\ln m}=\frac{T(m)}{m\ln m}+\frac{1}{\ln m},$$

即

$$\frac{T(m)}{m\ln m}\leqslant\frac{1+\frac{1}{2}+\cdots+\frac{1}{m}}{\ln m}<\frac{T(m)}{m\ln m}+\frac{1}{\ln m}.$$

要证明结论成立,只需证明 $\lim_{m\to\infty}\frac{1+\frac{1}{2}+\cdots+\frac{1}{m}}{\ln m}=1$. 为此考虑 $\frac{1}{x}$ 的积分. 由 $\int_n^{n+1}\frac{1}{x}\mathrm{d}x=\ln(n+1)-\ln n$, 以及 $\frac{1}{n+1}<\int_n^{n+1}\frac{1}{x}\mathrm{d}x<\frac{1}{n}$, 知

$$\frac{1}{2}+\frac{1}{3}+\cdots+\frac{1}{m}<\int_1^m\frac{1}{x}\mathrm{d}x=\sum_{n=1}^{m-1}\int_n^{n+1}\frac{1}{x}\mathrm{d}x=\ln m<1+\frac{1}{2}+\cdots+\frac{1}{m-1}.$$

于是

$$\frac{1+\frac{1}{2}+\cdots+\frac{1}{m}}{\ln m}=\frac{1}{\ln m}+\frac{\frac{1}{2}+\cdots+\frac{1}{m}}{\ln m}<\frac{1}{\ln m}+1,$$

$$\frac{1+\frac{1}{2}+\cdots+\frac{1}{m}}{\ln m}=\frac{1+\frac{1}{2}+\cdots+\frac{1}{m-1}}{\ln m}+\frac{1}{m\ln m}>1+\frac{1}{m\ln m},$$

即

$$1+\frac{1}{m\ln m}<\frac{1+\frac{1}{2}+\cdots+\frac{1}{m}}{\ln m}<1+\frac{1}{\ln m}.$$

令 $m\to\infty$,即得所需结论.

习题 7.4

1. 由于 $\ln n$ 是 $\Lambda(n)$ 的默比乌斯变换,故 $\Lambda(n)$ 是 $\ln n$ 的默比乌斯逆变换.根据默比乌斯反演公式,

$$\begin{aligned}\Lambda(n)&=\sum_{d\mid n}\mu(d)\ln\frac{n}{d}=\ln n\sum_{d\mid n}\mu(d)-\sum_{d\mid n}\mu(d)\ln d\\&=0-\sum_{d\mid n}\mu(d)\ln d=\sum_{d\mid n}(-\mu(d)\ln d),\end{aligned}$$

即 $\Lambda(n)$ 是 $-\mu(n)\ln n$ 的默比乌斯变换.

2. 设 $g(n)$ 的默比乌斯变换为 $f(n)$,$f(n)$ 的默比乌斯变换为 $F(n)$,则由定义 7.4,可得

$$\begin{aligned}F(n)&=\sum_{d\mid n}f\left(\frac{n}{d}\right)=\sum_{d\mid n}\sum_{d_1\mid\frac{n}{d}}g(d_1)=\sum_{d_1\mid n}\sum_{d\mid\frac{n}{d_1}}g(d_1)\\&=\sum_{d_1\mid n}g(d_1)\sum_{d\mid\frac{n}{d_1}}1=\sum_{d_1\mid n}g(d_1)d\left(\frac{n}{d_1}\right).\end{aligned}$$

3. 令 $F(n)=\sum_{k=1}^{n}f\left(\frac{k}{n}\right)$,$F^*(n)=\sum_{k=1,(k,n)=1}^{n}f\left(\frac{k}{n}\right)$,则 $F(n)=\sum_{d\mid n}F^*(d)$. 取 $f(n)=x^\alpha$,可得

$$F(n)=\sum_{k=1}^{n}f\left(\frac{k}{n}\right)=\sum_{k=1}^{n}\left(\frac{k}{n}\right)^\alpha=\frac{1}{n^\alpha}\sum_{k=1}^{n}k^\alpha,$$

$$F^*(d)=\sum_{k=1,(k,d)=1}^{d}f\left(\frac{k}{d}\right)=\sum_{k=1,(k,d)=1}^{d}\left(\frac{k}{d}\right)^\alpha=\frac{1}{d^\alpha}\sum_{k=1,(k,d)=1}^{d}k^\alpha.$$

此时 $\sum_{d\mid n}F^*(d)=\sum_{d\mid n}\frac{1}{d^\alpha}\sum_{k=1,(k,d)=1}^{d}k^\alpha=\sum_{d\mid n}\frac{1}{d^\alpha}\varphi_\alpha(d)$.故结论成立.

4. 易知

$$\begin{aligned}T(6)&=\frac{1}{6}\sum_{d\mid 6}3^d\varphi\left(\frac{6}{d}\right)\\&=\frac{1}{6}(3\cdot\varphi(6)+3^2\cdot\varphi(3)+3^3\cdot\varphi(2)+3^6\cdot\varphi(1))=130.\end{aligned}$$

习题 7.5

1. 设 N_d 表示圆内 $X^2+Y^2\leqslant\frac{x}{d^2}$ 的整点数,则有 $N_d=\pi\frac{x}{d^2}+O\left(\frac{\sqrt{x}}{d}\right)$.

由定理 7.2，可得

$$N=\sum_{\substack{a^2+b^2\leqslant x\\(a,b)=1}}1=\sum_{a^2+b^2\leqslant x}\sum_{d\mid(a,b)}\mu(d)=\sum_{1\leqslant d\leqslant\sqrt{x}}\mu(d)\sum_{a^2+b^2\leqslant\frac{x}{d^2}}1=\sum_{1\leqslant d\leqslant\sqrt{x}}\mu(d)N_d$$

$$=\sum_{1\leqslant d\leqslant\sqrt{x}}\mu(d)\left(\pi\frac{x}{d^2}+O\left(\frac{\sqrt{x}}{d}\right)\right)=\pi x\sum_{1\leqslant d\leqslant\sqrt{x}}\frac{\mu(d)}{d^2}+O\left(\sqrt{x}\sum_{1\leqslant d\leqslant\sqrt{x}}\frac{1}{d}\right)$$

$$=\pi x\sum_{d=1}^{\infty}\frac{\mu(d)}{d^2}+O\left(x\sum_{d\geqslant\sqrt{x}}\frac{1}{d^2}\right)+O(\sqrt{x}\ln x)$$

$$=\pi x\cdot\frac{6}{\pi^2}+O(\sqrt{x})+O(\sqrt{x}\ln x)=\frac{6}{\pi}x+O(\sqrt{x}\ln x).$$

2. 在空间中过整点分别作与三个坐标面平行的平面，这些平面把空间分为立方格子，一球内整点对应于一立方格，其八个顶点坐标为 (a,b,c)，$(a,b+1,c)$，$(a-1,b+1,c)$，$(a-1,b,c)$，$(a,b,c+1)$，$(a,b+1,c+1)$，$(a-1,b+1,c+1)$，$(a-1,b,c+1)$. 如此所得的立方格必在球 $X^2+Y^2+Z^2\leqslant(\sqrt{x}+\sqrt{3})^2$ 中，但同时又包含球 $X^2+Y^2+Z^2\leqslant(\sqrt{x}-\sqrt{3})^2$. 因此 $\frac{4}{3}\pi(\sqrt{x}-\sqrt{3})^3\leqslant N\leqslant\frac{4}{3}\pi(\sqrt{x}+\sqrt{3})^3$，即 $M=\frac{4}{3}\pi x^{\frac{3}{2}}+O(x)$.

3. $$f(x)=\sum_{n\leqslant x}|\mu(n)|=\sum_{n\leqslant x}\left(\sum_{k^2\mid n}\mu(k)\right)=\sum_{1\leqslant k\leqslant\sqrt{x}}\mu(k)\left(\sum_{\substack{k^2\mid n\\1\leqslant n\leqslant x}}1\right)=\sum_{k\leqslant\sqrt{x}}\mu(k)\left[\frac{x}{k^2}\right]$$

$$=x\sum_{k=1}^{\infty}\frac{\mu(k)}{k^2}+O(\sqrt{x})=x\cdot\frac{1}{\zeta(2)}+O(\sqrt{x})=\frac{6}{\pi^2}x+O(\sqrt{x}).$$

参 考 文 献

[1] 陈景润.初等数论.Ⅰ[M].北京:科学出版社,1978.
[2] 华罗庚.数论导引[M].北京:科学出版社,1979.
[3] 潘承洞.素数分布与哥德巴赫猜想[M].济南:山东科学技术出版社,1979.
[4] 张卿.妙趣横生的数学难题[M].天津:天津人民出版社,1980.
[5] 杜德利 U.基础数论[M].周仲良,译.上海:上海科学技术出版社,1980.
[6] 敏泉.数的整除性[M].北京:科学普及出版社,1981.
[7] 曾荣,王玉.基础数论典型题解 300 例[M].长沙:湖南科学技术出版社,1982.
[8] 王元.谈谈素数[M].上海:上海教育出版社,1983.
[9] 柯召,孙琦.初等数论 100 例[M].上海:上海教育出版社,1983.
[10] 史济怀.母函数[M].上海:上海教育出版社,1983.
[11] 李复中.初等数论选讲[M].长春:东北师范大学出版社,1984.
[12] 陈景润.组合数学[M].郑州:河南教育出版社,1985.
[13] 奥尔 O.有趣的数论[M].潘承彪,译.北京:北京大学出版社,1985.
[14] 奥尔德斯 C D.连分数[M].张顺燕,译.北京:北京大学出版社,1985.
[15] 亨斯贝尔格 R.数学中的智巧[M].李忠,译.北京:北京大学出版社,1985.
[16] 华罗庚.数学归纳法[M].上海:上海教育出版社,1986.
[17] 盛立人,严镇军.从勾股定理谈起[M].上海:上海教育出版社,1986.
[18] 柯召,孙琦.数论讲义[M].北京:高等教育出版社,1988.
[19] 曹珍富.丢番图方程引论[M].哈尔滨:哈尔滨工业大学出版社,1989.
[20] 冯克勤,余红兵.初等数论[M].合肥:中国科学技术大学出版社,1989.
[21] 常庚哲,谢盛刚.数学竞赛中的函数[x][M].合肥:中国科学技术大学出版社,1989.
[22] 左宗明.世界数学名题选讲[M].上海:上海科学技术出版社,1990.
[23] 沈宗华.理论算术导论[M].上海:上海科学技术文献出版社,1991.
[24] 潘承洞,潘承彪.初等数论[M].北京:北京大学出版社,1994.
[25] 曹珍富.数论中的问题与结果[M].哈尔滨:哈尔滨工业大学出版社,1996.
[26] 洪修仁.初等数论[M].成都:成都科技大学出版社,1997.
[27] 贝勒 A H.数论妙趣[M].谈祥柏,译.上海:上海教育出版社,1998.
[28] 胡作玄.数学上未解的难题[M].福州:福建科学技术出版社,2000.

[29] 冯克勤.费马猜想[M].北京:科学出版社,2002.
[30] 闵嗣鹤,严士健.初等数论[M].3版.北京:高等教育出版社,2003.
[31] 吴振奎,吴旻.数学的创造[M].上海:上海教育出版社,2003.
[32] 盖伊 R K.数论中未解决的问题[M].张明尧,译.北京:科学出版社,2006.